AF325587

Eugène Boullanger

INDUSTRIES AGRICOLES DE FERMENTATION

BRASSERIE

ENCYCLOPÉDIE AGRICOLE

Publiée par une réunion d'Ingénieurs agronomes

SOUS LA DIRECTION DE G. WERY

INDUSTRIES AGRICOLES DE FERMENTATION

BRASSERIE

HYDROMELS

PAR

Eugène BOULLANGER

INGÉNIEUR AGRONOME

CHEF DE LABORATOIRE A L'INSTITUT PASTEUR DE LILLE

Introduction par le Dᵉ P. REGNARD

DIRECTEUR DE L'INSTITUT NATIONAL AGRONOMIQUE

PARIS

LIBRAIRIE J.-B. BAILLIÈRE ET FILS

19, rue Hautefeuille, près du boulevard Saint-Germain

1907

Tous droits réservés.

INTRODUCTION

Si les choses se passaient en toute justice, ce n'est pas moi qui devrais signer cette préface.

L'honneur en reviendrait bien plus naturellement à l'un de mes deux éminents prédécesseurs :

A Eugène TISSERAND, que nous devons considérer comme le véritable créateur en France de l'enseignement supérieur de l'agriculture : n'est-ce pas lui qui, pendant de longues années, a pesé de toute sa valeur scientifique sur nos gouvernements et obtenu qu'il fût créé à Paris un Institut agronomique comparable à ceux dont nos voisins se montraient fiers depuis déjà longtemps?

Eugène RISLER, lui aussi, aurait dû, plutôt que moi, présenter au public agricole ses anciens élèves devenus des maîtres. Près de douze cents ingénieurs agronomes, répandus sur le territoire français, ont été façonnés par lui : il est aujourd'hui notre vénéré doyen, et je me souviens toujours avec une douce reconnaissance du jour où j'ai débuté sous ses ordres et de celui, proche encore, où il m'a désigné pour être son successeur (1).

Mais, puisque les éditeurs de cette collection ont voulu que ce fût le directeur en exercice de l'Institut agronomique qui présentât aux lecteurs la nouvelle *Encyclopédie*, je vais tâcher de dire brièvement dans quel esprit elle a été conçue.

Des Ingénieurs agronomes, presque tous professeurs d'agriculture, tous anciens élèves de l'Institut national agronomique, se sont donné la mission de résumer, dans une série de volumes, les connaissances pratiques absolument nécessaires aujourd'hui pour la culture rationnelle du sol. Ils ont choisi pour distribuer, régler et diriger la besogne de chacun, Georges WÉRY, que j'ai le plaisir et la chance d'avoir pour collaborateur et pour ami.

L'idée directrice de l'œuvre commune a été celle-ci : extraire de notre enseignement supérieur la partie immédiatement utilisable par l'exploitant du domaine rural et faire connaître du même coup à celui-ci les données scientifiques définitivement acquises sur lesquelles la pratique actuelle est basée.

Ce ne sont donc pas de simples Manuels, des Formulaires irraisonnés que nous offrons aux cultivateurs; ce sont de brefs Traités, dans lesquels les résultats incontestables sont mis en évidence, à côté des bases scientifiques qui ont permis de les assurer.

Je voudrais qu'on puisse dire qu'ils représentent le véritable esprit de notre Institut, avec cette restriction qu'ils ne doivent ni ne peuvent contenir les discus-

---

(1) Depuis que ces lignes ont été écrites, nous avons eu la douleur de perdre notre éminent maître, M. Risler, décédé, le 6 août 1905, à Calèves (Suisse). Nous tenons à exprimer ici les regrets profonds que nous cause cette perte. M. Eugène Risler laisse dans la science agronomique une œuvre impérissable.

sions, les erreurs de route, les rectifications qui ont fini par établir la vérité telle qu'elle est, toutes choses que l'on développe longuement dans notre enseignement, puisque nous ne devons pas seulement faire des praticiens, mais former aussi des intelligences élevées, capables de faire avancer la science au laboratoire et sur le domaine.

Je conseille donc la lecture de ces petits volumes à nos anciens élèves, qui y retrouveront la trace de leur première éducation agricole.

Je la conseille aussi à leurs jeunes camarades actuels, qui trouveront là, condensées en un court espace, bien des notions qui pourront leur servir dans leurs études.

J'imagine que les élèves de nos Écoles nationales d'agriculture pourront y trouver quelque profit, et que ceux des Écoles pratiques devront aussi les consulter utilement.

Enfin, c'est au grand public agricole, aux cultivateurs, que je les offre avec confiance. Ils nous diront, après les avoir parcourus, si, comme on l'a quelquefois prétendu, l'enseignement supérieur agronomique est exclusif de tout esprit pratique. Cette critique, usée, disparaîtra définitivement, je l'espère. Elle n'a d'ailleurs jamais été accueillie par nos rivaux d'Allemagne et d'Angleterre, qui ont si magnifiquement développé chez eux l'enseignement supérieur de l'agriculture.

Successivement, nous mettons sous les yeux du lecteur des volumes qui traitent du sol et des façons qu'il doit subir, de sa nature chimique, de la manière de la corriger ou de la compléter, des plantes comestibles ou industrielles qu'on peut lui faire produire, des animaux qu'il peut nourrir, de ceux qui lui nuisent

Nous étudions les manipulations et les transformations que subissent, par notre industrie, les produits de la terre : la vinification, la distillerie, la panification, la fabrication des sucres, des beurres, des fromages.

Nous terminons en nous occupant des lois sociales qui régissent la possession et l'exploitation de la propriété rurale.

Nous avons le ferme espoir que les agriculteurs feront un bon accueil à l'œuvre que nous leur offrons.

Dr Paul Regnard,

Membre de la Société nationale
d'Agriculture de France,
Directeur de l'Institut national
agronomique.

PRÉFACE

L'accueil favorable fait à mon ouvrage : INDUSTRIES AGRI-
COLES DE FERMENTATION a engagé les éditeurs de L'ENCYCLO-
PÉDIE AGRICOLE et l'auteur à donner, à ce travail, une forme
plus étendue, et à réserver, dans l'ENCYCLOPÉDIE, trois volumes aux industries de fermentation. Le présent ouvrage
est consacré à l'étude de la BRASSERIE et des HYDROMELS ;

Un second volume comprendra les eaux-de-vie de fruits,
les RHUMS, et la DISTILLERIE.

La CIDRERIE, qui occupait dans la première édition une
place trop modeste, formera désormais un volume spécial.
La pomologie et l'industrie du cidre présentent en effet
pour l'agriculteur un si grand intérêt qu'il est juste de leur
donner, dans cette Encyclopédie, la place importante
qu'elles méritent. Ce dernier volume, dont la rédaction
est confiée à M. Warcollier, le savant directeur de la station
pomologique de Caen, viendra bientôt compléter très utilement les autres volumes consacrés aux industries
agricoles.

Le présent ouvrage a été divisé en TROIS PARTIES. La
PREMIÈRE comprend les *notions de bactériologie générale et
industrielle* qu'il est nécessaire de connaitre pour aborder
l'étude des industries de fermentation. Après avoir donné
quelques notions sommaires sur les *microbes et les dic-*

stases, nous avons étudié spécialement les *microbes qui jouent un rôle en industrie*, et principalement les levures, puis les diastases qu'on utilise en brasserie et en distillerie, notamment l'amylase et les diastases des matières azotées. Grâce aux immortels travaux de Pasteur et au développement de la science bactériologique, ces industries ont pu réaliser en quelques années des progrès énormes : il était donc juste d'exposer dès le début les résultats acquis dans cette voie, car ils constituent en quelque sorte notre fil conducteur dans l'étude des opérations de la pratique industrielle, qui se conforme aujourd'hui, avec une souplesse parfaite, aux conditions théoriques dictées par la science pure.

La SECONDE PARTIE de l'ouvrage est consacrée à la BRASSERIE. La brasserie n'est pas une industrie agricole au sens exact du mot; mais l'agriculteur doit la connaître, car elle utilise ses produits et elle lui livre des résidus pour l'alimentation de son bétail. Nous avons examiné d'abord la *production et la consommation de la bière*, puis nous avons fait l'*étude des matières premières employées en brasserie* : eau, orge, houblon, grains crus et sucres. Nous avons cherché, dans cette étude, à donner à la fois au brasseur les renseignements utiles pour l'appréciation physique et chimique de ses matières premières, et à l'agriculteur pour l'obtention de produits qui présentent les caractères demandés par le brasseur.

Nous avons alors suivi toutes les phases de la fabrication de la bière : *maltage, brassage* et *fermentation*. Nous avons cherché, dans chacune de ces parties du travail, à mettre en évidence les bases théoriques sur lesquelles elles reposent, et à appliquer ensuite au travail pratique les conclusions fournies par l'étude scientifique. Dans chaque opération, un chapitre spécial a été consacré au matériel, et nous sommes heureux de remercier ici Messieurs les constructeurs et notamment MM. Crépelle

Fontaine, Diebold, Fiévet et Boone, Cirier-Pavard et la Société Strasbourgeoise de constructions mécaniques à Lunéville qui nous ont très aimablement fourni les dessins utiles pour compléter la description des appareils.

La TROISIÈME PARTIE comprend l'étude de la fabrication des *hydromels*. Cette industrie intéresse tout particulièrement les régions apicoles, et elle est encore susceptible de grands perfectionnements. Nous avons cherché à exposer le plus clairement possible les conditions théoriques et pratiques qui doivent guider l'apiculteur pour la fabrication d'hydromels de bonne qualité, et nous souhaitons bien sincèrement que les renseignements contenus dans cette partie de l'ouvrage puissent rendre service à ceux qui désirent ne pas livrer leur fabrication au hasard, mais baser au contraire leurs méthodes sur les indications fournies par la science expérimentale.

Nous avons enfin réuni, en APPENDICE, les principales tables qui sont d'un usage courant dans les analyses des matières premières et des produits de la brasserie et de la distillerie, notamment les tables relatives au dosage des sucres par les diverses méthodes.

Cet ouvrage est la reproduction fidèle de l'enseignement que nous avons professé en 1905-1906, aux élèves de l'École de Chimie de la Faculté des Sciences de Lille. Nous espérons que ce travail pourra rendre quelques services non seulement aux élèves qui désirent acquérir les connaissances théoriques et pratiques indispensables pour aborder l'industrie, mais aussi aux brasseurs et aux agriculteurs, en leur permettant de comparer entre elles les diverses méthodes de fabrication, et en leur montrant les services que peuvent se rendre mutuellement la science et la pratique.

Eugène BOULLANGER.

Lille, le 24 juin 1907.

BRASSERIE
HYDROMELS

NOTIONS GÉNÉRALES

NOTIONS CHIMIQUES

I. — MATIÈRES HYDROCARBONÉES.

Les principales matières hydrocarbonées qu'on trouve dans les liquides organiques qui servent d'aliments aux microbes dans l'industrie, appartiennent à la classe des *sucres*. On rencontre particulièrement : des sucres réducteurs non hydrolysables, tels que le *glucose* et le *lévulose*; des sucres hydrolysables, tels que le *saccharose* et le *maltose*, du groupe des disaccharides ou bioses; le *raffinose*, du groupe des trisaccharides ou trioses; l'amidon, les *dextrines*, la *cellulose*, du groupe des polyoses complexes.

Sucres réducteurs non hydrolysables. — Ces corps possèdent, à côté de plusieurs fonctions alcooliques, tantôt une fonction d'aldéhyde (aldoses), tantôt une fonction d'acétone (cétoses). La présence de cette fonction aldéhydique ou cétonique donne à ces sucres des proriétés réductrices caractéristiques.

Glucose. — Le *glucose* est très répandu dans la nature. Il existe dans un grand nombre de fruits et dans le miel associé au lévulose. On l'obtient le plus souvent dans l'industrie par l'action à chaud des acides étendus sur l'amidon ou la fécule.

Le glucose existe à l'état anhydre ou à l'état hydraté : dans ce dernier cas, il contient une molécule d'eau qu'il abandonne partiellement à 50°-60°, et complètement à 100°. Il cristallise très lentement en petites lamelles hexagonales. Il est soluble à raison de 81,68 p. 100 dans l'eau à 15°, et en toutes proportions dans l'eau bouillante. Il dévie à droite le plan de polarisation de la lumière. Son pouvoir rotatoire, d'après Tollens, est indépendant de la température et varie avec la richesse centésimale p du liquide. A l'état anhydre, ce pouvoir rotatoire est donné par la formule :

$$[\alpha]_{\text{D}} = + 52°,5 + 0.018796\ p + 0,00051683\ p^2.$$

Le glucose ($C^6H^{12}O^6$) appartient au groupe des aldohexoses, c'est-à-dire des sucres réducteurs à six atomes d'oxygène, et renfermant cinq fonctions alcooliques et une fonction aldéhydique. Cette dernière fonction donne au glucose des propriétés réductrices. Il réduit à chaud les liqueurs cupriques, en présence des alcalis, à l'état d'oxyde cuivreux. Il résiste assez bien à l'action des acides minéraux étendus et bouillants ; cependant l'action prolongée de ces acides le détruit partiellement en donnant de l'acide formique, des produits ulmiques et de l'acide lévulique. Les bases l'attaquent à chaud en donnant des produits noirs mal définis. Traité au bain-marie par l'acétate de phénylhydrazine, il donne un précipité de phénylglucosazone, qui se présente sous l'aspect de fines aiguilles jaunes groupées en faisceaux, fondant à 230° d'après Bertrand, insolubles dans l'eau chaude et dans l'acétone étendue de son volume d'eau. Ce caractère permet de reconnaître le glucose au milieu d'autres sucres, comme le maltose par exemple.

Il peut servir d'aliment à un grand nombre de microbes. Il fermente directement sous l'action de la levure en donnant principalement de l'alcool et de l'acide carbonique ; les ferments acétiques en présence de carbonate de chaux le transforment en acide gluconique, les ferments lactiques en acide lactique, etc.

Lévulose. — Le *lévulose* existe, comme le glucose, dans le miel et dans un grand nombre de fruits. Nous verrons bientôt qu'il se produit aussi, en même temps que le glucose, dans l'hydrolyse du saccharose, soit à chaud sous l'action des acides, soit sous l'action d'une diastase particulière, la sucrase. On l'obtient ordinairement par inversion du saccharose, et on le précipite à 0° à l'état de lévulosate de chaux pour le séparer du glucose qui l'accompagne.

Le lévulose cristallise difficilement en longues aiguilles ; il est très soluble dans l'eau. Il dévie à gauche le plan de polarisation de la lumière, et son pouvoir rotatoire est variable avec la concentration et la température. D'après Jungfleisch et Grimbert, il est donné par la formule :

$$[\alpha]_D = -101°,38 + 0,56\,t - 0,108\,(p-10).$$

la température t étant comprise entre 0° et 40° et la concentration p entre 0 et 40 p. 100.

Le lévulose ($C^6H^{12}O^6$) est une cétohexose, possédant à côté de ses cinq fonctions alcooliques une fonction cétonique. Il réduit, comme le glucose, la liqueur de Fehling, mais son pouvoir réducteur est un peu plus faible. Il est attaqué à chaud par les acides étendus beaucoup plus facilement que le glucose, et sa destruction peut être complète si l'action de l'acide est prolongée assez longtemps. Les bases l'attaquent à chaud en donnant, comme avec le glucose, des matières brunes mal définies. Il donne avec l'acétate de phénylhydrazine une osazone analogue à celle du glucose.

Il subit facilement la fermentation alcoolique sous l'action de la levure, et peut servir d'aliment à un grand nombre de microbes.

Sucres hydrolysables. — Ces sucres résultent de la soudure, avec élimination d'eau, de deux ou plusieurs sucres réducteurs. Chauffés avec un acide étendu, ils s'hydratent et reproduisent ces sucres réducteurs : on donne à ce phénomène le nom d'*hydrolyse* ou d'*inversion*.

Saccharose. — Le *saccharose* se rencontre dans la plupart des fruits, et dans un grand nombre de plantes, notamment dans la betterave et la canne à sucre, d'où on l'extrait industriellement.

Il cristallise facilement en gros prismes rhomboïdaux obliques. Il est très soluble dans l'eau, assez soluble dans l'alcool hydraté, mais très peu soluble dans l'alcool absolu. Il dévie à droite le plan de polarisation de la lumière. Son pouvoir rotatoire est à peu près constant et égal à $+66°,5$. Seule, la concentration p du liquide le fait varier légèrement, d'après la formule de Tollens :

$$[\alpha]_D = +\ 66,386 + 0,015035\ p - 0,0003986\ p^2.$$

Le saccharose ($C^{12}H^{22}O^{11}$) n'est pas encore connu exactement sous le rapport de sa constitution chimique. Fischer le considère comme un alcool octoatomique, possédant une fonction d'éther-oxyde. Chauffé, il fond à 160°, puis il se colore et se transforme en caramel. Le saccharose ne réduit pas la liqueur de Fehling. Chauffé avec un acide étendu, il est hydrolysé et donne naissance à un mélange à parties égales de glucose et de lévulose, appelé sucre interverti, qui réduit alors la liqueur de Fehling. L'inversion est beaucoup moins rapide avec les acides organiques qu'avec les acides minéraux. L'hydrolyse du saccharose peut s'effectuer également sous l'action d'une diastase spéciale, la sucrase, sécrétée par la plupart des levures et par un grand nombre de microbes. Le sucre interverti est lévogyre : son pouvoir rotatoire pour une concentration de 20 p. 100 à la température de 15° est de — 21°,16 d'après Jungfleisch et Grimbert.

Avec les bases, le saccharose donne des combinaisons appelées sucrates, facilement décomposables par les acides et même par l'acide carbonique.

Il n'est pas directement fermentescible et doit être hydrolysé, à l'état de sucre interverti, par la sucrase pour pouvoir subir la fermentation. Seules les espèces qui sécrètent cette diastase peuvent donc le faire fermenter : c'est le cas de la plupart des levures et d'un grand nombre de mucédinées et de bactéries.

Maltose. — Ce sucre se forme, en même temps que des dextrines, dans la saccharification de l'empois d'amidon par la diastase du malt. On l'obtient ordinairement par cette méthode, en séparant d'abord les dextrines par précipitation par l'alcool, et en cristallisant ensuite dans l'alcool méthylique.

Le *maltose* se présente sous la forme de petites aiguilles blanches, très solubles dans l'eau. Il contient une molécule d'eau qu'il perd partiellement à partir de 45° et totalement dans le vide sec à 100°. Il est dextrogyre, et son pouvoir rotatoire, indépendant de la concentration entre 2 et 20 p. 100, est, d'après Brown, Morris et Millar, de $[\alpha]_D = + 137°,9$ pour le maltose anhydre à 15°,5.

Le maltose ($C^{12}H^{22}O^{11}$) réduit la liqueur de Fehling, mais son pouvoir réducteur n'est que les deux tiers à peine de celui du glucose. Chauffé à l'ébullition avec un acide minéral étendu, il se transforme en glucose : cette inversion est moins facile que celle du saccharose. L'hydrolyse du maltose peut également avoir lieu sous l'action d'une diastase spéciale, la maltase, sécrétée par beaucoup de microbes. Traité au bain-marie par l'acétate de phényl-hydrazine, il donne une phénylmaltosazone qui apparaît par refroidissement sous forme de cristaux tabulaires groupés en rosaces, fondant à 198°, solubles dans l'eau chaude et dans l'acétone mélangée de son volume d'eau. Ces derniers caractères permettent de le reconnaître en présence du glucose, dont l'osazone présente comme nous l'avons vu plus haut, des propriétés nettement différentes.

Le maltose fermente facilement sous l'action des microbes qui sécrètent la maltase capable de l'hydrolyser. Tel est le cas des levures de bière et d'un grand nombre de bactéries.

Isomaltose. — L'*isomaltose* ($C^{12}H^{22}O^{11}$), découvert par Fischer, est un produit de condensation du glucose qui apparaît quand on traite ce sucre par les acides concentrés, à la température ordinaire. On le rencontre dans les glucoses du commerce. Son pouvoir rotatoire est, d'après Ost, de $[\alpha]_D = + 70°$. Il n'est pas attaqué par les levures. Lintner et Düll ont prétendu que l'isomaltose se forme comme produit intermédiaire entre le maltose et les dextrines dans la saccharification de l'amidon par la diastase ou par l'acide oxalique étendu. Ces auteurs lui attribuent le pouvoir rotatoire $[\alpha]_D = + 140°$ et la faculté d'être attaqué lentement par les levures : il jouerait ainsi un rôle essentiel dans la fermentation complémentaire de la bière. Mais ces conclusions ont été fortement contestées par beaucoup d'auteurs, notamment par Brown et Morris, Ling et Baker, et Ost, et elles ne paraissent pas exactes. Il est probable que l'isomaltose de Lintner et Düll n'est qu'un mélange de maltose avec des dextrines : il ne se formerait donc pas d'isomaltose dans la saccharification de l'amidon par la diastase ou par l'acide oxalique étendu (Ost).

Raffinose. — Le *raffinose* se rencontre dans la betterave et principalement dans les mélasses. Il cristallise, avec cinq molécules d'eau, en petites aiguilles solubles dans l'eau, très peu solubles dans l'alcool ordinaire. Il est dextrogyre et son pouvoir rotatoire $[\alpha]_D = + 104°$.

Le raffinose ($C^{18}H^{32}O^{16} + 5 H^2O$) est un trisaccharide ou triose, combinaison triple de glucose, de lévulose et de galactose. Il ne réduit pas la liqueur de Fehling. Sous l'action des acides, il est hydrolysé d'abord à l'état de lévulose et de mélibiose, puis le mélibiose se dédouble à son tour en glucose et galactose. Il est plus ou moins fermentescible suivant les espèces de levures : les levures hautes le dédoublent en lévulose qui fermente et en mélibiose qui reste inattaqué. Au contraire, les levures basses le font fermenter complètement en dédoublant le mélibiose en glucose et galactose qui fermentent (Bau).

Amidon. — L'*amidon* existe dans toutes les plantes, et notamment dans la plupart des grains, constituant ainsi la matière première d'un grand nombre d'industries. Examiné au microscope, il se présente sous l'aspect de granules de forme sphérique, elliptique ou irrégulière, suivant l'espèce de la plante dont il provient (fig. 1 à 9). Souvent on distingue, dans ces granules, des couches concentriques groupées autour d'un point appelé *hile* ; ces couches paraissent correspondre à des degrés divers d'hydratation et de compacité du grain d'amidon.

L'amidon est insoluble dans l'eau froide. Chauffé avec de l'eau, il se gonfle et se transforme en une gelée qu'on appelle *empois*. La température à laquelle l'amidon se transforme en empois varie avec sa provenance, avec son état physique et avec les propriétés du milieu dans lequel se fait le chauffage. La formation d'empois n'est complète qu'à une température qui varie de 65° à 85°. Boidin, puis Fernbach et Wolff ont montré que la viscosité des empois de fécule est influencée par des modifications très minimes dans la nature des sels qui accompagnent l'amidon et dans la réaction du milieu : par exemple la présence de la chaux, de la soude, de la magnésie, de l'ammoniaque augmente la viscosité des empois.

Quand on abandonne à lui-même un empois d'amidon

transparent, on constate qu'au bout d'un certain temps il devient opaque. Ce phénomène a été observé pour la première fois par Maquenne, qui lui a donné le nom de *rétrogradation* : il est dû à une précipitation lente qui

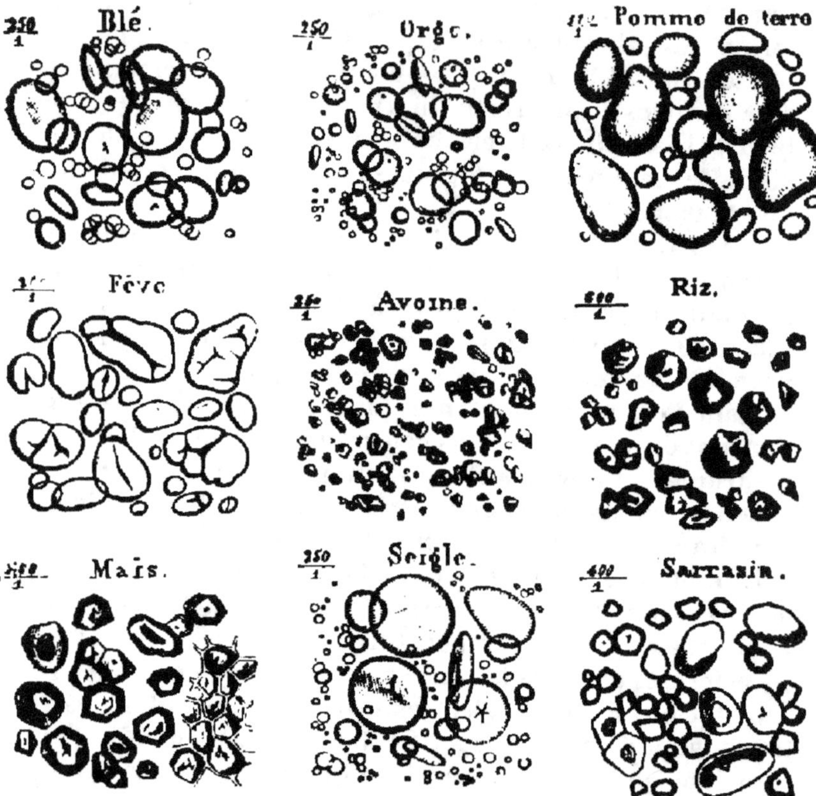

Fig. 1 à 9. — Différents grains d'amidon.

s'effectue en dehors de toute action biologique, et par laquelle l'amidon ainsi rétrogradé tend à reprendre une forme voisine de celle qu'il présente à l'état cru. En outre, Fernbach et Wolff ont démontré l'existence, dans le malt et dans les céréales vertes, d'une diastase particulière, l'*amylo-coagulase*, qui a la propriété de coaguler l'empois de fécule liquéfié par la diastase, et de précipiter rapidement de l'amidon sous une forme qui présente beaucoup d'analogie avec l'amidon rétrogradé de Maquenne.

L'amidon $[(C^6H^{10}O^5)^n]$ appartient, avec les dextrines et la cellulose, au groupe des polysaccharides complexes, dont le poids moléculaire est encore inconnu, et qui se dédoublent sous l'action des acides en plusieurs molécules de sucres réducteurs. La constitution chimique du grain d'amidon naturel n'est pas établie avec certitude. Nægeli a distingué le premier deux substances dans le grain d'amidon : la *granulose*, qui forme la majeure partie du grain, soluble dans l'eau, bleuissant par l'iode et se saccharifiant facilement par la diastase, et l'*amylocellulose*, en très petite quantité (3 p. 100 environ), insoluble dans l'eau, difficilement attaquable par les acides et par la diastase, et ne bleuissant pas par l'iode. Bourquelot pense au contraire que l'amidon naturel renferme un grand nombre d'hydrates de carbone différents, plus ou moins facilement hydrolysables. Enfin, récemment, Maquenne et Roux ont constaté que l'amylocellulose est identique à l'ancienne granulose, et ils considèrent l'amidon naturel comme un mélange de deux substances différentes : l'*amylose* et l'*amylo-pectine*. L'amylose, ou amidon vrai, est identique à l'amylocellulose de Nægeli ; elle est entièrement soluble dans l'eau surchauffée sans fournir jamais d'empois ; à l'état dissous, elle bleuit par l'iode et se transforme entièrement en maltose sous l'action du malt à basse température ; à l'état solide, elle résiste sans altération ni changement de couleur à ces deux réactifs. Elle est très abondante et constitue 80 p. 100 du grain d'amidon, au lieu de 3 p. 100, comme on l'admet ordinairement. En réalité, cette amylose est formée par une série de composés très voisins qui diffèrent entre eux par leur solubilité plus ou moins grande dans l'eau, ce qui confirme l'opinion déjà citée de Bourquelot. L'amylopectine est un corps mucilagineux, appartenant à la classe des maltosanes, non colorable par l'iode, même à l'état liquide. C'est elle qui se gonfle et cause la formation d'empois sous l'action de l'eau bouillante. Elle est transformable par la diastase en maltose quand les conditions sont favorables, mais beaucoup plus lentement que les amyloses et peut-être sous l'action d'une diastase spéciale (Maquenne et Roux).

Les acides étendus, à l'ébullition, transforment l'amidon d'abord en amidon soluble, puis en dextrines et enfin en glucose, avec de petites quantités d'isomaltose. Toutefois, dans l'hydrolyse par l'acide oxalique, Ost n'a pas pu constater la présence de l'isomaltose signalé par Lintner et Düll.

La diastase saccharifiante hydrolyse l'amidon en donnant du maltose et des dextrines : nous reviendrons spécialement sur cette question dans l'étude des diastases.

L'amidon naturel en suspension dans l'eau ou à l'état d'empois donne au contact d'une solution d'iode une coloration bleue intense. Cette coloration disparaît à chaud.

Dextrines. — Les *dextrines* sont des substances qui se forment dans la saccharification de l'amidon par la diastase ou par les acides. Elles sont très nombreuses et très différentes les unes des autres, mais elles présentent toutes certains caractères communs, notamment la solubilité dans l'eau, la coagulation par l'alcool fort sous forme d'une masse blanche amorphe, le pouvoir rotatoire dextrogyre et la transformation en glucose par les acides étendus et bouillants. Toutes ces dextrines sont très difficiles à séparer, aussi leur étude est-elle encore confuse.

On a distingué parmi les dextrines : les *amylodextrines*, les *érythrodextrines* et les *achroodextrines* suivant l'action de l'iode qui colore les premières en bleu, les deuxièmes

en rouge et ne colore pas les dernières. Mais, d'après
Duclaux, ces distinctions ne paraissent pas correspondre
à des différences d'ordre chimique, mais simplement à
des différences dans l'état physique, de sorte qu'il ne faut
pas leur attribuer trop d'importance.

L'*amidon soluble* constitue le premier terme de l'action
de la diastase saccharifiante ou des acides sur l'amidon
en empois. On l'obtient facilement en chauffant une
solution à 2 p. 100 d'amidon sec pendant trois heures à
l'autoclave à 2,5 atmosphères de pression (Thomas).
Nægeli a décrit aussi sous le nom d'amylodextrine une
substance obtenue par l'action prolongée des acides
minéraux dilués sur l'amidon cru, à froid ; mais Brown
et Morris considèrent ce corps comme une combinaison
de dextrine et de maltose, différente de l'amidon soluble.
L'amidon soluble se dissout facilement dans l'eau chaude,
se colore en bleu par l'iode et ne réduit pas la liqueur de
Fehling. Son pouvoir rotatoire $[\alpha]^{j}$ est de $+195°$ d'après
Brown et Héron. Il n'est pas fermentescible par les
levures, mais d'autres microbes peuvent l'attaquer,
notamment beaucoup de mucédinées.

Les *érythrodextrines* se colorent en rouge par l'iode et
se forment au début de l'action des acides sur l'amidon
et dans la saccharification par la diastase. Plusieurs érythrodextrines ont été décrites, notamment par O' Sullivan, Bondonneau, Lintner et Düll ; mais Ost et beaucoup
d'autres auteurs considèrent ces corps comme de simples
mélanges d'amidon soluble et d'achroodextrines, et il est
probable que cette dernière opinion est exacte.

Les *achroodextrines* se forment dans l'attaque plus
prolongée de l'amidon par les acides ou la diastase. Elles
ne se colorent plus par l'iode. On en distingue également
plusieurs espèces. Musculus et Grüber en ont décrit trois
dont les pouvoirs rotatoires $[\alpha]_D$ sont respectivement
$+210°$, $+190°$, et $+150°$. Bondonneau en a signalé deux.
Lintner et Düll en ont également décrit deux : l'achroo-

dextrine I $(C^{12}H^{20}O^{10})^6 + H^2O$, dont le pouvoir rotatoire $[\alpha]_D = +192°$ et dont le pouvoir réducteur est de 12, celui du maltose étant pris égal à 100 ; et l'achroodextrine II $(C^{12}H^{20}O^{10})^3 + H^2O$, dont le pouvoir rotatoire $[\alpha]_D = +180°$ et dont le pouvoir réducteur est de 26,5. Prior et Weigmann en ont décrit une troisième : l'achroodextrine III dont le pouvoir rotatoire $[\alpha]_D = +171°,1$ et dont le pouvoir réducteur est de 42,5.

D'après Brown et Millar, la dextrine qui se forme au début de la saccharification diastasique a pour pouvoir rotatoire $[\alpha]_D = +195°$; son pouvoir réducteur est très faible, et elle est très lentement attaquée par la diastase, d'où le nom de *dextrine stable* qui lui a été donné.

Certains auteurs ont décrit sous le nom de *maltodextrines* des composés définis de maltose et de dextrine qui se forment pendant la saccharification de l'amidon par la diastase du malt. Herzfeld, Brown et Morris, Ling et Baker en ont obtenu plusieurs variétés. On a caractérisé notamment : la maltodextrine α (Brown et Morris, Ling et Baker) dont le pouvoir rotatoire $[\alpha]_D = +180°$ et dont le pouvoir réducteur est égal à 32,8 ; elle paraît voisine de l'achroodextrine II de Lintner et Düll; la maltodextrine β, dont le pouvoir rotatoire $[\alpha]_D = +172°$, dont le pouvoir réducteur est de 43, et qui semble identique à l'achroodextrine III de Prior et Weigmann ; la maltodextrine γ, isolée par Grüters, pour laquelle $[\alpha]_D = +160°$ et dont le pouvoir rotatoire est égal à 60.

Toutes ces dextrines se transforment en glucose sous l'action des acides étendus bouillants, et en maltose sous l'action de la diastase quand les conditions sont favorables. Elles fermentent plus ou moins suivant la nature des levures. Il y a des levures qui n'attaquent que certaines dextrines, d'autres les attaquent toutes, d'autres enfin n'en attaquent aucune.

Duclaux considère tous ces corps décrits sous les noms d'érythrodextrines, d'achroodextrines, d'amylodextrines et de maltodextrines comme de simples mélanges de maltose et de dextrines, et nullement comme des composés définis. Il n'admet qu'une seule classe de dextrines, caractérisées par la solubilité dans l'eau, la précipitation par l'alcool fort, le pouvoir rotatoire voisin de $+202°$, et le pouvoir réducteur nul, dextrines qui présentent entre elles des différences d'arrangement moléculaire et de compacité analogues à celles qui existent très probablement aussi chez les divers amidons dont elles proviennent.

On voit par ce qui précède que l'étude des dextrines est encore assez peu avancée, à cause des difficultés qu'on rencontre dans l'isolement et la purification de ces substances complexes.

Cellulose. — La *cellulose*, $[(C^6H^{10}O^5)^n]$, constitue la majeure partie des tissus végétaux, mélangée d'autres substances insolubles. Elle ne se dissout dans aucun réactif, sauf dans celui de Schweizer (solution ammoniacale d'oxyde de cuivre). Sa constitution chimique est encore inconnue. Les acides suffisamment concentrés, à chaud, la transforment partiellement en composés dextriniformes, puis finalement en glucose. La cellulose est accompagnée dans les plantes de certaines substances furfurogènes, appelées *hémi-celluloses*, qui donnent du furfurol par distillation avec l'acide chlorhydrique étendu.

Pentosanes. — Les *pentosanes* $[(C^5H^8O^4)^n]$ sont très répandus dans les plantes. Ces corps occupent dans la série des polypentoses une place analogue à l'amidon, aux dextrines et à la cellulose dans la série des polyhexoses. Par distillation avec les acides minéraux étendus, ils donnent du furfurol. Ils ne réduisent pas la liqueur de Fehling, mais hydrolysés par les acides, ils donnent des sucres à cinq atomes de carbone, notamment de l'*arabinose* ou du *xylose* qui réduisent cette liqueur et ne sont pas fermentescibles.

II. — MATIÈRES AZOTÉES.

Les matières azotées qu'on rencontre dans les liquides organiques fermentescibles appartiennent principalement à la classe des matières albuminoïdes, des peptones et des corps amidés.

Matières albuminoïdes. — Les *matières albuminoïdes* forment un groupe très complexe dont l'étude est encore peu avancée. Elles sont composées de carbone, d'oxygène, d'hydrogène, d'azote et de soufre : leur teneur en azote varie de 15,18 à 18,7 p. 100, mais on admet le plus souvent, pour les analyses, une teneur moyenne de 16 p. 100 d'azote. Leur constitution chimique exacte n'est pas encore connue, et leur étude se borne jusqu'ici à leurs réactions les plus importantes et à leurs produits de dédoublement.

Elles sont précipitées de leurs solutions par les acides minéraux concentrés, par le ferrocyanure de potassium et l'acide acétique, par l'acide phosphotungstique, par le tanin, par l'hydrate de protoxyde de cuivre et par la plupart des sels des métaux lourds. Chauffées avec une solution de nitrate de mercure additionnée de quelques gouttes d'acide nitrique fumant, elles donnent une coloration rouge violet (réaction de Millon). En présence de potasse, l'addition de sulfate de cuivre produit avec les matières albuminoïdes une coloration violette.

Les matières albuminoïdes des végétaux se rapprochent beaucoup de celles des animaux, mais les albuminoïdes d'origine végétale sont encore plus mal connues que celles qui sont d'origine animale. On peut cependant distinguer parmi elles, d'après Lambling, les albumines, les caséines, les fibrines et les globulines.

Les *albumines* végétales sont solubles dans l'eau, sans le concours d'une base, d'un acide ou d'un sel neutre ou alcalin. En outre, elles sont coagulables par la chaleur, de 55°

à 75°. Elles sont très abondantes dans les tissus végétaux.

Les *caséines* végétales sont insolubles dans l'eau et dans les dissolutions salines, mais elles sont solubles dans les acides et dans les alcalis étendus, et sont coagulables à chaud. A ce groupe se rattachent la *gluten-caséine*, la *conglutine*, la *légumine*, très abondantes dans les grains d'orge, de seigle, de maïs, etc.

Les *fibrines* végétales sont insolubles dans l'eau et dans l'alcool absolu, mais solubles dans l'alcool aqueux et coagulables à chaud ; elles sont assez abondantes dans les graines sous la forme de *gluten-fibrine*, de *gliadine* et de *mucédine*.

Enfin les *globulines* végétales se dissolvent sensiblement dans l'eau pure, à l'inverse des globulines animales ; le sel marin les précipite d'abord de cette dissolution, mais un excès les redissout facilement et un plus fort excès les précipite de nouveau. Elles se coagulent en partie par la chaleur. Elles sont très répandues dans le règne végétal, et on en rencontre dans toutes les matières premières de la brasserie et de la distillerie.

Peptones. —-Les *peptones* se rapprochent beaucoup des matières albuminoïdes, mais elles présentent certains caractères qui permettent de les distinguer nettement de ces dernières. Elles sont solubles dans l'eau, et elles ne sont pas coagulables par la chaleur. Elles ne sont précipitées ni par l'acide azotique, ni par le ferrocyanure de potassium, ni par les sels de cuivre ; mais l'acide phosphotungstique les précipite à l'état floconneux. En présence des alcalis, l'addition de quelques gouttes d'une solution de sulfate de cuivre produit avec les peptones une coloration rouge (réaction du biuret), tandis qu'avec les matières albuminoïdes on obtient une coloration violette. Les peptones se rencontrent fréquemment dans les végétaux (pommes de terre, betteraves, etc.).

Corps amidés. — On trouve dans ce groupe les corps qui proviennent du dédoublement des albuminoïdes et des peptones sous l'action des diastases ou des microbes. Ils comprennent des amides, notamment l'*asparagine*, et des acides amidés tels que la *leucine*, l'*acide aspartique*, etc. Ces corps sont cristallisables, solubles dans l'eau. L'hydrate de protoxyde de cuivre ne les précipite pas, ce qui permet de les séparer des matières albuminoïdes. En présence de l'acide nitreux, ils se décomposent en dégageant de l'azote, ce qui permet de les doser. Ces corps présentent une grande importance dans les liquides fermentescibles pour la nutrition azotée des levures.

NOTIONS BACTÉRIOLOGIQUES

I. — NOTIONS GÉNÉRALES SUR LES MICROBES.

Parmi les nombreux microorganismes que nous connaissons aujourd'hui, quelques-uns présentent pour l'industriel un intérêt considérable. Il importe donc de connaître d'abord les propriétés générales des microbes qui jouent le principal rôle dans les industries de fermentation.

1° Principales formes microbiennes.

Les *microbes* sont des êtres unicellulaires, privés de chlorophylle, et assez petits pour n'être visibles qu'à l'aide du microscope. On a cru pendant longtemps qu'ils naissaient spontanément dans les liquides organiques, mais nous savons aujourd'hui, grâce aux découvertes de Pasteur, que le développement d'un organisme dans un liquide provient toujours de la présence, dans ce liquide, d'un être semblable à lui.

Quand on examine au microscope une cellule microbienne, on constate qu'elle est formée en général d'une enveloppe mince contenant une substance demi-fluide, plus ou moins granuleuse, qu'on appelle le *protoplasma*.

La forme de l'enveloppe est extrêmement variable et on l'utilise comme moyen de classification des microbes.

Classification et modes de reproduction des microbes. — Les microbes qui intéressent les industries agricoles peuvent se ranger dans trois groupes principaux : les *Bactériacées*, les *Mucédinées* et les *Gymnoascées*.

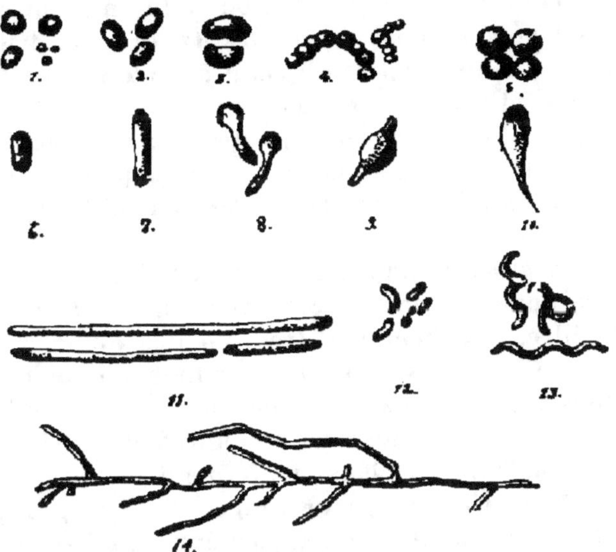

Fig. 10. — Formes diverses de bactéries.

1, 2, 3, 4, 5, cocci de différentes formes et grosseurs ; 6, court bâtonnet ; 7, long bâtonnet, 8, 9, formes renflées ; 10, formes en massue ; 11, filament ; 12, formes en virgules ; 13, formes spiralées ; 14, filament ramifié.

Au point de vue botanique, tous ces êtres font partie de l'embranchement des *Thallophytes* : le premier groupe appartient à la classe des *Algues*, les deux autres à celle des *Champignons*. Les formes de tous ces organismes sont très variées et nous n'indiquerons ici que celles qui présentent un intérêt industriel.

Bactériacées. — Les êtres qui appartiennent à ce groupe se reproduisent par *scissiparité*, c'est-à-dire par allongement suivi d'une segmentation transversale. On peut les diviser en trois genres principaux : les *Coccacées*, les *Bacillées* et les *Spirobactéries* (fig. 10).

Parmi les *Coccacées* on distingue la forme sphérique à cellules isolées (*microcoque*), ou associées deux par deux (*diplocoque*), ou réunies en chapelets (*streptocoque*), ou groupées par quatre en carrés (*mérismopédie*), ou par huit en ballot cubique (*sarcine*), ou enfin en grappes irrégulières (*staphylocoque*). Parmi les *Bacillées*, on distingue les *bacilles*, dont l'aspect est celui de bâtonnets allongés rectilignes, et les *bactéries* également en forme de bâtonnets, mais plus courts et plus trapus. Ces bacilles ou bactéries peuvent rester isolés, ou se réunir en chaînes parfois très longues (*strepto-bacilles*). Parmi les *Spirobactéries*, on rencontre particulièrement les *vibrions*, qui sont des bacilles incurvés en forme de virgule.

Ce groupe des Bactériacées renferme, surtout chez les Bacillées, beaucoup d'êtres mobiles qu'on voit au microscope osciller sur place ou se mouvoir rapidement dans tous les sens. On trouve parmi les Bactériacées un grand nombre d'organismes de putréfaction et de ferments de maladies des boissons fermentées.

Mucédinées. — On peut ranger dans ce groupe la plupart des *moisissures*, qui appartiennent à des familles botaniques très variées. Les moisissures sont des végétaux microscopiques qu'on rencontre le plus souvent sur les matières organiques en décomposition, qu'ils recouvrent d'une masse de filaments grêles entrelacés, constituant ce qu'on appelle le *mycélium*. Ce mycélium, qui est l'agent de nutrition de la plante, donne naissance, soit dans son épaisseur même, soit à l'extrémité de tubes aériens, à des *spores*, qui ont pour but d'assurer la dissémination de l'espèce et sa reproduction. La figure 11 représente une de ces moisissures les plus répandues, le *Penicillium glaucum*, qui recouvre d'une couche verdâtre les substances sur lesquelles il végète. Les principales familles qui intéressent les industries de fermentation sont celles des *Mucorinées* et des *Périsporiacées* : nous les retrouverons plus loin à cause de leur utilisation industrielle.

Gymnoascées. — Ce groupe, qui appartient à l'ordre des *Ascomycètes*, renferme la plupart des *levures* ou ferments alcooliques. Examinée au microscope, la levure se présente sous la forme de cellules sphériques ou ovales, tantôt isolées, tantôt réunies, beaucoup plus grosses que les bacilles (fig. 12). A l'intérieur, on distingue le protoplasma homogène chez les globules jeunes, granuleux chez les vieilles cellules. La reproduction se fait le plus souvent par *bourgeonnement* : quand l'organisme est en pleine activité vitale, on voit se former en un point de la paroi de la cellule un petit mamelon qui grossit peu à peu et atteint au bout de quarante à cinquante minutes la grosseur du globule qui lui a donné naissance. Il s'en détache alors ou lui reste uni, mais il est désormais capable de proliférer à son tour.

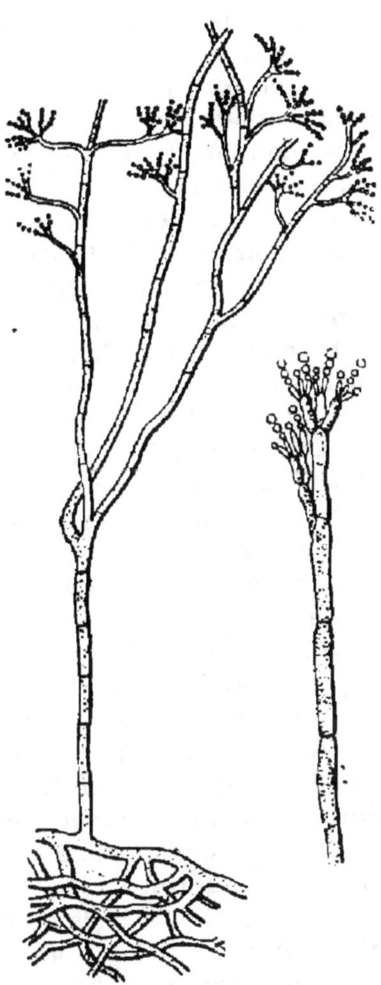

Fig. 11. — *Penicillium glaucum.*

A ce groupe des Gymnoascées appartiennent la plupart des levures de vin, de cidre, de bière, etc.

Reproduction par spores. — Presque tous les microbes peuvent se reproduire aussi par spores. Les *spores* sont des corpuscules arrondis qui apparaissent quand l'espèce est placée dans des conditions défavorables, notamment quand la matière alimentaire vient à lui faire défaut.

Chez les bacilles, le protoplasma devient granuleux ; on voit apparaître à l'intérieur, tantôt à l'extrémité, tantôt au milieu, un point brillant, très réfringent, qui augmente peu à peu de volume. Bientôt l'enveloppe du bacille se disloque et le corpuscule réfringent, qui constitue la spore, est mis en liberté. Placée dans un milieu convenable, cette spore germe et reproduit un être semblable à celui dont elle provient.

Chez les mucédinées, il existe aussi, en dehors des modes de reproduction sexuée spéciaux à chaque famille, une reproduction par spores. Les mucédinées peuvent donner à l'extrémité de colonnettes, des spores aériennes très nombreuses (fig. 11), tantôt libres, tantôt renfermées dans un *sporange*. Certaines espèces donnent également des *spores mycéliennes*. Dans ce cas, il se produit sur certains filaments mycéliens des renflements qui s'isolent par deux cloisons, s'arrondissent et se séparent bientôt du filament qui les a formés.

Enfin les levures peuvent également se reproduire par spores quand on soumet des cellules jeunes à l'inanition. On voit alors se former, à l'intérieur de ces cellules, au bout d'un temps variable, trois ou quatre globules plus réfringents, ordinairement de forme ronde : ce sont les spores de la levure (fig. 12). Mises dans un milieu nutritif, ces spores germent et donnent naissance à un globule de levure (fig. 12).

La spore est une forme de résistance qui est très importante pour la dissémination et la reproduction des

espèces microbiennes : elle supporte en effet, beaucoup
mieux que l'adulte, toutes les influences nocives, telles
que la dessiccation, la lumière, la chaleur, et elle cons-

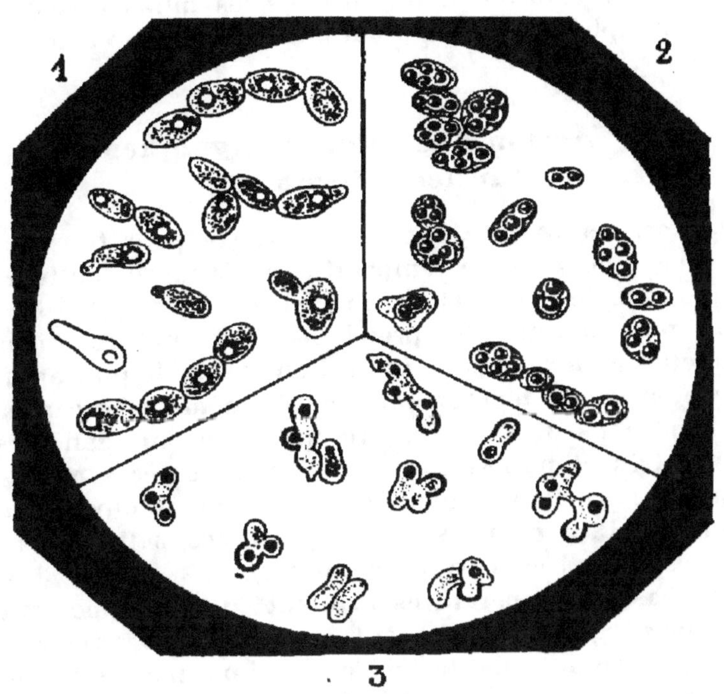

Fig. 12.

1, levure bourgeonnante ; 2, levure sporulée ; 3, spores bourgeonnantes.

titue par suite un organe essentiel de conservation de
l'espèce.

Pléomorphisme. — Il ne faut pas attribuer une trop
grande importance à ces caractères morphologiques des
microbes. Une même espèce peut en effet se présenter
sous des formes très variées, suivant l'âge de la culture
et la composition chimique du milieu. Dans les vieilles
cultures on rencontre fréquemment des formes très

différentes, qui proviennent cependant toutes d'une espèce unique. De même, certaines levures qui se présentent sous la forme ronde dans les milieux neutres, prennent une forme allongée dans les milieux acides. Le même phénomène se produit avec beaucoup d'autres microbes.

2° Action des agents physiques sur les microbes.

Action de la chaleur. — Il existe pour tous les microbes une zone de températures optima de culture, et une zone de températures mortelles.

La zone optima comprend les températures pour lesquelles le développement de l'espèce est le plus actif. Elle peut varier légèrement pour la même espèce avec les conditions de culture. Elle varie surtout, dans des limites très étendues, avec les diverses espèces microbiennes : certains microbes ont leur température optima à 15°, d'autres à 37° (microbes pathogènes), d'autres à 70° (bactéries thermophiles).

Les basses températures arrêtent le développement des microorganismes d'autant plus vite qu'on descend davantage au-dessous de la zone optima, mais elles ne nuisent pas à leur vitalité, car les microbes se multiplient de nouveau quand on les remet dans des conditions favorables. Piclet a pu ainsi refroidir à — 130° pendant huit jours des cellules de levure sans les incommoder.

Au contraire, les températures supérieures à la zone optima deviennent très vite dangereuses pour les espèces microbiennes, dès qu'on s'élève légèrement au-dessus de l'optimum. Le développement se fait d'abord moins bien, puis il cesse et on atteint bientôt une température mortelle pour l'espèce. Cette température mortelle varie d'abord avec l'état du microbe : la spore périt à une température plus élevée que le microbe lui-même ; en outre, les espèces supportent à l'état sec un chauffage plus fort qu'à l'état humide. La température mortelle varie ensuite avec la durée du chauffage : l'action nocive d'une température élevée est d'autant plus grande qu'elle est prolongée plus longtemps, de sorte qu'un long séjour à une température qui dépasse légèrement l'optimum peut amener la mort aussi bien qu'un court séjour à une température plus élevée. Enfin la température mortelle dépend aussi de la nature du milieu dans lequel se fait le chauffage : les microbes sont en général beaucoup plus sensibles à l'action de la chaleur en milieu acide qu'en milieu neutre.

Les chiffres extrêmes pour la résistance des microbes à la chaleur sont de 115° à l'état humide et de 155° à l'état sec ; au delà de ces températures, tous les microbes sont détruits, même à l'état sporulé. Les levures sont beaucoup moins résistantes : leurs globules périssent à 45°-65° à l'état humide, et à 95°-105° à l'état sec ; leurs spores humides à 65°-75°, et sèches à 105°-110°.

Action de l'électricité et de la lumière. — L'électricité agit sur les microbes principalement par les actions calorifiques et chimiques qui l'accompagnent.

La lumière gêne en général le développement des microbes : elle les tue même très rapidement quand elle est intense. C'est ainsi que la lumière solaire constitue un agent hygiénique puissant qui détruit dans l'air la majeure partie des microbes qui y sont versés.

3° Principes généraux de la technique bactériologique.

Pour cultiver les microbes à l'état pur, il est nécessaire de détruire au préalable tous ceux qui se trouvent sur les solides et dans les liquides destinés à leur culture. Cette opération porte le nom de *stérilisation*.

Stérilisation des solides. — Elle se fait très aisément en chauffant dans un poêle à gaz ou *flambeur* les objets à stériliser (matras, tubes, pipettes, etc.), à 170°, ce qui assure la destruction de tous les microbes en milieu sec. Pour éviter l'entrée des germes de l'air pendant le refroidissement, les objets doivent être bouchés par un tampon de coton, qui laisse passer l'air, mais arrête toutes les poussières.

Stérilisation des liquides. — Elle peut se faire par filtration ou par chauffage. La filtration est surtout applicable aux liquides que la chaleur altère. Elle consiste à faire passer le liquide par aspiration ou par pression à travers des bougies de porcelaine poreuse (bougies *Chamberland*), préalablement flambées. Le liquide filtré se réunit dans un ballon stérile relié à la bougie.

Le chauffage est beaucoup plus fréquemment employé : il se fait à l'*autoclave*, sorte de marmite de Papin, renfermant un peu d'eau et fermée par un couvercle boulonné et muni d'un robinet. On y introduit les flacons renfermant les liquides à stériliser, bouchés par un tampon de coton, puis on boulonne et on chauffe. On chasse d'abord l'air par l'ébullition, puis on ferme le robinet supérieur et on monte à une atmosphère de pression, ce qui correspond à une température de 120°. On maintient cette pression pendant dix minutes, ce qui assure la destruction de tous les germes en milieu humide ; puis on laisse refroidir et on obtient ainsi des liquides stériles.

Milieux de culture. — Les liquides de culture employés sont extrêmement nombreux. Les plus usités sont le bouillon de viande et le lait pour les bacilles ; les moûts sucrés comme le jus de raisin, l'eau de touraillons sucrée et le moût de bière pour les levures. On se sert beaucoup aussi des milieux de culture solides, notamment des milieux gélatinés et gélosés. Les milieux gélatinés se préparent en ajoutant aux liquides de culture 8 à 10 p. 100 de gélatine. Après collage et filtration à chaud, on stérilise par trois chauffages successifs de cinq minutes à 100°. Ces milieux, qui ont la faculté de se liquéfier à 30-35° et de se solidifier par refroidissement, sont très souvent utilisés pour la séparation des microbes à l'état pur. Les milieux gélosés présentent les mêmes avantages, mais ils ne se liquéfient qu'à 40-45°. On les prépare comme les milieux gélatinés, en ajoutant 1,5 p. 100 de gélose, collant et stérilisant à l'autoclave à 120°.

Culture et séparation des microbes. — La culture des microbes se fait très simplement dans ces milieux liquides ou solides. L'ensemencement exige quelques précautions pour éviter l'introduction des microbes étrangers : il se fait avec une pipette effilée ou avec un fil de platine flambé. La culture dans des vases bouchés simplement par un tampon de coton peut être appliquée à la majeure partie des microbes ; cependant certaines espèces, dites *anaérobies*, ne se développent pas au contact de l'air. On emploie alors des tubes spéciaux (fig. 13) dans lesquels on fait le vide ou qu'on remplit avec un gaz inerte après avoir ensemencé dans le milieu le microbe anaérobie à cultiver.

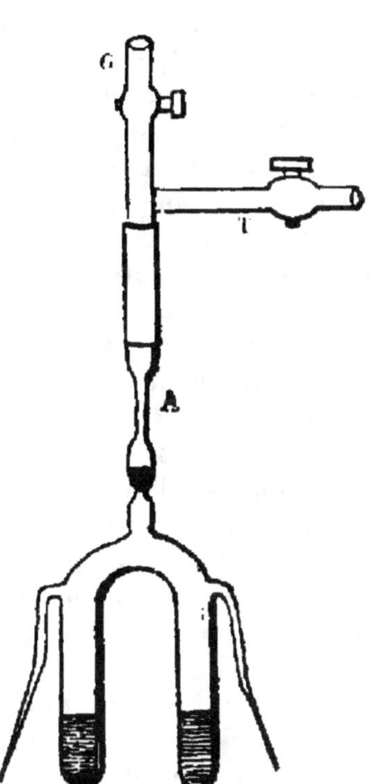

Fig. 13. — Appareil de Roux pour la culture des microbes anaérobies.

Les cultures sont le plus souvent placées dans une étuve à température constante, réglée au degré voulu : 25° pour les levures, 37° pour les microbes pathogènes.

La séparation des diverses espèces microbiennes se fait le plus souvent au moyen des milieux gélatinés. On dilue dans de l'eau stérilisée quelques gouttes de la culture qui contient les espèces à séparer, puis on fait tomber deux ou trois gouttes de cette dilution dans un tube de milieu gélatiné, rendu liquide par chauffage à 35° environ. On agite vivement, et on prélève de nouveau une goutte de ce tube, qu'on fait tomber dans un deuxième tube semblable : une goutte de ce deuxième tube sert à en ensemencer un troisième, et on fait ainsi trois ou quatre dilutions successives pour ne pas avoir trop de cellules dans les tubes. On verse alors la gélatine encore liquide dans de petites boites plates en verre, dites *boîtes de Pétri*, munies d'un couvercle et flambées. Le milieu fait prise par le refroidissement, et les cellules microbiennes isolées vont se multiplier à la place où elles ont été fixées par la solidification de la gélatine, en formant bientôt des *colonies* visibles à l'œil nu. Il suffit d'aller piquer avec un fil de platine flambé une de ces colonies et d'en transporter une parcelle imperceptible dans un matras contenant un milieu de culture stérile. La même méthode permet de compter les microbes aérobies contenus dans une goutte de liquide, chaque colonie représentant un germe.

La séparation des microbes anaérobies se fait d'après les mêmes principes, soit dans des tubes où on fait le vide, soit sur plaques qu'on place dans des cloches à vide, ou remplies d'un gaz inerte.

<h3 style="text-align:center">4° Alimentation des microbes.
Antiseptiques.</h3>

Alimentation des microbes. — Les microbes ne possèdent pas de chlorophylle : ils sont donc incapables d'utiliser l'énergie solaire, comme les végétaux supérieurs, pour créer leurs matières alimentaires aux dépens des éléments simples.

Leurs aliments doivent être capables de leur fournir, en se décomposant, la chaleur nécessaire pour rendre ces microorganismes indépendants de la chaleur solaire. En outre, l'expérience montre que les microbes sont en général très difficiles pour le choix de leurs matières alimentaires : chaque espèce ne s'attaque qu'à un petit nombre d'aliments et les espèces qui ont la même matière ne la décomposent pas toutes de la même façon.

Les microbes ont besoin d'aliments minéraux, hydrocarbonés et azotés.

Alimentation minérale. — L'analyse des cellules microbiennes montre qu'elles contiennent toujours des cendres. Les matières minérales sont donc nécessaires aux microbes. L'acide phosphorique et la potasse sont indispensables ; la magnésie, la chaux, le soufre, le fer sont très utiles. Les microbes sont parfois très sensibles à la présence de certains éléments minéraux à doses extrèmement faibles. Raulin a montré ainsi que l'addition de quelques milligrammes de zinc, par litre, au liquide nutritif dans lequel on cultive une mucédinée particulière, l'*Aspergillus niger*, suffit pour décupler le poids de récolte de cette espèce.

Alimentation hydrocarbonée. — Les aliments hydrocarbonés de prédilection pour les microbes sont les sucres. Un microbe déterminé peut assimiler certains sucres et ne pas attaquer d'autres sucres voisins. Beaucoup d'autres matières hydrocarbonées peuvent servir d'aliments aux microbes, par exemple la cellulose, la glycérine, les sels organiques tels que les tartrates, les malates, les citrates, enfin l'amidon et un grand nombre d'autres substances capables de donner des sucres.

Certains aliments hydrocarbonés, comme le glucose, le lévulose sont directement assimilables par les microbes.

D'autres matières ne deviennent assimilables qu'après avoir subi une transformation préalable : ainsi le saccharose doit être hydrolysé à l'état de glucose et de lévulose pour devenir alimentaire. Ces dédoublements sont produits par des *diastases* que nous retrouverons plus loin. Ces substances hydrocarbonées ne sont donc assimilables par les microbes que si ceux-ci sécrètent les diastases capables de les transformer.

Alimentation azotée. — L'étude de la composition des microbes montre qu'ils contiennent de l'azote : un principe azoté est donc nécessaire à leur nutrition. Les matières azotées les plus variées peuvent être utilisées par les microorganismes, mais chaque espèce a son aliment de prédilection. L'albumine est alimentaire pour un grand nombre de microbes ; elle ne l'est pas pour d'autres, par exemple pour la levure. D'autres microbes attaquent la peptone, les amides, les acides amidés. Les sels ammoniacaux peuvent également servir à la nutrition azotée pourvu qu'ils soient accompagnés d'une matière organique ternaire. Les nitrates sont en général de mauvais aliments azotés.

Action de l'oxygène. — Certains microbes ont besoin pour leur développement, de la présence de l'oxygène : tel est le cas des ferments acétiques. Au contraire, d'autres microbes, comme les ferments butyriques, ne se développent bien qu'à l'abri de l'oxygène. On donne le nom de *microbes anaérobies stricts* à ceux qui ne peuvent pas supporter le contact de l'oxygène : nous en avons un exemple dans le vibrion butyrique découvert et étudié par Pasteur. Au contraire, on appelle *microbes aérobies* ceux qui ne peuvent vivre qu'au contact de l'air, par exemple le ferment acétique. Entre ces deux groupes se place celui des *microbes facultativement aérobies ou anaérobies*, qui peuvent vivre aussi bien en présence qu'en l'absence d'oxygène : tel est le cas des ferments lactiques.

Antiseptiques. — On peut appeler *antiseptique* toute substance capable de changer la marche d'une fermentation, soit en détruisant le microbe qui la produit, soit en modifiant le cours de son développement. Un microbe qui vit dans un milieu de culture y produit des substances qui le gènent et qui sont inattaquables par lui, à moins que les conditions ne viennent à changer. Ainsi l'alcool produit par la levure arrète son développement quand sa proportion dépasse certaines limites, variables avec les diverses levures. Il en est de même de l'acide lactique vis-à-vis des ferments lactiques. Les produits de la vie cellulaire des microbes constituent donc un premier groupe d'antiseptiques.

D'autres substances chimiques ont la propriété de détruire les microbes ou de s'opposer à leur multiplication dans les milieux de culture, par exemple le chloroforme, le formol, le toluène, le bichlorure de mercure, le sulfate de cuivre, l'hypochlorite de chaux, etc. L'action de ces substances varie d'abord avec les proportions relatives d'antiseptiques et de cellules microbiennes. Il suffit en effet d'une très faible dose d'antiseptique pour empêcher le développement d'un microbe qui vient d'être ensemencé; il en faut au contraire une dose beaucoup plus forte pour arrèter une fermentation en pleine marche. L'action des antiseptiques dépend également de la nature du microbe, de la composition chimique du milieu, de la température, et de la durée du contact avec le microbe.

Biernacki a montré que certains antiseptiques, à faible dose, favorisent le développement des microbes, tandis qu'ils le réduisent ou l'arrètent à des doses plus élevées. Tel est le cas du bichlorure de mercure, qui, à la dose de 3 milligrammes par litre, accélère nettement la fermentation alcoolique.

Effront a montré également que de petites doses de fluorure d'ammonium activent la multiplication de la levure. Ces phénomènes doivent être rattachés, soit à une action excitante de ces substances sur les diastases sécrétées par le microbe, soit à une influence analogue sur la multiplication du microbe considéré comme végétal.

On peut acclimater les microbes à certains antiseptiques. Ainsi Effront a montré qu'on parvient à accoutumer les levures à l'acide fluorhydrique en les cultivant dans des milieux où on augmente progressivement la dose d'antiseptique. Les levures ainsi acclimatées gardent leur accoutumance même après une série de cultures ; en outre elles donnent, quand on les cultive en milieu fluoré, une fermentation plus rapide avec une multiplication plus faible. Ces observations présentent une importance pratique considérable : elles ont permis, en distillerie, d'abord d'augmenter le rendement en alcool en réduisant la consommation de sucre occasionnée par la prolifération de la levure, ensuite d'introduire dans les moûts de l'acide fluorhydrique qui s'oppose au développement des ferments étrangers tout en permettant le travail de la levure acclimatée.

L'accoutumance peut se faire également avec d'autres antiseptiques, par exemple avec l'acide sulfureux ou les sulfites.

II. — NOTIONS GÉNÉRALES SUR LES DIASTASES

Les matières alimentaires auxquelles s'attaquent les microbes ne sont pas, pour la plupart, directement assimilables. Elles doivent subir des transformations préalables qui sont produites par des *diastases*, principes solubles sécrétés par les cellules vivantes. Le rôle de ces diastases ne se borne pas d'ailleurs à la préparation des matières alimentaires, on sait aujourd'hui qu'elles servent également à leur utilisation.

Propriétés générales des diastases. — Ces diastases

sont des substances solubles dans l'eau, précipitables par l'alcool sans perdre leurs propriétés. Une quantité très faible de diastase suffit pour transformer des quantités considérables des matières auxquelles elles s'attaquent : elles présentent donc, comme les microbes, une disproportion très grande entre leur poids et le poids de substance qu'elles transforment.

Il a été jusqu'ici impossible de préparer ces substances à l'état de pureté. Pour en obtenir sous une forme purifiée on précipite ordinairement leur solution aqueuse par l'alcool à 95°. Le précipité qui se forme, recueilli et lavé, contient la substance active. On obtient ainsi, après dessiccation, une poudre blanche, amorphe, qui se dissout dans l'eau en donnant un liquide actif. On peut extraire aussi certaines diastases par macération de tissus microbiens dans l'eau.

Principales variétés de diastases. — Les diastases élaborées par les cellules vivantes constituent pour elles un moyen d'action sur un grand nombre de substances alimentaires qu'elles disloquent et rendent ainsi assimilables. A chaque matière alimentaire correspond une diastase déterminée, et comme les aliments sont très variés, il doit exister aussi de nombreuses variétés de diastases.

Duclaux les a classées d'après les actions qu'elles produisent.

Un premier groupe de diastases produit des actions de coagulation (*diastases coagulantes*). Tel est le cas de la *présure*, qui, ajoutée à une dose très faible dans le lait, en coagule rapidement la caséine. La *pectase* qui coagule le suc de certains fruits, appartient également à ce groupe.

D'autres diastases produisent, au contraire, des actions de décoagulation (*diastases décoagulantes*). Ainsi la *caséase* a la propriété de solubiliser la caséine coagulée, en la transformant en une matière jaunâtre de plus en plus liquide. Cette diastase est sécrétée par un grand nombre de microbes, notamment par les agents de maturation des fromages. La *cytase*, que nous retrouverons plus loin, a également la propriété de dissoudre la cellulose.

Un autre groupe de diastases produit des actions d'hydratation (*diastases hydrolysantes*). Ces diastases ont la faculté d'adjoindre à certains corps une ou plusieurs molécules d'eau pour les transformer en d'autres corps plus simples. Dans ce groupe, on trouve d'abord la *sucrase* qui a la propriété de transformer le saccharose en glucose et en lévulose. Cette diastase est sécrétée très abondamment par presque toutes les levures et par beaucoup de mucédinées. A côté de la sucrase, on peut citer la *maltase*, qui hydrolyse le maltose à l'état de glucose, et l'*amylase* qui a la faculté de transformer l'amidon en maltose et en dextrines. Cette dernière diastase prend naissance pendant la germination des graines amylacées, et elle est sécrétée aussi par un certain nombre de microbes. Toutes ces diastases hydrolysantes présentent pour la brasserie et la distillerie un intérêt capital, et nous reviendrons plus loin sur leur étude.

Il existe, en outre, un grand nombre de diastases douées de propriétés oxydantes (*oxydases*). Ces diastases portent l'oxygène de l'air sur certaines matières organiques ; par exemple, c'est une diastase de cette nature qui oxyde la matière colorante rouge des vins et la précipite en produisant la maladie de la casse. Le noircissement du cidre est également dû à une oxydase.

Enfin, un dernier groupe de diastases est constitué par les *diastases décomposantes*, qui ont la propriété de dédoubler certaines molécules organiques complexes en molécules plus simples. Par exemple, la diastase alcoolique ou *zymase* qu'on extrait par forte pression de la levure broyée avec du sable, dédouble rapidement le sucre en alcool et en acide carbonique.

Action des agents physiques et chimiques sur les diastases. — La chaleur agit très fortement sur les diastases. D'abord, comme pour les microbes, il y a une température optima, variable avec chaque diastase, à laquelle on observe un maximum d'action. En outre, quand on chauffe les diastases à une température suffisamment élevée, elles sont détruites. Cette température de destruction varie surtout avec la nature de la diastase, et l'état sous lequel elle se trouve (sec ou humide). Elle est, en général, assez inférieure à 100° et oscille entre 60° et 80° pour les diastases en solutions aqueuses. Seules, certaines diastases oxydantes ne sont détruites qu'à 100. A l'état sec, la résistance des diastases est beaucoup plus élevée ; elles supportent alors facilement des températures supérieures à 100°. Nous retrouverons ce fait à l'étude de l'amylase et du touraillage du malt.

Si l'influence de la chaleur est à peu près la même pour les diastases et pour les microbes, il en est tout autrement pour l'influence de certaines substances chimiques. Par exemple, le chloroforme, l'essence de moutarde, le thymol arrêtent le développement des microbes et ne gênent pas l'action de certaines diastases. D'autres agents chimiques favorisent ou retardent l'action des diastases : ainsi les acides accélèrent la sucrase et gênent au contraire la caséase. Certains sels peuvent aussi activer les phénomènes diastasiques : tel est le cas des phosphates acides qui favorisent l'amylase et des sels de chaux qui activent la présure.

Lois générales de l'action des diastases. — Kjeldahl a formulé la loi suivante de l'action des diastases, appelée *loi de proportionnalité* : la quantité de matière transformée, toutes choses égales d'ailleurs, est porportionnelle à la quantité de diastase présente. Mais cette loi n'est qu'approchée et exacte seulement entre certaines limites. En effet, quand on considère une diastase au début de son action, on trouve que les quantités de substance transformée sont bien proportionnelles à la quantité de diastase présente et aussi à la durée de l'action diastasique. Si on désigne par a la quantité que transforme, dans l'unité de temps, une quantité donnée de diastase prise comme unité, par d la quantité de diastase présente, au bout d'un temps t la quantité A de substance transformée sera, d'après la loi précédente :

$$A = a \times d \times t$$

Mais si on vérifie par l'analyse des produits formés cette loi simple, on constate qu'elle n'est exacte qu'au début de l'action : au fur et à mesure que celle-ci se prolonge, les quantités de substances transformées deviennent de plus en plus faibles. Il faut donc forcément qu'une action retardatrice intervienne pour réduire au bout d'un certain temps l'activité du phénomène. Cette action retardatrice est causée principalement par l'accumulation des produits auxquels la diastase a donné naissance. Par exemple le maltose formé aux dépens de l'amidon par l'amylase, empêche au bout d'un certain temps, la saccharification de progresser. Si on supprime ce maltose, l'action diastasique reprend. Nous aurons à rappeler ces faits en étudiant la saccharification.

Certaines diastases possèdent des propriétés réversibles : par exemple, Hill a montré que la maltase, qui transforme le maltose en glucose, peut, quand la richesse en glucose formé dépasse certaines limites, donner naissance à un phénomène inverse, c'est-à-dire à la formation de maltose aux dépens du glucose. Ces propriétés de réversibilité présentent un grand intérêt pour l'explication des phénomènes de vie cellulaire, mais leur importance en industrie est jusqu'à présent négligeable.

III. — MICROBES DES INDUSTRIES DE FERMENTATION.

1° Généralités sur les microbes en industrie.

L'industrie n'utilise qu'un nombre restreint de microbes, et principalement les ferments alcooliques dans la fabrication des boissons fermentées et de l'alcool et les ferments acétiques dans la fabrication du vinaigre. Mais beaucoup d'autres microbes sont capables d'intervenir en industrie : ils occasionnent alors le plus souvent des accidents de fabrication en se développant à côté des ferments utiles et agissent ainsi comme de vrais ferments de maladie.

Il importe d'abord de voir par quels moyens l'industriel peut lutter contre ces organismes nuisibles. Le travail idéal consisterait à stériliser parfaitement les appareils et les moûts, à les refroidir à l'abri des microbes, à les ensemencer avec le microbe utile à l'état pur et à préserver pendant toute la fermentation le liquide ensemencé contre tout accès de ferments étrangers. Ce mode de travail est, à quelques exceptions près, beaucoup trop coûteux et trop difficile pour pouvoir être réalisé dans la pratique. Il faut donc chercher à obtenir, par une méthode plus simple, un bon développement du ferment utile, et à s'opposer à la multiplication des mauvais ferments. On doit d'abord pour cela prendre dans la fabrication les plus grandes mesures de propreté, nettoyer avec beaucoup de soin les appareils et les tuyauteries qui sont en contact avec les liquides fermentescibles, et éviter en général le plus possible toutes les causes de souillures

Stérilisation des appareils et tuyauteries. — Pour détruire les microbes nuisibles qui peuvent se trouver dans les appareils destinés à recevoir les moûts, on peut employer la vapeur, l'eau bouillante ou les antiseptiques. La vapeur permet de porter la température à 90° — 100° pour tuer tous les organismes ; elle doit être utilisée surtout pour les tuyauteries et pour les appareils métalliques. Dans les appareils en bois, la pénétration de la vapeur est très lente et l'action doit être prolongée assez longtemps pour que la stérilisation soit efficace. L'eau bouillante peut servir dans les mêmes conditions, surtout pour les ustensiles en bois.

Pour la stérilisation par les antiseptiques, on emploie surtout le fluorure d'ammonium, le chlorure de chaux, la chaux, le chlorure de zinc, le bisulfite de chaux. Le fluorure d'ammonium s'emploie à la dose de 50 à 80 grammes par hectolitre d'eau, pour les cuves de fermentation en bois, les tuyaux de caoutchouc, etc., avec une durée de contact d'une ou deux heures. Le chlorure de chaux à 3 kilogrammes par hectolitre peut aussi être employé dans le même but. La chaux à l'état de lait est utilisée pour la destruction des microbes sur les murs et les plafonds. Le chlorure de zinc à la dose de 5 litres à 30° Baumé par hectolitre d'eau peut servir à la désinfection de l'extérieur des cuves, des fûts, et également du sol et des murs. Enfin le bisulfite de chaux du commerce, étendu de dix fois son volume d'eau, peut servir aussi à la stérilisation des appareils.

Stérilisation des liquides en industrie. — L'ébullition est le seul mode de stérilisation utilisable en industrie : la filtration est trop lente et trop coûteuse, et la stérilisation par les antiseptiques n'est guère possible. Dans les industries où la stérilisation des moûts doit se faire, par exemple en brasserie, l'ébullition atteint parfaitement le but désiré. Quand l'ébullition n'est pas applicable, et c'est le cas le plus général en distillerie, il faut alors lutter contre les ferments nuisibles en adoptant les modes de travail qui favorisent le plus possible le développement des microbes utiles aux dépens des autres ferments : on y arrive par les ensemencements assez copieux, l'acidification des milieux de culture, et même, dans certaines conditions, l'addition d'antiseptiques.

Stérilisation de l'air. — L'air est assez pauvre en microbes vivants, cependant quand on doit en injecter dans les liquides en fermentation, il est nécessaire de le stériliser. La seule méthode pratique en industrie est la stérilisation par filtration. Elle peut s'effectuer sur toile ou sur coton. Les filtres à toiles sont formés de sacs

placés dans une boîte où arrive l'air qui traverse les toiles
en abandonnant ses poussières. Les filtres à coton sont
beaucoup plus pratiques. Ils se composent le plus souvent
(fig. 14) d'un cylindre métallique portant à l'intérieur des
chicanes mobiles entre lesquelles on tasse régulièrement
du coton. L'appareil est stérilisé à 170° au flambeur, ou
bien on le chauffe et
on le remplit ensuite
de coton stérile. L'air
arrive à la partie
inférieure, traverse
les couches de coton
où les microbes sont
retenus, et sort sté-
rile à la partie supé-
rieure. On doit avoir
soin d'employer de l'air
aussi sec que possible.
Quand le coton est
humide, il ne tarde pas
à s'y développer des
moisissures. On doit en
outre, de temps à autre,
changer le coton du
filtre et le stériliser de

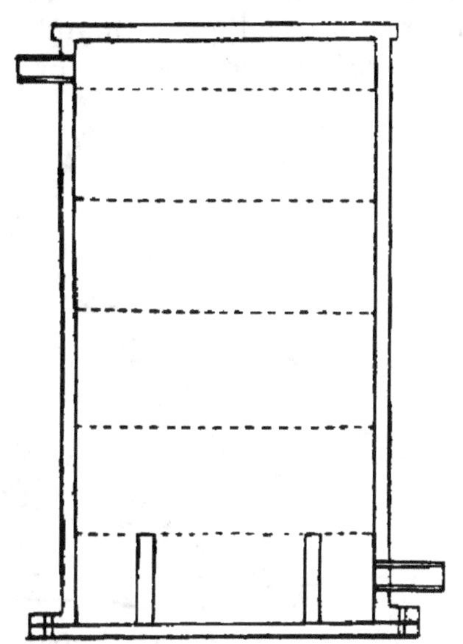

Fig. 14. — Schéma d'un filtre à air.

nouveau ; enfin le passage de l'air ne doit pas être trop
rapide pour que la stérilisation soit assurée.

2° Fermentation alcoolique.

On donne le nom de fermentation alcoolique au dédoublement du sucre en alcool et en acide carbonique sous
l'influence de certains microbes appelés *ferments alcooliques*.

Ferments alcooliques. — Parmi les ferments alcooliques on trouve d'abord certaines mucédinées. En général,

les moisissures sont des agents de combustion très énergiques, et quand elles se développent au large contact de l'air à la surface des liquides sucrés, elles brûlent le sucre en donnant de l'eau et de l'acide carbonique. Il existe cependant certaines espèces, appartenant surtout à la famille des *Mucorinées*, qui peuvent agir comme ferments alcooliques. Quand on cultive ces Mucors à l'état immergé, de manière à éviter tout développement en

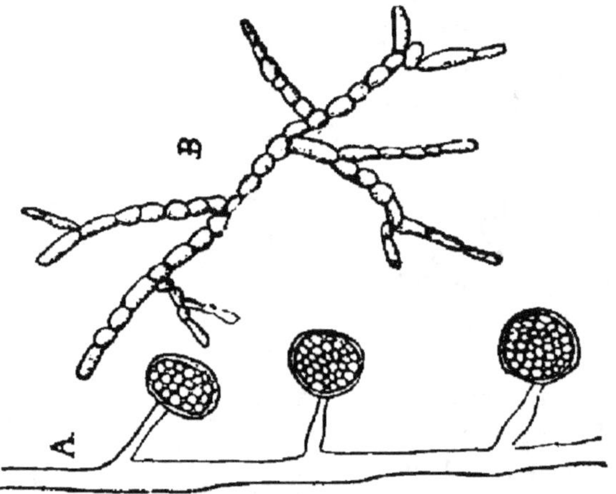

Fig. 15. — *Mucor racemosus.*

A, sporanges en grappe (d'après Fischer) ; B, mycélium se développant sous la forme de levure.

surface, on constate que le mode d'existence de l'espèce change. On voit la plante se remplir de gaz carbonique, et il se forme de l'alcool. En même temps, l'aspect microscopique se modifie. Dans la vie en surface, on trouve de longs filaments terminés par des sporanges ; dans la culture en profondeur on voit un mycélium très cloisonné qui se renfle par places de manière à former des conidies mycéliennes. Ces conidies se séparent bientôt du mycélium et bourgeonnent à la façon des levures (fig. 15). L'*Amylomyces Rouxii*, qui est utilisé en distillerie, présente des propriétés du même ordre (fig. 16). Toutefois, les quantités d'alcool produites par les mucédinées dépassent difficilement 7 à 8 p. 100 en volume; en outre, la fermentation alcoolique est toujours très lente.

Les véritables ferments alcooliques sont les *levures*.

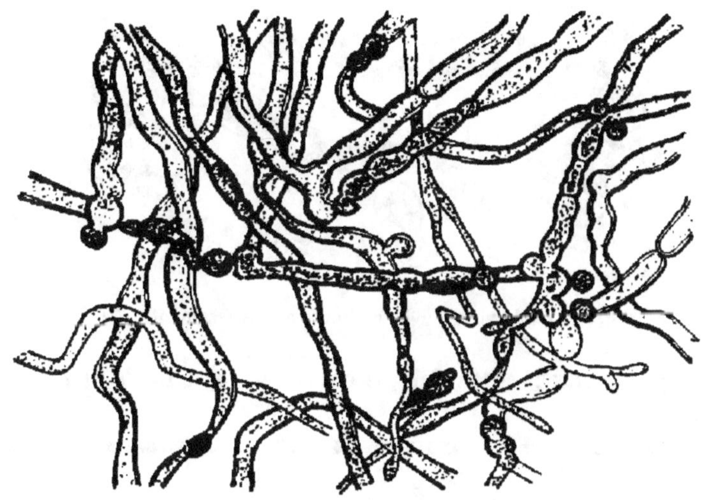

Fig. 16. — *Amylomyces Rouxii*; Mycélium et spores mycéliennes (d'après Calmette).

***Levures*. — Caractères généraux.** — Nous avons déjà donné, à propos des notions générales sur les microbes, les principaux caractères morphologiques des cellules de levure, leurs modes de reproduction et de sporulation et leur résistance aux agents physiques, notamment à la chaleur. La multiplication par bourgeonnement est la plus fréquente, cependant quelques levures se reproduisent par scissiparité, ce sont les *Schizosaccharomycètes*.

Chez certaines levures, les globules restent unis en chapelets plus ou moins ramifiés : on donne à cette forme le nom de *levure haute* (fig. 17). Au contraire chez d'autres espèces les cellules restent isolées ou associées

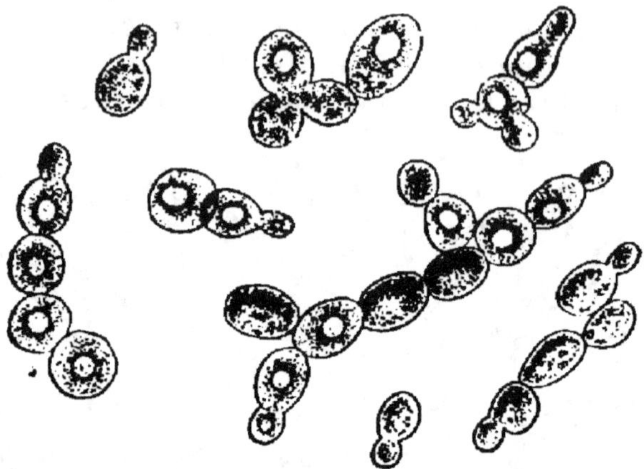

Fig. 17. — Levure de bière haute ; grossissement : 750.

deux par deux : cette forme correspond à la *levure basse* (fig. 18).

Nutrition de la levure et action des agents chi-

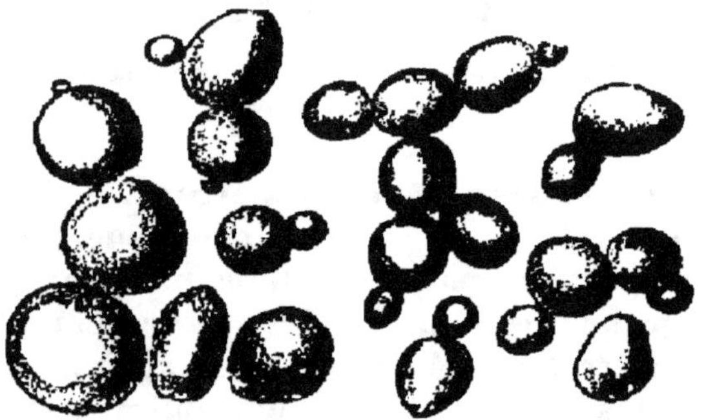

Fig. 18. — *Saccharomyces cerevisiæ* (levure basse).

miques. — La levure a besoin, pour sa nutrition, d'eau, de matières hydrocarbonées, de matières azotées et de matières minérales.

L'eau est indispensable à la levure ; elle est un élément

constitutif de la cellule ; en outre, elle sert à la dissolution des éléments nutritifs.

Pasteur a montré que la levure ne peut vivre en l'absence de matières minérales. L'acide phosphorique et la potasse sont nécessaires ; la magnésie et la chaux sont utiles. Le soufre paraît également indispensable, la levure en contient toujours une faible proportion.

Un principe azoté est également nécessaire à la nutrition de la levure. La forme de prédilection est celle de sels ammoniacaux ; mais la levure peut également assimiler les matières albuminoïdes déjà dégradées à l'état de peptones ou de corps amidés. Les albuminoïdes complexes, tels que l'albumine d'œuf, la fibrine, etc., ne peuvent pas servir d'aliments azotés à la levure. Il en est de même des nitrates.

La présence d'un élément hydrocarboné est également indispensable à la vie de la levure. Il importe de distinguer ici l'alimentation hydrocarbonée de la levure comme végétal ou comme ferment. Beaucoup d'hydrates de carbone peuvent servir au développement de la levure « *végétal* », par exemple les sels organiques : tartrates, citrates, lactates, de même qu'un grand nombre d'autres corps capables de donner des sucres. Au contraire, les alcools, les aldéhydes, les éthers, les amides, la cellulose ne peuvent servir à la nutrition hydrocarbonée de la levure.

Les aliments hydrocarbonés de prédilection des levures sont les sucres, dont beaucoup sont fermentescibles et deviennent ainsi la proie de la levure « *ferment* ». Les sucres en $C^6H^{12}O^6$ fermentent directement ; les sucres en $C^{12}H^{22}O^{11}$ doivent, pour fermenter, être dédoublés par une hydratation préalable, qui se fait ordinairement sous l'influence de diastases sécrétées par les levures. Par exemple, le saccharose doit être interverti par la sucrase à l'état de glucose et de lévulose pour pouvoir être assimilé ; et la fermentescibilité d'un de ces sucres par une levure est donc subordonnée à la sécrétion par cette levure de la diastase capable de le dédoubler. D'après Fischer, les sucres dont le nombre d'atomes de carbone est divisible par trois seraient seuls fermentescibles.

Tous les moûts de raisins, de pommes, de grains contiennent en abondance les éléments indispensables à la vie de la levure. Ce sont donc en général d'excellents milieux pour la culture des ferments alcooliques.

Errera a montré le premier qu'il existe à l'intérieur des cellules de levure, une réserve hydrocarbonée sous la forme de *glycogène*. Sous l'influence du manque d'aliments, ce glycogène est attaqué par la levure, avec d'autres matériaux de réserve, notamment des albuminoïdes. Il se produit de l'alcool, de l'acide carbonique, de la tyrosine, de la leucine, etc. : il y a donc une véritable *autophagie* de la levure. Ce phénomène, qui affaiblit notablement les cellules, s'observe facilement en abandonnant de la levure fraîche dans de l'eau additionnée d'antiseptiques : il peut se produire en brasserie quand on fait subir à la levure des lavages prolongés.

Sous le rapport des antiseptiques, le chlorure de chaux, le bisulfite de chaux, le sulfate de cuivre tuent la levure à doses très faibles. Nous avons vu plus haut qu'on peut acclimater la levure à certains antiseptiques, notamment à l'acide fluorhydrique et à l'acide sulfureux.

Séparation et culture des levures. — La séparation des diverses levures s'opère aisément par la méthode des milieux gélatinés déjà décrite. Cette méthode a été perfectionnée par Hansen. On ensemence la gélatine nutritive avec une goutte de la dilution contenant les levures à séparer, puis on étale une goutte de cette gélatine à la surface d'une lamelle quadrillée, qu'on place sur une chambre humide. On examine au microscope et on choisit une cellule de levure unique, dont on marque la place au moyen du quadrillage. Quand cette cellule a donné une colonie, on la réensemence au fil de platine dans un milieu sucré stérile. On obtient ainsi des levures rigoureusement pures puisqu'elles proviennent d'une seule cellule vérifiée au microscope.

Cette méthode est surtout appliquée pour les levures de brasserie.

La culture des levures se fait très simplement au laboratoire dans des matras contenant des moûts sucrés stérilisés (moût de bière, moût de grains).

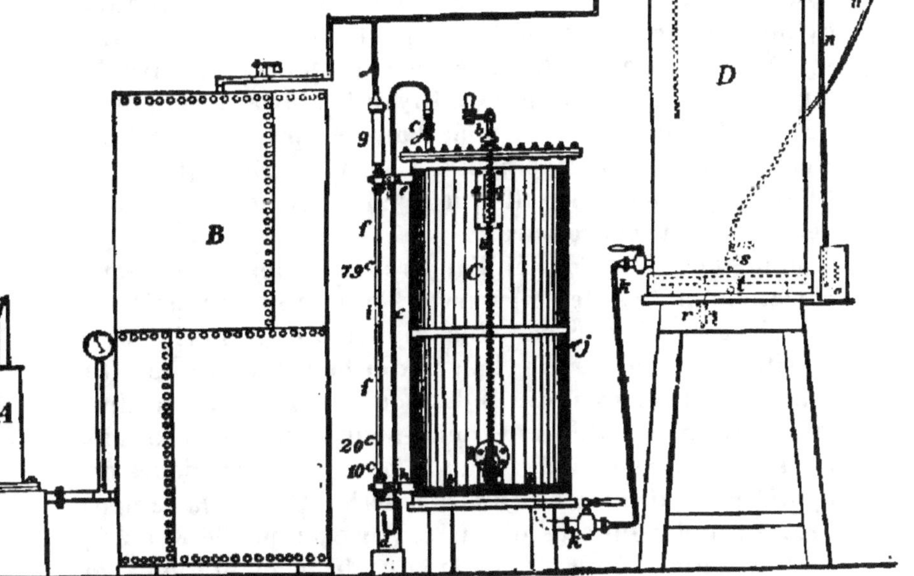

Fig. 19. — Appareil à production de levure pure, construit par Hansen et Kühle (A. Jorgensen, *Microorganismes de la fermentation*).

Préparation des levures pures en industrie. —Pour utiliser dans la pratique industrielle les levures ainsi isolées à l'état pur, il est nécessaire de les multiplier dans des appareils spéciaux, de manière à obtenir une quantité de levure suffisante pour constituer un premier levain.

Il existe un certain nombre d'appareils de multiplication de la levure pure; nous décrirons seulement deux des plus connus, celui de Hansen et celui de Fernbach.

L'appareil de Hansen (fig. 19) se compose d'un réservoir à air comprimé B, d'un récipient pour le moût D, et d'une cuve de fermentation C. Le récipient pour le moût est placé au-dessus de la cuve de fermentation à laquelle il est relié par un tuyau k. A l'intérieur se trouve un serpentin de vapeur t qui permet de stériliser le moût. A l'extérieur, un tuyau circulaire p percé de trous permet de faire ruisseler de l'eau à la surface du cylindre pour le refroidir. On peut enfin injecter dans le récipient, par le filtre m, de l'air stérile. La cuve de fermentation est munie d'un tuyau k pour l'introduction du moût, d'un autre g, pour l'air comprimé, d'un troisième c pour le dégagement de l'acide carbonique. Une tubulure j placée au centre de la cuve permet l'ensemencement de la levure pure.

Pour faire fonctionner l'appareil, on stérilise d'abord parfaitement les deux réservoirs à la vapeur; puis on remplace la vapeur par une injection d'air stérile afin d'éviter la rentrée de l'air extérieur contaminé. On remplit alors le cylindre D de moût sucré, on le stérilise en le faisant bouillir une demi-heure, puis on refroidit en faisant ruisseler de l'eau à la surface extérieure du cylindre et en injectant de l'air stérile. Quand la température est devenue assez basse, par exemple de 8° à 20°, on fait couler le moût dans la cuve de fermentation C et on ensemence, avec toutes les précautions d'asepsie d'usage, le germe de levure à propager, contenu dans un bidon à tubulure qu'on greffe sur la tubulure correspondante du cylindre. On laisse la fermentation s'effectuer.

Pour recueillir la levure, on commence par stériliser de nouveau du moût dans le réservoir à moût, puis on vide le liquide fermenté de la cuve de fermentation, en injectant de l'air filtré. On introduit alors un peu de

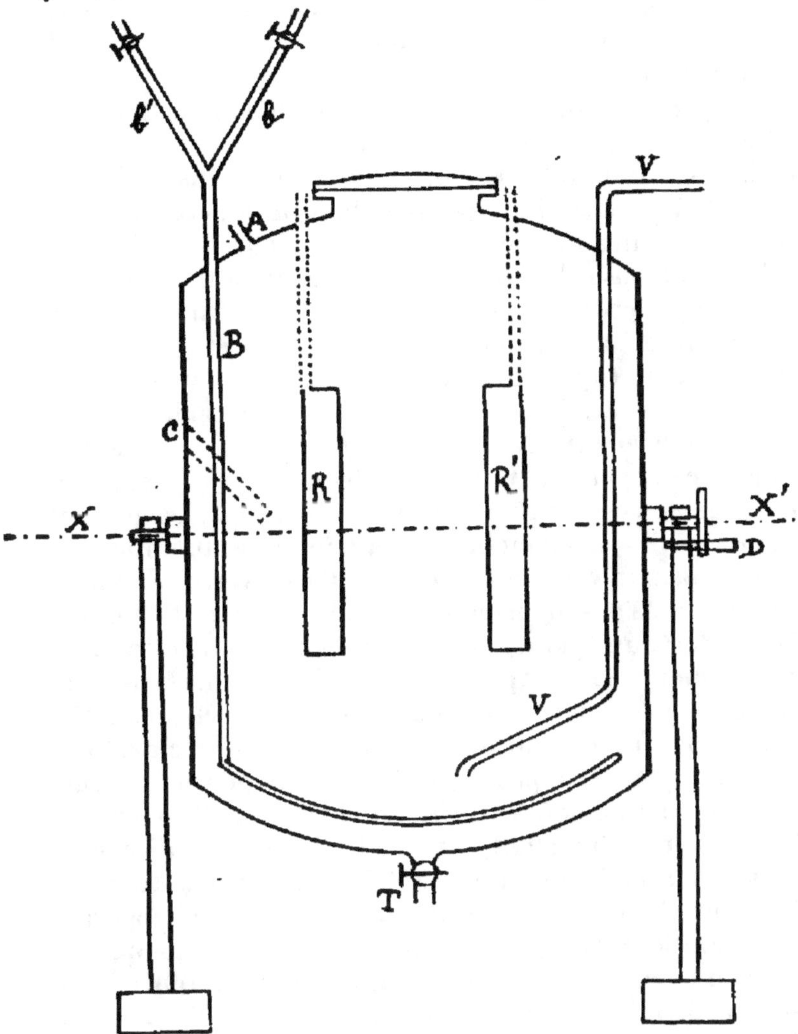

Fig. 20. — Schéma de l'appareil à levure pure de Fernbach.

moût, on délaie la levure au moyen de l'agitateur *b* et on
la fait couler dans un bidon stérilisé à la vapeur. Il suffit

3.

de remplir de nouveau la cuve avec du moût sucré pour faire déclarer une nouvelle fermentation, grâce aux cellules de levure restées dans la cuve. L'appareil est donc continu.

L'appareil Fernbach, dont la figure 20 indique la disposition schématique, présente l'avantage d'être beaucoup moins encombrant et d'un maniement plus facile. Il permet de préparer de petits bidons de levure pure qui servent ensuite à obtenir des levains par propagation.

Il se compose d'une cuve cylindrique qui porte à sa partie supérieure un couvercle mobile qui permet d'ouvrir l'appareil et de le nettoyer aisément. Cette cuve est munie d'un tuyau B pour l'introduction du moût et d'un autre tuyau V pour l'injection de vapeur et la vidange du moût fermenté. A la partie inférieure se trouve une tubulure T pour l'évacuation de la levure; l'appareil porte en son centre un réfrigérant à eau RR', qui permet de refroidir rapidement le liquide. Une tubulure A, fermée par un caoutchouc et un tube de verre rempli de coton, sert à l'ensemencement de la levure dans l'appareil. Sur le côté, une gaine métallique c porte un thermomètre qui indique la température du liquide. La cuve est suspendue et repose sur deux montants verticaux : elle peut ainsi osciller autour de l'axe XX'. Une clavette D permet de fixer l'appareil au degré d'inclinaison voulue.

Le fonctionnement est très simple : on stérilise d'abord la cuve en y injectant, par le tuyau V, de la vapeur, puis on fait arriver du moût à l'ébullition, par le tuyau B. Ce moût vient d'un réservoir placé au-dessus de l'appareil. On maintient l'ébullition pendant un certain temps, en injectant de la vapeur, puis on coiffe la tubulure A de son petit filtre à coton. On refroidit alors le moût en faisant circuler de l'eau froide dans le réfrigérant RR', puis on ensemence par la tubulure A la levure à multiplier. On aère le liquide en aspirant par l'orifice A. Quand la fermentation est terminée, on refroidit le liquide : la levure se dépose ; on évacue le moût fermenté par le tuyau V, et la levure produite par la tubulure T.

L'appareil Fernbach peut être muni d'un second récipient destiné à préparer du moût stérile et communiquant avec la cuve de fermentation. Il devient ainsi un appareil continu. Il donne d'excellents résultats et son maniement est très facile.

Moyens de différencier les levures. — Il existe un très grand nombre de levures différentes qu'il importe de pouvoir différencier entre elles. Les principaux caractères qu'on emploie sont : la forme, la formation des spores, la résistance à l'acidité, la température optima de fermentation, l'aptitude à faire fermenter les divers sucres, et la résistance à l'alcool.

La forme permet parfois de distinguer une levure d'une autre, mais comme la levure est assez polymorphe et peut se présenter sous des aspects différents suivant les conditions de culture, on doit réserver ce caractère distinctif de la forme aux cas indiscutables : par exemple une levure ronde est évidemment différente d'une levure qui présente des formes en citrons caractéristiques.

La formation des spores est un caractère précieux. Placées dans les mêmes conditions, les levures forment leurs spores au bout d'un temps variable avec les espèces. Comme le temps de formation dépend de l'état de la levure et des conditions dans lesquelles on se place, il importe d'adopter toujours le même mode opératoire pour toutes les levures. On fait développer les espèces à différencier dans un même moût ; après quarante-huit heures, on décante le liquide et on place le dépôt de levure jeune sur des blocs de plâtre stérilisés, maintenus humides et placés à la même température, ordinairement à 25°. Ainsi soumises brusquement à l'inanition, les levures forment leurs spores au bout d'un temps variable avec les espèces : certaines levures demandent vingt-quatre heures, d'autres mettent trois ou quatre jours. On peut donc distinguer ainsi certaines levures entre elles.

Il existe des levures qui résistent bien à l'acidité et le développent dans des moûts sucrés contenant 15 ou 20 grammes par litre d'acide tartrique. D'autres levures la supportent mal et s'arrêtent dès que la dose d'acide atteint 5 grammes par litre. Duclaux a conseillé par suite d'ensemencer les diverses levures au fil de platine dans des milieux contenant des doses d'acide tartrique croissantes de 5 grammes à 30 grammes par litre. On peut ainsi constater de grandes différences dans le développement des levures.

La température optima de fermentation permet également de différencier certaines levures. Il existe des espèces dont la température optima est à 35°, d'autres 25°. En cultivant les levures à diverses températures dans un moût très riche en sucre, et en dosant le sucre restant après fermentation, on peut arriver ainsi à distinguer certaines levures entre elles.

L'aptitude à faire fermenter les divers sucres est également un caractère important. Toutes les levures font fermenter le glucose, mais avec les sucres en $C^{12} H^{22} O^{11}$ on observe des différences caractéristiques. Beaucoup de levures ne font pas fermenter le lactose, d'autres font fermenter le saccharose et pas le maltose. Ces différences sont d'ordre physiologique ; elles proviennent de la présence ou de l'absence, dans les sécrétions des cellules, des diastases capables d'hydrolyser ces sucres. On dispose donc encore ici d'un élément de distinction des diverses espèces.

Enfin certaines levures ont la faculté de végéter dans des moûts riches en sucre, et d'y produire jusqu'à 15° d'alcool sans être incommodées. Tel est le cas de beaucoup de levures de vin. Au contraire, d'autres levures ne peuvent pas donner naissance à des liquides très alcooliques ; dès que la richesse en alcool atteint 6° à 8°, l alcool devient antiseptique pour ces espèces et la fermentation s'arrête. Si donc on ensemence toutes les levures à différencier dans un moût à 30 p. 100 de glucose, on pourra, par le dosage du sucre restant ou de l'alcool, distinguer diverses levures entre elles.

On peut encore adjoindre à ces caractères : l'aspect du dépôt, le mode de bourgeonnement, la résistance à la chaleur, la formation des voiles, le bouquet que la levure communique au liquide fermenté, etc.

Action de l'air sur la levure. — L'oxygène de l'air exerce sur la levure une action tout à fait caractéristique qu'on peut mettre en évidence par l'expérience suivante, due à Pasteur. Dans une large cuvette plate, on étale, sous une épaisseur de 2 à 3 millimètres, un litre de liquide contenant 100 grammes de sucre de cannes. On ensemence avec une trace imperceptible de levure. Au bout de vingt-quatre heures, on constate que tout le sucre a disparu. Il n'y a que des traces d'alcool, et le poids de levure sèche formée atteint 25 grammes environ. Par conséquent, dans ces conditions très *aérobies*, le sucre est brûlé et transformé en acide carbonique, et on ne voit pas apparaître de fermentation alcoolique sensible. Le seul produit est la levure.

Si on opère maintenant dans un flacon rempli environ au tiers et dans lequel l'accès de l'air est plus réduit, on observe une fermentation alcoolique : il y a dégagement gazeux et on trouve finalement, au bout de quatre ou cinq jours, que pour 100 grammes de sucre il s'est formé 5 grammes de levure et une certaine quantité d'alcool. Mais cette proportion d'alcool ne représente qu'environ les deux tiers de celle qu'on obtient ordinairement dans les fermentations industrielles.

Si maintenant on se place dans les conditions normales du producteur d'alcool, en mettant le liquide aéré dans un flacon rempli à peu près complètement, voici ce qu'on observe : la fermentation dure plus longtemps et, au bout de huit à quinze jours, on constate qu'il n'y a que 2 grammes de levure produite et que la proportion d'alcool atteint 47 à 48 grammes pour les 100 grammes de sucre introduit.

Si on produit enfin la fermentation alcoolique dans un milieu à peu près complètement privé d'air, on constate qu'elle devient interminable. Après plusieurs mois, en soumettant le liquide à l'analyse, on trouve qu'il s'est formé une quantité très faible de levure, environ $0^{gr},5$ et que la quantité d'alcool atteint 49 grammes à $49^{gr},5$ pour 100 grammes de sucre introduit.

On voit par ce qui précède que l'oxygène joue un rôle considérable dans la vie de la levure et que cet organisme peut se plier à des conditions d'existence très différentes. La levure peut vivre indifféremment en présence ou en l'absence de l'air; toutefois il y a une limite au delà de laquelle on ne peut pas pousser la privation d'oxygène. La levure doit en contenir une certaine dose dans ses cellules pour pouvoir agir, et Cochin a montré que la levure née à l'abri de l'oxygène devient incapable de produire la fermentation dans un milieu privé d'air. La *vie aérobie* de la cellule se traduit par une formation abondante de levure, avec traces d'alcool, et le phénomène est rapide. La *vie anaérobie* est caractérisée par la formation de grandes quantités d'alcool et par la multiplication très faible de la levure; la fermentation y est très lente. Les conditions dans lesquelles se place le producteur d'alcool sont des conditions intermédiaires; il faut en effet obtenir le plus d'alcool possible, mais avec une durée de fermentation relativement réduite : aussi les moûts mis à fermenter devront contenir au début une quantité d'air suffisante pour amener une multiplication convenable de la levure. A partir de ce moment, la vie anaérobie dominera, par suite du dégagement de l'acide carbonique et de la disparition de l'oxygène, et la plus grande partie du sucre sera rapidement transformée en alcool.

Produits de la fermentation alcoolique. — On a cru pendant longtemps que la fermentation alcoolique était représentée par la formule simple :

$$C^6H^{12}O^6 = 2CO^2 + 2C^2H^6O$$

Pasteur a montré que cette équation ne représente qu'une partie du phénomène qui est infiniment plus complexe. Il se forme en effet, en dehors de l'alcool et de l'acide carbonique, et aux dépens du sucre, de la glycérine, de l'acide succinique, des acides volatils, des éthers, etc. On doit compter aussi comme produit la levure qui peut être cultivée dans des milieux purement minéraux, ne contenant comme matière organique que du sucre, et qui prend par conséquent tout son carbone au sucre. En résumé, Pasteur a montré que 100 grammes de saccharose, en se transformant en 105^{gr},65 de sucre interverti, donnent, comme produits de dédoublement :

Alcool	51,1	environ.
Acide carbonique	49,4	—
Glycérine	3,4	—
Acide succinique	0,6	—
Levure produite	1,2	—

Ces produits sont assez variables. Nous avons déjà vu les variations de l'alcool et de la levure sous l'influence de l'air. Laborde a montré que la glycérine peut varier de 2^{gr},5 à 7^{gr},75, et les levures qui donnent le plus de glycérine donnent le moins d'alcool. L'acide succinique subit des variations du même ordre. Les acides volatils sont en très petite quantité tant que la fermentation est active : ils augmentent dès qu'elle a cessé. Il en est de même des produits d'excrétion de la levure, de la glycérine et de l'acide succinique.

La présence des alcools supérieurs dans les produits de la fermentation alcoolique sous l'action de la levure pure est encore controversée. Lindet a constaté qu'on rencontre ces alcools supérieurs surtout à la fin de la fermentation : Gentil n'a pas trouvé trace de ces corps dans une fermentation pure. Ces expériences font croire que la présence de ces alcools est due au développement de bactéries, ou dépend de la nature de la levure. Cependant Raymann et Kruis ont trouvé de l'alcool amylique dans du moût de bière fermenté par levures pures, et Effront a montré la présence de cet alcool dans les produits de l'autophagie de la levure. La question exige donc encore de nouvelles recherches.

Pouvoir ferment et activité d'une levure. — On désigne sous le nom de pouvoir ferment d'une levure le rapport $\frac{S}{l}$ de la quantité S de sucre transformé à la quantité l de levure produite, c'est-à-dire la quantité de sucre détruite par 1 gramme de levure. Ce pouvoir ferment varie avec la levure, avec les conditions de culture, de milieu, etc. Nous avons vu que c'est surtout l'aération qui modifie le pouvoir ferment : dans la culture en cuvette de l'expérience citée plus haut, le pouvoir ferment est de $\frac{100}{25} = 4$; dans la culture à l'abri de l'air, il est de $\frac{100}{0,5} = 200$. Le fabricant de levure doit donc chercher les conditions de travail dans lesquelles le pouvoir ferment est faible, c'est-à-dire qui correspondent à une forte production de levure pour une faible consommation de sucre. Le brasseur doit au contraire rechercher un pouvoir ferment élevé.

Le pouvoir ferment ne tient pas compte du temps employé à la fermentation. On appelle activité d'une levure la quantité de sucre que l'unité de poids de cette levure fait disparaître dans l'unité de temps. Cette activité varie également suivant les levures et les conditions de culture.

3° Autres fermentations des substances ternaires.

A côté de la fermentation alcoolique, on rencontre un certain nombre de fermentations qui interviennent très fréquemment en industrie, notamment les fermentations acétique, lactique et butyrique.

Fermentation acétique. — Cette fermentation est produite par un certain nombre de microbes, auxquels on donne le nom de ferments acétiques, qui ont la propriété de transformer l'alcool en acide acétique au contact de l'air.

$$C^3H^6O + 2O = C^2H^4O^2 + H^2O$$

Cette réaction est la base de l'industrie de la vinaigrerie, et le ferment acétique est dans ce cas un ferment utile, comme la levure dans la fermentation alcoolique. Mais ces microbes ont la propriété d'attaquer tous les liquides fermentés, qu'ils recouvrent d'un voile mycodermique plus ou moins épais, en transformant l'alcool en acide acétique. Ils agissent alors comme ferments de maladie, notamment en vinification et en brasserie.

Vus au microscope, ils se présentent en général sous la forme de petits bâtonnets étranglés au milieu, groupés en diplocoques ou en chaines (fig. 21). Parfois on observe cependant des formes filamenteuses très longues. Ces microbes se développent à la surface des liquides alcooliques en formant un voile : chez certaines espèces, ce voile est mince et superficiel; chez d'autres, il est épais, mucilagineux, et tombe au fond du liquide sous forme de masses glaireuses. Ce dernier aspect est un signe de dégénérescence, et ces ferments glaireux sont généralement peu actifs. Il existe un grand nombre d'espèces de ferments acétiques, qui se distinguent par la forme, la température optima, l'aspect du voile, la rapidité d'oxydation, le rendement en acide acétique, le parfum qu'ils donnent au vinaigre. On peut citer notamment les *Bacterium oxydans, aceti, acetigenum, acetosum, Pasteurianum, Kutzingianum, xylinum*, etc.

Les ferments acétiques sont des ferments aérobies stricts. Quand l'oxygène est abondant, ils donnent, aux

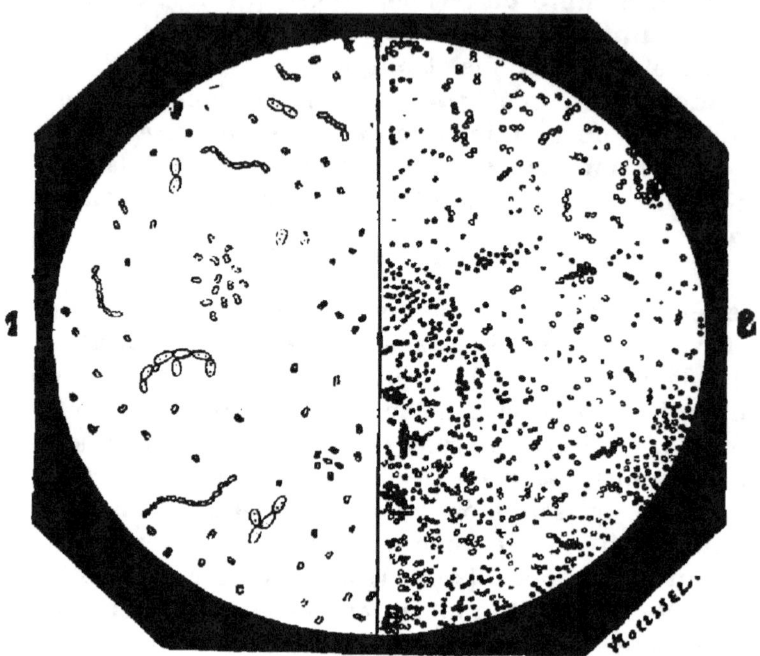

Fig. 21. — Bactérie acétique (anc. *Mycoderma aceti*).

1, dans le vin (*mycoderma vini*, de plus forte dimension, et bactérie acétique, plus petite) ; 2, bactérie acétique, isolée.

dépens de l'alcool, de l'eau et de l'acide acétique. Si l'oxygène est rare, il se produit en outre de l'aldéhyde. Enfin si l'alcool vient à manquer, le ferment acétique peut attaquer et brûler l'acide acétique qu'il a produit :

$$C^2H^4O^2 + 4O = 2CO^2 + 2H^2O$$

Ces dernières conditions doivent être soigneusement évitées en vinaigrerie, et pour empêcher des pertes en acide acétique, il est nécessaire de maintenir toujours de l'alcool présent dans le liquide.

Les ferments acétiques sont tués à l'état humide vers 55°. Leur température optima de culture varie de 18° à 36°, suivant les espèces. Ils préfèrent les milieux acides, et les meilleures conditions pour leur développement consistent à additionner le liquide alcoolique de culture d'une quantité de vinaigre suffisante pour que le milieu titre 4 à 5 p. 100 d'acide acétique pour 3 p. 100 d'alcool.

A part dans l'industrie de la vinaigrerie, les ferments acétiques doivent être considérés comme des ferments de maladie, qui s'attaquent aux boissons fermentées en leur donnant un goût piqué très désagréable.

Fermentation lactique. — La fermentation lactique est produite par un certain nombre de microbes qui ont la faculté de transformer certains sucres en acide lactique. Cette fermentation est extrêmement fréquente. On l'observe souvent en laiterie : le lait, abandonné à lui-même, devient acide et se caille. Elle est également très répandue en brasserie et en distillerie où ces ferments doivent être considérés, à quelques exceptions près, comme des ennemis très dangereux.

Le premier ferment lactique a été découvert par Pasteur ; ce microbe est constitué par de petits articles, tantôt isolés, tantôt en chaînes. Il en existe un grand nombre dont les propriétés physiologiques sont très différentes : certains se présentent sous la forme de bâtonnets rectilignes, par exemple le *Bacillus acidi lactici Grotenfelt*, le *Saccharobacillus Pastorianus* (fig. 22) ; d'autres sous la forme de coccus, par exemple le *Micrococcus lactis de Hueppe* ; d'autres sous la forme de streptocoques, par exemple le *Streptococcus acidi lactici de Grotenfelt*.

Ils sont tués par un chauffage de cinq minutes à 65°. Leur température optima de culture varie de 35° à 45°, mais certaines espèces marchent encore très bien à 55°-

58° et cette propriété est utilisée en distillerie. Un excès d'acidité les paralyse, et en général ils sont arrêtés par l'acide lactique qu'ils produisent dès que la dose atteint

Fig. 22. — *Saccharobacillus Pastorianus* (V. Laer) isolé d'une bière belge tournée. Culture d'un jour sur bière gélosée.

1 à 1,5 p. 100. Mais si on les cultive en présence de carbonate de chaux, de manière à saturer l'acide lactique au fur et à mesure de sa formation, on peut obtenir une grande quantité de lactate. La culture de ces microbes

peut donc se faire très simplement sur un moût sucré additionné de carbonate de chaux et stérilisé.

Certains de ces ferments sont aérobies, d'autres sont facultativement aérobies ou anaérobies. Ils sont très avides de matières azotées et se développent surtout activement dans les liquides riches en peptones (Kayser). Ils peuvent donner de l'acide lactique, non seulement aux dépens de beaucoup de sucres, mais aussi aux dépens des matières azotées (peptones, albumines, caséine). Les produits principaux qui se forment sont l'acide lactique, l'acide acétique, l'alcool éthylique, l'acide formique et l'acide carbonique. La réaction principale est représentée par la formule suivante :

$$C^6H^{12}O^6 = 2C^3H^6O^3$$

Les ferments lactiques jouent un rôle utile en laiterie, pour la maturation de la crème et de certains fromages ; en brasserie, pour la fabrication de certaines bières du Nord ; en distillerie, pour l'obtention des levains lactiques ; dans la préparation de la choucroute. En général, ils sont nuisibles et doivent être considérés comme ferments de maladie en brasserie, pour la grande majorité des bières qu'ils acidifient et rendent impropres à la consommation, et aussi le plus souvent en distillerie, où ils consomment inutilement du sucre pour le transformer en acide lactique et abaissent ainsi le rendement en alcool.

Fermentation butyrique. — Cette fermentation est caractérisée par la formation d'acide butyrique aux dépens des sucres, des matières albuminoïdes, des matières grasses, etc. Elle se produit très bien dans le lait additionné de carbonate de chaux, aux dépens du lactate de chaux formé par le ferment lactique. Elle est occasionnée par un grand nombre de ferments dits ferments butyriques, dont le premier a été découvert et étudié par Pasteur ; on en connaît un grand nombre dont les principaux sont : celui de Pasteur, le *Clostridium butyri-*

cum Prazmowski, le *Bacillus orthobutylicus* de Grimbert
(fig. 23), etc. Ils se présentent ordinairement sous la forme
de longs bâtonnets qui se meuvent rapidement dans le
liquide. Ils sont très résistants à l'action de la chaleur,
car leurs spores ne sont détruites qu'à 105°-110°. Leur
température optima de culture est aux environs de 35°

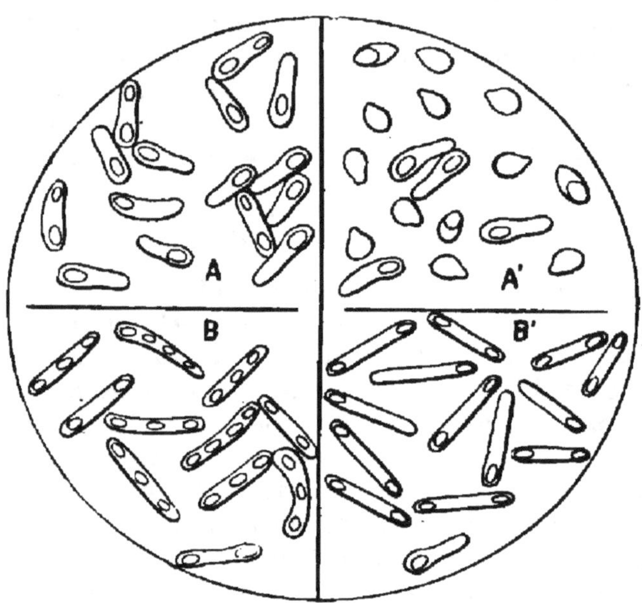

Fig. 23.

A, *Bacillus orthobutylicus* de Grimbert (microbe jeune) ; B, le même,
vieux ; A', ferment butyrique de Pasteur, jeune ; B', le même, vieux (**grossissement : 1 500**).

à 40°. Il vivent bien à l'abri de l'air : ce sont donc des
anaérobies. Ils préfèrent les milieux neutres, ou même
alcalins, riches en matières azotées, et attaquent les sucres,
le lactate de chaux, les matières albuminoïdes, etc. Par
exemple, avec le glucose, on a comme réaction principale :

$$C^6H^{12}O^6 = C^4H^8O^2 + 2CO^2 + 4H$$

Les produits formés sont surtout l'acide butyrique, l'acide carbonique, l'hydrogène, l'alcool butylique, l'acide acétique, etc.

Ces ferments sont extrèmement dangereux en industrie, surtout en brasserie et en distillerie. Ils communiquent à la bière une odeur rance insupportable et la rendent impropre à la consommation. En distillerie, ils consomment du sucre, rendent le milieu antiseptique pour la levure par suite de la formation d'acide butyrique : il en résulte une baisse considérable du rendement en alcool. Ils sont d'autant plus redoutables qu'ils sont très difficiles à détruire, quand ils ont envahi les appareils, à cause de leur grande résistance à la chaleur, et on doit prendre en industrie des mesures très sévères pour éviter leur multiplication.

Il existe encore un grand nombre d'autres organismes qui produisent des accidents dans les industries de fermentation, notamment certains bacilles qui rendent la bière visqueuse, des microbes de putréfaction, et d'autres espèces qui occasionnent des troubles, de l'amertume, etc. Nous les retrouverons dans l'étude spéciale de ces industries.

IV. — DIASTASES DES INDUSTRIES DE FERMENTATION.

Les principales diastases qui présentent de l'intérèt pour les industries qui nous occupent sont la *cytase*, l'*amylase*, la *sucrase*, la *maltase*, les *diastases des matières albuminoïdes* et la *zymase*.

1° Cytase.

La cytase est une diastase liquéfiante de la cellulose, qui a la propriété de dissoudre les parois des cellules dans les graines en germination. Par exemple, pendant la germination de l'orge, la dissolution de l'amidon contenu dans les cellules de l'albumen est précédée d'une liquéfaction des parois cellulaires sous l'action de la cytase. Brown et Morris ont montré qu'un extrait de malt fait à froid dissout la cellulose de tranches minces de grain d'orge qu'on y laisse séjourner quelques heures. Cette propriété disparaît par le chauffage de l'extrait, et on peut en séparer la substance active par l'alcool. Il s'agit donc bien d'une action diastasique.

Cette diastase est sécrétée par les cellules qui avoisinent le germe. Elle est très importante au point de vue théorique, car c'est elle qui prépare le terrain à l'amylase en mettant l'amidon à nu. Elle ne l'est pas moins au point de vue pratique, car c'est elle qui donne au malt l'état de friabilité nécessaire.

Elle est assez sensible à la chaleur : sa température optima paraît être aux environs de 40 à 45° ; elle perd déjà une partie de son activité à 50° et elle est détruite au bout d'une demi-heure à 60°.

Il semble y avoir diverses cytases, car celle de l'orge en germination n'agit pas, par exemple, sur les cellules de la pomme de terre. Il est donc probable qu'il y a des cytases variables avec la nature des celluloses.

2° Amylase.

Historique. — État naturel. — L'amylase a été découverte en 1832 par Payen et Persoz qui l'ont obtenue en précipitant par l'alcool une macération de malt. On obtient ainsi un précipité qui est recueilli, séché dans le vide et se présente alors sous l'aspect d'une poudre blanche amorphe. Cette poudre, dissoute dans l'eau et ajoutée en petite quantité à une solution d'empois d'amidon, à la température de 60°, a la propriété de saccharifier l'amidon, et de le transformer en maltose, et en d'autres corps, encore mal définis, auxquels nous donnerons provisoirement le nom global de « dextrines ».

L'amylase est une diastase extrêmement répandue.

Elle se produit en abondance dans la germination de l'orge, du blé, du riz, du maïs, de l'avoine. Nous étudierons spécialement cette sécrétion à propos du maltage. Elle existe également en petite quantité dans l'orge non germée (Kjeldahl) et dans les graines de plusieurs plantes (Green). On la trouve aussi dans les feuilles et dans les jeunes pousses (Brasse, Kossmann et Krauch). Dans le règne animal, on la rencontre dans la salive humaine, dans le suc pancréatique, dans le sang, dans l'urine. Elle est également sécrétée par un grand nombre de microbes (*Aspergillus niger*, *Penicillium glaucum*, et nombreuses moisissures et bactéries). On a constaté des différences sensibles dans le mode d'action de la diastase qui prend naissance dans la germination des graines, appelée souvent *diastase de sécrétion*, et de celle qu'on trouve dans les graines non germées et dans les organes végétatifs, appelée souvent *diastase de translation*. La première corrode et creuse irrégulièrement les grains d'amidon ; elle liquéfie très rapidement l'empois ; sa température optima est à 50-55°, et on peut la chauffer à 70° sans la détruire. La diastase de translation dissout au contraire graduellement les grains d'amidon sans les corroder : son action liquéfiante sur l'empois d'amidon est faible, mais elle transforme rapidement l'amidon soluble en sucre ; sa température optima est à 45-50°, et elle est beaucoup plus active à basse température que la diastase de sécrétion. Nous verrons plus loin comment ces observations peuvent s'accorder avec les théories actuelles de la saccharification.

Préparation de l'amylase. — Pour extraire l'amylase à l'état purifié on a ordinairement recours à l'extrait de malt, en employant une des méthodes suivantes :

Procédé Lintner : Faire macérer pendant vingt-quatre heures une partie de malt broyé avec 2 à 4 parties d'alcool à 20 p. 100, presser, filtrer le liquide, et le précipiter par 2 à 2 fois et demie son volume d'alcool absolu. Le précipité gélatineux qui contient la diastase est recueilli, lavé à l'alcool absolu, puis à l'éther, et séché dans le vide sur l'acide sulfurique. On obtient ainsi une poudre presque blanche, amorphe, soluble dans l'eau et qui saccharifie activement l'amidon.

Procédé Osborne : Faire macérer pendant vingt-quatre heures une partie de malt broyé avec 2 parties d'alcool à 45°. La diastase se dissout dans l'alcool faible. Le liquide de macération, après filtration, est précipité par l'alcool à 96°. Le précipité recueilli est dissous dans un peu d'eau et le liquide est saturé par du sulfate d'ammoniaque. La diastase se précipite : on la recueille, on la dissout et on soumet le produit à la dialyse. Le résidu est traité par précipitations fractionnées au moyen de l'alcool, et le précipité recueilli finalement est lavé à l'alcool et à l'éther et desséché dans le vide.

Quelle que soit la méthode employée, la diastase obtenue n'est jamais pure. On ne peut donc pas connaître quelle est la composition chimique de la diastase, et les analyses publiées sous ce rapport sont extrêmement variables. Certains auteurs considèrent l'amylase comme un hydrate de carbone (Hirschfeld), d'autres comme une matière protéique (Brown et Héron, Osborne, Wroblewsky). La question n'est donc pas résolue.

Action générale de l'amylase sur l'amidon. — Quand on traite à une température de 60-65° de l'empois d'amidon par une solution de diastase, ou, ce qui revient au même, par une infusion à froid d'orge germée, on voit d'abord la masse pâteuse se liquéfier en quelques minutes, puis la saveur sucrée du liquide augmente et l'amidon disparaît peu à peu pour donner naissance à du maltose et à des dextrines. Au bout d'un temps variable, l'amidon est totalement saccharifié et on n'en retrouve plus dans le liquide. Il est facile de se rendre compte de la marche de cette transformation au moyen d'une solution d'iode. Au début, le liquide donne avec l'iode une coloration bleue, puis la couleur passe au violet, au rouge et enfin au jaune quand la saccharification est terminée.

La diastase liquéfie donc au début presque instantanément l'empois d'amidon. Elle a également la propriété de dissoudre l'amidon cru de certaines plantes, à des températures inférieures à celles de l'empesage, et ce fait présente une grande importance dans le travail industriel. Lintner a montré en effet que la fécule de pomme de terre n'est fortement attaquée par la diastase que quand la température de formation d'empois est atteinte : ce phénomène est encore plus accentué avec l'amidon de riz ou de maïs. Au contraire, l'amidon de l'orge et du malt est liquéfié partiellement à des températures inférieures à celles de l'empesage.

Théories de la saccharification. — Plusieurs théories ont été proposées pour l'explication des phénomènes de la saccharification. Pour Payen, l'amidon se transforme d'abord en dextrine par un simple phénomène d'isomérie, puis cette dextrine donne ensuite graduellement du maltose en fixant une molécule d'eau. Pour Musculus, l'amidon se dédouble en donnant à la fois des dextrines et du maltose : la molécule d'amidon est composée d'un ensemble de feuillets qui se détachent ; les uns sont des feuillets de dextrine, les autres se transforment en maltose par hydratation : c'est la théorie de l'*effeuillement*.

Brown et Morris considèrent la molécule d'amidon soluble comme constituée par cinq groupements *amylines* $(C^{12}H^{20}O^{10})^{20}$; sa formule serait donc $5[(C^{12}H^{20}O^{10})^{20}]$. Quatre de ces groupements sont disposés symétriquement autour du cinquième qui forme le noyau central. Au début de l'action, la diastase disloquerait cette molécule en mettant en liberté les cinq groupes amylines. Le cinquième groupe, qui constitue le noyau central, résiste à l'action de la diastase et formerait la *dextrine stable* ou dextrine résiduelle de la saccharification :

$$5[(C^{12}H^{20}O^{10})^{20}] = (C^{12}H^{20}O^{10})^{20} + 4[(C^{12}H^{20}O^{10})^{20}]$$

Amidon soluble.　　　Dextrine stable.　　　Amylines.

Les quatre amylines mises en liberté sont capables de se transformer complètement en maltose en donnant, comme produits intermédiaires, une série d'*amyloïnes* constituées par des combinaisons de dextrines et de maltose en proportions variables suivant le nombre n de molécules d'eau fixées :

$$(C^{12}H^{20}O^{10})^{20} + nH^2O = \begin{cases} (C^{12}H^{22}O^{11})^{n} \\ (C^{12}H^{20}O^{10})^{20-n} \end{cases}$$

Amyline.　　　Eau.　　　Amyloïnes.

Lintner ne considère pas cette théorie de Brown et Morris comme exacte : il admet que l'amidon est d'abord complètement transformé en dextrines par la diastase ; ces dextrines sont elles-mêmes transformées en isomaltose, finalement en maltose.

D'après Duclaux, la diastase de l'orge serait composée de deux diastases différentes : l'une, l'*amylase*, est une diastase décoagulante qui liquéfie l'empois d'amidon et le transforme en dextrines : l'autre, la *dextrinase*, est hydrolysante et transforme les dextrines en maltose. Le grain d'amidon présente des différences de compacité qui persistent encore, bien qu'atténuées, dans l'empois. L'amylase liquéfie d'abord les parties de l'amidon les moins résistantes et en fait de la dextrine que la dextrinase transforme en maltose. Puis vient le tour des parties un peu plus résistantes. Il se forme ainsi sous l'action de l'amylase des dextrines plus ou moins résistantes que la dextrinase saccharifie avec une difficulté de plus en plus grande. L'hétérogénéité des dernières dextrines, qui sont très résistantes, l'affaiblissement de la diastase et l'influence paralysante du maltose formé amènent forcément un état d'équilibre et de repos auquel la réaction s'arrête. Pour Duclaux, les maltodextrines, amyloïnes, amylodextrines ne sont que des mélanges et nullement des composés définis : toutes les dextrines ont la même formule chimique brute et ne diffèrent que par leur état de compacité, de résistance et peut-être d'arrangement moléculaire.

Pour Maquenne et Roux, la saccharification serait l'œuvre de trois diastases agissant sur les deux produits qui constituent, d'après ces auteurs, le grain d'amidon : l'amylose et l'amylopectine. L'une, l'amylase, attaquerait l'amylose, en fournissant dès le début une grande quantité de maltose ; l'autre, l'amylopectinase, liquéfierait l'amylopectine ; enfin la dextrinase saccharifierait les produits de liquéfaction de l'amylopectine, beaucoup plus lentement et dans des conditions de milieu particulièrement favorables.

On voit par ce qui précède que la théorie de la saccharification de l'amidon n'est pas encore bien établie. Aucune des théories proposées ne peut expliquer tous les phénomènes. Celle de Payen ne permet pas de comprendre pourquoi toutes les dextrines ne sont pas transformées en maltose. Celles de Musculus et de Brown et Morris sont plus satisfaisantes, mais certaines observations relatives à l'action de la chaleur sont difficilement explicables par ces théories ; en outre, l'existence de tous ces produits de dédoublement de l'amidon est incertaine. Celle de Lintner a été combattue par Brown, dont les nouveaux travaux paraissent démontrer qu'il ne se forme pas d'isomaltose dans la saccharification diastasique. Les idées de Duclaux semblent être celles qui sont les plus conformes aux faits qu'on observe dans la saccharification, comme nous allons le voir maintenant.

Action de la chaleur sur l'amylase et sur ses réactions. — L'action de la chaleur sur l'amylase en tant que composé chimique est assez complexe, et les résultats sont variables suivant les conditions de l'expérience et suivant le phénomène envisagé : liquéfaction de l'empois ou formation de maltose. En règle générale, si on considère en bloc le phénomène de la saccharification, on constate qu'il commence à se manifester au voisinage de 0° ; son activité croit jusqu'à un optimum situé à 50-57°, puis diminue lentement jusqu'à 60-64°, rapidement à partir de 64° et s'arrête à 75-81°. Mais ces chiffres dépendent d'abord des conditions de l'expérience. En effet, l'amylase présente une sensibilité extrême aux moindres variations dans la réaction du milieu. Il se produit déjà, à des températures inférieures à la température mortelle, un affaiblissement de la diastase plus ou moins marqué suivant la réaction du liquide et suivant les quantités de diastase présentes. La composition chimique du milieu influe aussi, et Petzhold a montré que la diastase peut supporter des températures d'autant plus élevées que le moût est plus concentré et plus riche en maltose, ce qui s'accorde bien avec certaines observations de la pratique industrielle. Enfin, dans l'appréciation des températures optima et de destruction de la diastase, il importe aussi de tenir compte de la nature du phénomène envisagé : liquéfaction de l'empois ou formation de maltose. La liquéfaction de l'empois s'observe jusqu'à 81°, et elle est beaucoup plus active à 70° qu'à 50°. Au contraire, la formation de maltose s'arrête à 75° et sa température optima se trouve aux environs de 50-57°. On voit donc qu'à 80° la formation de maltose est arrêtée et que seule la liquéfaction subsiste. Ce fait est difficile à expliquer par les théories qui n'admettent dans le malt qu'une seule diastase donnant à la fois de la dextrine et du maltose. Il s'explique parfaitement avec les idées de Duclaux : l'amylase liquéfiante est plus résistante à la chaleur que la dextrinase ; elle n'est détruite qu'à 81°, tandis que la dextrinase l'est déjà à 76°.

A l'état sec, la résistance de la diastase à l'action de la chaleur est beaucoup plus élevée et on peut la chauffer jusqu'à 120° sans la détruire. Ce fait présente, comme nous le verrons, une importance pratique considérable dans le touraillage du malt.

Envisageons maintenant l'influence de la chaleur sur les réactions de l'amylase. Cette diastase possède une particularité très curieuse qui lui fait une place à part parmi les autres : les produits qu'elle donne sont variables avec les températures d'action. D'une façon générale, on peut dire qu'au-dessous de 60° il se forme beaucoup de maltose et peu de dextrines. A mesure que la température s'élève au delà de 60°, on constate que la proportion de dextrines formée augmente, tandis que le maltose diminue. Au voisinage de 75°-76°, la formation de maltose est arrêtée ; seule la liquéfaction de l'amidon persiste pour disparaître elle-même aux environs de 81°.

O'Sullivan représentait ce phénomène par quatre équations chimiques variables avec les températures, et conduisant aux proportions suivantes de maltose et de dextrine p. 100 dans le liquide saccharifié :

	Maltose p. 100	Dextrine p. 100.
Au-dessous de 63°...........	67,85	32,15
Vers 64° (?) environ.........	51,72	48,24
De 64° à 68-70°.............	34,54	65,46
Au-dessus de 70°...........	17,40	82,60

Brown et Héron ont admis par contre, pour les températures comprises entre 40° et 60°, une équation différente de la première de O'Sullivan et conduisant à 81,3 p. 100 de maltose et 18,7 p. 100 de dextrine. Il est très probable que cette variation des produits sous l'influence de la température, au moins au-dessus de 60°, se fait non pas par échelons auxquels correspondent des formules déterminées, mais suivant un plan incliné continu, le maltose diminuant pendant que la dextrine augmente. D'ailleurs les dernières recherches de Maquenne et Roux ont montré que dans des conditions de milieu favorables, sur lesquelles nous reviendrons plus loin, la proportion de maltose qui se forme à 50° peut être beaucoup plus considérable que ne l'indiquent les chiffres de Brown cités ci-dessus, et atteindre presque la quantité théorique que peut donner l'amidon, la dextrine ne représentant plus que 3 à 8 p. 100 et le maltose 92 p. 100 à 97 p. 100.

La chaleur a sur les réactions de l'amylase une autre influence très curieuse. Brown et Morris ont constaté que si on chauffe à une température déterminée, par exemple à 70°, un extrait de malt, et si on le ramène ensuite à une température inférieure, par exemple à 60°, la saccharification ultérieure donne toujours naissance aux mêmes proportions de maltose et de dextrines, quelle que soit cette température inférieure choisie, et cette proportion est celle qui correspond à la température maxima du chauffage. Dans l'exemple actuel, les produits formés à 60° seront donc les mêmes que si on saccharifiait à 70°. La théorie de Duclaux permet d'expliquer parfaitement ce phénomène. L'amylase liquéfiante est plus résistante à la chaleur que la dextrinase saccharifiante ; et si on chauffe la dextrinase à une température suffisante pour l'affaiblir, elle demeure affaiblie quand on la ramène à une température plus basse, et son action reste celle qui correspond à la température maxima de chauffage. Un autre phénomène très curieux a été signalé par Ling et Davis. L'amylase non altérée par la chaleur donne comme sucre du maltose et pas trace de glucose aux dépens de l'amidon. Mais une diastase chauffée au préalable à 66-67° se comporte différemment : on constate la formation de glucose, et ce sucre semble être un produit invariable de l'action prolongée de l'amylase sur l'empois lorsque la solution diastasique a été chauffée au-dessus de 60°.

Arrêt de la saccharification. — Dans les conditions ordinaires, il reste toujours dans le liquide saccharifié une certaine proportion de dextrines qui ne se transforment pas en maltose. Nous avons vu que Brown et

Morris expliquent ce phénomène par la formation d'une dextrine stable, qui résiste, au moins dans les conditions ordinaires, à l'action de la diastase. Duclaux l'attribue d'une part à l'action paralysante du maltose formé sur la diastase et d'autre part à l'hétérogénéité des dextrines présentes.

On sait que le maltose formé exerce bien une action paralysante sur la marche de la diastase, car il suffit de faire disparaître le maltose soit par précipitation chimique (Lindet), soit par fermentation alcoolique, pour voir reprendre la saccharification interrompue. Mais cette explication est insuffisante et la cause principale de l'arrêt vient de l'hétérogénéité des dextrines présentes et de la réaction plus ou moins favorable du milieu. Les dextrines les plus attaquables sont transformées les premières, et c'est au moment où la diastase est affaiblie qu'elle doit transformer les dextrines les plus résistantes. L'action s'arrète donc fatalement puisque la puissance diminue pendant que la résistance augmente.

La réaction du milieu joue un rôle très important. Les dernières recherches de Maquenne et Roux et de Fernbach et Wolff font montré en effet qu'aux basses températures (50°), la transformation de l'amidon en maltose peut être à peu près intégrale et atteindre sensiblement la quantité théorique, si on donne au milieu la réaction optima, comme nous allons le voir maintenant.

Influence de la réaction du milieu. — L'amylase présente une sensibilité extrème aux moindres variations dans la réaction du milieu. On a cru pendant longtemps que de petites doses d'acide libre favorisent la saccharification. Kjeldahl a le premier remarqué qu'en additionnant de quantités d'acide sulfurique croissantes un extrait de malt en saccharification, le phénomène est nettement favorisé jusqu'à une dose d'acide sulfurique voisine de 20 milligrammes par litre. Au-dessus de cette dose, la saccharification est de plus en plus ralentie et s'arrète pour une proportion de 100 milligrammes d'acide sulfurique par litre.

Fernbach a montré ensuite que l'extrait de malt est alcalin à l'hélianthine, et que l'expérience de Kjeldahl ne doit pas être interprétée dans le sens d'une action favorable des acides *libres*. Fernbach a constaté que les acides libres gènent nettement la saccharification et que celle-ci s'effectue dans les conditions optima quand on rend le milieu neutre à l'hélianthine. Le rôle favorisant observé pour les petites doses d'acide provient de ce qu'elles effectuent la transformation des phosphates neutres, qui retardent le phénomène de la saccharification, en phosphates acides qui la favorisent, mais la réaction ne doit jamais être acide à l'hélianthine.

Maquenne et Roux, en opérant dans des conditions un peu différentes (et notamment avec beaucoup plus d'extrait de malt et beaucoup moins d'amidon que Fernbach), ont montré qu'il est préférable de se tenir en deçà de la neutralité et de conserver une réaction légèrement alcaline. Les conditions optima de réaction de milieu sont réalisées en saturant exactement avec l'acide sulfurique l'empois d'amidon qui est alcalin, puis en ajoutant à l'extrait de malt les deux tiers de la quantité d'acide nécessaire pour le saturer complètement. L'indicateur employé doit être l'hélianthine. Maquenne et Roux ont mis en évidence ce fait très intéressant que dans ces conditions on augmente beaucoup la proportion de maltose formée, qui atteint à peu près le chiffre théorique que peut donner l'amidon, la proportion de dextrine résiduelle étant extrêmement faible.

Maquenne et Roux ont montré en outre que l'activité d'un extrait de malt préparé rapidement à froid augmente par le repos, à la suite d'une auto-excitation attribuable au jeu des diastases protéolytiques. Celles-ci fournissent en effet des acides amidés qui diminuent l'alcalinité du milieu et la rapprochent ainsi de l'optimum.

Marche de la saccharification par l'amylase. —
On a depuis longtemps observé que la saccharification
de l'amidon s'accomplit en deux phases distinctes : la
première est pour ainsi dire explosive et très rapide, la
seconde est beaucoup plus lente. Maquenne et Roux, qui
ont étudié ce phénomène, ont constaté que la première
phase atteint 75 à 85 p. 100 de l'amidon employé en un
temps qui varie de quinze minutes à deux heures. La
saccharification est donc extrèmement rapide dans le
début. La seconde phase, capable d'atteindre encore
15 p. 100 de l'amidon total, est lente, et l'action se poursuit
pendant plusieurs jours pour arriver finalement, si les
conditions sont favorables, à un chiffre de maltose pour
cent d'amidon voisin du chiffre théorique : Maquenne et
Roux pensent que cette deuxième phase a pour unique
origine l'auto-excitation du malt amenant avec elle la
secrétion d'une diastase spéciale capable de maltosifier
l'amylo-pectine. Les dextrines résiduelles de la saccharification proviendraient donc de l'amylo-pectine liquéfiée
mais non encore saccharifiée.

Les faits observés dans la marche de la saccharification
peuvent s'expliquer aussi bien par l'action paralysante du
maltose et l'hétérogénéité des dextrines dans la seconde
phase, sans avoir recours à l'hypothèse d'une diastase
spéciale.

**Action des sels et de certaines substances chimi-
ques sur la saccharification.** — Certains sels ont une
action sensible sur la saccharification. Duclaux a montré
que le chlorure de calcium à 1 p. 100 et le bichlorure de
mercure à 1 p. 1000 nuisent à la marche du phénomène.
D'après Lintner, le sulfate de cuivre arrète la saccharification à la dose de 0,1 p. 100, l'ammoniaque à la dose de
0,2 p. 100, le carbonate de soude à la dose de 0,5 p. 100.
Ce dernier sel, à la dose de 0,05 p. 100 d'empois d'amidon,
diminue beaucoup la production de maltose ; il augmente
en effet l'alcalinité du milieu et le résultat obtenu est

bien d'accord avec ce que nous avons vu plus haut au sujet de l'influence de la réaction du milieu sur la saccharification. Effront a signalé l'action favorisante des phosphates monobasiques d'ammoniaque et de chaux, de l'acétate d'alumine, de l'alun de potasse. Les fluorures à faible dose agissent favorablement en conservant la force de la diastase et en prolongeant son action. D'après Kjeldahl, les sels des métaux lourds ont une influence défavorable. Effront a montré aussi que l'asparagine favorise beaucoup la saccharification à la dose de 5 centigrammes par 100 grammes d'empois.

Il est certain que, dans ces expériences, les effets observés doivent varier avec la réaction plus ou moins alcaline à l'hélianthine de l'extrait de malt et de l'amidon et la sensibilité de la diastase aux moindres changements de réaction permet d'expliquer les résultats contradictoires obtenus avec les mêmes sels par différents expérimentateurs.

Le chloroforme et le phénol, qui sont si actifs contre le développement des microbes, n'agissent sur la diastase qu'à des doses très élevées. Cependant l'aldéhyde formique et l'alcool paralysent nettement la saccharification.

Produits de la saccharification diastasique. — On voit, par les théories qui ont été données pour l'explication des phénomènes de la saccharification, que les auteurs ne sont pas d'accord sur la nature des produits qui se forment. L'amidon se transforme d'abord en amidon soluble, dont le pouvoir réducteur est nul et dont le pouvoir rotatoire est de $[\alpha]_D = + 195°$ d'après Brown et Héron. La présence du maltose dans les produits de la saccharification est certaine, mais les divergences d'opinions sont très accentuées au sujet de la nature des dextrines. D'après O'Sullivan, il s'en forme deux, l'érythrodextrine α et l'achroodextrine β, dont le pouvoir rotatoire $[\alpha]_J = + 222°$ et dont le pouvoir réducteur est nul. Bondonneau en décrit trois, une érythrodextrine, et deux achroodextrines. Musculus et Gruber distinguent trois achroodextrines différentes, dont les pouvoirs rotatoires sont respectivement $[\alpha]_D = + 210°$, $[\alpha]_D = + 190°$, $[\alpha]_D = + 150°$. Lintner et Dull admettent la formation d'une érythrodextrine, dont le pouvoir rotatoire $[\alpha]_D$ est égal à 196° et le pouvoir réducteur à 3,5, et deux achroodextrines: les achroodextrines I et II dont nous avons donné les caractères dans le chapitre consacré aux substances hydrocarbonées. Prior et Weigmann ont admis la présence d'une troisième achroodextrine, dont le pouvoir rotatoire $[\alpha]_D = + 171°,1$ et dont le pouvoir réducteur est de 42,5.

Enfin Herzfeld, Brown et Morris, Ling et Baker, Gruters admettent la formation d'amyloïnes ou maltodextrines, composées de proportions variables de dextrine et de maltose, et dont nous avons indiqué les principales en étudiant les dextrines.

En résumé, les produits de la saccharification seraient, d'après Brown et Morris, l'amidon soluble, la dextrine stable, le maltose et des amyloïnes de types variés, renfermant plus ou moins de maltose et de dextrine, auxquelles s'ajouterait dans le cas d'une diastase chauffée au-dessus de 60°, d'après Ling, le glucose. D'après Lintner, ils se composeraient d'une érythrodextrine, de deux ou trois achroodextrines, d'isomaltose et de maltose. D'après Duclaux, il ne se formerait que du maltose et des dextrines présentant simplement entre elles des différences de compacité, de résistance et d'arrangement moléculaires, et ayant toutes comme caractères communs la solubilité dans l'eau, la précipitation par l'alcool fort, le pouvoir réducteur nul et le pouvoir rotatoire voisin de $+ 202°$. Tous les autres produits désignés sous le nom d'érythrodextrines, d'achroodextrines, d'amylodextrines, de maltodextrines ne seraient, d'après Duclaux, que des mélanges et nullement des composés définis.

3° Sucrase.

État naturel. — La sucrase existe dans les cellules d'un grand nombre de microbes. On en trouve dans la plupart des levures : cependant certaines espèces, comme le *Saccharomyces apiculatus* Reess, le *Saccharomyces membrane faciens* Hansen, ne renferment pas de sucrase. Elle est très répandue chez les Mucédinées : l'*Aspergillus niger*, le *Penicillium glaucum*, le *Mucor racemosus* en contiennent ; inversement les *Mucors mucedo, spinosus, stolonifer* n'en sécrètent pas. Elle existe aussi dans les bourgeons et les feuilles (Kossmann), dans l'embryon d'orge germée (Kjeldahl), dans la betterave à sucre au moment de sa fructification. Chez les animaux, la sucrase paraît peu répandue, et l'interversion du saccharose dans le tube digestif des animaux semble se faire surtout sous l'action des microbes.

Préparation. — Pour obtenir de la sucrase impure on peut épuiser par de l'eau à 40° de la levure soigneusement desséchée, et précipiter le liquide de macération par l'alcool. Le précipité est recueilli, lavé et séché dans le vide. Pour obtenir une sucrase plus pure, on peut recourir à la méthode de Duclaux qui consiste à faire développer une culture d'*Aspergillus niger* sur liquide Raulin, à décanter le liquide après développement et à le remplacer par de l'eau distillée. La sucrase diffuse : au bout de quarante-huit heures on jette le liquide sur un filtre et on obtient une solution riche en sucrase.

Propriétés. — La sucrase est une diastase qui hydrolyse le saccharose et le transforme en sucre interverti, mélange de glucose et de lévulose :

$$C^{12}H^{22}O^{11} + H^2O = C^6H^{12}O^6 + C^6H^{12}O^6$$

Elle est le plus souvent très diffusible, et passe avec facilité à travers la paroi cellulaire pour se répandre à l'extérieur. Il existe sous ce rapport des différences entre les diverses levures. Les unes laissent diffuser très aisément leur sucrase dès le début de leur culture, tandis que d'autres ne la laissent diffuser que quand leur action est terminée. Enfin certaines espèces microbiennes retiennent leur sucrase dans leurs cellules, par exemple la *Monilia candida*.

L'action de la sucrase, faible à basse température, devient énergique aux environs de 40° ; elle passe par un maximum à 52°-55°, qui correspond à la température optima, puis décroît et cesse à 75°, température de destruction. De faibles doses d'acide favorisent l'action de la sucrase, mais les doses fortes l'arrètent. Inversement, les alcalis, même en petite quantité, gènent le phénomène et détruisent rapidement la diastase. La concentration en sucre la plus favorable à son action à 54° est environ de 20 p. 100.

4° Maltase.

État naturel. — Cuisinier a observé le premier qu'un extrait aqueux fait à 35° avec de l'orge non germée, transforme partiellement l'amidon non pas en maltose, mais en glucose. Il en avait conclu qu'il existe deux diastases qui attaquent l'amidon, l'une capable de donner du maltose et l'autre du glucose. Cette même diastase a été retrouvée par Brown et par Bourquelot chez les animaux. Les phénomènes observés par ces expérimentateurs paraissent dus au mélange de l'amylase avec une diastase, la maltase, capable de transformer le maltose en glucose. Cette maltase est sécrétée par un grand nombre de levures, le plus souvent en même temps que la sucrase. Cependant certaines levures, comme le *Schizosaccharomyces Octosporus* de Beijerinck, renferment de la maltase et ne contiennent pas de sucrase. Inversement le *Saccharomyces Marxianus* sécrète de la sucrase, mais ne renferme pas de maltase.

Préparation. — La méthode la plus simple pour l'obtenir consiste à sécher soigneusement la levure, à la chauffer pour la tuer, puis à la faire macérer dans l'eau où elle abandonne la maltase. La macération de la levure fraîche dans l'eau donne des liquides riches en sucrase et assez pauvres en maltase, car la maltase est peu diffusible.

Propriétés. — La maltase est une diastase qui hydrolyse le maltose et le transforme en glucose :

$$C^{12}H^{22}O^{11} + H^2O = 2C^6H^{12}O^6$$

Elle est beaucoup moins diffusible que la sucrase et ne passe dans le liquide de culture qu'en quantités assez faibles. Le maximum d'action est, d'après Lintner et Kroher, aux environs de 40°, et les liquides neutres sont ceux qui conviennent le mieux. Le chloroforme gène nettement son action, et pour étudier ses propriétés en évitant l'intervention des microbes, il faut opérer en présence de toluène ou de thymol.

Comme toutes les autres diastases, elle est gênée par les produits qu'elle forme et l'action s'arrête à une certaine limite, variable avec les conditions de l'expérience. Mais en outre, Hill a montré que si on fait agir la maltase sur une solution où la proportion de glucose dépasse cette limite, le glucose se change en maltose, par une action rétrograde, jusqu'à ce que la limite soit de nouveau atteinte. La maltase est donc *réversible*, et peut dans certaines conditions fonctionner comme déshydratante.

5° Diastases des matières albuminoïdes.

Ces diastases sont encore mal connues, à cause de l'incertitude de nos connaissances sur les matières albuminoïdes et sur leurs produits de dédoublement. Nous savons simplement que les matières albuminoïdes subissent sous l'action de ces diastases une série de dislocations successives qui les amènent d'abord à l'état de peptones, puis à l'état de corps amidés cristallisables. On peut distinguer ainsi deux modes de décomposition des matières albuminoïdes par les diastases : la décomposition *pepsique* qui aboutit à la formation de peptones, et la décomposition *trypsique*, beaucoup plus profonde, qui conduit à la formation de corps amidés.

Ces diastases, qu'on désigne souvent sous le nom de diastases *protéolytiques*, sont nombreuses et très répandues dans le monde animal et végétal. Dans les industries de fermentation, deux d'entre elles présentent un intérêt tout particulier : la diastase protéolytique du malt et celle des microbes et en particulier de la levure.

Diastase protéolytique du malt. — On sait que pendant la germination de l'orge, il se produit une solubilisation importante des matières azotées du grain, puis une dégradation de ces matières à l'état de peptones et de corps amidés. Ces transformations sont produites par les diastases protéolytiques sécrétées par l'embryon.

Gorup Besanez a entrevu le premier, en 1874, la présence d'une diastase protéolytique dans l'orge germée, et son existence dans le malt a été démontrée ensuite, à peu près en même temps, par Fernbach et Hubert, Petit et Labourasse, et Windisch et Schellhorn. Cette diastase est très peu abondante dans l'orge non germée. Elle s'accroît pendant la germination et elle est plus ou moins affaiblie par le touraillage, mais il en reste toujours dans le malt touraillé. Weis a étudié sa formation pendant la germination de l'orge, en distinguant le pouvoir pepsique, qui correspond à la formation d'albumoses et de peptones, et le pouvoir trypsique qui correspond à des dédoublements plus profonds aboutissant à la formation de corps cristallisables, tels que les amides. D'après Weis, l'orge avant germination ne possède qu'un très léger pouvoir pepsique, et pas de pouvoir trypsique. Au quatrième jour de la germination, le pouvoir trypsique apparaît, s'élève très rapidement, atteint un maximum au sixième jour et se maintient constant jusqu'au treizième. Windisch et Schellhorn ont fait des constatations identiques.

Il existe entre l'action de la diastase protéolytique du malt et celle de l'amylase une analogie tout à fait remarquable qui a été signalée pour la première fois par Fernbach et Hubert. Toutes les deux partent d'un corps complexe, l'amidon d'une part, la matière albuminoïde de l'autre, et le dégradent en donnant deux groupes de substances dont les premières sont très voisines du corps primitif, les dextrines pour l'amylase et les peptones pour les diastases protéolytiques, et les secondes très éloignées, le maltose pour l'amylase et les corps amidés pour la diastase protéolytique. En outre, l'analogie se complète par ce fait que l'influence de la température, de la durée, de la nature du malt et de l'eau se fait sentir à peu près de la même façon pour les deux phénomènes.

Par exemple, sous le rapport de l'influence de la température, Fernbach et Hubert ont montré que la nature des produits de dédoublement des matières azotées varie avec la température à laquelle l'action s'effectue. A 40°, tout l'azote solubilisé passe à l'état de composés amidés. A 60°, on commence à trouver de fortes proportions de peptones (40 à 50 p. 100), et les corps amidés n'atteignent plus que 50 à 60 p. 100. A 70°, il n'y a plus que 40 p. 100 de composés amidés, le reste étant constitué par des peptones. On voit donc l'analogie qui existe entre l'amylase et la diastase protéolytique du malt, et tout ce qu'on peut dire de l'influence de la température sur l'amylase s'applique à la diastase protéolytique en substituant le mot de peptones à celui de dextrines et le terme d'amides à celui de maltose.

Ces phénomènes sont très probablement dus, comme dans la saccharification de l'amidon, à la présence de deux diastases : la *peptase*, qui agit comme diastase décoagulante et transforme les matières albuminoïdes en albumoses et peptones, et la *tryptase* qui agit comme diastase hydrolysante en disloquant les peptones jusqu'aux corps amidés. Weis a constaté qu'on obtient à 50° le rendement le plus élevé en azote soluble et en azote amidé.

Enfin Fernbach et Hubert ont montré que la neutralité à l'hélianthine représente la réaction optima pour la protéolyse.

Diastases protéolytiques des microbes. — Chez les microbes, la sécrétion des diastases des matières albuminoïdes est très répandue, et beaucoup de microbes ont ainsi la propriété de dissoudre les matières azotées et de les dégrader à l'état de corps amidés et d'ammoniaque.

La levure en particulier contient une diastase protéolytique énergique. Si on abandonne du suc de levure pressée à la température ordinaire, on observe une diminution rapide du pouvoir ferment ; en même temps l'azote coagulable diminue, et finalement on obtient une solution qui a perdu toute activité, qui ne se coagule plus à l'ébullition, et qui par évaporation abandonne un grand nombre de produits de dédoublement des matières albuminoïdes, notamment des cristaux de leucine et de tyrosine. Geret et Hahn, qui ont étudié cette diastase, lui ont donné le nom d'*endotrypsine*, mais nous ignorons encore s'il s'agit ici d'une diastase unique ou d'un mélange de plusieurs diastases.

6° Zymase.

La zymase a été découverte par Buchner dans le suc de levure pressée. Ce savant a ainsi montré que le phénomène de la fermentation alcoolique peut être séparé de la vie de la levure. La levure contient en effet dans ses tissus une diastase qu'on peut extraire, et qui peut produire en dehors de la cellule, de l'alcool et de l'acide carbonique aux dépens du sucre.

Préparation. — On prend un kilogramme de levure

pressée à 50 atmosphères, on la mélange avec 1 kilogramme de sable fin et 200 grammes de terre d'infusoires, puis on broie énergiquement ce mélange avec un lourd pilon dans un mortier de porcelaine, de manière à déchirer les cellules. On introduit la masse pâteuse ainsi obtenue dans un linge résistant, et on presse à 500 atmosphères. On obtient ainsi environ 500 centimètres cubes d'un suc opalescent qu'on filtre et qu'on recueille dans la glace.

A cette opération pénible, on a substitué aujourd'hui une méthode plus simple qui consiste à tuer la cellule sans tuer la zymase qu'elle contient. On traite la levure par l'acétone, puis par l'éther (Albert). Après dessiccation, on obtient une poudre qui ne contient plus une cellule vivante, mais à l'aide de laquelle on peut cependant provoquer la fermentation alcoolique.

Propriétés. — La zymase est une diastase dédoublante qui décompose le sucre en alcool et en acide carbonique. En effet, si on additionne de sucre en poudre le suc de levure obtenu par broyage des cellules, on observe presque instantanément un dégagement très actif d'acide carbonique, en présence de toluène pour éviter toute intervention microbienne. La levure tuée par l'acétone donne le même résultat quand on la broie avec une solution de sucre tiède et un peu de sable blanc.

La zymase n'est pas diffusible et reste à l'intérieur de la cellule qu'il faut déchirer pour pouvoir l'extraire. Le suc de levure ainsi obtenu contient naturellement, en dehors de la zymase, beaucoup d'autres diastases, notamment la maltase, la sucrase et la diastase protéolytique. Chauffé à 41°, le suc perd déjà son pouvoir ferment; mais on peut le dessécher dans le vide à basse température, et la poudre sèche ainsi obtenue est plus résistante à l'action de la chaleur et conserve longtemps son activité. La concentration en sucre la plus favorable à la zymase est de 20 à 30 p. 100 : l'action est moitié moindre à une concentration de 10 p. 100. Ce fait semble tenir à la protection qu'exercent les fortes concentrations en sucre contre l'action nuisible de la diastase protéolytique sur la zymase. Le suc de levure, abandonné à lui-même, perd en effet rapidement son activité par suite de la destruction de la zymase par la diastase protéolytique de la levure. Delbrück a montré que lorsque la levure se trouve dans des conditions favorables, la diastase protéolytique et la zymase exercent leur action côte à côte sur les matières nutritives. Mais si les conditions sont défavorables, et si les cellules sont soumises par exemple à la famine, l'une des deux diastases l'emporte sur l'autre. Aux basses températures, c'est la zymase qui a l'avantage, et on peut enrichir une levure en zymase en l'exposant au froid. Aux températures élevées, et notamment à partir de 16°-17°, la diastase protéolytique détruit la zymase qui diminue rapidement et peut disparaître complètement en quelques jours.

D'après Buchner, la zymase serait en réalité un mélange de deux diastases : l'une, la *zymase* proprement dite, transformerait d'abord le sucre en acide lactique ; l'autre, la *lactacidase*, transformerait l'acide lactique en alcool. Mais ces conclusions ne paraissent pas suffisamment démontrées et elles ont été combattues par plusieurs auteurs, notamment par Slator. De même, Buchner a admis dans le dédoublement du sucre en acide lactique la formation intermédiaire de méthylglyoxal, mais des considérations de Windhaus et Knop, et d'Erlenmeyer ont fait également rejeter cette hypothèse.

Les produits de la fermentation par le suc de levure sont d'abord l'alcool et l'acide carbonique. Buchner et Meisenheimer ont constaté, conformément aux résultats antérieurs de Buchner et Rapp, qu'il ne se produit pas d'acide succinique dans la fermentation sans cellules ; mais ils ont toujours trouvé des proportions notables de glycérine, variables de 5,4 à 16,5 p. 100 de l'alcool produit. Les auteurs pensent que cette glycérine ne se forme pas directement aux dépens du sucre au moment de son dédoublement, mais par un processus spécial. Buchner et Rapp ont montré en outre que sans tenir compte du glycogène de la levure, la somme de l'alcool et de l'acide carbonique produits atteint le poids du sucre disparu à 10 p. 100 près. Les expériences de Harden et Young ont montré en effet qu'une partie du sucre se transforme, pendant la fermentation sans cellules, en un corps qui ne réduit plus une solution alcaline de cuivre, mais qui réduit normalement après hydrolyse par l'acide chlorhydrique. La présence de ce corps ne peut s'expliquer que par la présence dans le suc de levure d'une *diastase de synthèse*. Ce polysaccharide ainsi formé n'est pas identique au glycogène. Ces résultats ont été confirmés par Buchner. Enfin il se forme, pendant la fermentation sans cellules, de petites quantités d'acide acétique (Buchner et Rapp), et des traces d'alcool amylique (Buchner et Meisenheimer).

Harden a constaté que si on ajoute à du suc de levure frais du suc de levure bouilli et filtré, l'activité de la zymase se trouve fortement augmentée. Le suc de levure contient donc une substance activante qui résiste à l'ébullition. Harden a cherché à séparer la zymase de cette substance activante au moyen de la dialyse. Quand on soumet du suc de levure à ce traitement, la substance activante dialyse : le liquide dialysé, ajouté seul à du sucre, n'a aucun pouvoir ferment ; il en est de même du liquide resté dans le dialyseur ; mais les deux liquides réunis donnent immédiatement la fermentation alcoolique. La zymase serait donc un mélange de deux substances séparables par la dialyse et qui doivent agir simultanément. D'après Buchner et Antoni, l'action du suc de levure bouilli serait attribuable à l'acide phosphorique qu'il apporte, ainsi qu'à la diminution qu'il produit dans la concentration du sucre et de l'alcool.

BRASSERIE

I. — NOTIONS GÉNÉRALES.

Historique. — La bière est connue depuis la plus haute antiquité. Elle paraît avoir été inventée par les Égyptiens, qui la préparaient d'abord avec du froment, puis avec de l'orge. L'usage de la bière passa de l'Égypte en Grèce, puis à Rome et en Gaule. Les Gaulois la désignaient sous le nom de *cerevisia*, et elle paraissait être, d'après les auteurs latins de l'époque, la boisson favorite des peuples du Nord. Sous la domination romaine en Gaule, l'industrie de la brasserie était déjà florissante ; elle le devint encore davantage lorsque Domitien, à la suite d'une disette, interdit de cultiver la vigne dans toute terre pouvant porter des céréales. A part quelques crises passagères, l'industrie de la bière resta pendant tout le moyen âge et jusqu'à nos jours en pleine prospérité. L'emploi du houblon amena dans la fabrication un progrès considérable ; puis les études scientifiques se multiplièrent et amenèrent peu à peu dans cette industrie des perfectionnements importants. Les travaux de Pasteur sur les fermentations achevèrent d'élucider un grand nombre de faits qui restaient encore obscurs, et la brasserie peut être aujourd'hui considérée comme une de nos industries les plus parfaites.

Propriétés de la bière. — La bière est une boisson qui possède de hautes propriétés nutritives, à cause des matières premières qui entrent dans sa fabrication. Elle renferme en effet les principes alimentaires de l'orge :

elle contient trois fois plus d'extrait et trois fois moins d'alcool que le vin ; c'est donc une boisson hygiénique au premier chef. Ce sont ces qualités nutritives qui la font recommander dans un certain nombre de maladies où la suralimentation est nécessaire.

Quand on en use avec modération, la bière est une excellente boisson alimentaire, tonique et rafraîchissante. A des doses trop élevées, elle donne une ivresse lourde, longue à disparaître et pousse à l'embonpoint et à l'obésité.

Production de la bière. — La production de la bière a beaucoup augmenté en France depuis quelques années. Elle est restée à peu près constante, et voisine de 9 millions d'hectolitres, jusqu'en 1896 ; mais depuis cette époque il y a eu une augmentation sensible et on peut évaluer approximativement la production actuelle à 13 millions d'hectolitres. Malgré ce chiffre assez élevé, la France n'occupe que le cinquième ou sixième rang parmi les nations productrices de bière, comme le montre le tableau suivant, qui indique les productions approximatives de divers pays en 1903 :

Pays producteurs.	Production en hectolitres.
États-Unis	74.000.000
Allemagne	68.000.000
Angleterre	58.000.000
Autriche	21.000.000
Belgique	14.000.000
France	13.000.000

Après la France viennent par ordre d'importance la Suède, le Danemark, la Suisse, les Pays-Bas, l'Espagne, la Norwège, le Grand-Duché de Luxembourg et l'Italie. La production des autres pays est très faible.

Le tableau suivant résume la production de la bière en France dans les dix dernières années. Avant 1899, la bière est évaluée en hectolitres ; à partir de 1899, les statistiques font connaître seulement le nombre de degrés hectolitres imposés dans l'année. On ne peut savoir avec certitude le nombre d'hectolitres correspondants, car les documents n'indiquent pas les densités des moûts.

Années.	Production	
	Degrés hectolitres imposés.	Hectolitres.
1895	»	8.867.322
1896	»	8.991.293
1897	»	9.233.278
1898	»	9.557.616
1899	29.719.525	4.452.194
1900	53.558.919	»
1901	52.412.862	»
1902	52.050.370	»
1903	54.719.060	»
1904	57.000.000	»

Consommation et commerce de la bière. — En France, la bière n'est la boisson courante que dans les pays du Nord ; dans les autres régions, elle est surtout consommée comme boisson rafraîchissante en dehors des repas. Les départements du Nord et du Pas-de-Calais possèdent à peu près la moitié des brasseries françaises, et leur production atteint les deux tiers de la production totale. Tandis qu'à Paris la consommation de bière par habitant et par an n'atteint pas 12 litres, elle dépasse 350 litres à Lille, et oscille entre 250 et 300 litres dans beaucoup de villes du Nord. Malgré ces chiffres, la consommation de la bière par habitant, en France, est notablement plus faible que celle de beaucoup d'autres pays : elle est même inférieure à celle de certains pays dont la production n'atteint cependant pas celle de la France. On peut l'évaluer environ à 35 litres, tandis qu'elle dépasse 200 litres en Belgique, atteint 150 litres en Angleterre, 125 litres en Allemagne et en Autriche, 100 litres en Danemark, etc.

Le tableau suivant résume d'une façon approximative les documents relatifs à l'importation et à l'exportation de la bière en France, et à la valeur de ces bières pendant les dix dernières années :

	IMPORTATION		EXPORTATION	
	Quintaux métriques.	Valeur en francs.	Quintaux métriques.	Valeur en francs.
1897......	179.000	9.000.000	109.000	4.400.000
1898......	174.000	8.700.000	111.000	5.000.000
1899......	181.000	6.300.000	121.000	4.900.000
1900......	233.000	8.160.000	117.000	4.700.000
1901......	187.000	6.600.000	110.000	4.400.000
1902......	178.000	6.220.000	117.000	4.600.000
1903......	182.000	6.360.000	114.000	4.550.000
1904......	187.000	6.540.000	115.000	4.590.000
1905......	179.000	6.280.000	102.000	4.100.000
1906......	179.000	6.280.000	103.000	4.116.000

On voit qu'on consomme en France une certaine quantité de bières étrangères, mais que l'importation de la bière n'est pas aussi forte qu'on pourrait le croire. Elle atteint en moyenne 180 000 quintaux métriques, représentant une valeur d'environ 6 500 000 francs. Cette importation a baissé, dans la période de 1890 à 1896, de 250 000 à 183 000 quintaux; elle est depuis dix ans sensiblement constante, mais la valeur de ces bières importées diminue sans cesse. On voit en effet que pour une importation à peu près égale en 1897 et en 1906, la valeur est tombée de 9 000 000 à 6 280 000 francs.

L'exportation de la bière française est faible. Elle a beaucoup augmenté dans la période de 1890 à 1897, pendant laquelle elle est passée de 53 000 à 109 000 quintaux. Depuis cette époque elle est restée à peu près stationnaire et atteint en moyenne 100 000 à 110 000 quintaux, soit à peine 1 p. 100 de la production totale.

Législation. — Depuis 1899, le régime fiscal de la brasserie est basé sur une taxe au degré hectolitre, c'est-à-dire par hectolitre de moût et par degré au densimètre légal au-dessus de la densité de l'eau à 15°.

Le degré hectolitre peut être défini de la façon suivante : si nous dissolvons 2^{kg},6 de sucre dans l'eau et si nous amenons le volume à 100 litres à 15°, nous constatons que ces 100 litres pèsent 101 kilogrammes. Le densimètre légal, plongé dans ce liquide à 15°, marque 1° ou 1,010 : c'est un degré hectolitre. Si nous dissolvons $2 \times 2,6$, $3 \times 2,6$, etc., kilogrammes de sucre, en amenant toujours le volume à 100 litres à 15°, le densimètre légal indiquera 2,3, etc. degrés densimétriques, correspondant à des densités de 1,020, 1,030, etc., et nous aurons 2,3, etc. degrés hectolitres. Pour contrôler le nombre des degrés hectolitres produits, il suffira donc de prendre le volume du liquide en hectolitres, de lui faire subir la correction nécessaire pour le ramener à 15°, de prendre la densité au densimètre légal et de multiplier le volume par le nombre de degrés densimétriques observés.

La taxe est de 0 fr. 25 par degré hectolitre. Le brasseur déclare pour chaque opération les numéros et la contenance des cuves et des chaudières qu'il doit utiliser, le nombre de degrés hectolitres qu'il compte produire, les heures de commencement et de fin de rentrée des trempes en chaudière, ainsi que celles du déchargement.

Le brasseur doit donc prévoir le nombre de degrés hectolitres qu'il va fabriquer. Il lui suffit pour cela de connaître le rendement pratique de son malt en extrait, que nous apprendrons à déterminer plus loin, et à diviser ce rendement par le facteur $2,6'$, puisqu'à un degré hectolitre correspondent $2^{kgr},6$ d'extrait. Un malt qui donne un rendement pratique de 65 kilogrammes d'extrait aux 100 kilogrammes donnera donc $\dfrac{65}{2,6} = 25$ degrés hectolitres. La loi accorde au brasseur une tolérance d'un dixième entre la quantité déclarée et la quantité fabriquée : l'industriel peut donc profiter de cette zone neutre et réduire de près d'un dixième la taxe en payant pour 100 degrés hectolitres et en fabriquant près de 110. Mais si cette zone neutre est dépassée, l'excédent total, dixième compris, est soumis d'abord au double droit, s'il est compris entre 10 et 15 p. 100

de la quantité déclarée, et au droit de 5 francs par degré hectolitre s'il est compris entre 15 et 20 p. 100 de la même quantité.

Les diverses obligations imposées au brasseur sont réunies dans la loi du 30 mai 1899, modifiée par la loi du 29 décembre 1900, et dans le décret d'administration publique du 30 mai 1899. L'emploi des substances sucrées est régi par ce même décret, par l'arrêté du 24 janvier 1901, et les circulaires du 6 octobre 1904, que nous retrouverons à propos de l'utilisation des sucres en brasserie.

II. — MATIÈRES PREMIÈRES

La bière est une boisson fermentée qu'on prépare essentiellement avec de l'orge et du houblon. L'orge fournit l'amidon qui se transforme, pendant la saccharification, en maltose et en dextrines ; le houblon parfume le moût et donne à la bière ses qualités aromatiques spéciales. On associe cependant assez fréquemment à l'orge d'autres grains, tels que le maïs et le riz, et parfois aussi des matières sucrées. Les matières premières de la fabrication de la bière sont donc : l'eau, l'orge, le houblon, le maïs, le riz et les sucres.

I. — EAU.

L'eau est une matière première importante pour la brasserie. En effet, on en utilise dans cette industrie des quantités considérables ; en outre, la nature de l'eau a souvent une influence sur les diverses opérations de la fabrication.

L'eau sert en brasserie à deux usages bien distincts, d'abord pour la fabrication proprement dite, c'est-à-dire pour le trempage, le brassage et le lavage des appareils et de la levure, ensuite pour l'alimentation des appareils tels que générateurs, réfrigérants, etc. Pour chacun de ces usages, l'eau doit posséder certaines qualités, mais comme on dispose rarement en brasserie de plusieurs natures d'eaux, on est obligé de chercher à réunir dans une seule eau les principales qualités requises pour la totalité des opérations. Les meilleures eaux pour le brasseur sont les eaux de source ou de puits : les eaux de rivière sont trop polluées, les eaux de pluie contiennent beaucoup d'impuretés organiques enlevées aux toits et à l'atmosphère.

Rôle de l'eau en fabrication. — L'eau peut agir par ses matières organiques, ses matières minérales ou par les microbes qu'elle contient.

Matières organiques. — Une bonne eau de brasserie ne doit pas contenir de *matières organiques*, ou, si elle en contient, la proportion doit en être très faible. En effet, ces matières se putréfient facilement et rendent la bière altérable. En outre, elles proviennent fréquemment d'infiltrations de fosses d'aisances, de fosses à fumier, et sont alors accompagnées d'un grand nombre de microbes nuisibles. La présence de matières organiques rend donc l'eau suspecte au point de vue bactériologique ; et la détermination de ces matières doit toujours être mise en regard avec la teneur en germes.

Matières minérales. — Les principales matières minérales qu'on peut rencontrer dans l'eau sont l'ammoniaque, les nitrites, les nitrates, les chlorures, le fer, les sels de chaux, de magnésie et de soude.

Une bonne eau de brasserie ne doit pas contenir d'*ammoniaque*, ou seulement des traces. Sa présence indique en effet des infiltrations de matières organiques en décomposition, ou de fosses d'aisances. Il en est de même des *nitrites*, qui sont toxiques pour la levure, et qui sont toujours accompagnés de microbes nuisibles.

La présence de *nitrates* en petites quantités dans les eaux est normale et n'a pas d'inconvénients en fabrication. Mais à dose élevée ils diminuent l'extrait, gênent la fermentation, abaissent l'atténuation et occasionnent souvent dans la bière des colorations anormales. En outre, il arrive parfois que les eaux riches en nitrates sont aussi riches en bactéries. La dose considérée comme nuisible est variable avec la nature plus ou moins calcaire de l'eau. Briant a trouvé que les nitrates sont sans influence jusqu'à la dose de 45 milligrammes par litre et même jusqu'à 60 milligrammes avec les eaux calcaires, mais à partir de 75 à 90 milligrammes, l'action nocive est caractéristique.

Les *chlorures* sont ordinairement peu abondants dans les eaux, et la présence dans une eau de quantités élevées de chlore indique des infiltrations de fumier, de matières fécales, ou de purin. Cette teneur anormale en chlorures est le plus souvent accompagnée de la présence d'ammoniaque, de nitrites, de matières organiques et d'un grand nombre de microbes. En outre, les eaux riches en chlorures affaiblissent la levure. Une bonne eau de brasserie doit donc renfermer peu de chlorures ; leur proportion ne doit pas dépasser 40 milligrammes par litre, et il est toujours bon de s'assurer si cette teneur en chlore ne coïncide pas avec les autres caractères des infiltrations de matières organiques, c'est-à-dire présence d'ammoniaque, de nitrites et de microbes nuisibles. A dose faible, le chlorure de sodium augmente le maltose pendant la saccharification et élève par suite l'atténuation.

Le *fer* est ordinairement très peu abondant dans les eaux, et il doit en être ainsi, car les eaux riches en fer sont mauvaises en brasserie. Au trempage, il communique aux orges une coloration brune ; il donne au malt un aspect grisâtre. Au brassage, il donne avec le tannin du houblon des teintes noires ; à la fermentation, il exerce sur la levure une action nuisible. Une bonne eau de brasserie ne doit donc contenir que des traces de fer.

Les principaux *sels de chaux* qu'on rencontre dans les eaux sont le *carbonate* et le *sulfate*. Le *carbonate de chaux* se trouve dans l'eau à l'état de bicarbonate dissous grâce à la présence d'un excès d'acide carbonique. Il ne paraît pas avoir une grande influence sur la trempe ; cependant Matthews a montré que les eaux douces, c'est-à-dire pauvres en sels de chaux, enlèvent au grain plus d'acide phosphorique que les eaux dures, riches en sels de chaux. Dans le brassage, le bicarbonate de chaux joue un rôle important. Les dernières recherches de Fernbach et Wolff et de Maquenne et Roux ont montré en effet l'influence de la réaction du milieu sur la marche de la saccharification, comme nous l'avons vu plus haut. Le bicarbonate de chaux agit comme neutralisant ; il éloigne donc la réaction de la neutralité à l'hélianthine pour la rapprocher de la neutralité à la phtaléine, et doit réduire par suite le maltose formé et abaisser l'atténuation. C'est bien ce que l'observation pratique vérifie. Les eaux riches en bicarbonate de chaux diminueront donc l'action de la diastase et la quantité de maltose.

Le *sulfate de chaux*, d'après Matthews, augmente la dissolution des matières azotées, diminue le rendement en extrait, et favorise le tranché en chaudière. Windisch et Boden ont montré aussi que la présence de sulfate de chaux à forte dose ($2^{gr},2$ par litre) gêne l'action de l'amylase, augmente les dextrines et diminue le maltose, fait monter la teneur du moût en azote et notamment en acides amidés, et la proportion de matière albuminoïde qui se coagule à l'ébullition. Mais ces résultats n'ont été obtenus qu'en présence de doses massives de sulfate de chaux. En général, le sulfate de chaux, à dose modérée, exerce une action assez favorable en facilitant la clarification et en fournissant des bières peu colorées. Les eaux de Burton (Angleterre) qui servent à la fabrication du pale ale, contiennent plus de 100 milligrammes de sulfate de chaux par litre.

Les sels de *magnésie* paraissent agir comme les sels de chaux.

Les *carbonates de soude* et de *potasse* sont nuisibles à dose élevée. Pierre a montré que le carbonate de soude n'a pas d'action sensible sur la saccharification jusqu'à la dose de 20 grammes par hectolitre. A la dose de 50 grammes, il agit comme le bicarbonate de chaux en réduisant le maltose et en augmentant les dextrines ; à 100 grammes par hectolitre la saccharification est arrêtée.

En résumé, au point de vue chimique, une bonne eau de brasserie ne doit contenir ni matières organiques, ni ammoniaque, ni nitrites, ni fer ; peu de nitrates, peu de chlorures et peu de sels de soude ; elle peut être calcaire à dose modérée et renfermer du sulfate de chaux en proportions moyennes.

Microbes des eaux destinées à la brasserie. — La flore microbienne des eaux n'a d'importance en brasserie que pour le lavage de la levure et des appareils de réfrigération et de fermentation. Elle n'en a pas pour le trempage, ni pour le brassage, puisque les microbes sont tués lors de la cuisson du moût. Le nombre total de bactéries contenues dans un centimètre cube d'eau n'a pas par lui-même un grand intérêt pour le brasseur. Ce qui est important, c'est le nombre des microbes capables de se développer dans le moût et la bière et la nature de ces microbes. La numération des germes se fait d'après les principes exposés aux notions générales, en employant, au lieu de bouillon de viande, de la gélatine de moût de bière. Il est évident qu'une bonne eau de brasserie doit contenir le moins possible de microbes capables de se développer dans le moût. La nature et la puissance de multiplication des microbes de l'eau présente également une grosse importance. La présence de levures indique la contamination par des eaux résiduaires de brasserie et par suite des infiltrations. La présence de sarcines, dangereuse pour la bière, peut être décelée par culture dans l'eau de levure ammoniacale (Will). La puissance de multiplication des microbes peut s'apprécier grossièrement d'après le nombre de flacons renfermant du moût ou de la bière stérile qu'un ensemencement faible, pratiqué avec l'eau, trouble en trois jours ; cette observation a une assez grande valeur, car Will a montré que les bactéries qui se développent très vite dans le moût, par exemple en moins de deux jours, se développent également en présence de levure, tandis que celles qui se développent lentement sont ordinairement étouffées dans la fermentation.

Dans tous les cas, l'analyse bactériologique des eaux ne peut donner de renseignements utiles que si elle est pratiquée assez fréquemment, pour éliminer l'influence perturbatrice des variations de la flore microbienne suivant les conditions météorologiques, et si le prélèvement de l'échantillon a été fait avec toutes les précautions voulues, pour éviter l'introduction des germes extérieurs et la multiplication des microbes présents. L'emploi de bouteilles stériles et l'expédition dans la glace sont donc indispensables.

Emploi de l'eau pour l'alimentation des appareils. — Pour l'alimentation des réfrigérants, l'eau doit être fraîche et à une température aussi constante que possible. Pour les générateurs, la composition chimique est à considérer : l'eau doit contenir le moins possible de substances capables de provoquer des incrustations. Elle doit donc être aussi douce que possible : les eaux dures peuvent cependant être employées en leur faisant subir une épuration préalable, ou en les utilisant en présence de désincrustants.

Purification des eaux destinées à la brasserie. — Les eaux qui renferment de l'ammoniaque, des nitrites, des nitrates ou des chlorures en forte proportion, des matières organiques abondantes, ne sont pas susceptibles d'être épurées. On a proposé, pour éliminer les matières organiques, l'emploi du permanganate de potasse ou de l'ozone, mais ces méthodes ne sont guère pratiques.

Quand les eaux sont troubles, on peut les filtrer sur sable, mais il ne faut pas compter sur ce procédé pour l'élimination des microbes de l'eau.

Les eaux calcaires peuvent être corrigées de plusieurs manières. S'il s'agit d'une eau destinée au brassage, on peut la porter à l'ébullition, ce qui fait déposer une grande partie du carbonate de chaux, ou bien, ce qui est moins coûteux, l'additionner d'une proportion de chaux déterminée à l'avance et suffisante pour précipiter le bicarbonate de chaux à l'état de carbonate. Si l'eau est destinée à l'alimentation des chaudières et si elle contient en même temps du sulfate de chaux, on adjoint à la chaux du carbonate de soude en quantité suffisante pour précipiter tout le sulfate de chaux à l'état de carbonate par double décomposition. Une simple décantation permet d'obtenir l'eau épurée.

On peut également introduire dans les générateurs de la lessive de soude et du carbonate de soude, ou des désincrustants commerciaux qui sont le plus souvent à base de carbonate de soude.

Au point de vue des microbes, on peut stériliser les eaux destinées au lavage des appareils et de la levure soit par ébullition, soit par filtration sur des bougies de porcelaine poreuse, soit par l'ozone.

II. — ORGE.

Production et commerce. — La France produit en moyenne dix millions de quintaux d'orge par an, mais cette orge ne possède pas toujours les qualités recherchées par le brasseur et une grande partie de la production sert à l'alimentation.

L'importation d'orge est faible. Elle est en moyenne de 1 200 000 quintaux par an, mais ce chiffre comprend l'importation venant d'Algérie et de Tunisie qui atteint souvent à elle seule 700 000 à 800 000 quintaux. Le reste provient surtout de Russie. L'exportation est également

faible et atteint 200 000 à 300 000 quintaux par an. Elle
se fait surtout en Angleterre et en Belgique. Voici les
chiffres relatifs aux années 1903, 1904, 1905 et 1906.

	Importation.		Exportation.	
	Quintaux.	Valeur correspondante.	Quintaux.	Valeur correspond^{te}.
1903......	1.281.483	19.152.000	243.848	3.780.000
1904......	950.272	13.514.000	330.573	4.793.000
1905......	1.132.323	19.463.000	119.832	2.067.000
1906......	1.134.918	19.686.000	149.551	2.580.000

Caractères botaniques et variétés. — L'orge appar-

Fig. 24. — Épillets d'orge.

tient à la famille des Graminées. Les fleurs sont disposées en épis, et l'épi est formé d'un axe qui présente des

dents alternes (fig. 24). Sur chacune de ces dents viennent s'implanter trois épillets uniflores. Dans les espèces employées en brasserie, les glumelles qui enveloppent le grain lui sont adhérentes, et le grain est dit vêtu. Dans certaines espèces, les fleurs des trois épillets sont fertiles, il se forme alors trois grains de chaque côté de l'axe, soit six rangées de grains le long de l'épi, et l'orge est dite à *six rangs*. Dans d'autres espèces, les fleurs des épillets latéraux avortent et l'épillet central est seul fertile. Il se forme alors deux rangées de grains : ce sont les orges à *deux rangs*. Enfin l'orge commune (*Hordeum vulgare*) possède également six rangs de grains, mais ils ne sont pas rangés symétriquement et deux de ces rangs sont confondus avec les autres, de sorte que l'épi ne présente que quatre rangs visibles, et a la forme carrée au lieu de la forme hexagonale. Aussi appelle-t-on cette espèce orge à *quatre rangs* ou orge *carrée*.

Les orges à six rangs sont peu employées en brasserie, à cause de la petitesse et de l'irrégularité de leurs grains. Les principales variétés sont l'*orge hexagonale* (*Hordeum hexastichum*), et l'*orge céleste* (*H. cœleste*) qui est une orge nue.

Les orges à quatre rangs ou carrées (*Hordeum vulgare*), appelées aussi *escourgeons*, sont au contraire utilisées en brasserie, surtout pour la fabrication des bières ordinaires. Les principales variétés sont : l'*escourgeon d'hiver* cultivé en Beauce et dans le Nord, très répandu, très hâtif et à grand rendement; l'*escourgeon de printemps*, plus rare, et dont l'épi est moins gros; l'*orge d'Algérie*, qui réussit surtout dans le nord de l'Afrique, et dont le grain est très allongé. Les grains de ces escourgeons sont de grosseur inégale : ceux des rangées latérales sont plus petits que ceux du centre. En outre le sillon central est irrégulier et non symétrique.

Les orges à deux rangs sont les plus estimées du brasseur. Ce sont des orges de printemps, dont les principales espèces sont les suivantes : l'orge à *deux rangs à épis arqués* (*Hordeum distichum nutans*), comprenant les variétés de *Champagne*, de *Saumur*, *Chevalier*, *Hanna*, etc. ; l'orge à *deux rangs à épis dressés* (*H. distichum erectum*), avec les variétés d'*Italie*, *Goldthorpe*, *Primus*, etc. Les orges Hanna et Chevalier sont particulièrement recommandables parmi les premières. L'orge Chevalier donne un grain régulier, bien arrondi, de très bonne qualité, mais elle est un peu tardive. L'orge Hanna, introduite en France par Schribaux, est aussi une excellente variété, plus précoce que l'orge Chevalier et moins sujette à l'échaudage. Les espèces à épis dressés sont préférables en terres riches où la verse est à craindre : l'orge d'Italie, l'orge Primus fournissent un grain blanc très apprécié des brasseurs.

Le grain de toutes ces orges à deux rangs est divisé en deux parties symétriques par le sillon. Chez les orges arquées, la base d'attache est coupée obliquement par rapport au plan de symétrie et se termine en biseau ; chez les orges dressées, la base d'attache est coupée perpendiculairement au plan de symétrie et est munie d'un bourrelet.

Amélioration des orges de brasserie. — Les variétés d'orges de brasserie cultivées en France ne sont par des espèces botaniques définies, mais des mélanges, en proportions variables, de petites espèces présentant des caractères bien déterminés. Il en résulte une irrégularité dans le développement, dans le degré de maturité, et des variations dans la nature des grains suivant les conditions culturales et météorologiques qui favorisent plus ou moins certaines de ces espèces. L'Institut de Svalof (Suède) a réalisé dans ce pays la séparation de ces diverses petites espèces qui composent les orges indigènes suédoises, en se basant sur des caractères botaniques précis ; puis les sous-espèces ainsi isolées ont été cultivées et sélectionnées de nouveau jusqu'à ce qu'elles présentent une parfaite homogénéité de caractères; et celles dont les qualités paraissent suffisantes ont été introduites dans la pratique. Les excellents résultats obtenus en Suède par cette méthode de séparation ont engagé la France à entrer dans la même voie, par la formation de la Société d'Encouragement pour la culture des orges de brasserie. La régularité des orges et la qualité dans la constitution chimique présentent en effet une importance très considérable pour la brasserie, notamment au point de vue de la marche de la germination, des rendements, de la qualité et de la stabilité des bières. Blaringhem a entrepris en France l'isolement des diverses formes botaniques qui composent nos variétés indigènes : ce travail, déjà réalisé en partie par le savant botaniste d'après les méthodes de Svalof, a permis de répandre déjà un certain nombre d'échantillons indigènes purs et réguliers pour les expérimenter dans la pratique agricole, et de choisir parmi ces échantillons ceux qui présentent les qualités de régularité et d'homogénéité les plus parfaites.

En outre la Société d'Encouragement a répandu en France un certain nombre d'orges pures de Svalof, pour les expérimenter sur notre sol. Elle a pu ainsi introduire chez nous des orges de choix ; et les résultats obtenus dans chaque région avec les diverses espèces botaniques pures ont pu fournir des indications sur la nature botanique des espèces les meilleures pour cette région. On a constaté que ces orges de Svalof conservent en grande culture un degré de pureté très suffisant.

Les brasseurs et les agronomes ont compris l'importance pratique considérable de ces travaux effectués par la Société d'Encouragement, et il est hors de doute que le problème de l'amélioration de nos orges de brasserie est entré aujourd'hui dans une voie décisive, au grand avantage de l'industrie et de l'agriculture.

Composition de l'orge. — L'orge contient de l'eau,

de l'amidon et un certain nombre d'autres hydrates de carbone, de la cellulose, des matières grasses, des matières azotées et des matières minérales. La composition de l'orge est très variable suivant l'espèce, la nature du sol, le mode de culture, les engrais ajoutés, les conditions climatériques lors de la maturation, etc. Le tableau suivant donne la composition de quelques orges de brasserie, et les limites entre lesquelles varient, d'après Dietrich et König, les divers éléments pour 100 d'orge.

	EAU.	AMIDON ET SUCRES.	MATIÈRES AZOTÉES.	CELLULOSE.	MATIÈRES GRASSES.	MATIÈRES MINÉRALES.	AUTEURS.
Orge de Champagne.......	11,58	61,55	8,71	»	»	2,71	Crolbois et Warcollier.
Orge de Champagne.......	11,49	61,10	10,12	»	»	2.87	"
Orge de Champagne.......	12,10	61,58	7,25	»	»	2.94	»
Orge Chevalier.	14,70	62,51	9,94	8,90	1,67	2,40	Lindet et Herbet.
Escourgeon....	14,78	61,28	9,81	10,02	1,78	2,72	»
Orge d'Algérie.	11,98	61,65	10,34	11,50	1,41	2,38	»
— du Puy...	14,10	60,50	8,98	»	»	»	Malteries franco-suisses.
— — ...	11,82	61,10	9,59	»	»	»	"
— d'Issoudun ..	14,34	60,50	8,86	»	»	»	"
-- — ..	11,76	60,80	9,64	»	»	»	"
— d'Alsace..	11,62	61,13	11,48	»	»	»	»
— — ..	12,68	63,63	9,56	»	»	»	"
Roumanie	11,94	60,17	12,83	»	»	»	»
Sarthe.........	12,36	62,00	9,62	»	»	»	"
Beauce	11,18	61,20	9,88	»	»	»	»
Proportion { Max.	20.88	74,70	18,27	10,80	3.24	»	Dietrich et König.
Proportion { Moy.	13.78	63,51	11,16	4,80	2,12	»	»
Proportion { Min.	8.34	56,10	6,19	2,22	1,02	»	»

On voit par le tableau qui précède que l'humidité normale de l'orge ne dépasse pas 14 p. 100.

L'amidon varie dans d'assez grandes proportions. La richesse moyenne des orges françaises est voisine de 61 p. 100, mais elle peut s'abaisser au-dessous de ce chiffre lorsque les conditions de culture et de récolte ne sont pas favorables. L'emploi des engrais potassiques augmente la richesse du grain en amidon (Mœrcker, Remy, Boullanger et Massol); il en est de même de l'acide phosphorique. Les engrais azotés à forte dose diminuent au contraire l'amidon du grain.

A côté de l'amidon, l'orge renferme un certain nombre d'autres hydrates de carbone, notamment du saccharose (Brown et Morris, Kjeldahl, Petit, Lindet), du raffinose (O'Sullivan), du dextrose et du lévulose (Lindet). La présence du maltose et de la dextrine n'est pas certaine.

O'Sullivan a extrait en outre trois gommes qui par hydrolyse donnent du dextrose; Lintner et Düll ont signalé la galactoxylane qui donne par hydrolyse un mélange de galactose et de xylose. Les recherches de Lindet ont montré qu'il n'existe dans l'orge que deux gommes, l'une lévogyre, qui donne par hydrolyse un mélange d'arabinose et de xylose, l'autre dextrogyre, qui possède les caractères de la galactine de Müntz.

La cellulose constitue la majeure partie des enveloppes du grain. Tollens et Glaubitz ont montré que les tissus de l'orge renferment une proportion notable de pentosanes, qu'ils évaluent à 9 à 10 p. 100.

L'orge est pauvre en matières grasses; leur proportion dépasse rarement 2 p. 100.

Les matières azotées sont, avec l'amidon, les éléments constitutifs les plus importants de l'orge, qui servent à l'appréciation de sa valeur. La richesse de l'orge en matières azotées totales descend rarement au-dessous de 8 p. 100 et s'élève exceptionnellement au-dessus de 13 p. 100. La teneur moyenne est de 10 environ. D'après Osborne, les matières azotées de l'orge peuvent être rapportées aux quatre classes suivantes : la *leucosine,*

soluble dans l'eau, à côté de petites quantités d'albumoses ; l'*édestine*, appartenant à la classe des globulines,
insoluble dans l'eau, mais soluble dans le sel marin à
10 p. 100 ; l'*hordéine*, insoluble dans l'eau et le sel marin,
mais soluble dans l'alcool à 75 p. 100 ; les *protéides insolubles*, ne se dissolvant dans aucun des réactifs indiqués
ci-dessus. D'après Prior, l'orge contiendrait 1,39 à 2,79
p. 100 de leucosine ; 0,74 à 1,79 p. 100 d'édestine ; 1,13 à
6,1 p. 100 d'hordéine ; 4,47 à 8,62 de protéides insolubles.

Si on examine les proportions d'azote soluble et insoluble,
on constate que l'azote soluble représente, suivant les orges,
de 12 à 40 p. 100 de l'azote total. L'azote soluble coagu-
gable varie de même de 10 à 50 p. 100 de l'azote soluble
total. Ces variations dépendent de la nature de l'orge et
des conditions de climat et de culture. On a constaté
que les engrais potassiques réduisent les matières azotées
de l'orge (Mœrcker, Remy) ; il en est de même de l'acide
phosphorique et de l'azote à faibles doses dans les terres
pauvres où l'emploi de ces engrais donne de fortes
augmentations de rendement : la diminution de matières
azotées porte alors surtout sur l'azote soluble non coagulable (Boullanger et Massol). Les engrais azotés à fortes
doses augmentent la richesse en azote du grain, mais
cette augmentation porte surtout sur l'azote insoluble
(Boullanger et Massol).

Les matières minérales de l'orge sont constituées en
majeure partie par de la silice et des phosphates. Les
phosphates sont très importants à cause du rôle qu'ils
jouent dans la réaction des extraits de malt, et dans la
nutrition de la levure.

Appréciation de la valeur de l'orge en brasserie.
— Les principaux caractères qui servent à apprécier la
valeur d'une orge en brasserie sont : la pureté, la couleur, l'odeur, la forme, l'uniformité, le poids, le pouvoir
germinatif, l'aspect intérieur du grain et la composition
chimique. Beaucoup de praticiens se contentent de

l'examen des premiers caractères, purement extérieurs; mais ces constatations sont insuffisantes et doivent être complétées par l'étude des autres caractères du grain, qui fournissent des renseignements très précieux sur la valeur de l'orge.

Pureté. — Une bonne orge de brasserie doit être pure. Elle doit donc renfermer aussi peu que possible de graines étrangères, de débris de pierres et d'autres impuretés. Le rendement en malt est évidemment d'autant plus faible que l'orge est plus impure et perd davantage au nettoyage.

Couleur. — La couleur doit être jaune clair, brillante, et surtout bien uniforme, sans piqûres noires ou bleues, qui indiquent la présence de moisissures. Il faut se méfier des orges à bout noir, dont le pouvoir germinatif est souvent défectueux. Parfois certaines orges présentent une couleur franchement verte. Cette teinte peut tenir à un défaut de maturité; mais elle peut venir aussi d'une coloration bleue de l'amande, vue à travers l'enveloppe jaune, et localisée autour de la partie amylacée de l'endosperme. L'expérience a montré que ces dernières orges peuvent donner du malt de bonne qualité. Toutefois, le brasseur doit toujours préférer les orges jaunâtres, de couleur bien uniforme.

Odeur. — L'odeur de l'orge doit être franche. Une odeur de moisi indique une orge altérée par l'humidité et chargée le plus souvent de spores de moisissures qui donnent ultérieurement des accidents à la germination.

Forme. — Les grains doivent être bien formés, réguliers et ventrus. Les enveloppes doivent être fines, car l'amande est d'autant plus grosse que l'enveloppe est plus mince; et elles doivent être intactes, si on ne veut pas s'exposer à des accidents pendant le maltage. On doit rencontrer le moins possible de grains cassés qui pourrissent sur le germoir. Les machines à battre exercent souvent sous ce rapport une influence détériorante sur les grains et sur les enveloppes de l'orge, et les producteurs d'orge de brasserie doivent veiller à la réduire au minimum.

Uniformité. — Les grains doivent être de dimensions bien uniformes : c'est là un caractère important, car au moment du trempage, l'eau y pénètre plus ou moins vite suivant leur grosseur, et il en résulte des irrégularités dans le degré d'humidité, et par suite dans la germination. Un essai de triage sur des tamis à mailles variables permet d'apprécier l'orge à ce point de vue ; en outre, cet essai est précieux quand on veut déterminer si une livraison est conforme à l'échantillon et si on n'y a pas mélangé une petite proportion d'orges légères. On se sert souvent pour cette opération du trieur de Steinecker, formé de trois tamis à mailles de $2^{mm},8$, $2^{mm},5$ et $2^{mm},2$. Une bonne orge doit renfermer peu de matières qui traversent les trois tamis et la majeure partie des grains doit être retenue sur les deux premiers.

Poids. — Le poids de l'orge peut se rapporter soit à 1 000 grains, soit à l'hectolitre. Il existe des appareils à alvéoles qui permettent de séparer 1 000 grains qu'il suffit de peser ; mais ces appareils opèrent une sélection et la meilleure méthode consiste à peser 40 grammes de grains et à les compter ensuite pour rapporter le poids à 1 000 grains : cette méthode a l'inconvénient d'être fastidieuse. Le poids moyen de 1 000 grains est de 35 à 40 grammes ; il dépasse parfois 50 grammes chez les orges très grosses, et descend au-dessous de 30 grammes chez les petites orges.

Le poids de l'hectolitre s'évalue directement, ou au moyen de l'appareil de Brauer (fig. 25). Cet appareil se compose d'une balance portant d'un côté un entonnoir fermé par un tampon et de l'autre la tare de l'entonnoir et un poids de 150 grammes. On pèse 150 grammes d'orge dans l'entonnoir, et on en détermine le volume dans un vase à long col gradué. On obtient ainsi le volume de 100 grammes et on en déduit le poids de l'hecto-

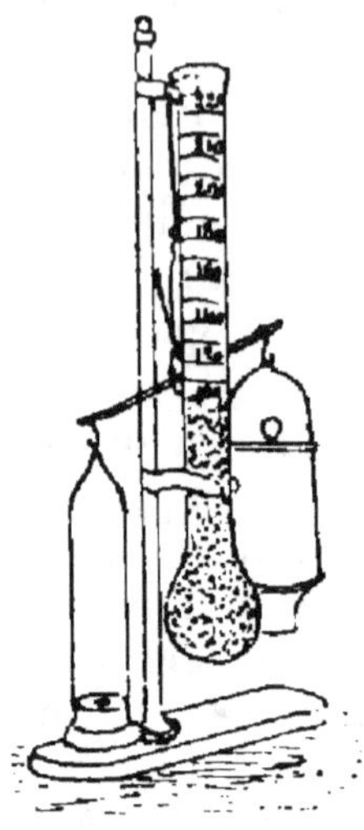

Fig. 25. — Appareil Brauer.

litre. Le poids de l'hectolitre d'orge varie de 60 à 72 kilogrammes. Mais ce poids varie non seulement avec la densité réelle de l'orge, mais aussi avec le tassement, l'état des enveloppes, etc.

Le poids de 1 000 grains et le poids de l'hectolitre ne permettent pas d'apprécier d'une façon précise la valeur d'une orge et la qualité du grain. On a l'habitude de préférer les orges lourdes, et on admet souvent qu'une bonne orge doit peser au moins 65 kilogrammes à l'hectolitre. Mais tout dépend des autres caractères, et une orge lourde peut parfaitement être inférieure à une autre orge plus légère.

Pouvoir germinatif. — On désigne sous le nom de pouvoir germinatif le nombre de grains susceptibles de germer, rapporté à 100 grains. On le détermine facilement en faisant tremper les grains dans l'eau, et en les abandonnant, après trempage, entre deux feuilles de papier buvard mouillé. On peut également utiliser des germoirs d'essais, tels que celui de Schœnjahn (fig. 26). Cet appareil se compose d'une plaque de porcelaine percée de 100 trous dans lesquels on loge les grains, et plongée dans un vase rempli d'eau jusqu'au niveau de la plaque. Le nombre de grains qui germent ainsi doit se rapprocher le plus possible de 100 p. 100 ; une bonne orge ne doit pas descendre au-dessous de 96 p. 100.

Il est utile d'envisager aussi l'énergie germinative, c'est-à-dire le nombre de grains pour cent qui germent en un temps déterminé, par exemple quarante-huit ou soixante-douze heures. Dans une bonne orge, la germination doit porter sur 80 p. 100 des grains au bout de quarante-huit heures, et après soixante-douze heures ce chiffre doit atteindre 95 à 96 p. 100. On doit examiner en même temps le développement de la plumule et des radicelles qui doit être régulier.

Il arrive fréquemment, quand l'été a été froid et humide, que les orges récoltées dans de mauvaises conditions germent mal, surtout quand on les examine peu de temps après la récolte. Schœnfeld

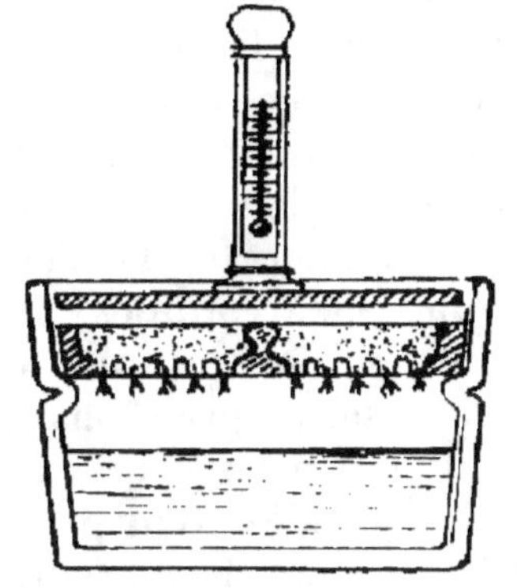

Fig. 26. — Germoir de Schœnjahn.

a montré que le séchage de ces orges à la touraille à 35°-40° améliore beaucoup le pouvoir germinatif et le rend normal.

Aspect intérieur du grain. — L'état de l'amande s'observe en coupant un certain nombre de grains, et constitue un caractère important d'appréciation. Pour couper les grains, on se sert avantageusement d'un appareil appelé « farinatome ». Le farinatome de Grobecker (fig.27) se compose d'un couteau placé entre deux plaques perforées de 50 trous. Les grains se placent debout dans les alvéoles,

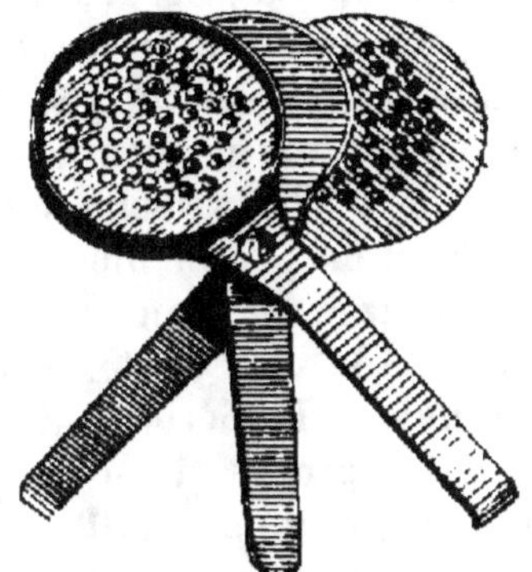

Fig. 27. — Farinatome de Grobecker.

le couteau étant tourné sur le côté ; quand l'appareil est rempli, on ramène entre les deux plaques le couteau qui coupe transversalement tous les grains et on peut ainsi examiner cinquante sections à la fois.

La section peut être farineuse, demi-vitreuse, ou vitreuse. On compte le nombre de grains qui peuvent être classés dans chacune de ces catégories. On préfère en brasserie les orges à section farineuse, car on considère ordinairement que la cassure vitreuse est un signe de pauvreté en amidon, de richesse en matières azotées, et, par suite, de mauvaise qualité de l'orge. Les causes de l'état farineux et de l'état vitreux de l'orge ne sont pas encore bien connues. D'après Holzner, l'orge vitreuse renferme des granules d'amidon plus petits que l'orge farineuse. D'après Johannsen les grains farineux renferment entre les cellules des espaces lacunaires remplis d'air, qui n'existent pas dans les grains vitreux. D'après Prior, l'état vitreux tient à ce que les cellules à amidon sont enrobées dans des colloïdes non azotés ou azotés. Dans le premier cas, les colloïdes sont solubles dans l'eau et l'état vitreux est passager ; dans le deuxième cas, ils sont insolubles, et l'état vitreux est permanent.

La richesse plus grande des grains vitreux en azote a été très discutée. Petri, Schultz, Just et Heine estiment qu'il n'y a pas de relations entre l'état vitreux et la teneur en matières azotées. Grönlund pense au contraire que les grains vitreux sont plus riches en azote, et cette opinion est confirmée par les dernières expériences de Jalowetz ; mais on manque de renseignements sur la nature de cet azote, qui serait surtout importante à connaître. On a reconnu d'autre part dans la pratique que certains grains vitreux n'ont aucune influence nuisible sur la qualité du malt, quand le travail est bien conduit ; par contre, avec d'autres orges vitreuses la désagrégation se fait mal. Il faut donc se garder de tirer de l'état de l'amande des conclusions trop absolues. Grönlund a d'ailleurs montré qu'en faisant tremper les grains vitreux et en les séchant ensuite à basse température, beaucoup de grains vitreux perdent cet état et deviennent farineux ; d'autres au contraire restent vitreux ; cette observation est bien d'accord avec la théorie de Prior signalée plus haut. Certains auteurs croient avoir reconnu que les premiers peuvent parfaitement être désagrégés en malterie, tandis que les autres demeurent durs. Il serait donc utile de faire l'examen sur l'orge non trempée, et sur l'orge trempée pendant vingt-quatre heures et séchée ensuite pendant trois jours. Le dernier essai indique les grains à état vitreux permanent, et Brand a constaté que cette catégorie est précisément celle qui fournit les grains les plus riches en azote, ce qui confirme pleinement les idées de Prior.

Caractères fournis par l'analyse chimique. — L'analyse chimique fournit enfin au brasseur des renseignements importants sur la qualité de l'orge. Les principaux éléments à envisager sont l'humidité, l'amidon, l'extrait et les matières azotées.

L'humidité ne doit pas dépasser 15 p. 100 ; les orges plus humides se conservent mal ; en outre, cette eau représente un poids sans aucune valeur pour l'industriel qui achète toujours l'orge au quintal.

L'amidon est l'élément le plus important de l'orge. Une bonne orge de brasserie doit être aussi riche en amidon que possible, car c'est lui qui fournit la majeure partie de l'extrait. La richesse est normale quand elle atteint 60 p. 100. Malheureusement le dosage de l'amidon est, comme nous le verrons, assez peu précis, à cause des autres hydrates de carbone qui l'accompagnent. On lui substitue parfois la détermination de l'extrait obtenu sous l'action de la diastase, qui est plus facile et comporte moins de causes d'erreur.

Le dosage des matières azotées est très important. On préfère les orges pauvres en azote, car on reproche aux orges trop azotées de donner des bières de stabilité médiocre et surtout de produire des malts mal désagrégés, dont le rendement en extrait est faible. Une certaine proportion d'azote est cependant nécessaire, car les matières azotées sont indispensables au bon fonctionnement vital de la levure, et on a observé des fermentations défectueuses avec des orges très pauvres en azote. On est donc arrivé à cette conclusion que la teneur de l'orge en matières azotées doit varier entre des limites assez étroites, et on a admis qu'une bonne orge de brasserie doit contenir de 8 à 11 p. 100 de matières azotées.

Kukla a montré que cette manière d'apprécier d'orge par le dosage des matières azotées totales est défectueuse. La qualité de l'azote est beaucoup plus importante que sa quantité, et il est nécessaire, pour juger une orge au point de vue de l'azote, de doser les matières azotées solubles, et de les séparer en matières coagulables et non coagulables par la chaleur. Ce sont les matières azotées solubles non coagulables qui présentent surtout de l'intérêt pour le brasseur, car elles passent dans le moût et dans la bière tandis que les autres sont éliminées. Malheureusement, nos procédés de dosage de ces diverses formes d'azote sont très imparfaits, et nous ne savons pas bien quelles sont les matières qui constituent cet azote soluble incoagulable et leur action en fabrication. Quoi qu'il en soit, Kukla a observé qu'une orge de brasserie supérieure renferme rarement plus de 1,6 p. 100 de matières azotées solubles; et souvent cette proportion ne dépasse pas 1 p. 100. En outre, 35 à 50 p. 100 de cette matière azotée soluble est coagulable par la chaleur; la proportion de matières azotées solubles et incoagulables varie donc de 0,8 à 1 p. 100. Les mauvaises orges renferment ordinairement plus de 1,6 p. 100 de matières azotées solubles, et leur proportion peut atteindre 3 p. 100. L'azote coagulable y varie de 15 à 30 p. 100, et les matières azotées solubles et incoagulables, de 1,5 à 2 p. 100. Les orges moyennes renfermeraient donc, d'après Kukla, de 1 à 1,5 p. 100 de matières azotées solubles et incoagulables, et 0,2 à 0,5 p. 100 de matières azotées solubles et coagulables.

Il importe toutefois de remarquer que ces chiffres de

Kukla sont applicables aux orges de Moravie, et il résulte des analyses de Petit que dans les orges françaises, la répartition des diverses formes d'azote est un peu différente ; aussi l'application à nos orges des règles posées par Kukla doit probablement subir quelques modifications.

III. — HOUBLON.

Production et commerce. — La France produit du houblon principalement dans les départements du Nord, de la Côte-d'Or, de la Meurthe-et-Moselle, de la Haute-Marne et de l'Aisne. La production moyenne annuelle est environ de 35 000 quintaux, dont la majeure partie vient du Nord, de la Côte-d'Or et de la Meurthe-et-Moselle.

L'importation de houblon en France est assez considérable et atteint en moyenne 20 000 quintaux par an, dont les deux tiers environ viennent d'Allemagne et un tiers de la Belgique.

L'exportation est très faible ; elle était autrefois de 10 000 quintaux, mais elle est tombée aujourd'hui à 2 000 ou 3 000 quintaux. La consommation réelle de houblon en France atteint donc en moyenne 50 000 à 55 000 quintaux. Voici les chiffres d'importation et d'exportation de houblon des années 1903, 1904, 1905 et 1906.

Années	Importation		Exportation	
	Quintaux.	Valeur correspondante.	Quintaux.	Valeur correspondante.
1903....	22.286	6.637.000 fr.	2.007	582.000 fr.
1904....	20.087	5.835.000 fr.	3.589	1.032.000 fr.
1905....	17.566	5.094.000 fr.	2.758	798.000 fr.
1906....	19.902	5.772.000 fr.	1.740	505.000 fr.

Les principaux pays producteurs de houblon sont l'Allemagne, l'Angleterre, les États-Unis, l'Autriche et la Belgique. Puis viennent la France, la Russie et quelques autres pays de petite production. La production allemande est en moyenne de 300 000 quintaux, la Bavière produit notamment des houblons très estimés tels que ceux de Spalt, de Wolnzach, de Hallertau. L'Angleterre produit environ 250000 quintaux de houblon; l'Autriche, 70000 quintaux, surtout en Bohême, dont les houblons de Saaz et d'Auscha sont particulièrement réputés. La

Fig. 28. — Houblon.

A, pied femelle ; B, cône fructifère.

production des États-Unis est environ de 170000 quintaux et celle de la Belgique atteint 50000 quintaux.

Caractères botaniques et variétés. — Le houblon (*Humulus lupulus*) est une plante de la famille des Urticées; elle est grimpante, et sa floraison est dioïque. On utilise en brasserie les cônes des plantes femelles. Les fleurs femelles sont disposées en cônes (fig. 28) et chacun de ces cônes est formé de bractées ou folioles disposées autour d'un axe central. Chaque bractée porte à la base une multitude de poils glanduleux en forme de coupe, qui sécrètent une résine brillante, d'une couleur jaune d'or, à laquelle on donne le nom de *lupuline*. C'est elle qui contient la majeure partie des principes actifs utiles en brasserie. La longueur des cônes varie de 2 à 4 centimètres.

Les plantes femelles sont seules cultivées dans les houblonnières, car la fécondation des cônes par les plantes mâles est une cause de dépréciation du houblon. Les principes utiles diminuent chez les houblons fécondés, les parties ligneuses augmentent et communiquent à la bière un arrière-goût âcre et désagréable. Aussi procède-t-on, dans la plupart des régions houblonnières, à la destruction totale des plants mâles et des houblons sauvages; des arrêtés officiels prescrivent même cette destruction dans beaucoup de contrées. Certaines régions, comme l'arrondissement d'Hazebrouck par exemple, demandent cependant à conserver une petite proportion de pieds mâles dans les houblonnières à cause de l'augmentation de rendement qu'ils entraînent.

Les variétés de houblon les plus connues sont : la *tige rouge tardive de Saaz* (Bohème); les houblons *hâtifs et tardifs de Spalt* (Bavière); les *Golding* (Angleterre); la *tige blanche de Poperinghe* (Belgique, nord de la France); la *tige rouge Wolnzach* (Bavière, nord de la France); la *tige verte* ou *allemande* (nord de la France, Allemagne), etc.

Composition du houblon. — L'élément essentiel du houblon est la lupuline, qui contient la majeure partie des principes aromatiques recherchés par le brasseur. Les cônes de houblon en contiennent de 8 à 16 p. 100. La répartition des divers éléments des cônes est la suivante, d'après Haberlandt :

Lupuline.....................	7,92 à 15,70
Bractées	69,79 à 78,36
Tiges	8,30 à 17,54
Graines	0,02 à 7,80

Les principaux éléments constitutifs du cône de houblon sont : l'huile essentielle, les résines, les acides amers, le tanin, les matières azotées et les matières cellulosiques.

L'huile essentielle se trouve surtout dans la lupuline ; elle est volatile et on peut l'extraire en faisant passer un courant de vapeur d'eau sur du houblon. Le houblon en contient de 0,2 à 0,8 p. 100. Chapmann lui a trouvé une densité de 0,8662 à 0,8802 et un pouvoir rotatoire de + 40° à + 58°. Elle est très peu soluble dans l'eau, mais elle l'est cependant assez pour lui communiquer une odeur caractéristique. On admet ordinairement qu'elle s'oxyde à l'air en donnant de l'acide valérianique. Ce fait serait inexact d'après Chapmann ; d'ailleurs Bungener a montré que cet acide valérianique provient des acides amers du houblon. On lui a attribué aussi, à tort, des propriétés antiseptiques ; Chapmann, Bockorny ont démontré qu'elle ne possède pas de pouvoir antiseptique ; celui que possède le houblon doit être rattaché aux résines (Hayduck). L'ébullition élimine 90 p. 100 de l'huile essentielle par distillation ; le reste se transforme en une résine aromatique.

D'après Hayduck, les résines du houblon sont au nombre de trois ; cet auteur les désigne par les lettres α, β et γ. Les résines α et β sont des résines molles, faiblement solubles dans l'eau, très solubles dans l'alcool et dans l'éther ; elles se différencient par ce fait que la résine α est précipitée par l'acétate de cuivre et l'acétate de plomb, tandis que la résine β ne l'est pas. Elles ont une saveur amère et se transforment par ébullition prolongée en résines dures. Cette transformation se produit lentement au contact de l'air, surtout si l'huile essentielle a disparu (Briant et Meacham). L'huile essentielle protège donc les résines molles contre l'altération. Enfin Briant et Meacham, Hayduck ont montré que ces résines molles ont des propriétés nettement antiseptiques. La résine γ est une résine dure, insipide, et dénuée de pouvoir antiseptique. La proportion de résines totales contenues dans le houblon est environ de 18 p. 100, qui se répartissent ainsi :

    Résine α .... 5 p. 100
      — β .... 8 —
      — γ .... 5 —

Les résines molles donnent à la bière de l'amertume, et leur pouvoir antiseptique facilite sa conservation.

Les résines α et β, placées dans des conditions convenables, laissent déposer des substances cristallisées qui, d'après Hayduck, auraient existé primitivement dans le houblon et se seraient transformées en résines. On a désigné ces corps cristallisés sous le nom d'acides amers α et β. L'acide amer α a été isolé par Lermer, et par Lintner et Bungener. Cet acide se dédouble en acide valérianique et en un produit qui est un véritable acide, l'*humuline* $C^{15}H^{24}O^4$. L'acide α, auquel on a donné aussi le nom d'*humulone*, aurait pour formule $C^{20}H^{32}O^5$ (Lintner et Schnell). L'acide β, étudié par Lintner et Bungener, cristallise en prismes, fond à 92° et se résinifie à l'air. On l'appelle aussi acide lupulinique : il répond à la formule $C^{25}H^{36}O^4$. Ces acides communiquent de l'amertume à la bière ; Bungener a constaté en outre pour l'acide β des propriétés antiseptiques.

Le tanin se trouve surtout dans les folioles. Etti l'a signalé le premier, ainsi qu'un autre corps très voisin, le phlobaphène, qui paraît être un produit de déshydratation du tanin. Le tanin du houblon est presque insoluble dans l'alcool absolu, insoluble dans l'éther. Il est fixé par la peau, d'après Hayduck ; chauffé à sec à 140°, ou évaporé au bain-marie, il se transforme en phlobaphène. Le rôle du tanin dans la bière est très discuté, certains auteurs lui ont attribué la propriété de précipiter des matières azotées lors de la cuisson du moût. Mais Hayduck a constaté que le tanin du houblon donne avec les matières albuminoïdes de l'orge un précipité à froid, qui se dissout à l'ébullition et réapparait par le refroidissement. Seul le phlobaphène donne un précipité insoluble. Hayduck en conclut que le rôle du tanin, comme précipitant des matières azotées, est très faible. Héron est arrivé à des conclusions analogues. D'après ce dernier auteur, le tanin ne jouerait un rôle qu'au moment du collage en fermentation haute. On constate effectivement que les bières qui refusent de prendre la colle sont en général très pauvres en tanin, par suite de l'emploi d'un houblon défectueux. Hayduck a montré en outre que le tanin intervient dans la coloration de la bière qui est d'autant plus faible qu'il est plus abondant.

La teneur du houblon en tanin est assez variable. Voici quelques chiffres à ce sujet :

Houblon.	Tanin p. 100.	Auteurs.
Saaz	3,64	Hayduck.
Spalt	2,91	—
Wolnzach	1,91	—
Alsace	3,34	Rémy.
Spalt	4,93	Barth.
Auscha	4,27	—

Le chiffre parait varier entre 1,5 et 6 p. 100. Héron a montré que le tanin disparait rapidement du houblon par le vieillissement.

Le houblon contient de 12 à 24 p. 100 de matières azotées. Ces matières sont, en partie, solubles dans l'eau et incoagulables par la chaleur et elles viennent remplacer, lors de la cuisson du moût, celles qui ont été éliminées par l'ébullition. Ces matières jouent un rôle important dans l'alimentation de la levure (Behrens).

On a enfin signalé dans le houblon la présence de

l'acide malique (Payen), de l'acide citrique (Etti), de l'acide succinique (Lintner). Griessmayer, Greshof ont en outre extrait du houblon un alcaloïde; mais ce résultat n'a pas été confirmé par les recherches de Hantke et Kremer. Ces savants ont cependant isolé un alcaloïde des graines de houblon. Le houblon contient aussi de la cellulose et des sucres réducteurs. Brown et Morris ont enfin démontré la présence de l'amylase dans le houblon.

En résumé, la composition du houblon est la suivante :

Eau	5 à 15
Huile essentielle	0,2 à 0,8
Résines	10 à 20
Tanin	1 à 6
Matières azotées	12 à 24
— cellulosiques	45 à 70
— minérales	5 à 15

Appréciation de la valeur du houblon. — Les principaux caractères utilisés pour l'appréciation du houblon sont : la provenance, le parfum, la forme des cônes, l'aspect des bractées et de la lupuline, la couleur, l'absence de graines, l'arome, l'écartement moyen des bractées, l'analyse chimique.

On juge souvent les houblons, comme les vins, d'après leur provenance. Les houblons les plus estimés sont ceux de Saaz (Bohème) et de Spalt (Bavière) ; puis viennent ceux d'Alsace, de Bourgogne, de Belgique, etc. Il paraît plus logique de s'en rapporter aux autres caractères, notamment à l'arome et à la finesse, plutôt qu'à la provenance elle-même.

Le parfum s'apprécie souvent en frottant les cônes entre les mains : on doit percevoir une odeur franche, très aromatique. Les houblons qui ont une odeur alliacée sont à rejeter : les vieux houblons dégagent une odeur de fromage.

Les cônes doivent être réguliers, entiers. Les houblons fins ont généralement les cônes petits, de forme ovale.

Les bractées doivent être minces, lisses, et porter des veines fines. Les houblons de qualité inférieure ont souvent les cônes irréguliers, les bractées épaisses et munies de grosses veines. La couleur doit être uniforme, jaune verdâtre. Elle est surtout utile pour juger l'état de maturité. Les houblons vert foncé sont recueillis trop tôt ; les houblons récoltés trop mûrs sont au contraire rougeâtres. La lupuline doit être abondante, très brillante et d'un beau jaune d'or. Elle est au contraire brune ou jaune foncé chez les vieux houblons.

Il faut également tenir compte de la présence des graines qui diminuent la finesse du houblon et la richesse en lupuline. Elles contiennent des substances extractives qui peuvent communiquer à la bière un goût désagréable. Certains houblons renferment peu ou pas de graines (Saaz, Spalt, Alsace, etc.), d'autres en renferment une assez forte proportion (houblons du Nord).

L'arome et l'écartement moyen des bractées sont des caractères très importants pour l'appréciation du houblon. Remy et Beckenhaupt ont montré que l'arome est caractéristique pour chaque race de houblon. Beckenhaupt conseille d'abord l'examen de l'arome pour reconnaître la variété, en utilisant des appareils dits examinateurs d'aromes qui permettent de donner plus de force aux aromes, de les comparer entre eux et de les mesurer. Les brasseurs n'ont ainsi qu'à comparer les types qui leur sont soumis aux cinq types originaux suivants qu'ils peuvent se procurer : Saaz, Spalt, Goldings, Lorraine et Auscha. Beckenhaupt prétend qu'avec un peu de pratique, on arrive parfaitement ainsi à reconnaître la variété.

Le même auteur a constaté en outre que la qualité du houblon est en rapport avec la finesse de la structure du cône ; cette observation a été confirmée par Chodounsky. Si les axes sont minces, les côtes peu épaisses, les folioles très rapprochées, le houblon est riche ; si au contraire l'axe est épais, les folioles et les côtes fortes, les bractées espacées, le houblon est grossier. L'écartement moyen des points d'attache des bractées parait être le plus sûr moyen de contrôle : plus il est faible, plus le houblon est fin. Il suffit, pour faire cette détermination, de compter le nombre de bractées d'une certaine quantité de cônes, de mesurer la longueur de ces cônes, et de diviser la longueur totale par le nombre total des bractées. Voici, d'après Remy et Beckenhaupt, l'écartement moyen de quelques espèces :

	Moyen. mm.	Maximum. mm.	Minimum. mm
Espèces fines :			
Saaz....................	1,41	1,88	1,16
Hallertau....	1,46	1,81	1,25
Spalt	1,04	1,90	1,22
Moyenne	1,52	1,99	1,25
Espèces locales :			
Lorraine...........	1,7	2,33	1,14
Belge	1,83	2,50	1,62
Sauvage...........	2,22	2,50	1,71
Moyenne	1,79	2,29	1,46
Différence +......	0,27	0,3	0,21

On voit qu'il y a des cônes fins et des cônes grossiers dans chaque espèce, mais si on fait la moyenne d'un nombre de cônes suffisant, on constate que les espèces fines ont un écartement moyen plus petit que les espèces moins estimées. Beckenhaupt conseille par suite la mensuration de l'éloignement moyen des points d'attache des bractées pour établir la finesse.

A ces deux caractères, examen de l'arome, et mensuration de l'éloignement, viennent se joindre l'appréciation de l'odeur, de la couleur, de l'état des cônes, de l'absence de graines, etc.

La composition chimique extrèmement compliquée du

houblon n'a pas permis jusqu'ici à l'analyse d'entrer dans la pratique courante pour l'appréciation de la qualité. Le dosage des résines et du tanin est cependant utile : celui des résines renseigne sur la richesse du houblon en substances amères et antiseptiques ; en outre, les houblons riches en tannin sont le plus souvent aussi riches en matières aromatiqus.

Conservation du houblon. — Le houblon s'altère assez rapidement à l'air. Aussitôt après la récolte il renferme en moyenne 70 à 75 p. 100 d'eau : cette humidité le rend très altérable et cause très vite l'échauffement des cônes et une grande diminution de qualité. Il est donc nécessaire de sécher le houblon aussi tôt que possible.

Cette opération du séchage n'est pas toujours conduite avec tout le soin désirable. Elle se fait parfois, chez le petit producteur, à l'air libre, dans des greniers bien aérés ; mais le plus souvent elle s'effectue dans des tourailles. Or, il est indispensable, dans ce cas, d'évacuer l'air humide et de faire passer sur le houblon un actif courant d'air, pour avoir une dessiccation régulière ; il faut aussi, dans les tourailles à feu direct, employer un combustible tel que le coke, qui ne communique pas au houblon une odeur de fumée ; il faut enfin veiller à ne pas dépasser une certaine température : la chaleur diminue en effet la proportion d'huile essentielle et transforme les résines molles, utiles, en résines dures. On doit donc commencer le séchage à 25°, et élever progressivement la température jusqu'à 35°-40°, sans aller au delà. Toutes ces précautions ne sont pas toujours observées dans certaines régions houblonnières, notamment dans le Nord ; les tourailles sont souvent construites d'une façon défectueuse, et il en résulte des diminutions très sensibles dans la qualité des produits.

Une touraille à houblon se compose en principe d'une bâtisse portant en bas un foyer, à hauteur du grenier un

plateau sur lequel on étale le houblon, et terminé par
une cheminée. On a perfectionné beaucoup, dans ces
dernières années, ces tourailles en employant comme
plateaux des toiles roulantes en crins de cheval, ce qui
évite l'effeuillement des cônes, en substituant le chauffage par l'air chaud au chauffage à feu direct, et en
adoptant plusieurs plateaux superposés pour mieux
régler le séchage. L'opération dure une douzaine d'heures,
et le houblon séché ne contient plus que 8 à 10 p. 100
d'eau.

Le houblon séché est encore assez altérable, et il subit
pendant sa conservation des transformations qui en
diminuent la valeur. Ces transformations peuvent être
d'ordre biologique et provenir du développement de
bactéries et de moisissures quand le houblon est insuffisamment séché. Elles sont aussi d'ordre chimique et
portent sur l'huile essentielle, les résines et le tanin. Au
contact de l'air, l'huile essentielle se transforme en une
masse vitreuse dure et perd son odeur agréable ; le tanin
disparaît ; les acides amers se transforment en résines ;
les résines molles passent à l'état de résines dures. Les
propriétés aromatiques du houblon disparaissent ainsi
avec le temps.

Les meilleurs moyens d'éviter ces causes d'altération
sont le séchage, déjà étudié, la conservation au froid sec,
et la réduction de la présence de l'oxygène. Le séchage
peut être fait par l'air chaud, ou, comme le recommande
Humbser, par l'air froid et sec. Par ce dernier procédé,
on refroidit et dessèche de l'air à — 12°, on le réchauffe
à — 2° et on le fait passer sur le houblon placé dans une
touraille. On obtient ainsi une dessiccation rapide sans
aucune altération.

Briant et Meacham ont montré que le meilleur procédé
de conservation du houblon est l'air froid et sec d'un
local refroidi par une machine à glace, ainsi que
l'indiquent les chiffres suivant dus à Briant:

	Résines molles.	Résines dures.	Résines totales.
Houblon primitif.................	11,75	3,16	14,91
— conservé 7 mois à 22-24°.	8,82	5,94	14,76
— — 13-18°.	9,21	5,15	14,36
— — 2-4° .	10,67	4,20	14,87
— au-dessous de 0°.	11,10	3,57	14,67

L'influence conservatrice du froid est manifeste, et il est préférable de se tenir au-dessous de 0° par réfrigération au moyen d'une machine à glace. Le houblon ainsi conservé ne subit aucune altération pendant un ou deux ans, ce qui suffit pour la pratique. Il existe ainsi en Angleterre de nombreux magasins froids pour la conservation du houblon.

Pour réduire le contact avec l'oxygène, on emballe le houblon dans des sacs de forte toile, qu'on comprime très fortement à la presse. On utilise aussi des cylindres de tôle où le houblon est comprimé à plusieurs atmosphères au moyen d'une presse hydraulique. On a essayé la conservation dans le vide ou les gaz inertes, mais cette méthode ne paraît pas très pratique, et ses résultats sont discutés.

Une pratique très répandue est le soufrage du houblon. Cette opération consiste à brûler du soufre dans la touraille, ordinairement au moment du séchage. Elle est avantageuse au point de vue de la conservation du houblon, et elle rend la couleur plus claire et plus uniforme. Par contre, le soufrage a pour l'acheteur l'inconvénient de masquer souvent des défauts de couleur et de qualité.

IV. — RIZ.

Le riz est utilisé assez fréquemment en brasserie pour la production des bières ordinaires, soit par raison d'économie, soit pour donner à la bière le goût douceâtre et la coloration pâle préférés dans certaines régions.

La composition moyenne du riz est la suivante, d'après Kœnig :

	Non décortiqué.	Décortiqué.
Eau	9,55	13,11
Matières azotées	5,87	7,85
— grasses	1,84	0,63
Hydrates de carbone saccharifiables	75,85	76,75
Cellulose	5,80	0,63
Cendres	1,09	1,01

On voit que le riz est un grain très riche en amidon : il est donc avantageux pour le rendement. Mais il est pauvre en matières azotées et en cendres. Il est probable qu'on doit rattacher à cette pauvreté en azote l'action déprimante que le riz à forte dose exerce sur la levure. Quand la dose de riz dépasse 15 à 20 p. 100, on constate en effet que la levure dégénère ; les fermentations deviennent plus lentes, ce qui oblige à faire de fréquents changements de levains. A faible dose, il n'a pas d'influence nuisible, mais il donne à la bière un goût douceâtre, et une coloration pâle.

Le riz n'est jamais employé entier en brasserie ; on utilise soit des brisures, soit des farines, soit des semoules, soit des pellicules.

Ces dernières sont préparées en cuisant de la farine de riz, en laminant ensuite l'empois obtenu et en le faisant sécher par passage entre des cylindres. Nous avons vu, à propos de l'amylase, que cette diastase attaque très difficilement l'amidon du riz à l'état cru, aussi est-il indispensable de le transformer en empois avant de le mettre en contact avec le malt. La cuisson sous pression convient particulièrement pour les brisures ; les farines et les semoules peuvent être empesées à l'ébullition en chaudière. A forte dose, le riz gêne les filtrations à cause des fins débris de cellulose qu'il contient.

V. — MAÏS.

Le maïs est également employé en brasserie par raison d'économie.

Sa composition, d'après Dietrich et Kœnig, est la suivante :

	Maximum.	Minimum.	Moyenne.
Eau	22.4	8,09	13,88
Cendres	4,09	0,62	3,23
Matières azotées	15,12	5,82	10,05
— cellulosiques	8,50	0,39	4,59
— saccharifiables	72,69	59,03	66,78
— grasses	9,16	1,54	4,76

On voit que le maïs est moins riche en amidon que le riz, mais plus riche que l'orge. Il est assez riche en matières azotées, mais ces matières paraissent peu favorables à la nutrition de la levure, car à forte dose il exerce aussi une légère action déprimante sur la marche de la fermentation, mais beaucoup moins accentuée que celle du riz. L'utilisation du maïs en brasserie exige certaines précautions spéciales, à cause de la grande quantité d'huile qu'il contient : cette huile donne à la bière une odeur très désagréable et il importe de l'éliminer en grande partie. On peut à cet effet concasser grossièrement le grain de manière à détacher le germe et l'écorce qui contiennent la majeure partie de l'huile du grain, puis jeter le produit du concassage dans l'eau : les germes et les écorces surnagent par suite de leur faible densité, et on les enlève. Cette méthode est très économique, mais imparfaite. Ordinairement, la brasserie achète le maïs sous forme de semoules débarrassées du germe et de l'enveloppe et connues sous le nom de *grits*. Elles contiennent encore une certaine proportion d'huile, qui peut varier de 0,5 à 3,5 p. 100. Leur composition moyenne est la suivante :

Eau	10 à 14,5 p. 100
Matières azotées	7 à 13 —
— grasses	0,5 à 3,5 —
Extrait	66 à 80 —

On admet souvent que la proportion d'huile ne doit

pas dépasser 1 p. 100. Cette opinion est trop absolue : Wahl et Henius considèrent qu'une farine de maïs n'est impropre au brassage que quand elle renferme plus de 2 p. 100 d'huile ; cette limite peut être même dépassée si on incorpore peu de maïs au brassage. Les essais de Marx ont conduit à des résultats analogues.

Les remarques faites plus haut au sujet de la transformation en empois de l'amidon du riz s'appliquent également au maïs qui doit être traité soit par cuisson sous pression, soit par chauffage à l'ébullition avant l'emploi.

VI. — SUCRES.

Les sucres employés en brasserie sont le glucose, le sucre cristallisé, et le sucre interverti.

Les glucoses du commerce sont obtenus par saccharification de l'amidon au moyen des acides, et leur composition chimique est extrêmement variable. On les trouve sous la forme de glucoses massés, qui sont généralement riches en dextrose, et de sirops de fécule, plus riches en dextrines et en cendres. Le rendement légal des glucoses est fixé à 29 degrés hectolitres par 100 kilogrammes, mais ils fournissent en réalité un rendement qui varie de 25 à 32 degrés hectolitres. Ils contiennent 40 à 60 p. 100 de substances fermentescibles ; les autres produits sont constitués par des dextrines, des cendres et de l'eau. La proportion de cendres varie de 0,5 à 5 p. 100 : elles sont surtout formées de chlorure de sodium, de chlorure de calcium ou de sulfate de chaux. Si le brasseur cherche, par addition de glucose, à obtenir des bières plus alcooliques, il devra donner la préférence aux glucoses riches en dextrose ; s'il cherche au contraire à relever l'extrait, les glucoses riches en dextrines infermentescibles sont préférables. Le glucose présente plusieurs inconvénients : il apporte d'abord dans la bière des matières minérales nuisibles, et son emploi a donné lieu en Angleterre, il y a quelques années, à des empoisonnements par l'arsenic qu'il contient quand il est fabriqué avec de l'acide sulfurique impur. En outre le glucose ne contient que des traces de matières azotées, ce qui diminue la valeur alimentaire de la bière : enfin il fournit l'extrait à un prix plus élevé que le malt. Les bières glucosées sont sèches, ne tiennent pas la mousse et se troublent facilement par la pression d'acide carbonique. L'emploi de ce produit n'est donc pas justifié.

Le sucre cristallisé et le sucre interverti sont beaucoup utilisés en Angleterre. En France, leur usage est encore restreint à l'heure actuelle. Le sucre destiné à la brasserie est bien exempt de droits, mais les décrets qui régissent la dénaturation du sucre et son emploi en brasserie exigent des formalités si gênantes que la plupart des brasseurs renoncent à employer ce produit. La réglementation de la Régie impose le régime d'entrepôt, la dénaturation à la brasserie même, par des méthodes difficiles à appliquer dans le matériel dont disposent les brasseurs, le prélèvement d'échantillons de sirop pour le contrôle, etc. La brasserie réclame avec raison que la dénaturation puisse s'effectuer non seulement à la brasserie, mais aussi dans des usines spéciales qui seraient soumises à la surveillance du service des contributions indirectes. Un projet de loi, actuellement soumis au Parlement, autorise cette dénaturation préalable dans un établissement autre que la brasserie, sous la réserve que les frais de surveillance du service des contributions indirectes seront supportés par les industriels sous la forme, soit d'un remboursement des émoluments alloués aux agents spécialement attachés à l'établissement, soit d'indemnités calculées à raison du nombre et de la durée des vacations. Il est souhaiter aussi que l'administration abandonne ses règles inflexibles, et agrée au moins une des méthodes de dénaturation qui lui ont été récemment offertes.

L'emploi du sucre présente de nombreux avantages. Il réduit l'azote du moût, ce qui facilite la stabilité de la bière ; il n'apporte aucun élément minéral nuisible. Il donne aux bières de la mousse, sans donner lieu à une formation de cellules de levure, et permet d'atténuer très fortement sans avoir des bières plates. Les expériences de Petit ont montré que le sucre cristallisé, ajouté en chaudière, s'invertit complètement au cours de la fermentation principale. Les bières provenant de moûts additionnés de sucre cristallisé donnent une atténuation plus forte, une fermentation secondaire plus énergique et plus prolongée ; elles sont plus mousseuses et plus pétillantes. On peut se servir aussi du sucre cristallisé après la fermentation principale, pour donner de la mousse à la bière.

Beaucoup d'auteurs préfèrent le sucre interverti au sucre cristallisé. Le sucre interverti se prépare facilement en faisant bouillir trente minutes une solution à 20 p. 100 de sucre cristallisé avec 1 kilogramme d'acide tartrique ou 200 grammes d'acide chlorhydrique par 100 kilogrammes de sucre. On peut également traiter à 55° une solution de sucre à 20 p. 100 par la levure à raison de 15 p. 100 du poids du sucre : l'inversion se fait alors sous l'action de la sucrase (Baker, Moreau). Le sucre interverti peut être employé en chaudière ou à la fermentation : utilisé en chaudière, il donne des bières qui se clarifient bien et rapidement ; leur maturation est plus précoce, leur atténuation plus forte. D'après Moreau, on ne doit pas dépasser une dose de 15 à 16 p. 100 du poids du malt : les doses supérieures gènent la fermentation et nuisent à la qualité de la bière. L'emploi du sucre interverti après la fermentation principale est très recommandable, surtout pour les bières qui doivent être débitées très jeunes. La majeure partie des levures de brasserie fait fermenter lentement le lévulose, de sorte que la bière reste moelleuse et pétillante. Au point de vue économique, le sucre fournit le degré hectolitre à un prix inférieur à celui du malt, et presque égal à celui du maïs et du riz.

VII. — ANALYSE DES MATIÈRES PREMIÈRES.

Nous indiquerons brièvement les méthodes de dosage des principaux éléments à déterminer dans les matières premières de la brasserie.

Analyse de l'eau.

Les déterminations principales sont : les matières organiques, l'ammoniaque, l'acide nitreux et l'acide nitrique, le chlore, la chaux, le degré hydrotimétrique, le fer et l'acide sulfurique.

Matières organiques. — Une première méthode consiste à comparer le poids de l'extrait sec et de l'extrait calciné. On évapore à sec 100 centimètres cubes d'eau, on dessèche à 180° et on pèse. On calcine au rouge sombre et on pèse de nouveau. La différence des deux pesées correspond aux matières organiques. Cette méthode n'est qu'approchée à cause de la présence de sels volatils.

Une seconde méthode consiste à doser les matières organiques par la réduction du permanganate. On traite 100 centimètres cubes d'eau par 3 centimètres cubes de bicarbonate de soude à 8^{gr},3 par litre, et 5, 10 ou 15 centimètres cubes de permanganate de potasse titré (liqueur au 50e obtenue par dissolution de 0^{gr},6324 de permanganate de potasse pur par litre, et vérifiée à l'acide oxalique ; 1 centimètre cube correspond à 0^{mgr},16 d'oxygène). On fait bouillir dix minutes, on laisse refroidir, on acidifie par 4 centimètres cubes d'acide sulfurique au demi et on ajoute 4 centimètres cubes d'une dissolution acide de sulfate ferreux ammoniacal ($31^{gr},36$ de sulfate et 4 centimètres cubes d'acide sulfurique pur; 1 centimètre cube sature 4 centimètres cubes de la liqueur de permanganate). La décoloration obtenue, on ajoute du permanganate titré jusqu'à apparition de la teinte rose, pour oxyder le sulfate ferreux en excès. Le volume de permanganate est égal au volume initial, augmenté de la quantité nécessaire pour oxyder le sulfate ferreux restant. On recommence la même opération avec 200 centimètres cubes d'eau : la différence volumétrique de solution de permanganate entre les deux épreuves représente la quantité de permanganate qui correspond à 100 centimètres cubes d'eau. Connaissant l'oxygène disponible de 1 centimètre cube de la liqueur de permanganate, on en déduit l'oxygène emprunté par les matières organiques (méthode A. Lévy). Cette méthode n'est également qu'approchée, car les diverses matières organiques absorbent des poids différents d'oxygène. Elle donne cependant des renseignements utiles.

Ammoniaque. — S'il y a beaucoup d'ammoniaque, on distille en présence de magnésie en excès, 1 ou 2 litres d'eau au serpentin ascendant d'Aubin, et on recueille les vapeurs dans 10 centimètres cubes d'acide sulfurique titré décime, dont le degré de saturation, déterminé par un titrage acidimétrique, indique la proportion d'ammoniaque. Il est bon de concentrer au préalable l'eau à 500 centimètres cubes en présence d'un peu d'acide sulfurique.

S'il n'y a que des traces d'ammoniaque, on utilise le réactif de Nessler ($62^{gr},5$ d'iodure de potassium dissous dans 250 centimètres cubes d'eau ; addition d'une solution saturée à chaud de bichlorure de mercure jusqu'à précipité permanent, filtration ; addition de 150 grammes de potasse caustique en solution concentrée, puis de quelques centimètres cubes de bichlorure ; étendre à 1 litre et décanter). Ce réactif donne une coloration jaune avec les plus petites traces d'ammoniaque, et un précipité orangé si l'ammoniaque est abondante. On ajoute à

100 centimètres cubes d'eau, 1 centimètre cube de soude et 2 centimètres cubes de carbonate de soude à 20 p. 100, pour précipiter les sels alcalino-terreux, on décante. On prend une quantité de liquide telle que, portée à 50 centimètres cubes elle donne, par addition de 1 centimètre cube de réactif de Nessler une coloration d'une intensité analogue à celle qu'on obtient en ajoutant à 50 centimètres cubes de solution type d'ammoniaque (2 milligrammes d'ammoniaque par litre sous la forme de chlorhydrate), 1 centimètre cube de ce réactif. Après une heure on compare au colorimètre les colorations obtenues, et par une proportion on déduit la quantité d'ammoniaque par litre.

Acide nitreux et acide nitrique. — Les nitrites se recherchent par le réactif de Trommsdorf (5 grammes d'amidon, 20 grammes de chlorure de zinc, 100 centimètres cubes d'eau, ébullition pendant trois ou quatre heures au réfrigérant ascendant, jusqu'à dissolution complète de l'amidon, ajouter 2 grammes d'iodure de zinc, amener à un litre et filtrer; conserver à l'obscurité). Ce réactif donne avec les nitrites une coloration bleue, instantanée si les nitrites sont abondants, et au bout de quelque temps s'il y a peu d'acide nitreux.

Le dosage peut s'effectuer par voie colorimétrique, comme celui de l'ammoniaque, en traitant 50 centimètres cubes d'eau par 1 centimètre cube d'acide sulfurique étendu et 1 centimètre cube de réactif, et en comparant au colorimètre la coloration obtenue après une heure avec celle que donne une solution titrée de nitrite de potasse renfermant 1 milligramme d'acide nitreux par centimètre cube.

La recherche des nitrates se fait au moyen du sulfate de diphénylamine (solution sulfurique à 2 p. 100) après avoir au préalable détruit les nitrites par addition d'urée et d'acide sulfurique. En faisant tomber quelques gouttes de l'eau à essayer dans 2 centimètres cubes de réactif, on obtient une coloration bleue s'il y a des nitrates. Le dosage des nitrates peut s'effectuer par la méthode colorimétrique de Grandval et Lajoux, basée sur la coloration jaune que donnent les nitrates, en présence d'ammoniaque, avec le réactif sulfo-phénique (15 grammes d'acide phénique dissous avec précaution dans 185 grammes d'acide sulfurique pur). On prend 10 centimètres cubes d'eau, on évapore à sec, on ajoute 1 centimètre cube de réactif sulfo-phénique, on mélange, on ajoute 5 centimètres cubes d'eau et 10 centimètres cubes d'ammoniaque au tiers, et on amène à 50 centimètres cubes. On examine alors ce liquide au colorimètre par comparaison avec des colorations types obtenues avec des quantités connues de nitrate de potassium.

Chlore. — On évapore 5 litres d'eau à un volume de 200 centimètres cubes, et on acidule par l'acide azotique. On ajoute alors une solution de nitrate d'argent jusqu'à cessation de précipité. On recueille le chlorure d'argent sur un filtre, on le calcine jusqu'à fusion et on le pèse. On obtient le poids de chlore en multipliant le poids du précipité par 0,2474.

Chaux. — On prend 1 litre d'eau, on l'évapore à 200 centimètres cubes en présence d'acide chlorhydrique. On neutralise exactement par l'ammoniaque, on additionne le liquide de 5 centimètres cubes d'acide acétique, et on ajoute une quantité d'oxalate d'ammoniaque suffisante pour précipiter toute la chaux ; on laisse déposer 7 à 8 heures, on recueille le précipité, on le sépare du filtre, on le calcine au rouge blanc, et on pèse à l'état de chaux anhydre.

Cette méthode donne la chaux totale. Pour connaître la chaux à l'état de bicarbonate, on peut faire bouillir un litre d'eau pendant une heure, laisser déposer, recueillir le précipité de carbonate de chaux, le laver, le redissoudre dans l'acide acétique, et précipiter la chaux dans la liqueur par l'oxalate d'ammoniaque comme précédemment.

Degré hydrotimétrique. — On verse 40 centimètres

cubes de l'eau à essayer dans le flacon hydrotimétrique et on remplit la burette hydrotimétrique
jusqu'au trait situé au-dessus du zéro, avec la liqueur
titrée de savon. (Dissoudre 50 grammes de savon blanc
de Marseille dans 800 grammes d'alcool à 90°, et étendre
la liqueur avec de l'eau distillée de manière que la
quantité de liqueur à verser pour produire une mousse
persistante avec 40 centimètres cubes d'une dissolution
de chlorure de calcium à $\frac{1}{4\,000}$, c'est-à-dire avec $0^{gr},010$ de
chlorure de calcium, soit exactement de 22 divisions de
la burette). On verse goutte à goutte la liqueur de savon
en agitant vivement, et on cesse de verser quand on
obtient une mousse de 5 millimètres de hauteur et per-
sistant pendant dix minutes. La division lue sur la
burette donne le degré hydrotimétrique total N_1. La
même opération, effectuée sur le liquide bouilli pendant
vingt minutes, filtré et ramené à son volume primitif,
donne un deuxième chiffre N_2. La différence N_1-N_2 représente le degré correspondant au carbonate de chaux. Un
autre essai, effectué sur le liquide précipité par l'oxalate
d'ammoniaque et filtré, donne un troisième chiffre N_3. La
différence N_2-N_3 représente le titre correspondant aux
sels de chaux autres que le carbonate. Ce chiffre N_3 représente lui-même le degré correspondant aux sels de
magnésie. Pour transformer les degrés hydrotimétriques
en sels de chaux et de magnésie, il suffit de remarquer
que 22 degrés hydrotimétriques correspondent à $0^{gr},010$ de
chlorure de calcium, un degré correspond donc à $\frac{0,010}{22}$,
et comme on a employé 40 centimètres cubes d'eau, un
degré correspond à une quantité de chlorure de calcium
par litre de $\frac{0,010 \times 1\,000}{22 \times 40} = 0,0114$. On a donc les valeurs
suivantes en grammes de sels par litre et par degré hydro-
timétrique observé :

Chlorure de calcium......   0,0114
Carbonate de chaux................   0,01026
Sulfate de chaux   0,01396
Sulfate de magnésie................   0,0125

La différence N_1-N_2, multipliée par 0,01026 donne donc la richesse en carbonate de chaux, en grammes par litre ; la différence N_2-N_3, multipliée par 0,01396 donne, en grammes de sulfate de chaux par litre, la richesse de l'eau en autres sels de chaux ; enfin le chiffre N_3, multiplié par 0,0125 donne la richesse en sels de magnésie, évaluée en grammes de sulfate de magnésie par litre.

Fer. — On évapore à sec 2 à 10 litres d'eau, on calcine au rouge sombre, on reprend par l'acide chlorhydrique au bain de sable, puis on verse ce liquide dans un matras d'essayeur, fermé par un bouchon muni d'un tube étiré. On porte à l'ébullition douce, en ajoutant de petits fragments de fil de zinc jusqu'à décoloration de la teinte jaunâtre. Le sel de fer est aussi réduit à l'état de sel ferreux par l'hydrogène. On transvase dans un verre à précipiter contenant 200 centimètres cubes d'eau distillée bouillie et 20 centimètres cubes d'acide sulfurique au dixième, et on titre au permanganate jusqu'à apparition de la teinte rose. (Solution de permanganate de potasse à 2 grammes par litre, titrée en dissolvant dans les mêmes conditions que pour le dosage $0^{gr},2$ de fer pur dans l'acide chlorhydrique, et en titrant au permanganate : le volume versé correspond à $0^{gr},1$ de fer.)

Acide sulfurique. — On additionne 1 litre d'eau de 10 centimètres cubes d'acide chlorhydrique, on porte à l'ébullition et on ajoute du chlorure de baryum jusqu'à cessation de précipité. On recueille et on pèse le sulfate de baryte obtenu. Son poids, multiplié par 0,343, donne l'acide sulfurique en gr. de SO^3 par litre.

Analyse de l'orge.

Les principales déterminations à effectuer sont : l'humidité, l'amidon, l'extrait, et les matières azotées sous leurs diverses formes.

Humidité. — On dessèche à l'étuve à 105°,5 grammes d'orge moulue, jusqu'à poids constant. La perte de poids donne l'humidité.

Amidon. — Les procédés de dosage de l'amidon sont nombreux et tous plus ou moins entachés d'erreurs. La méthode qui donne les meilleurs résultats consiste à saccharifier l'amidon par la diastase, à invertir par l'acide chlorhydrique les produits de la saccharification et à doser le glucose formé. Voici comment on peut opérer.

Deux grammes d'orge finement moulue sont additionnés de 100 centimètres cubes d'eau et chauffés au bain-marie à 100° jusqu'à transformation en empois, puis pendant un quart d'heure à 115°. On refroidit à 68°. Pendant ce temps, on a préparé une solution de diastase. On peut employer soit de l'extrait de malt (macération à froid, pendant six à huit heures, de malt avec 4 fois son poids d'eau), soit la diastase absolue qu'on trouve chez les marchands de produits chimiques, mais après s'être assuré, dans ce dernier cas, que cette diastase ne donne pas par traitement à l'acide chlorhydrique, de corps susceptibles de réduire la liqueur de Fehling. On emploie environ 0^{gr},2 de cette diastase, qu'on humecte d'abord avec quelques gouttes d'eau, qu'on broie jusqu'à ce que la masse soit devenue pâteuse et uniformément humide, et qu'on dilue ensuite dans 10 centimètres cubes d'eau.

Dans l'empois d'amidon à 68°, on ajoute cette solution diastasique, ou 25 centimètres cubes d'extrait de malt, et on maintient le ballon au bain-marie réglé à cette température de 68° rigoureusement constante, jusqu'à ce que la saccharification soit complète, ce dont on se rend

compte au moyen de la liqueur d'iode sous le microscope.
Il faut attendre, en général, de trente-six à quarante-
huit heures. Il est important de ne pas laisser descendre
la température au-dessous de 68°, pour éviter le développement de microbes. La saccharification terminée, on
filtre et on lave à l'eau bouillante, on amène à 250 centimètres cubes, et on prend 200 centimètres cubes de
liquide. On y ajoute 15 centimètres cubes d'acide chlorhydrique de densité 1,125. On chauffe pendant deux
heures au bain-marie à l'ébullition, en ayant soin de
munir le flacon d'un long tube de verre, pour éviter la
concentration. Le maltose et la dextrine formés pendant
la saccharification sont ainsi transformés en glucose, on
neutralise par la potasse, on amène à 250 centimètres
cubes, et on dose le glucose au moyen de la liqueur cupropotassique. Pour ce dosage on peut employer soit la
méthode pondérale qui est précise, mais longue et délicate, soit la méthode de Lehmann modifiée par Maquenne,
qui est plus rapide et suffisamment exacte. Mais pour
utiliser ces méthodes et les tables qui leur correspondent,
il est nécessaire d'opérer dans les conditions où ces tables
ont été établies, et d'adopter notamment la composition
des liqueurs cupro-potassiques employées par les expérimentateurs.

Pour la méthode pondérale, qui conduit à l'emploi des
tables d'Allihn, la liqueur cupro-potassique se compose
des deux solutions suivantes : A : 39^{gr},639 de sulfate de
cuivre, amenés à 500 centimètres cubes avec de l'eau
distillée ; B : 173 grammes de sel de Seignette et 125 grammes de potasse caustique complétés à 500 centimètres
cubes. On mélange à volumes égaux les deux solutions
seulement au moment de l'emploi.

Voici comment il convient d'opérer : on mélange
30 centimètres cubes de la liqueur A avec 30 centimètres
cubes de la liqueur B, on ajoute 60 centimètres cubes
d'eau, on porte à l'ébullition puis on ajoute 25 centimètres

cubes de la liqueur sucrée provenant de l'inversion par l'acide chlorhydrique et amenée à 250 centimètres cubes. On fait bouillir deux minutes dans une capsule de porcelaine, puis on filtre rapidement sur un tampon d'amiante placé au fond d'un tube étiré et taré à l'avance. On recueille ainsi l'oxyde cuivreux précipité. La filtration par le vide permet d'opérer très vite. On lave à l'eau chaude, puis à l'alcool et à l'éther pour dessécher; on adapte le tube à l'extrémité d'un appareil à hydrogène, et on chauffe l'oxyde pour le réduire, dans un courant d'hydrogène, à l'état de cuivre. L'augmentation de poids du tube donne le poids de cuivre précipité. Il suffit alors de se reporter aux tables d'Allihn, que nous donnons en appendice, qui indiquent directement les quantités de glucose correspondant au poids de cuivre obtenu.

Pour la méthode de Lehmann, qui conduit à l'emploi des tables de Massol et Gallemand, la liqueur cupropotassique comprend une liqueur A identique à la précédente, et une liqueur B obtenue en mélangeant 173 grammes de sel de Seignette et $51^{gr},6$ de soude caustique NaOH, et en complétant à 500 centimètres cubes.

On place dans un matras conique de 125 centimètres cubes, 10 centimètres cubes de liqueur A et 10 centimètres cubes de liqueur B. On fait bouillir et on ajoute aussitôt 20 centimètres cubes de la liqueur sucrée contenant au maximum 0,40 p. 100 de sucre réducteur (si cette condition n'est pas remplie, il suffit d'étendre la liqueur). On fait bouillir deux minutes, on refroidit rapidement le matras dans l'eau courante, et on ajoute 10 centimètres cubes d'acide sulfurique à 50 p. 100 en volume. On refroidit de nouveau et on ajoute 10 centimètres cubes d'une solution à 10 p. 100 d'iodure de potassium. Il se forme de l'iodure cuivreux avec le cuivre non réduit et il se sépare une quantité d'iode égale à celle qui est contenue dans l'iodure cuivreux :

$$2SO^4Cu + 4KI = 2SO^4K^2 + Cu^2I^2 + I^2$$

Il suffit de doser l'iode à l'hyposulfite de soude. On emploie une solution d'hyposulfite à 2 p. 100 environ, titrée préalablement par rapport à la solution A de sulfate de cuivre dont la quantité de cuivre a été rigoureusement déterminée par la méthode électrolytique. Soit P le poids de cuivre contenu dans 10 centimètres cubes de liqueur A, N la quantité d'hyposulfite nécessaire pour ces 10 centimètres cubes ; chaque centimètre cube d'hyposulfite correspond donc à $\dfrac{P}{N}$ de cuivre. Après réduction de la liqueur par le sucre, nous ne versons plus que n c.c. d'hyposulfite. La quantité de cuivre réduit est donc $[N-n]\dfrac{P}{N}$. Il suffit alors de se reporter aux tables de Massol et Gallemand, que nous donnons en appendice, pour avoir le glucose correspondant au poids de cuivre réduit.

Quelle que soit la méthode employée, on connaît ainsi le glucose contenu dans 25 centimètres cubes ou 20 centimètres cubes de liqueur. En tenant compte des dilutions effectuées, il est facile de calculer la quantité de glucose correspondant à 100 grammes d'orge. Ce chiffre, multiplié par 0,9, donne le poids d'amidon.

Si on a utilisé l'extrait de malt, il est indispensable de faire un dosage parallèle avec l'extrait de malt seul, pour déterminer la quantité de glucose apporté par les 25 centimètres cubes d'extrait de malt, quantité qu'on retranche du résultat. Cette correction est inutile avec la diastase absolue, au moins quand elle ne contient pas de produits susceptibles de réduire la liqueur cupro-potassique.

Cette méthode a l'inconvénient de compter comme amidon des pentoses non fermentescibles, et de détruire pendant l'inversion une partie du lévulose provenant du saccharose présent dans le grain. On peut arriver à un résultat plus exact en dosant les pentosanes dans la liqueur, et en retranchant du chiffre total le chiffre qui correspond aux pentoses, mais la méthode est alors beaucoup plus compliquée, et difficilement applicable à un grand nombre de dosages.

Extrait. — Le procédé le meilleur pour le dosage de l'extrait est celui de Reichard et Purucker, mais il a l'inconvénient d'être très long. On prépare d'abord un extrait de malt comme pour le dosage de l'amidon, et on emploie 100 grammes de cet extrait. On additionne 25 grammes d'orge moulue de 100 centimètres cubes d'eau dans un gobelet métallique, et de 8 centimètres cubes d'extrait de malt filtré. On agite et on laisse en contact pendant quinze à seize heures, puis on transforme l'amidon en chauffant au bain-marie bouillant vingt ou vingt-cinq minutes. On refroidit à 45°, on ajoute 10 centimètres cubes d'extrait de malt, on brasse une demi-heure, et on fait bouillir de nouveau 30 minutes au bain de sable en remplaçant l'eau qui s'évapore. On refroidit à 50°, on ajoute le reste de l'extrait de malt, et on brasse en montant de 1° par minute, jusqu'à 70°. On reste une heure à cette température, on refroidit, on amène le poids du brassin à 400 grammes, on filtre et on prend la densité au flacon. Or ces 400 grammes comprennent :

Orge	25 grammes.
Extrait de malt	100 —
Eau	275 —

Soit 16 p. 100 la teneur de l'orge en eau, et 7,35 p. 100 la teneur en extrait de la macération de malt, en déduisant ce qui est coagulable à l'ébullition (ces deux chiffres se déterminent à l'avance). La quantité d'eau que renferme le brassin est la suivante :

Eau	275 grammes.
Eau de l'orge	4 —
— contenue dans 100 gr. d'extrait de malt	92,65 —
Total	371,65 —

De la densité obtenue, on déduit l'extrait par une des méthodes que nous étudierons à propos du malt : soit par exemple 5,92 p. 100. 100 grammes de ce moût se composent donc de 94,08 d'eau et de 5 gr. 92 d'extrait. Donc, à 371 gr. 65 d'eau correspondent $\frac{5,92 \times 371,65}{94,08} = 23$ gr. 38 d'extrait. De ce chiffre, il faut encore retrancher les 7 gr. 35 provenant de l'extrait de malt, ce qui donne 16 gr. 03 pour 25 grammes d'orge. On arrive ainsi à une teneur en extrait de 64,12 p. 100 pour l'orge humide et de 76,33 p. 100 pour l'orge sèche.

Azote. — L'azote total se dose par la méthode de Kjeldahl. On attaque 1 gramme d'orge moulue par 20 centimètres cubes d'acide sulfurique pur, en présence d'une gouttelette de mercure, jusqu'à ce que le liquide soit décoloré et limpide. On continue l'ébullition pendant une heure après la décoloration. On laisse refroidir, on ajoute environ 100 centimètres cubes d'eau et 1 gramme d'hypophosphite de soude : on chauffe doucement à 60-70°. Le mercure est ainsi précipité à l'état métallique (méthode de Maquenne et Roux). On refroidit, on sature par un excès de lessive de soude en employant 2 gouttes de phénol-phtaléine comme indicateur, et on distille au serpentin ascendant d'Aubin. Le liquide qui distille est recueilli dans 10 centimètres cubes d'acide sulfurique titré décime (4^{gr},9 d'acide sulfurique par litre) correspondant à 14 milligrammes d'azote. Un titrage à l'eau de chaux sur 10 centimètres cubes d'acide décime donne un volume V d'eau de chaux correspondant à 14 milligrammes d'azote. Le titrage du liquide distillé donne un volume V', et la différence V-V' représente la quantité d'acide sulfurique saturée par l'ammmoniaque. Un gramme d'orge contient donc $\frac{V-V'}{V} \times 0,014$ d'azote. Pour évaluer le résultat en matières azotées, il suffit de le multiplier par 6,25.

8.

Pour doser séparément l'azote soluble et l'azote coagulable, on peut opérer de la façon suivante : on place 25 grammes d'orge moulue dans un matras avec 100 centimètres cubes d'eau, et on agite pendant six heures avec un agitateur mécanique. On filtre et on lave. On amène le volume à 250 centimètres cubes. Sur 100 centimètres cubes on dose l'azote soluble total par la méthode de Kjeldahl. On porte à l'ébullition d'autre part 100 centimètres cubes de liquide pendant une heure, pour coaguler l'azote coagulable, on filtre, on lave et on dose l'azote soluble non coagulable sur la liqueur filtrée, également par la méthode de Kjeldahl.

On peut aussi employer le procédé de Murphy qui consiste à faire macérer pendant deux heures 20 grammes d'orge moulue avec 200 centimètres cubes d'eau à 50° ; on filtre et on opère comme ci-dessus pour les dosages de l'azote soluble total et de l'azote soluble incoagulable.

Analyse du riz et du maïs.

Le riz et le maïs s'analysent comme l'orge. Avec le maïs, on a souvent intérêt à faire en outre le dosage des matières grasses.

Matières grasses. — On pèse 5 grammes de maïs moulu, on les place dans l'allonge d'un appareil à déplacement de Schlœsing, et on épuise la masse par l'éther pendant cinq à six heures. On recueille l'éther, on le distille, on transvase dans une capsule de porcelaine tarée quand le volume est suffisamment réduit, on évapore à sec et on pèse.

Analyse du houblon.

Les seules déterminations qui présentent de l'intérêt ont l'humidité, les substances amères et le tanin.

Humidité. — On sèche dans le vide, sur l'acide sulfurique et à la température ordinaire, 5 grammes de houblon jusqu'à poids constant.

Substances amères. — On épuise 5 grammes de houblon dans un appareil à déplacement de Schlœsing ou de Soxhlet, pendant huit à dix heures, au moyen de l'éther de pétrole pour extraire les résines molles ; on filtre, et on évapore jusqu'à poids constant. On procède alors sur le résidu de houblon, à un épuisement analogue avec l'éther, pour extraire la résine dure.

On peut aussi employer la méthode de Lintner qui est plus précise. On fait bouillir pendant huit heures, dans un ballon jaugé de 505 centimètres cubes, 10 grammes de houblon avec 300 centimètres cubes d'éther de pétrole bouillant à 30-50°. On amène le volume à 505 centimètres cubes avec de l'éther de pétrole, on filtre, on prélève 100 centimètres cubes de ce liquide, et on titre avec de la potasse déci-normale en présence de phénolphtaléine. On admet que 1 centimètre cube de potasse décinormale correspond à 40 milligrammes d'acide amer.

Tanin. — La méthode de dosage du tanin qui paraît la meilleure est celle de Héron. On pèse 10 grammes de houblon, on les place dans une fiole jaugée de 1005 centimètres cubes avec 900 centimètres cubes d'eau, on épuise au bain-marie bouillant, pendant une heure, on refroidit à 15°, on affleure et on filtre. Sur le liquide filtré on dose le tanin par la méthode Lœwenthal, c'est-à-dire par le permanganate de potasse. On place dans un grand verre 10 centimètres cubes de liquide, 20 centimètres cubes d'une solution sulfurique d'indigo (25 grammes de carmin d'indigo en pâte dans 1 litre d'acide sulfurique à 20 p. 100) qui sert d'indicateur, et 700 centimètres cubes d'eau. On verse dans ce mélange, goutte à goutte, à l'aide d'une burette graduée, une solution de permanganate de potasse à 2 grammes par litre, jusqu'à virage au jaune d'or. Soit V le volume versé. Un deuxième titrage, effectué dans les mêmes conditions, mais sur l'extrait précipité par la gélatine en présence d'acide sulfurique dilué, donne un chiffre V' qui correspond aux corps, autres que le tanin, oxydés par le permanganate. La différence V-V' est la quantité de permanganate qui correspond au tanin. Comme il est difficile de passer de cette quantité au tanin, Héron exprime le permanganate en acide oxalique. On peut également titrer la solution de permanganate avec une solution de tanin pur de houblon à 2 grammes par litre (10 centimètres cubes de solution de tanin, 20 centimètres cubes de carmin d'indigo et 700 centimètres cubes d'eau). Le volume V" de permanganate versé correspond donc à 20 milligrammes de tanin, et le volume V-V' correspond par suite à $\frac{V-V'}{V''} \times 0^{gr},020$ de tanin.

Cette méthode n'est évidemment pas très précise, car on obtient comme tanins des substances qui réduisent le permanganate et qui ne sont pas des tanins.

III. — MALTAGE.

Le maltage a pour but de développer dans l'orge les diastases utiles pour le travail ultérieur du brassage, de donner au grain la friabilité nécessaire pour sa saccharification facile, et de lui communiquer l'arome qui doit donner à la bière son cachet et son parfum.

Ce but complexe est atteint par la germination de l'orge, pendant laquelle les diastases nécessaires se développent dans le grain, et par le touraillage qui arrête cette germination au point voulu et donne au produit l'arome recherché.

Le travail du maltage comprend cinq opérations : le travail préparatoire de l'orge, le trempage, la germination, le touraillage et le traitement de l'orge après touraillage.

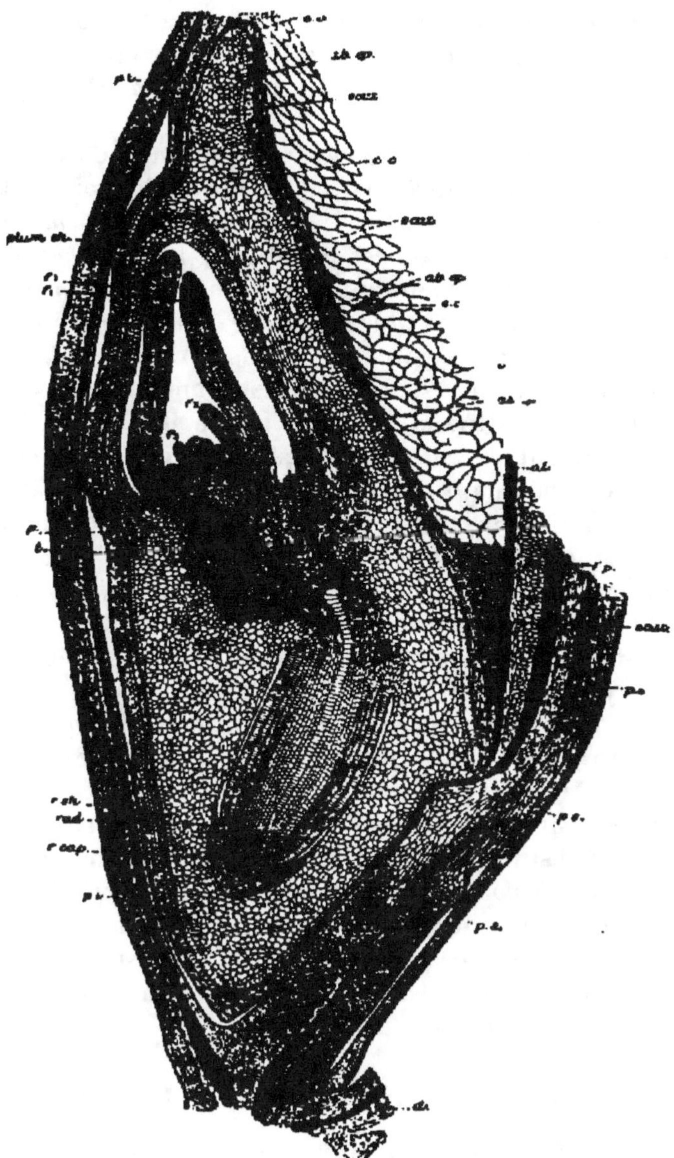

Fig. 29. — Coupe d'un grain d'orge.

Caractères anatomiques du grain d'orge. — Les caractères anatomiques du grain d'orge sont indispensables à connaître pour l'étude des phénomènes physiologiques de la germination.

Si on examine une coupe longitudinale d'un grain d'orge (fig. 29) on constate qu'il est formé de trois parties principales : les *enveloppes*, l'*endosperme* et l'*embryon*. L'enveloppe extérieure est constituée par les *balles* du grain (*ps, pi*), puis viennent le *péricarpe p* et l'*épisperme* ou *testa t*, formés tous deux de plusieurs couches de cellules à parois minces. L'*endosperme*, ou *albumen*, dont une portion seulement est représentée sur la figure 29, constitue la majeure partie du grain. Il est formé surtout de cellules remplies de grains d'amidon (*s, c*) englobés dans un fin réseau de matières azotées. Cette partie amylacée est séparée du testa par une triple couche de cellules exemptes d'amidon, de section rectangulaire, appelées *cellules à aleurone* (*al*) et contenant des matières grasses et des grains d'aleurone noyés dans des matières azotées. L'endosperme est séparé de l'embryon, d'abord par une couche de cellules vides et comprimées (*c c*), puis par l'*épithélium d'absorption* (*ab,ep*), dont le rôle est très important dans la germination. Les cellules de cet épithélium sont cylindriques et allongées et elles s'appuient d'un côté sur l'endosperme et de l'autre côté sur le *scutellum* (*scut*), qui est l'organe d'absorption de l'*embryon*. Indépendamment de ce scutellum, on distingue encore dans l'embryon la *plumule*, formée de la *tigelle* et de la *gemmule* ($f_1 f_1 f_2 f_3$), qui se trouve à la partie supérieure, et la *radicule*, placée à la partie inférieure de l'embryon.

TRAVAIL PRÉPARATOIRE DE L'ORGE

Magasinage. — Les orges arrivant à la malterie sont d'abord montées dans les greniers d'emmagasinage ; on utilise pour cette opération des monte-charges ou des chaînes à godets. On doit éviter de mélanger dans les greniers les grains de provenance et de récolte différentes, pour ne pas avoir une germination irrégulière. Les locaux d'emmagasinage doivent être maintenus bien propres, et les tas d'orge ne doivent jamais avoir plus d'un mètre d'épaisseur.

L'orge fraîchement récoltée doit le plus souvent séjourner un certain temps en magasin avant de pouvoir fournir une germination régulière. Il existe, sous ce rapport, des différences sensibles entre les diverses variétés : certaines orges peuvent germer convenablement peu de temps après la récolte, d'autres exigent un magasinage plus prolongé. Pour obvier à cet inconvénient, on a proposé le séchage à la touraille, à 35°-40°, avec forte ventilation. Cette opération améliore le pouvoir germinatif, mais il faut avoir soin de n'utiliser ces orges qu'au bout de quelques jours après le séchage, car l'expérience pratique a démontré qu'aussitôt après l'opération, on n'observe aucune amélioration de la germination.

Nettoyage de l'orge. — Les orges renferment toujours, en proportions plus ou moins grandes, des impuretés et notamment de la poussière, de la terre, des pierres, des clous, des débris de bois et de cordes, des graines étrangères, des grains cassés et des petits grains. Cette proportion de déchets est variable avec les années, la nature des orges, et les conditions de culture ; elle s'abaisse à 1,5 à 2 p. 100 dans les conditions les plus favorables, atteint 4 à 5 p. 100 dans les conditions ordinaires, et peut dépasser 10 et 15 p. 100 dans certaines marchandises de mauvaise qualité. Il est facile de se rendre compte de la perte que subit le brasseur dans ce dernier cas, même s'il a acheté le grain à bon marché et malgré l'utilisation des déchets du triage. Il est donc important que le brasseur veille avec soin à la pureté de l'orge qu'il achète et exige un bon nettoyage préalable.

A la brasserie, il est nécessaire de faire subir à l'orge un nettoyage pour éliminer les impuretés, si on veut obtenir un bon malt. Les graines étrangères donnent mauvais goût à la bière ; les grains cassés pourrissent au germoir et constituent des foyers d'infection par les moisissures et les bactéries. Enfin l'orge renferme des grains de grosseur très différente. Or les grains absorbent au trempage des quantités inégales d'eau suivant leur grosseur et germent ensuite différemment ; les petits grains sont parfois désagrégés deux jours plus tôt que les gros et il en résulte une perte si on laisse ces grains au germoir jusqu'à ce que les gros grains aient atteint le point voulu. Une excellente précaution consiste donc à faire suivre le nettoyage d'un triage qui divise les grains en deux ou trois catégories qu'on malte séparément : on obtient ainsi un grain homogène et un travail très régulier au germoir et à la touraille.

Les appareils de nettoyage et de triage de l'orge sont très nombreux, mais ils s'appuient tous sur les mêmes principes. Dans les dispositifs les mieux compris, les opérations sont les suivantes : l'orge passe d'abord dans un sasseur formé d'un tamis en toile métallique, animé d'un mouvement de va et vient, qui enlève les corps étrangers volumineux tels que cordes, grosses pierres, morceaux de bois et de papier, qui pourraient obstruer l'orifice d'entrée du grain. L'orge est alors débarrassée de ses poussières par la ventilation : au-dessous du canal d'amenée du grain débouche le tube de sortie d'un ventilateur à ailettes, ou bien un aspirateur est placé à l'extrémité opposée. Les poussières et impuretés légères sont enlevées et se réunissent dans un collecteur. Ce collecteur doit être bien fermé, car les poussières peuvent devenir une cause d'infection, et on ne doit pas négliger de le nettoyer de temps à autre.

Dans certains appareils, ces premières opérations se

font d'une manière un peu différente. L'orge passe d'abord dans un épierreur : cet épierreur se compose d'un tambour rotatif formé sur les trois quarts de sa longueur d'une toile métallique serrée, et sur le reste, d'une tôle perforée. La première partie laisse échapper la poussière, le sable et les petites pierres, l'orge passe par les fentes de la tôle et les gros corps étrangers sortent par l'extrémité du tambour. L'orge passe alors dans un second tambour dans lequel tourne un arbre muni de bras : les grains sont ainsi frottés les uns contre les autres et les poussières se détachent. La masse passe alors au ventilateur qui sépare les impuretés légères.

L'orge, ainsi nettoyée de ses poussières, arrive au trieur à alvéoles qui élimine les graines étrangères et les grains cassés. Il se compose d'un cylindre incliné, tournant à une vitesse maxima de 14 à 16 tours à la minute, et portant des cavités à section circulaire ou elliptique. L'orge chemine dans cet appareil ; les grains cassés et les graines étrangères se logent dans les alvéoles, et quand la rotation les a amenées à la partie supérieure du cylindre, elles tombent dans une nochère centrale où se meut une vis d'Archimède qui les conduit au dehors. Pour éviter que les grains entiers soient également amenés à la partie supérieure du cylindre, le conduit central porte un couteau en tôle qui appuie sur la paroi interne du cylindre et fait retomber dans le trieur tous les grains qui dépassent le niveau des alvéoles.

Les grains tombent alors dans un second trieur qui les classe par grosseur : il est formé en général de tôle percée de fentes dont les dimensions permettent de séparer l'orge en deux ou trois catégories. Le cylindre frotte sur des brosses pour éviter l'obstruction des orifices. On utilise aussi des trieurs plats formés de tringles métalliques à écartement varié ; ces trieurs possèdent une surface utile plus grande que les trieurs à cylindres.

L'orge sortant de ces appareils doit être propre ; les

poussières enlevées ne doivent pas contenir de bon grain, ce qui indiquerait une ventilation trop puissante, qu'il faudrait réduire. Les déchets du trieur à alvéoles ne doivent pas renfermer de grains entiers : si ce fait se produit, il faut réduire l'alimentation, diminuer la vitesse de rotation du cylindre, ou veiller à la position et à la qualité du couteau.

Cette opération du nettoyage n'est pas toujours faite avec tout le soin voulu. Beaucoup de petits brasseurs ne peuvent pas se décider à installer des appareils à nettoyer et à trier l'orge, estimant que la dépense est trop élevée : on évite cependant bien des ennuis avec ces dispositifs qui permettent d'obtenir un grain homogène et propre, et un maltage parfaitement régulier.

TREMPAGE

Le but principal du trempage est de fournir au grain la quantité d'eau nécessaire pour le travail industriel de la germination. La proportion d'eau indispensable pour la germination en elle-même est assez faible, mais cette quantité serait insuffisante dans le travail industriel, où le grain doit renfermer assez d'eau pour rester en germination active pendant huit ou neuf jours. En outre, le trempage ne se borne pas à une simple fixation d'eau ; il débarrasse l'orge des grains légers, et il est accompagné de phénomènes chimiques et biologiques importants qui ont une grande influence sur les autres phases du maltage.

Phénomènes qui se produisent dans le trempage. — *Fixation d'eau par le grain.* — Le grain plongé dans l'eau s'imbibe d'abord très rapidement ; puis la fixation d'eau diminue, et, au bout de trente à quarante heures, elle devient très lente. Lulf a montré par exemple qu'une orge à 16 p. 100 d'eau, soumise au trempage, renfermait :

		Eau.
Après 13 heures	30,1 p. 100
— 36 —	35,7 —
— 61 —	39,5 —
— 84 —	42,1 —

On voit donc que la fixation d'eau est très rapide dans les premières heures ; mais il se produit, dans les heures qui suivent, indépendamment d'un léger complément d'absorption d'eau, une régularisation de la répartition de l'humidité dans les diverses parties du grain. Luff a observé en effet que c'est surtout aux extrémités du grain et du côté de l'embryon que l'eau est fixée : l'humidité n'est donc pas également répartie dans les différentes portions du grain, et les tissus qui avoisinent l'embryon sont toujours plus imbibés que ceux des parties centrales.

La pression d'eau n'a pas d'influence sur le phénomène (Bleisch, Luff) : les couches du bas, dans une cuve à tremper, sont donc, au point de vue de la fixation d'eau, dans les mêmes conditions que celles du haut. La teneur en eau de l'orge n'influe pas non plus, d'après Luff, sur la marche et la durée du trempage. Enfin les petits grains fixent l'eau plus vite que les gros : il en résulte qu'une orge à gros grains exige plus de trempage, pour arriver au même taux d'humidité, qu'une petite orge.

Le trempage est d'autant plus rapide que la température de l'eau est plus élevée. Luff a constaté que quarante heures à 17° R. donnent le même résultat que soixante-trois heures à 12°,5 R. et quatre-vingt-dix heures à 8° R. Baker et Dick ont trouvé des résultats analogues, mais moins accentués. Il est donc important, pour la régularité du trempage, d'avoir une eau à température bien constante.

Phénomènes chimiques et biologiques. — L'eau de trempage dissout un certain nombre de principes de l'orge, notamment des hydrates de carbone, des sels (principalement des phosphates) et des matières azotées solubles. Cette perte s'élève en moyenne à 0,5 à 1 p. 100. Elle varie surtout avec la nature de l'orge. Les expériences de Bleisch ont montré en effet que la prolongation de la durée du trempage n'augmente pas sensiblement la perte ; les variations de température de l'eau sont trop faibles dans la pratique pour avoir une influence appréciable. L'action de la nature de l'eau est également faible. Bleisch a cependant montré que plus une eau est riche en chaux, moins elle enlève de matières à l'orge. On a signalé en outre ce fait que les eaux douces peuvent amener des pertes en phosphates plus considérables que les eaux dures, mais ces variations semblent assez peu importantes, d'après des essais effectués par Krutwig.

Les substances dissoutes par l'eau de trempage sont principalement des sucres, des matières albuminoïdes, des sels ammoniacaux, des phosphates, des sels de potasse. La perte des matières azotées représente, d'après Evans, 0,043 p. 100, celle de la matière organique totale étant de 0,277 p. 100. Lindet a obtenu des chiffres sensiblement plus élevés.

Le trempage amène en outre des transformations chimiques dans le grain, principalement sous l'action des diastases. On trouve qu'il y a accroissement des sucres réducteurs, ainsi que de la quantité de saccharose présente dans le grain. Prior a montré en outre que l'acidité organique augmente, et que l'orge perd du phosphate acide de potasse qui passe dans l'eau de trempage.

Le trempage a pour résultat de réveiller la vie ralentie du grain : on constate en effet un dégagement d'acide carbonique, indice d'une respiration sensible. Bleisch et Will ont montré que ce dégagement d'acide carbonique est d'autant plus intense que le trempage est plus avancé, et qu'il devient très actif à la fin ; la respiration est en outre toujours augmentée par l'aération. Le dégagement d'acide carbonique se fait surtout quand le grain est à

découvert, mais il se produit activement aussi quand
l'orge est immergée. Dans ce dernier cas, il s'agit alors
d'une respiration intracellulaire, dans laquelle l'oxygène
est emprunté aux matériaux de la plante elle-même.

Pratique du trempage. — On peut distinguer deux
modes de trempage, le trempage ordinaire et le trempage
avec aération.

Trempage ordinaire. — Le trempage ordinaire, qui est

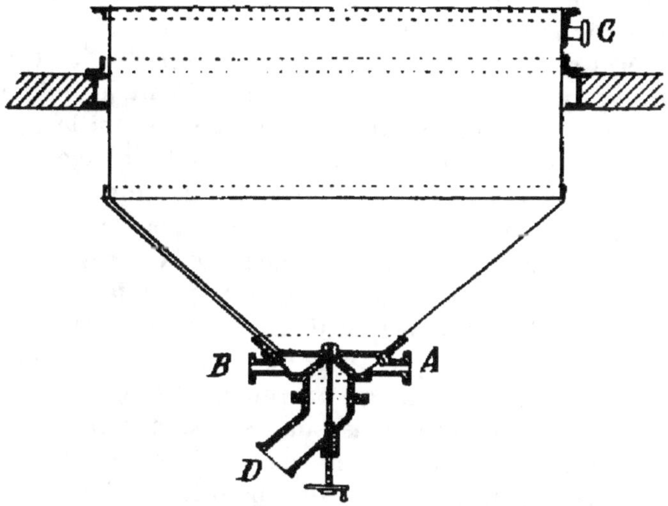

Fig. 30. — Cuve à tremper cylindro-conique (Crépelle Fontaine, constructeur,
à La Madeleine-lès-Lille).

le plus répandu en France, s'effectue dans des cuves
appelées *cuves mouilloires,* tantôt en maçonnerie cimentée,
de section rectangulaire, tantôt en tôle, de forme cylindro-conique. A la partie supérieure se trouve le tuyau
d'arrivée de l'eau, à la partie inférieure un tuyau de
vidange pour l'eau et une soupape de déchargement qui
permet d'évacuer l'orge trempée. Un orifice grillagé
placé au niveau du tuyau de vidange permet l'écoulement
de l'eau et empêche l'entrainement du grain.

Ce dispositif est surtout adopté pour les cuves en maçonnerie.

Dans les cuves cylindro-coniques en tôle, l'eau arrive le plus souvent par le dessous, et peut s'écouler par un trop-plein situé à la partie supérieure (fig. 30). Cette disposition est préférable, car elle assure mieux l'élimination des poussières et des impuretés qui adhèrent au grain. Les cuves mouilloires sont placées au-dessus des germoirs de manière à pouvoir vider d'un seul coup la matière sur le sol du germoir.

L'opération s'effectue le plus souvent de la façon suivante : on remplit d'abord la cuve d'eau jusqu'à un niveau déterminé par la quantité d'orge à mouiller, puis on ajoute lentement le grain en agitant avec des perches. Le niveau de l'eau doit être finalement un peu supérieur à celui de l'orge. Après un repos de quelques instants, on écume les impuretés de la surface, constituées surtout de grains vides, qu'on recueille pour les vendre à part. La première eau est ordinairement très sale et on l'évacue au bout de quelques heures. On la remplace alors par de l'eau fraîche qu'on renouvelle en moyenne toutes les douze heures. L'eau de trempage, qui contient des matières extractives enlevées à l'orge, devient en effet un excellent milieu de culture pour les bactéries et se putréfie facilement, surtout si la température est assez élevée. Aussi est-il préférable de changer l'eau plus fréquemment en été, par exemple toutes les huit heures. L'opération se prolonge pendant un temps variable de cinquante à cent vingt heures, suivant les conditions que nous étudierons plus loin.

Trempage avec aération. — Il est certain que la méthode précédente ne donne au grain qu'une quantité très limitée d'oxygène : celle qui est dissoute dans l'eau. En effet, on a coutume de laisser très peu d'intervalle entre l'écoulement de l'eau et son renouvellement. Or le grain a besoin d'oxygène, et le procédé de trempage ordinaire,

dans lequel il reste constamment sous l'eau, produit une
véritable asphyxie du grain, de sorte qu'il lui faut un
certain temps pour se réveiller au germoir. Il s'écoule en
effet environ quarante-huit heures avant que l'orge
commence à piquer. Balling a reconnu le premier l'avantage de l'aération pendant la trempe, mais son application
pratique est due aux travaux de Windisch.

La méthode consiste à fournir à l'orge, entre chaque
renouvellement de l'eau de trempage, un large contact
avec l'air pour compenser l'influence défavorable du
séjour sous l'eau. On peut ainsi utiliser le temps mort
qui s'écoule entre le décuvage et le piquage de l'orge,
car l'air fait partir la germination plus vite, et le grain
peut piquer dans la cuve à tremper. Le mode de travail
peut être par exemple le suivant : faire tremper le grain
pendant douze heures, renouveler l'eau et laisser encore
l'orge immergée pendant douze heures ; évacuer l'eau et
laisser à découvert en aérant pendant dix heures ;
remettre l'orge sous l'eau pendant deux heures et laisser
ensuite huit ou dix heures à découvert en aérant ; et
ainsi de suite pendant vingt-quatre à trente-six heures,
en alternant les périodes d'aération et d'immersion. On
peut encore faire tremper l'orge douze heures, puis effectuer des périodes alternatives de quatre heures à découvert avec aération et de deux heures sous l'eau, pendant
quarante-huit heures. Il faut avoir soin de donner à la
couche, pour le début du travail au germoir, la même
épaisseur que celle qu'on lui donne le troisième jour avec
le travail ordinaire, et ne pas la tenir aussi épaisse qu'au
début, si on ne veut pas voir la couche se faner trop
tôt.

Les avantages de ce mode de travail, qui tend beaucoup à se répandre aujourd'hui, sont les suivants, d'après
Windisch. On arrive à gagner deux jours sur le temps
que l'orge met à piquer ; on peut ainsi prolonger la durée
de germination effective sans augmenter la dépense de

temps, germer à plus basse température et obtenir un malt de meilleure qualité. En outre, quand le grain a déjà commencé à piquer au sortir de la cuve, son développement est plus régulier et plus tranquille et on maintient plus facilement les couches froides au germoir. Enfin la perte au maltage est diminuée de 2 à 3 p. 100 en moyenne, probablement par suite de la disparition de la respiration intra-cellulaire dans l'orge constamment noyée, et de la régularité plus grande de la germination ; et les malts ainsi obtenus fournissent un rendement en extrait plus élevé, ce qui est évident, puisque la perte au maltage, qui porte surtout sur l'amidon, se trouve réduite.

A l'origine, Windisch a conseillé de laisser le grain quelques heures à l'air entre chaque changement d'eau. Puis on a recommandé d'installer au fond de la cuve un tuyau percé de trous par lequel on injecte de l'air dans le grain à découvert. Mais dans ces conditions l'aération se fait parfois irrégulièrement et conduit à une germination d'activité variable. On évite facilement cet inconvénient en aérant énergiquement le grain, avec l'air sous pression, cinq minutes avant chaque vidange de l'eau de trempage, de manière à produire un mélange énergique des couches de grain et à modifier l'arrangement de ces couches à chaque opération. Il existe plusieurs dispositifs qui permettent de mélanger ainsi les couches. La figure 31 représente une installation de ce genre. La cuve à tremper porte plusieurs tuyaux munis à leur base d'un injecteur d'air et à la partie supérieure d'un chapeau conique à deux filetages permettant, suivant qu'il est vissé d'un côté ou de l'autre, de mettre le tuyau en communication avec l'extérieur ou de le boucher. Les chapeaux étant vissés sur les tubes de manière à les mettre en communication avec l'extérieur, on envoie l'air sous pression par les injecteurs inférieurs : cet air entraîne l'eau et les grains par les orifices ménagés à leur base et provoque à l'intérieur des tubes une forte circulation d'eau et d'orge dont les grains sont rejetés à l'extérieur en passant par les chapeaux coniques supérieurs. Ce dispositif peut également servir pour le lavage, comme nous le verrons plus loin. Pour aérer le grain, on évacue l'eau de la cuve, les chapeaux supérieurs de

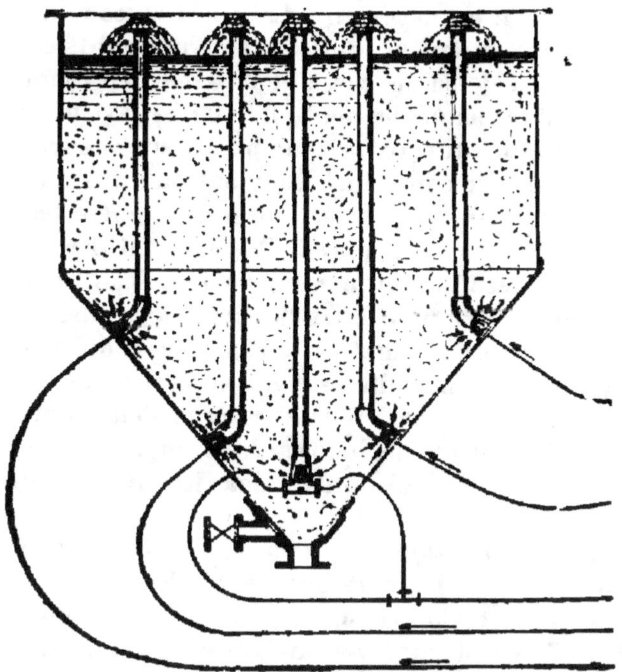

Fig. 31. — Cuve pour le lavage et le trempage de l'orge avec aération.
(Société Strasbourgeoise de constructions mécaniques, à Lunéville.)

chaque tube sont vissés de manière à boucher les tuyaux et l'air comprimé, ne trouvant plus d'issue à la partie supérieure, se répand dans la masse du grain en l'aérant énergiquement.

L'arrosage à la croix écossaise donne également de très bons résultats : on arrose le grain à découvert, dans la cuve à tremper, avec un tourniquet hydraulique, par la partie supérieure. L'eau traverse la masse du grain en entrainant derrière elle l'air nécessaire, et s'écoule par le bas.

Lavage des grains. — Dans la trempe ordinaire, l'élimination des poussières adhérentes à l'orge se fait mal, car ces impuretés se détachent très difficilement. Pour les éliminer, il est nécessaire d'avoir recours à des appareils spéciaux de lavage, qui sont souvent joints à la cuve à tremper. Tel est le cas de l'appareil représenté à la figure 31, dans lequel on peut effectuer le lavage du grain en ouvrant les tuyaux à leur partie supérieure et en injectant de l'air comprimé. Souvent on utilise une cuve spécialement pour le lavage, intercalée entre les autres cuves à tremper. L'appareil Bothner, utilisé en Allemagne, est basé sur le même principe. D'autres laveurs se composent, comme ceux de sucrerie, d'une auge où tourne un arbre à ailettes. Cette opération achève le nettoyage du grain : elle est plus efficace si on l'effectue non sur l'orge sèche, mais sur l'orge déjà gonflée par vingt-quatre ou trente heures de trempage. Il est donc tout à fait rationnel d'intercaler le laveur entre les trempoirs.

Emploi d'antiseptiques au trempage. — Les dangers que présentent pour le malt son envahissement par les moisissures, et l'altération de l'eau de trempage, ont suggéré l'idée d'employer au trempage certains antiseptiques.

La chaux, qui est peu coûteuse, améliore l'énergie germinative des orges mouillées et à odeur de moisi, mais il reste parfois sur les grains un léger enduit de chaux qui donne une poussière désagréable à la touraille. Aussi Windisch a-t-il préconisé l'emploi d'eau de chaux au lieu de lait de chaux. Il suffit de placer au-dessus des cuves mouilloires un réservoir où on met de l'eau au contact d'un excès de chaux. Cette eau de chaux sert au premier mouillage. On a constaté que ce traite-

ment améliore l'énergie germinative, donne aux orges
une coloration plus claire, et lutte victorieusement contre
l'envahissement du grain par les moisissures au germoir.
D'après Windisch, on peut en outre sans inconvénients
employer au trempage de l'eau plus chaude, de manière
à réduire la durée de cette opération.

Cerny, Pestinsky ont signalé l'influence favorable du
chlorure de chaux, ajouté pendant les vingt-quatre dernières heures de trempage à raison de 10 kilogrammes de
chlorure de chaux dissous dans 1 hectolitre d'eau pour
50 hectolitres d'eau de trempage. D'après ces auteurs, la
couleur du malt est plus pâle, le pouvoir germinatif est
augmenté, et la production de moisissures est entravée.
Seiffert estime que deux heures de contact suffisent pour
obtenir ce résultat. Barth a cependant signalé que ce
traitement donne parfois au malt une saveur pénétrante,
qui disparait à la fermentation, mais qui doit inspirer la
prudence dans l'emploi de ce produit.

Enfin Kukla a montré que l'emploi de l'acide sulfureux au trempage en raccourcit la durée, augmente le
pouvoir germinatif et l'azote coagulable.

Circonstances qui influent sur la durée du trempage. —
Les circonstances principales qui influent sur la durée du
trempage sont la température de l'eau, la nature de
l'orge, la qualité de l'eau, et les caractères du malt à
produire.

Nous avons vu plus haut, par les expériences de Luff,
que le trempage est plus long à basse qu'à haute température. On considère que la meilleure température de
l'eau pour le mouillage est de 10 à 13° ; au-dessous,
l'opération dure trop longtemps et la puissance germinative du grain diminue (Bleisch et Will, Baker et
Dick); au-dessus, l'eau a une tendance à s'altérer trop
vite. Cependant l'emploi de l'eau de chaux au trempage
permet, d'après Windisch, d'utiliser l'eau à une température voisine de 20° et de réduire ainsi la durée du travail.

La nature de l'orge a une grande influence. Une orge à gros grains demande d'abord un trempage plus prolongé qu'une orge à petits grains. En outre, certaines orges sont dures et se laissent difficilement pénétrer par l'eau. Tel est le cas des orges vitreuses et des orges à enveloppes épaisses qui demandent souvent vingt à quarante heures de trempage de plus que les orges fines, tendres et farineuses.

La nature de l'eau influe peu sur la durée du trempage. Les eaux calcaires trempent cependant moins vite le grain que les eaux douces.

Enfin le trempage doit être prolongé pour les malts foncés, genre Munich. Les malts à plumule courte, recommandés pour la fabrication des bières pâles, demandent au contraire un trempage plus court.

On peut considérer en moyenne que le mouillage est court quand il dure soixante heures, moyen quand il dure quatre-vingts heures, et long quand il dure cent heures et plus.

Caractères d'un bon trempage. — On se contente le plus souvent, pour contrôler si le grain est assez trempé, de signes d'ordre pratique : 1° le grain pressé entre les deux doigts doit se comprimer facilement, et l'enveloppe doit pouvoir se détacher du reste du grain ; 2° le grain ne doit pas offrir de résistance quand on l'écrase entre les dents ; 3° quand on cherche à plier un grain sur l'ongle, il doit s'infléchir sans se briser, et l'enveloppe se détache ; 4° coupé en deux et frotté contre un corps rugueux, il doit laisser un trait blanc comme la craie ; 5° l'intérieur du grain doit être humide et grisâtre, sauf au milieu où il reste une très petite tache blanche non mouillée, qui disparaît quelques heures après la sortie de la cuve.

On peut également calculer la proportion d'eau absorbée par le grain, soit en pesant mille grains avant et après trempage, soit en déterminant l'augmentation de poids de 1 kilogramme d'orge placé dans un vase taré et plongé dans la cuve à tremper. On compte ordinairement que la proportion d'eau absorbée doit être de 52 à 54 p. 100 du poids du grain pour les malts foncés, et de 45 à 50 p. 100 pour les malts pâles.

On doit avoir soin de ne pas trop prolonger le trempage. Si l'orge est trop trempée, les germes se développent énormément, le feutrage se manifeste très vite et les grains sont trop développés quand on les monte à la touraille : on obtient un malt pauvre en extrait, qui se comporte anormalement au brassage. Une orge insuffisamment trempée sèche en germant, et les couches se fanent au bout de quatre à cinq jours. On doit donc se tenir avec soin entre les limites convenables, car tous les procédés de travail qu'on peut adopter au germoir sont sous la dépendance directe du trempage que le grain a subi.

GERMINATION

La germination a pour objet de produire les diastases nécessaires pour le travail du brassage, de provoquer dans le grain certains phénomènes de solubilisation qui lui donnent la friabilité voulue, et d'éliminer enfin une partie des matières azotées dont l'excès serait nuisible.

Étude théorique de la germination.

Conditions nécessaires à la germination. — Pour que la germination puisse s'effectuer d'une façon régulière, trois conditions doivent être réalisées : 1° une certaine humidité, 2° une température convenable, 3° la présence de l'oxygène de l'air.

L'eau est indispensable à la germination : en malterie, elle doit être fournie par le trempage en quantités suffisantes pour que la germination puisse se prolonger pendant huit jours sans dessiccation.

L'oxygène est également nécessaire, les graines trempées ne se développent que dans les atmosphères oxygénées. Il y a absorption d'oxygène et dégagement d'acide carbonique. Le malteur devra donc assurer pendant la germination une aération suffisante.

Enfin la température a une grande influence sur la germination : l'orge commence à germer à 5°, l'élévation de température est d'abord favorable jusqu'à un optimum situé aux environs de 27°, puis l'activité décroit, et la germination s'arrête quand la température dépasse 38°. Mais la température optima de germination n'est pas celle qui est la meilleure pour le maltage, car le but à atteindre exige, comme nous le verrons, une germination lente et à basse température.

Phénomènes qui accompagnent la germination. — Quand on abandonne à elle-même l'orge trempée, on voit apparaître, au bout de trente à quarante heures, la radicule sous l'aspect d'un point blanc. Elle se développe rapidement en formant plusieurs radicelles qui s'entrelacent. Pendant ce temps, la plumule s'allonge sous l'enveloppe, et apparait à l'extrémité opposée si la germination est prolongée assez longtemps.

Les principaux phènomènes qui accompagnent la germination peuvent se résumer ainsi : vingt-quatre à trente-six heures après le début, on constate une dissolution progressive des parois cellulosiques des cellules de l'endosperme qui renferment les grains d'amidon. Ceux-ci sont en même temps corrodés extérieurement. Cette action commence au niveau de l'épithélium d'absorption et progresse lentement vers l'extrémité opposée, c'est-à-dire vers la pointe du grain, en produisant la désagrégation. La diastase sacchariliante de l'amidon, déjà présente en petites quantités dans l'orge trempée, augmente considérablement pendant la germination. En même temps, sous l'action des diastases, on voit se former des sucres, une partie de l'amidon se transforme en saccharose et en sucre interverti, qui apparaissent surtout dans l'embryon ;

il se forme aussi, dans le scutellum, de l'amidon transitoire aux dépens de ce saccharose. Il se produit une absorption d'oxygène et un dégagement d'acide carbonique, c'est-à-dire un véritable phénomène de combustion qui porte sur l'amidon et sur les sucres qui en dérivent. Les matières azotées sont enfin solubilisées et dégradées en partie, sous l'action de diastases, et servent surtout à la production des tissus des radicelles.

On doit donc surtout envisager, dans la germination du grain d'orge, la désagrégation, les variations du pouvoir diastasique, la formation des sucres, les phénomènes de combustion et de dégagement d'acide carbonique, et la transformation des matières azotées.

Désagrégation. — Brown et Morris ont montré que, vingt-quatre à trente-six heures après le commencement de la germination, on voit se liquéfier les parois des cellules vides qui avoisinent l'épithélium d'absorption. Cette action commence surtout au voisinage du scutellum et elle se poursuit vers l'extrémité opposée du grain en progressant parallèlement à l'épithélium d'absorption, c'est-à-dire obliquement dans toute la longueur du grain. Les parties situées au-dessous de la plumule sont donc atteintes plus vite que celles qui sont situées près du sillon ventral.

Brown et Morris attribuent ce phénomène à une diastase que nous avons déjà étudiée, la cytase, dont l'action précède l'attaque des grains d'amidon. Elle est sécrétée par l'épithélium d'absorption, et aussi en moindre quantité, comme l'ont montré Brown et Escombe, par les cellules à aleurone qui entourent l'endosperme.

La marche de la cytase dépend d'abord de la nature de l'orge : certaines orges se désagrègent très facilement, tandis que d'autres sont très dures. La température a aussi une influence : la désagrégation est plus rapide à haute température, mais elle est d'autant plus parfaite et plus régulière qu'elle a lieu plus lentement. Les basses températures sont donc préférables. Il faut en moyenne huit à neuf jours, à la température de 14°-15°, pour que la cytase désagrège le grain entier et atteigne l'extrémité opposée à l'embryon ; il faut même dix à douze jours si la température est plus froide.

Variations du pouvoir diastasique. — La sécrétion de la diastase saccharifiante se fait dans le scutellum et aussi, en petite quantité, dans les cellules de la couche d'aleurone (Brown et Escombe). Toutefois l'action de la diastase sécrétée par la couche d'aleurone n'est pas identique à celle de la diastase de l'épithelium d'absorption : la première attaque les grains d'amidon en produisant de larges fentes, tandis que la diastase sécrétée par le scutellum les attaque en produisant de nombreuses cavités très petites.

Les premières recherches effectuées sur les variations du pouvoir diastasique ont surtout eu pour objet le pouvoir saccharifiant, et on a cherché à se rendre compte de ses variations en déterminant, aux diverses phases de la germination, la quantité de sucre produite par une quantité donnée d'extrait agissant sur une quantité donnée d'amidon. Kjeldahl a montré ainsi que pendant les trois premiers jours de la germination la progression du pouvoir diastasique est faible, puis il y a un accroissement rapide du quatrième au sixième jour ; le pouvoir diastasique continue alors à augmenter plus lentement, et finalement il atteint une valeur au moins triple de celle du début. Evans a obtenu des résultats un peu différents : il trouve bien une augmentation rapide du pouvoir diastasique le quatrième jour, mais constate ensuite une diminution suivie d'une nouvelle augmentation. Ces variations observées par Evans sont difficilement explicables : elles n'ont d'ailleurs pas été confirmées par Gordon Salamon, qui a également étudié la marche du pouvoir diastasique pendant la germination. Gordon Salamon, en examinant aux divers stades de la germination de l'orge maltée par des méthodes diffé-

rentes, a trouvé que le pouvoir diastasique croît fortement
à partir du troisième jour, et que l'augmentation se poursuit ensuite pendant tout le temps du séjour au germoir.

Brown et Morris ont montré en outre que le pouvoir
liquéfiant de la diastase de translation, présente dans
l'orge au début de la germination, est très faible, tandis
que son pouvoir saccharifiant est sensible : pendant la
germination, le pouvoir liquéfiant se développe beaucoup, tandis que le pouvoir saccharifiant augmente
aussi. Ces résultats ont été confirmés et précisés par
Effront qui a trouvé que pendant la germination le pouvoir liquéfiant et le pouvoir saccharifiant se développent
indépendamment l'un de l'autre. Le pouvoir saccharifiant augmente inégalement, et, arrivé à un maximum,
décroît ensuite. Le pouvoir liquéfiant, au contraire, se
développe graduellement, mais beaucoup plus lentement que le pouvoir saccharifiant, et acquiert un maximum assez stable. La diastase formée reste presque
intégralement adhérente au grain et la migration vers
les radicelles et la plumule est insignifiante.

Windisch et Hasse ont montré, en outre, que dans le
grain même la répartition de la diastase est très inégale :
la moitié de l'embryon est beaucoup plus riche que la
moitié de la pointe.

On peut conclure des travaux qui précèdent que la
quantité de diastase formée croît avec la durée de germination : elle peut cependant diminuer quand la vie
de l'embryon se ralentit, c'est-à-dire du huitième au
treizième jour. En outre, la production de la diastase
s'accroît avec la température ; le mode de germination et
sa rapidité influeront donc sur le pouvoir diastasique final.

Formation des sucres. — L'orge, après trempage, renferme déjà des sucres, notamment du saccharose et des
sucres réducteurs formés surtout de maltose, de dextrose, et de lévulose. La présence du saccharose dans
l'orge et le malt, a été signalée d'abord par Kuhnemann.

Kjeldahl et O'Sullivan ont montré ensuite que cette quantité de saccharose va en augmentant pendant la germination, et passe en moyenne de 1-1,5 à 4,5-4,7 p. 100. Ces résultats ont été confirmés par Brown et Morris qui ont reconnu que ce saccharose est localisé presque exclusivement dans l'embryon. Celui-ci peut contenir, après germination, jusqu'à 24 p. 100 de sa matière sèche à l'état de saccharose. Grüss a également constaté que la couche d'aleurone renferme du saccharose en proportion plus grande que l'endosperme.

O'Sullivan a montré en outre que les sucres réducteurs augmentent pendant la germination. Ces sucres sont formés par du maltose, du glucose et du lévulose. Le maltose provient de la saccharification de l'amidon du grain par la diastase ; toutefois les auteurs ne sont pas d'accord sur sa présence. Brown et Morris l'ont constamment rencontré, mais exclusivement dans l'endosperme ; par contre, Lindet et plusieurs savants allemands n'en ont pas trouvé dans le grain en germination. Il est très probable que ces différences tiennent à la transformation plus ou moins rapide du maltose suivant le mode de germination.

Le dextrose et le lévulose viennent du saccharose qui est interverti par la sucrase. Brown et Héron ont reconnu la présence de cette diastase dans le malt ; Grüss a constaté que le scutellum en sécrète et que cette sucrase est surtout localisée dans l'épithélium d'absorption. Ces sucres réducteurs s'accroissent pendant la germination. Petit a observé par exemple qu'ils augmentent surtout du deuxième au troisième jour et croissent constamment jusqu'au neuvième.

Les expériences de Grüss ont démontré la formation dans l'embryon d'amidon transitoire aux premiers stades de la germination. Cette formation se fait aux dépens du saccharose et de la gomme qui entoure la radicule. Cet amidon disparaît par la suite en se transformant soit en saccharose par une action inverse, soit en sucres réducteurs.

La théorie de la formation de tous ces sucres est encore obscure. Il semble bien qu'une partie de l'amidon de l'endosperme doit être transformée en maltose par la diastase sécrétée par l'embryon. Ce maltose serait absorbé par l'épithélium en palissade et s'y transformerait en saccharose par un mécanisme encore inconnu. Les expériences de Brown et Morris ont montré, en effet, qu'il apparaît du saccharose dans des embryons détachés de l'endosperme, quand on les place sur des solutions de maltose, et cette constatation vient à l'appui de la théorie précédente. Il n'est d'ailleurs pas impossible que l'amidon soit transformé directement en saccharose : la formation d'amidon aux dépens du saccharose a été observée par Grüss, et ce que nous savons sur la réversibilité des actions diastasiques peut faire croire à une formation inverse de saccharose aux dépens de l'amidon. Quant au sucre interverti, il proviendrait de l'action de la sucrase sur le saccharose ; le glucose se formerait en outre par hydrolyse du maltose sous l'action de la maltase.

La formation des sucres est surtout influencée par la température et le degré d'humidité du grain. Plus la température est élevée, plus les actions diastasiques sont énergiques, et plus il y a d'amidon transformé en sucres. La quantité de sucres formés augmente également avec l'humidité du grain.

Nous voyons donc que, dans la germination, une certaine quantité d'amidon de l'endosperme est transformée en sucres : une partie de ces sucres, variable avec les conditions de travail, reste dans le malt ; une autre partie sert à la formation des tissus de la jeune plante ; une autre, enfin, se transforme en acide carbonique et en vapeur d'eau sous l'action de la respiration de l'embryon, comme nous allons le voir maintenant.

Absorption d'oxygène et dégagement d'acide carbonique. — Le grain, en germant, absorbe de l'oxygène, dégage de l'acide carbonique et émet de la vapeur d'eau. Cette respiration du grain donne lieu à une production de chaleur considérable et à une perte sensible de matière sèche.

Les principaux facteurs qui influent sur la respiration du grain sont l'humidité, la température et la présence de l'oxygène. Cuthbert Day, Kolkwitz et d'autres auteurs ont constaté que le dégagement d'acide carbonique est d'autant plus élevé que le grain est plus humide. L'élévation de température et l'accès de l'oxygène activent également le phénomène. Si on prend comme mesure de l'activité de la respiration la quantité d'acide carbonique dégagé, on constate que la période d'activité maxima correspond au troisième ou quatrième jour de la germination. Cet acide carbonique provient de la combustion des hydrates de carbone du grain, et notamment des sucres dérivés de l'amidon. Il y a donc de ce fait une perte assez élevée de matière sèche, qui peut être évaluée, dans les conditions normales, à 5 à 6 p. 100 de la matière sèche du grain, mais peut s'élever beaucoup plus haut si on laisse développer longuement les plumules. Les observations qui précèdent montrent que la perte est d'autant plus grande que la température est plus élevée, l'oxygène plus abondant, et l'humidité plus considérable.

Transformations des matières azotées. — Les matières azotées de l'orge subissent pendant la germination des transformations profondes, mais nous savons encore peu de chose sur ces phénomènes, à cause de notre manque de connaissances sur les matières azotées et de l'imperfection de nos méthodes de séparation et d'analyse.

On sait cependant qu'il se produit d'abord une solubilisation importante des matières azotées du grain, puis une dégradation de ces matières à l'état de peptones et d'acides amidés. Nous avons vu que les transformations sont effectuées par les diastases protéolytiques sécrétées par l'embryon, diastases dont nous avons étudié les propriétés au début de cet ouvrage.

Sous l'action de ces diastases protéolytiques, les matières azotées solubles incoagulables augmentent. Hilger et Van der Becke ont constaté par exemple que les matières azotées solubles, qui représentaient dans une orge 6,74 p. 100 des matières azotées totales, s'élevaient dans le malt à 21,96 p. 100 de l'azote total. Behrend et Störcke ont donné les chiffres suivants qui indiquent les variations subies par les diverses formes de matières azotées pendant la germination.

Azote.	Orge.	Orge trempée.	Orge après une germination de					
			41 h.	89 h.	113 h.	137 h.	185 h.	209 h.
Sol. total.	13,1	10,7	17,0	33,5	35,2	36,2	38,4	41,6
Des amides.	5,0	5,6	7,4	18,2	20,7	24,2	25,4	27,5
Alb. sol..	8,1	5,1	9,6	15,3	14,5	12,0	13,0	14,1
Alb. total.	95,0	94,4	92,6	81,8	79,3	75,8	74,6	72,5

On voit que les amides augmentent d'une façon régulière, l'azote albuminoïde soluble croît aussi dans les premiers jours de la germination, tandis que l'azote albuminoïde total décroit. Il y a donc transformation des matières albuminoïdes insolubles en matières solubles, et dégradation de ces matières à l'état d'amides. Les chiffres qui précèdent n'ont évidemment qu'une valeur relative et peuvent varier suivant le mode de germination et suivant la nature de l'orge.

Schulze a montré que dans la germination il se forme, en grande quantité, de l'asparagine, en même temps qu'un peu de leucine, de tyrosine, d'allantoïne, de bétaïne, d'arginine, etc. La présence de l'asparagine est importante, car elle favorise l'action de l'amylase, et en même temps elle constitue un excellent aliment azoté pour la levure.

L'action des diastases protéolytiques est plus grande à chaud qu'à froid. Kukla a trouvé que la proportion de matières azotées solubles augmente par la germination à température élevée, et qu'à basse température les matières coagulables sont plus abondantes.

La nature de l'orge influe aussi sur la proportion de matières azotées solubilisées dans la germination. La température du travail et la nature de l'orge sont donc les deux facteurs principaux qui peuvent faire varier les transformations des matières azotées.

Autres modifications produites pendant la germination. — Les pentosanes augmentent pendant la germination de l'orge (Tollens et Schöne). Ils prennent naissance exclusivement dans les organes végétatifs du grain, plumules et radicelles ; ils ne proviennent pas des pentosanes de l'orge, mais sont formés dans l'embryon aux dépens des matériaux de réserve (Windisch et Hasse). Lindet a montré que dans la germination la galactane de l'orge augmente progressivement dans la proportion de un à trois, tandis que l'amylane reste stationnaire.

Les matières grasses diminuent pendant la germination, dans la proportion de 20 à 30 p. 100.

Enfin l'acidité du grain augmente. Cette augmentation d'acidité ne vient pas de la présence d'acides libres, mais de la transformation des phosphates neutres en phosphates acides sous l'action des acides organiques produits dans la germination. L'augmentation d'acidité commence lentement, elle est très rapide du deuxième au quatrième jour, puis lente jusqu'au sixième jour à partir duquel elle reste stationnaire.

Mécanisme de l'alimentation de l'embryon. — Nous voyons par ce qui précède que l'embryon, avec ses sécrétions diastasiques, rend solubles les matériaux de réserve de l'endosperme : l'épithélium d'absorption et le scutellum s'en emparent. Ces sécrétions diastasiques sont adaptées aux besoins de la jeune plante et ne se produisent que quand la nécessité s'en fait sentir. En effet, des embryons séparés du grain et placés dans une solution de sucre se développent sans qu'il y ait sécrétion de diastases.

De nombreuses recherches ont été faites sur la part respective prise par l'embryon et par l'endosperme dans l'élaboration des aliments nécessaires à la jeune plante. Les premiers travaux de Brown et Morris avaient amené ces auteurs à conclure que l'embryon est le seul facteur déterminant des transformations de l'endosperme, et que celui-ci ne constitue qu'une simple accumulation de matériaux de réserve. Mais d'autres expériences dues à Hansteen, Puriewitsch, avaient montré que l'endosperme, séparé de l'embryon, était capable de digérer lui-même ses matériaux. Brown et Escombe, qui ont repris ces recherches, ont constaté que ces modifications se produisent en effet sous l'action de diastases, notamment de la cytase et de la diastase saccharifiante, mais ces diastases sont sécrétées par la couche d'aleurone : les cellules de l'endosperme n'y interviennent pas et seraient par suite dénuées de sécrétions diastasiques.

Pratique de la germination.

Conditions à réaliser dans la pratique. — Par la germination, le malteur doit produire les diastases nécessaires au travail du brassage, donner au grain l'état de désagrégation voulu, et éliminer une partie des matières azotées. Pour arriver à ce résultat on utilise les moyens naturels dont dispose l'embryon pour s'alimenter ; mais ces phénomènes sont accompagnés, comme nous l'avons vu, d'une perte en matière sèche, et le malteur devra évidemment chercher à atteindre le but voulu tout en réduisant au minimum ces pertes inévitables. Les conditions à réaliser seront donc les suivantes : 1º régler autant que possible les transformations intérieures que le grain doit subir ; 2º réduire le plus possible les pertes en matière sèche.

Nous avons vu que l'état de désagrégation dépend surtout de la température. Pour avoir une désagrégation régulière, il est nécessaire de germer lentement. Si la germination est rapide, l'action de la cytase peut être incomplète : dans ce cas, la désagrégation n'atteindra pas l'extrémité du grain qui restera dur.

Or un malt à bout dur se trouve ainsi formé de deux parties : une qui est friable et facile à brasser, l'autre qui est dure et qui se saccharifiera incomplètement. Ce défaut d'homogénéité aura donc sa répercussion sur le brassage et sur le rendement. En germant à haute température et avec aération faible des orges très humides, on pourrait bien obtenir une désagrégation complète par suite de l'augmentation de l'activité de la cytase ; mais alors la transformation intérieure serait poussée trop loin dans certaines parties. Les malts ainsi obtenus se saccharifient très rapidement et donnent des bières à atténuation trop forte, sans mousseux et sans corps. L'obtention d'une bonne désagrégation demande donc une germination lente et froide.

Pour ce qui concerne les matières azotées, nous savons que leurs transformations sont d'autant plus profondes que l'action des diastases se manifeste à une température de germination plus élevée. La germination chaude conduira donc à une dégradation plus forte des matières azotées à l'état d'amides, tandis que la germination froide donnera surtout naissance à des albumoses et à des peptones. Or les albumoses ont une influence marquée sur le mousseux et le moelleux de la bière. En outre les matières azotées solubles non coagulables augmentent quand on germe à température élevée. Pour arriver à produire d'une manière favorable les transformations des matières azotées, il faudra donc germer à basse température.

Les radicelles occasionnent une perte en matière sèche, mais cette perte porte surtout sur les matières azotées. Il est par suite avantageux, d'une façon générale, et surtout avec les orges vitreuses et riches en azote, de produire des radicelles fortes et frisées, même au prix d'une légère augmentation de la perte en matière sèche, car on élimine ainsi des matières azotées dont l'excès serait nuisible. Mais il ne faut pas pousser à un développement exagéré de la longueur des radicelles : la germination froide permet encore ici d'assurer un développement normal, et d'éviter la formation de radicelles longues et aqueuses.

La formation des sucres est accélérée, comme nous l'avons vu, par l'élévation de la température. Pour les malts pâles, on doit réduire cette formation et germer par suite à température basse. Pour les malts colorés, genre Munich, la présence des sucres est utile, et on doit par suite conduire la germination à température plus élevée que pour les malts pâles. La formation abondante de sucres a pour effet une croissance trop rapide de l'embryon, qui s'accompagne d'une respiration très active et par suite d'une perte en matière sèche plus élevée. Il est clair que si on laisse la couche sans la retourner, l'accumulation de l'acide carbonique ralentit la respiration et diminue la combustion de l'amidon, mais il se forme alors une très grande quantité de sucres. Si on veut abaisser la température, on est forcé de retourner et d'aérer la couche chaude, et alors on ranime l'activité de la respiration et on augmente la perte. La germination chaude conduira donc à une abondante formation de sucre ou à une perte élevée de matière sèche, et le seul moyen d'éviter ce double écueil consiste à germer à basse température. La respiration est en effet d'autant plus active que les couches s'échauffent davantage au germoir et que les retournements sont plus fréquents. D'autre part, la germination exige la présence de l'oxygène : il faut donc éliminer l'acide carbonique produit. D'ailleurs la respiration occasionne un échauffement qu'il importe de modérer. Il est donc indispensable d'opérer des pelletages pour assurer l'élimination de l'acide carbonique et abaisser la température, mais ces pelletages seront beaucoup moins nombreux si on germe à froid. La germination froide permettra donc, en réduisant les pelletages, d'assurer le renouvellement de l'air en maintenant au minimum la perte par respiration.

Toutes les considérations qui précèdent nous conduisent donc aux conditions générales de travail que voici : germination lente, renouvellement modéré de l'oxygène, et réduction de l'élévation de température. Ces conditions peuvent être réalisées de deux manières, soit par le travail au germoir, soit par la germination dans les appareils pneumatiques. Dans la première méthode, on produit la germination de l'orge dans des salles spéciales appelées germoirs : l'orge trempée est alors étalée sur le sol même du germoir en couches plus ou moins épaisses, qu'on retourne de temps à autre jusqu'à ce que la germination ait atteint le point voulu. Dans le maltage pneumatique, l'orge trempée est mise à germer dans des appareils mécaniques, cases ou tambours ; l'élimination de l'acide carbonique et le refroidissement sont effectués par le passage d'un courant d'air saturé d'humidité.

Maltage au germoir. — Germoirs. — Les germoirs sont des salles voûtées, de 3 à 4 mètres de hauteur. On doit les placer autant que possible au sous-sol : il importe en effet qu'ils conservent une température constante, et les germoirs situés au rez-de-chaussée ou aux étages sont toujours plus ou moins exposés à des variations de température. On peut bien réduire cet inconvénient, surtout au rez-de-chaussée, en construisant des murs très épais ou des doubles murs pour avoir une température plus régulière, mais cette installation est coûteuse et ne donne pas autant de sécurité que la situation au sous-sol.

Le sol du germoir doit être avant tout parfaitement uni et sans fissures, de manière à pouvoir être entretenu dans le plus grand état de propreté. En outre les matériaux employés ne doivent pas être trop poreux, car ils absorberaient trop d'humidité et provoqueraient la dessiccation des couches. Ils doivent être peu conductibles à la chaleur, et quand leur épaisseur est faible, il est toujours nécessaire de les isoler du sous-sol par une couche d'argile et une couche de béton assez épaisse. On peut employer, pour l'aire des germoirs, les dalles de pierre, les carreaux, l'asphalte, le ciment.

Les dalles de pierre sont très appréciées : elles sont épaisses, isolent parfaitement le grain du sol et conservent une fraîcheur favorable à la germination ; mais elles doivent être bien polies et très solidement rejointoyées au ciment. Il faut surtout éviter que les joints ne cèdent et ne se transforment peu à peu en fissures qui deviennent des foyers d'infection. Les carreaux ont l'inconvénient d'être peu solides, en outre les joints sont ici extrèmement nombreux, et malgré les soins qu'on y apporte, il se produit souvent des fissures entre les carreaux. L'asphalte a l'avantage d'être parfaitement unie, mais elle est assez peu solide et se fendille après un certain temps d'usage. En outre, elle s'échauffe facilement, et il est indispensable de l'isoler du sol par une couche de béton de 10 à 15 centimètres d'épaisseur. Les briques et les pierres siliceuses sont trop poreuses et manquent de solidité. Le ciment constitue le meilleur sol de germoir, mais son emploi exige quelques précautions. Sur une couche d'argile de 20 centimètres, on coule d'abord une couche de béton de 8 à 10 centimètres pour assurer un bon isolement, puis on recouvre avec une couche de ciment de 2 centimètres ou avec des plaques de ciment rejointoyées. Il faut avoir soin de n'employer que du ciment de qualité tout à fait supérieure, mélangé de sable fin, et de le maintenir humide jusqu'à ce qu'il soit tout à fait durci. On obtient ainsi un sol absolument lisse, solide, et sans aucune fissure.

Il faut évidemment avoir soin de réserver une pente douce et des canaux latéraux pour pouvoir éliminer facilement les eaux de lavage.

Les murs, comme le sol, doivent être maintenus très propres ; car la propreté rigoureuse dans le germoir est la première condition de réussite dans la préparation du malt. On les blanchit à la chaux ou on les recouvre de vernis émail, pour éviter tout développement de moisissures. Il est bon d'en arrondir les angles, afin de faciliter le nettoyage.

La ventilation du germoir est extrêmement importante : elle doit être réglée de manière à empêcher l'accumulation de l'acide carbonique et de la vapeur d'eau, mais sans être assez forte pour provoquer la dessiccation des couches. Dans les installations anciennes, la ventilation est souvent défectueuse : elle se fait simplement par les fenêtres et l'air froid arrive directement sur les couches. Dans les installations modernes, on s'arrange ordinairement pour laisser entrer l'air froid par des ouvertures latérales, tandis que l'air chaud et vicié s'échappe par des cheminées d'appel qui débouchent dans la voûte. Ces cheminées d'appel doivent être munies de registres pour pouvoir régler facilement la ventilation. Dans certaines grandes malteries, la ventilation est assurée par une turbine aspirante et soufflante qui puise l'air à l'extérieur. Cet air traverse une tour à coke où on pulvérise de l'eau froide, et se rend, chargé d'humidité, dans une canalisation fixée à la voûte des germoirs. Il est alors distribué également sur tous les points. On peut ainsi maintenir en été l'air des germoirs à une température sensiblement plus basse que la température extérieure.

Pratique du travail au germoir. — Les grains trempés sont vidés directement sur le sol du germoir et disposés en tas. L'épaisseur du tas varie surtout avec la température et avec la nature de l'orge : on donne une épaisseur plus forte quand la température est basse. La hauteur varie ainsi de 20 à 50 centimètres.

Pendant ce séjour en tas, le grain continue à fixer de l'eau : il se produit ainsi un véritable trempage complémentaire. L'orge absorbe l'eau qui l'entoure, et Luff a montré que pendant les deux jours qui suivent le décuvage, la teneur du grain en eau augmente ainsi de 2 à 3 p. 100. Ce trempage complémentaire est peu influencé par la température : le grain sèche plus vite à chaud qu'à froid, mais comme d'autre part l'élévation de température hâte l'absorption de l'eau, les deux influences se contrebalancent à peu près dans les conditions ordinaires. D'après Luff, la hauteur de la couche est également sans influence.

Au bout de trente à quarante heures, on voit apparaître la radicule sous l'aspect d'un point blanc : l'orge *pique*. Quand on emploie le trempage avec aération, cette période qui précède l'apparition de la radicule est considérablement réduite, et il arrive fréquemment que l'orge pique aussitôt après le décuvage. La température commence à s'élever ; l'humidité qui se dégage des couches centrales du grain se condense dans les couches supérieures refroidies par le contact de l'air du germoir : le grain *sue*. Le plus souvent, on place des thermomètres à mi-hauteur de la couche et en différents points ; quand la sueur se manifeste, on procède à un premier retournement de la couche : la température est alors de 12° à 13°. Ce retournement se fait à bras d'homme au moyen de pelles en bois : son but est de régulariser la germination, d'empêcher les radicelles de s'enchevêtrer, de donner l'oxygène nécessaire, et de modérer l'élévation de température. On commence à retourner la couche à la pelle en projetant les grains dans un espace libre réservé à droite ou à gauche, et on déplace ainsi progressivement toute la masse vers la droite ou vers la gauche, en ayant soin de retourner parfaitement les diverses couches du grain. On forme ainsi une nouvelle couche à laquelle on donne soit la même épaisseur, soit une épaisseur moindre, suivant qu'on veut modérer plus ou moins l'échauffement. Bientôt l'activité de la germination s'accentue, l'élévation de température devient plus rapide et plus considérable. Il est alors nécessaire de retourner les couches plus souvent, et de diminuer peu à peu leur épaisseur. On poursuit ainsi le travail jusqu'à ce que la germination soit suffisante, et on juge que le point voulu est atteint par l'examen de l'état de désagrégation et de la longueur de la plumule : celle-ci atteint environ les 2/3 ou les 3/4 de la longueur du grain.

Sueur. — La sueur apparait au moment du développement des radicelles, s'accentue avec ce développement, pour disparaître peu à peu plus tard. L'humidité qui se dégage des parties centrales de la couche vient se condenser sur les parties plus froides situées à la face supérieure ou contre le sol ; en outre la sueur est également formée par la vapeur d'eau produite par la respiration. Elle se condense sous forme de gouttelettes, principalement sur les grains situés à 1 centimètre au-dessous de la face supérieure de la couche. L'examen de la grosseur de ces gouttelettes, de l'âge de la couche et de sa température donne des indications pratiques sur le moment où il faut retourner le grain. Luff a montré que la sueur contribue à maintenir l'humidité de la couche et à empêcher la dessiccation : sa production est donc très importante. Si la couche jeune donne la sueur, bien que sa température soit trop basse, c'est que le trempage a été trop prolongé et on est conduit à pelleter fréquemment la couche pour perdre de l'eau. Si la sueur est peu abondante, bien que la température soit assez élevée, c'est que la couche manque d'eau. Il devient alors nécessaire de l'arroser, comme nous le verrons plus loin, avant de la retourner.

Pelletages. — Le nombre des pelletages varie avec la température et la nature du malt à produire. Si les pelletages sont trop peu nombreux, les couches s'échauffent

trop fortement ; s'ils sont trop fréquents, les couches se sèchent et l'activité de la germination se ralentit. Le nombre
des pelletages doit donc rester entre des limites convenables. Au début, si la température du germoir est assez
basse on se contente ordinairement de deux pelletages par
vingt-quatre heures, et la température des couches ne
dépasse pas 12° à 14°. Vers le troisième ou le quatrième
jour, quand la germination devient active, on procède à
trois ou quatre pelletages par vingt-quatre heures. La
température à laquelle on laisse monter les couches varie
suivant le travail des usines et la nature du malt à
obtenir : pour les malts pâles, on ne dépasse pas 16 à 18°,
et on procède par suite à de nombreux pelletages dès que
l'orge pique ; pour les malts foncés, une germination
plus chaude est utile, et on atteint souvent 20° à 24° en
réduisant le nombre des pelletages. A la fin de la germination, on ne fait plus ordinairement que deux pelletages
par vingt-quatre heures.

Le nombre des pelletages varie aussi avec l'état de
l'orge : si le trempage a été trop prolongé, on doit pelleter plus souvent ; si au contraire le trempage a été trop
faible, la sueur tarde à se produire et on doit retarder
les pelletages. Cette opération doit être faite par des ouvriers expérimentés ; quand les pelletages sont mal exé-
cutés, la germination devient irrégulière.

Épaisseur des couches. — Au fur et à mesure que la
germination avance, on diminue l'épaisseur des couches.
Cette diminution est plus ou moins forte suivant l'état
de la germination et suivant la nature du malt à produire.
Avec les malts pâles, on diminue très rapidement la
hauteur de la couche, à chaque pelletage, pour réduire
au minimum l'échauffement. La diminution est plus
graduelle avec les malts colorés. La hauteur de la couche
finale est parfois réduite à 6 ou 7 centimètres ; parfois
on lui donne encore 10 à 12 centimètres.

Il importe de donner aux couches une épaisseur bien

uniforme, car l'échauffement se manifeste plus ou moins suivant la hauteur de la couche, et il en résulte une irrégularité dans la marche de la germination aux divers points.

Feutrage. — On pratique souvent, pour la production de certains malts, ce qu'on appelle le *feutrage* des couches. Lorsque la sueur commence à diminuer, vers le cinquième ou sixième jour de germination, on cesse de retourner la couche et on la laisse *prendre*. Dans ces conditions, il se produit un véritable feutrage ; les radicelles s'enchevêtrent et forment un gâteau consistant. La prise est d'autant plus intense que la couche est plus humide et sue davantage au moment du feutrage. La couche prise est assez difficile à travailler et c'est un véritable labour qu'il faut opérer pour la retourner ensuite. La température s'élève notablement, surtout si on a maintenu la couche assez humide, et on peut s'attendre à provoquer ainsi une formation plus abondante de sucres. Cette pratique a ses adhérents, qui lui attribuent la faculté d'améliorer l'état de désagrégation ; mais elle a aussi ses détracteurs, qui pensent que la prise des couches occasionne une gazéification plus grande et augmente la perte au maltage. Les expériences de Luff sur cette question ont conduit aux résultats suivants : 1° Le feutrage n'augmente pas la perte au maltage ; au contraire la gazéification y est plus faible, mais il y a plus de radicelles formées et les deux influences s'équilibrent à peu près. 2° Cette pratique n'a aucune action sur les proportions d'azote total et d'azote soluble dans le malt. 3° Le feutrage favorise la formation des sucres : on trouve notamment plus de saccharose que dans les couches non feutrées. 4° Il diminue le poids de l'hectolitre de malt. 5° Il favorise la désagrégation, surtout chez les orges lourdes. 6° Chez ces mêmes orges, le rendement en extrait augmente par le feutrage, dans le cas d'une mouture grossière. Dans le cas d'une mouture fine, la différence est presque insensible.

Le feutrage est donc indiqué plutôt pour le maltage des orges lourdes, et surtout pour la production des malts colorés chez lesquels les sucres préformés sont utiles. Dans la préparation des malts foncés, genre Munich, on laisse en effet le plus souvent les couches se feutrer deux fois, une première fois vers le cinquième jour et une deuxième fois le sixième ou septième jour. La température s'élève à 20-22° et on obtient ainsi une formation de sucres plus abondante et une désagrégation profonde.

Dessiccation des couches et arrosages. — L'humidité du grain, pendant la germination, tend à diminuer sous l'action de l'évaporation, mais elle tend à augmenter par la sueur qui provient de la combustion de l'amidon. Luff a montré que dans le travail normal, la proportion d'eau du grain augmente de 2 à 3 p. 100 pendant la germination. Le gain l'emporte donc sur la perte par évaporation. Cependant, il arrive parfois que le phénomène inverse se produit : la sueur ne se forme plus et les couches se dessèchent. Ce fait tient souvent à un travail mal conduit, notamment à un trempage insuffisant, ou à des pelletages effectués avant que la sueur soit abondante. Il peut venir aussi de la porosité du sol du germoir ou d'une ventilation trop énergique. La dessiccation peut se produire aussi dans certains modes de maltage comprenant une trempe courte, une germination prolongée avec des pelletages très rapprochés pour éviter toute élévation de température. Tel est le cas des malts pâles, genre Pilsen, ou des malts anglais, qui doivent être souvent arrosés au germoir.

Quand la dessiccation se produit, on procède le plus souvent à l'arrosage des couches. Cette opération se fait soit avec une pomme d'arrosoir, soit avec des pulvérisateurs. L'effet de l'arrosage dépend de l'époque à laquelle on le pratique. L'arrosage au début de la germination n'est pas recommandable, car dans les premiers jours la couche n'a pas besoin de beaucoup d'eau ; en outre, on mouille souvent trop fort, et la germination devient trop rapide. Ce n'est ordinairement qu'au quatrième ou cinquième jour que la dessiccation de la couche peut se manifester et que les besoins en eau sont considérables : il est donc préférable de n'arroser qu'à ce moment et c'est ce que font beaucoup de malteurs. L'arrosage doit être régulier, et on doit le faire suivre d'un pelletage qui répartit le mieux possible l'humidité.

De nombreux praticiens considèrent, et avec raison, les arrosages comme peu recommandables : ils leur reprochent de rendre souvent la germination irrégulière et de pousser à la formation de *hussards*, c'est-à-dire d'orges dont la plumule dépasse la longueur du grain, en sortant au dehors.

Durée de la germination. — Caractères d'une germination suffisante. — La durée de la germination dépend surtout de la température et de la nature de l'orge : elle est de 10 à 12 jours quand la température ne dépasse pas 15°; elle se réduit à 8 jours à 18°-20°, et elle serait encore beaucoup plus courte à 24°-25°.

On se base le plus souvent sur la longueur de la plumule pour apprécier si la germination a atteint le point voulu. On considère en général que dans le malt vert, la plus grande partie des plumules doit avoir une longueur comprise entre les deux tiers et les trois quarts de la longueur du grain. En outre, on cherche à éviter la présence des hussards, qui augmentent la perte au maltage. Mais l'allongement de la plumule est variable avec la température et le degré d'humidité. Quand la température est élevée et l'humidité forte, la plumule se développe rapidement et atteint la longueur voulue bien avant que la désagrégation soit complète. Inversement, on peut réaliser avec certaines orges une désagrégation complète tout en maintenant les plumules courtes, et si on prolonge la durée de la germination pour avoir des plumules de la longueur voulue, on obtient un malt dont la désagrégation est exagérée. La longueur de la plumule constitue donc un élément d'appréciation utile, mais il ne faut pas lui attribuer trop d'importance. On doit y joindre l'examen de l'état de désagrégation. Celle-ci doit être complète, mais sans exagération, car une désagrégation trop forte amène une diminution dans le moelleux de la bière et dans la tenue de la mousse. Il importe donc d'atteindre avant tout le degré de désagrégation convenable, et de régler par suite les conditions de température, de pelletages et de durée du travail pour arriver à ce résultat sans forcer la longueur des plumules et sans exagérer les pertes en matière sèche. Nous avons vu que la germination lente et froide permet d'atteindre ce but ; aussi il est bon de ne pas réduire la durée de la germination à moins de sept à huit jours, si on veut obtenir un bon malt et un rendement satisfaisant. Toutefois, avec les orges riches en azote, il est préférable de germer à une température plus élevée si on veut obtenir une désagrégation suffisante.

Moisissures au germoir. — On craint avec raison en malterie le développement des moisissures, qui occasionnent une perte de matière sèche et donnent au malt une odeur désagréable qui se transmet au moût et à la bière. Pour lutter contre l'envahissement des couches par ces organismes, le malteur doit d'abord entretenir son germoir dans le plus grand état de propreté. Les murs doivent être blanchis à la chaux, et si malgré ces précautions on voit apparaître des moisissures, il faut badigeonner aussitôt les taches avec un lait de chaux. Il faut également éviter au germoir une température trop élevée, qui favorise le développement de ces microorganismes. Pendant les arrêts de travail, on procède à une désinfection plus radicale du germoir avec du chlorure de chaux, suivie d'un lavage à l'eau et à la brosse. L'emploi de l'eau de chaux au trempage, un triage soigneux des grains cassés et des graines étrangères permettent également de lutter efficacement contre les moisissures.

Maltage pneumatique. — Pour économiser la main-d'œuvre et réaliser d'une façon plus parfaite les conditions théoriques d'une bonne germination, on a cherché à faire germer l'orge dans des appareils mécaniques où l'élimination de l'acide carbonique et le refroidissement sont effectués par le passage d'un courant d'air saturé d'humidité, et dont la température est réglée au degré voulu. C'est le principe du maltage pneumatique. Il y a deux systèmes de germination pneumatique : le système à cases dans lequel on place le grain dans des cases rectangulaires reliées à des canaux d'aération, et le système à tambours dans lequel le grain est introduit dans des tambours rotatifs où circule un courant d'air humide.

Comparaison du maltage au germoir et du maltage pneumatique. — La méthode de maltage au germoir présente un certain nombre d'inconvénients. D'abord, il est difficile de germer convenablement dans les fortes chaleurs de l'été : la température est trop élevée et la germination trop rapide ; il se produit par suite des développements de moisissures, et le malt obtenu est défectueux. La germination pneumatique, qui permet d'envoyer dans les appareils de l'air froid et saturé d'humidité, rend possible un travail régulier pendant toute l'année.

La méthode au germoir exige un emplacement très considérable ; c'est parfois un gros inconvénient pour les brasseries qui veulent augmenter leur production : l'emplacement pour les germoirs fait presque toujours défaut. Avec la germination pneumatique, l'orge est travaillée sous une épaisseur beaucoup plus grande, le travail a lieu toute l'année, le retournement se fait sur place dans les appareils eux-mêmes. Aussi on peut compter en moyenne qu'on produit avec une même surface cinq à six fois plus de malt avec la méthode pneumatique qu'avec la méthode au germoir.

Le maltage au germoir exige une main-d'œuvre assez élevée ; le personnel peut être réduit beaucoup avec le maltage pneumatique ; mais dans un système comme dans l'autre, il est nécessaire d'avoir recours à des ouvriers consciencieux et expérimentés.

Dans le travail au germoir, l'élimination de l'acide carbonique produit et le refroidissement du grain sont effectués d'une façon tout à fait discontinue, puisqu'ils dépendent avant tout des pelletages. Il est donc impossible de maintenir la couche à une température invariable et de placer tous les grains dans les mêmes conditions d'aération. L'élimination de l'acide carbonique est parfois insuffisante, surtout quand la ventilation du germoir est mauvaise. Le travail pneumatique permet, au moins en principe, de régler d'une façon absolue le degré d'humidité, la température et la quantité d'air convenable et d'assurer d'une façon continue l'élimination de l'acide carbonique et le refroidissement du grain.

La germination pneumatique présente en outre un certain nombre d'autres avantages : les constructions en sous-sol ne sont plus nécessaires; il n'y a plus de grains endommagés par les pelletages. Elle a, par contre, des inconvénients que ne possède pas le maltage au germoir : elle exige notamment un matériel compliqué et une force motrice assez élevée ; l'installation, qui est difficile, doit être faite très soigneusement ; en outre, le réglage du travail est délicat et demande un personnel expérimenté.

Les observations relatives à la comparaison des malts produits au germoir avec ceux que donnent les appareils pneumatiques sont assez contradictoires. Il est certain que le maltage pneumatique est susceptible de donner des malts de très bonne qualité. Avec les mauvaises orges, on peut obtenir des malts meilleurs qu'avec la méthode au germoir, car on peut mieux régler le travail et donner les conditions nécessaires pour arriver à une germination satisfaisante. Dans les conditions ordinaires, la perte au maltage parait être un peu moindre avec la germination pneumatique, car on peut plus facilement maintenir les températures basses. Au sujet du rendement en extrait et du pouvoir diastasique des malts obtenus par les deux méthodes, les observations sont assez variables. Pfahler et Nauck, en comparant au point de vue du rendement en extrait un même malt germé, partie dans un tambour, partie au germoir, n'ont observé que des différences insignifiantes. D'autres expérimentateurs ont trouvé, par contre, une augmentation du rendement en extrait. Les mêmes divergences se reproduisent au point de vue du pouvoir diastasique : certains auteurs attribuent au malt pneumatique un pouvoir diastasique plus élevé, d'autres un pouvoir diastasique plus faible. Il est probable que ces différences dans le rendement en extrait et dans le pouvoir diastasique sont peu sensibles et dépendent des conditions d'expérimentation et de la nature des orges traitées.

Production de l'air humide. — Il est d'abord nécessaire de produire de l'air humide et à la température voulue. On peut utiliser dans ce but une tour portant à l'intérieur une plaque perforée sur laquelle on place une couche de coke. Des pulvérisateurs envoient sur le coke une pluie d'eau froide. L'air, aspiré par un ventilateur, arrive par le bas sous la plaque perforée, traverse la couche de coke et sort humide à la partie supérieure. Ce dispositif a l'inconvénient de ne pas fournir de l'air saturé d'humidité, et de donner lieu parfois à des développements de moisissures. Aussi emploie-t-on aujourd'hui, de préférence, un autre système constitué par une pile de planches minces très rapprochées les unes des autres et laissant entre elles un passage pour l'air. L'eau ruisselle de haut en bas, tandis que l'air, envoyé par le bas, s'humidifie dans les inter-valles que forment les planches.

La température de l'air doit pouvoir se régler au degré voulu. On emploie ordinairement de l'eau très froide pour l'alimentation des pulvérisateurs. En hiver, on réchauffe un peu cette eau si c'est nécessaire ; en été, on augmente le débit de l'eau et on la refroidit au moyen de glace. Si la brasserie dispose d'une machine frigorifique, on fait passer l'air en été sur les tuyaux dans lesquels circule le liquide incongelable.

Maltage pneumatique en cases. — Le premier système à cases employé comprend huit ou neuf cases en maçonnerie disposées les unes à côté des autres. Chaque case porte un faux fond en tôle perforée, et la partie située sous le faux fond est en communication avec un aspirateur d'air. Le grain trempé est d'abord versé dans la première case ; vingt-quatre heures après, on le fait passer par un pelletage dans la deuxième case, où il reste encore vingt-quatre heures ; puis on le fait passer dans la troisième case et ainsi de suite jusqu'à la dernière case. Chaque jour on vide la dernière case où la germination est terminée, on fait avancer d'un rang le grain situé dans chacune des autres cases, et on met de nouveau dans la première de l'orge trempée. Le travail est donc continu. Pendant toute l'opération, on envoie dans la salle de l'air humide ; cet air, aspiré par un ventilateur qui agit sous le faux fond des cases, traverse les couches de grain de haut en bas en balayant l'acide carbonique et est entraîné par la conduite située sous le faux fond. Parfois, pour éviter le pelletage de case à case, on réserve à l'extrémité de la case une partie vide dont on bouche la tôle perforée, et le retournement se fait alors à bras d'homme dans la case même.

Ce système, qui est adopté encore dans quelques malteries du Nord, a l'avantage d'économiser l'espace, car l'orge est travaillée sous une épaisseur de 80 centimètres. Mais il a de gros inconvénients : le pelletage, indispensable pour empêcher l'enchevêtrement des radicelles, occasionne une main-d'œuvre coûteuse ; les ouvriers doivent pénétrer dans les cases pour effectuer cette opération et ils y écrasent des grains ; enfin toutes les cases reçoivent le même air humide, quel que soit l'état de la germination, ce qui n'est évidemment pas rationnel.

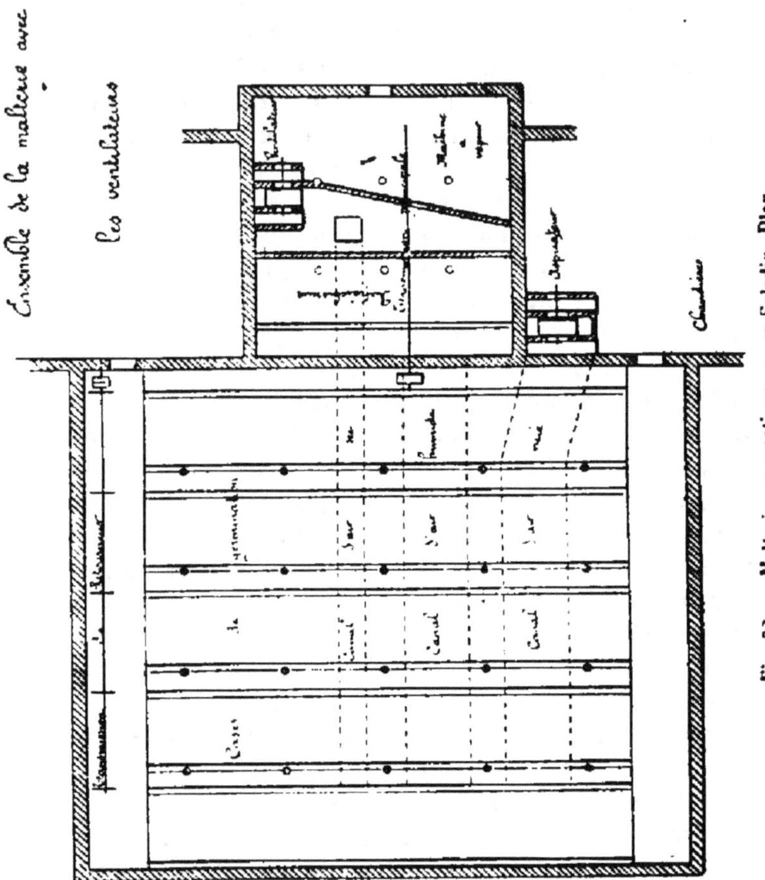

Fig. 32. — Malterie pneumatique, cases Saladin. Plan.

Ce système a été perfectionné par Saladin qui en a fait disparaître les inconvénients. Le procédé Saladin comprend une série de cases en maçonnerie placées côte à côte, et dont le nombre est égal au nombre de jours qu'on veut consacrer à la germination (fig. 32) (1). Il y en a ordinairement huit ou dix. Les dimensions de ces cases varient avec l'importance de la malterie : elles atteignent parfois 4 à 5 mètres de large et 20 à 25 mètres de long. Leur hauteur est de 1^m,50. Chaque case est munie d'un faux fond (fig. 33 et 34), constitué par des plaques mobiles en tôle perforée. Sous le sol circulent trois canaux ; l'un communique avec un ventilateur et avec l'hydrateur d'air : c'est le canal d'air humide ; le second est relié à

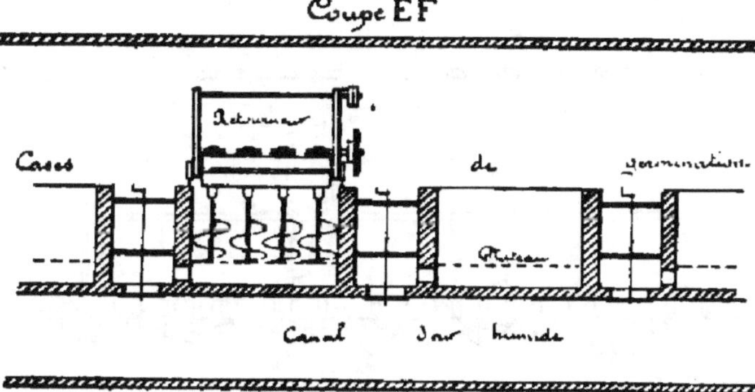

Fig. 33. — Malterie pneumatique, cases Saladin. Coupe transversale des cases.

un ventilateur et amène de l'air sec ; le troisième communique avec un aspirateur et enlève l'air vicié. L'espace compris entre deux cases forme un couloir à deux étages (fig. 33) ; le plancher inférieur porte des valves, qu'on peut manœuvrer d'en haut, et qui correspondent à ces divers canaux. Un des murs de chaque case est percé, sur toute sa longueur (fig. 34), d'orifices dans la partie située au-dessous du faux fond. En ouvrant la valve qui correspond à l'un des canaux, on met donc en communication la case avec le ventilateur correspondant, par l'intermédiaire de l'espace compris entre

(1) Les figures 32, 33, 34, 35, 36, 37 et 38 ont été obligeamment fournies par M. Saladin et par M. Diebold.

les deux planchers, et des orifices signalés ci-dessus, qui assurent une répartition parfaite de l'air dans la case. Chaque case est ainsi indépendante, et peut recevoir, au moyen des valves, l'air qui lui convient. La circulation de l'air humide peut parfois se faire dans les deux sens, c'est-à-dire de haut en bas ou de bas en haut; la répartition de l'humidité est ainsi plus régulière.

Le procédé Saladin comprend en outre un système de retourneurs mécaniques qui permettent de mélanger intimement le grain : la germination peut ainsi se faire

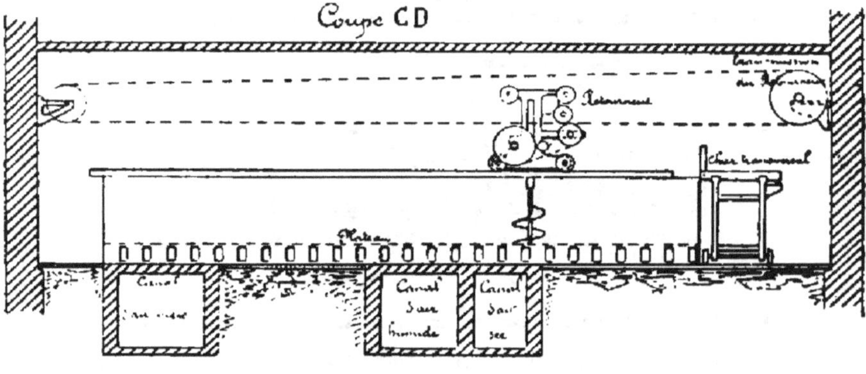

Fig. 34. — Malterie pneumatique, cases Saladin. Coupe longitudinale d'une case.

entièrement dans la même case, sans qu'il soit nécessaire d'en sortir l'orge avant la fin du travail. Les retourneurs mécaniques sont constitués par plusieurs hélices maintenues verticales au moyen d'un cylindre métallique. Ce cylindre est soutenu lui-même par une sorte de chariot dont les roues engrènent, de chaque côté de la case, avec une crémaillère située sur le mur. Une transmission permet de faire avancer ainsi le retourneur dans toute la longueur de la case ; en même temps, un arbre horizontal, placé également sur le chariot, et muni d'une vis sans fin, communique aux hélices un

mouvement de rotation par l'intermédiaire d'une roue
dentée située sur l'axe vertical qui termine chaque hélice.

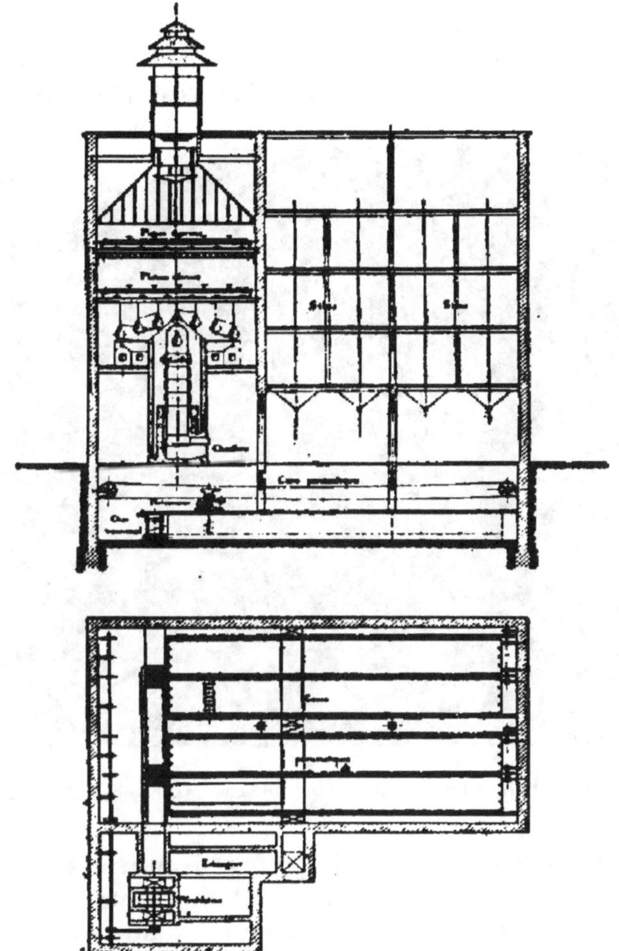

Fig. 35. — Malterie pneumatique Saladin (plan et coupe). (Dielbold, constructeur, à Nancy.)

L'appareil est ainsi animé d'un mouvement de translation le long de la case, et d'un mouvement de rotation

des hélices. Celles-ci, en tournant, ramènent le grain du fond vers la surface ; elles régularisent l'humidité, et empêchent les radicelles de s'enchevêtrer et la couche de se prendre en masse. Ces hélices sont en outre percées de trous très fins par lesquels on peut pulvériser de l'eau, et donner ainsi de l'humidité si c'est nécessaire. Un

Fig. 36. — Retourneur Saladin dans une case. (Diebold, à Nancy.)

même retourneur peut servir pour plusieurs cases.

La figure 35 représente l'installation d'une malterie Saladin, la figure 36 un retourneur Saladin dans une case, la figure 37 un retourneur commandé électriquement, et la figure 38 une salle de germination Saladin.

La germination s'effectue de la façon suivante : on place dans une case l'orge trempée, sous une épaisseur de 50 centimètres. Dès que la température commence à

s'élever dans la couche, on fait passer de l'air humide ;
on règle le débit de l'air de manière à maintenir la masse
à la température voulue. On peut ainsi déterminer à
l'avance les conditions de température qu'on désire
d'après la nature du malt à obtenir, et les réaliser par le

Fig. 37. — Retourneur Saladin commandé électriquement.

réglage du débit de l'air. Au début, on fait ordinairement
deux retournages par vingt-quatre heures ; puis trois ou
quatre quand la germination est active ; on les réduit à
deux à la fin. La germination terminée, on fait passer
de l'air sec, et on retourne plus souvent, pour faner le
grain.

Maltage en tambours. — Le système Galland consiste
à effectuer la germination dans des tambours rotatifs

11.

où circule un courant d'air humide. Le tambour Galland
(fig. 39) est constitué par un cylindre horizontal à double
enveloppe formant chambre à air. L'enveloppe intérieure
porte six canaux demi-cylindriques percés de trous, et le
tambour est muni d'un large tube central perforé. L'air
humide, aspiré par un ventilateur, arrive dans la double

Fig. 38. — Salle de germination Saladin. (Diebold, à Nancy.)

enveloppe, passe à travers les canaux demi-cylindriques,
traverse le grain et s'échappe par le tube central perforé.
La distribution de l'air est ainsi tout à fait uniforme. La
contenance des tambours est en général de 8 à 9 mètres
cubes. On en a construit de 15 mètres cubes, mais les
petits tambours sont plus faciles à conduire que les
grands, à cause des parties qui peuvent rester mal ventilées dans les grands appareils.

L'air envoyé dans les tambours doit être très humide,

car il s'échauffe en passant à travers le grain et devient ainsi capable d'entraîner plus de vapeur d'eau qu'à son entrée. Si l'air était simplement saturé à l'entrée et à la sortie, on pourrait donc craindre la dessiccation du grain. L'air doit donc être sursaturé, c'est-à-dire chargé de gouttelettes d'eau très fines, au moyen de pulvérisateurs. Telles sont, du moins, les conclusions de Pfahler et Nauck.

Le retournage s'effectue par la rotation du tambour :

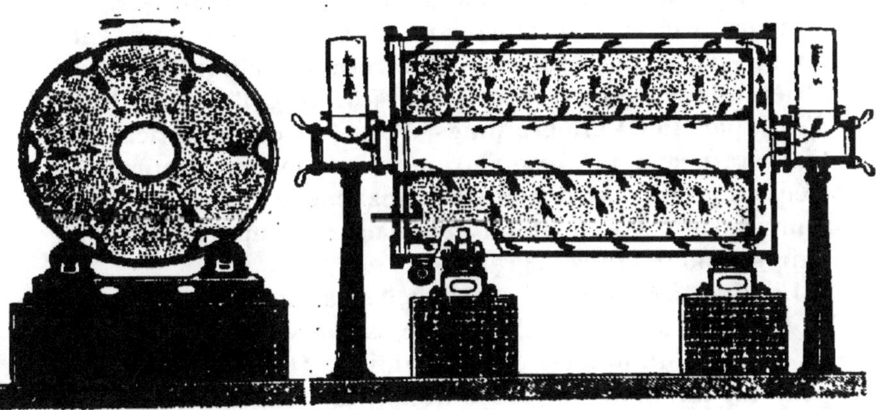

Fig. 39. — Maltage pneumatique, tambours Galland.

celui-ci tourne lentement sur des galets, de manière à faire un tour en trente-cinq ou quarante minutes. Comme l'orge ne remplit jamais complètement l'appareil, elle se dispose en niveau incliné par suite de la rotation, et les surfaces se renouvellent constamment, ce qui suffit pour empêcher l'enchevêtrement des radicelles.

Pour effectuer la germination, on place l'orge dans le tambour, et on règle la température, comme pour le maltage en cases, en faisant varier le débit de l'air. Les retournages se font en moyenne quatre fois par jour, d'abord pendant deux ou trois heures, puis pendant quatre ou cinq heures chaque fois. Il est parfois nécessaire d'arroser dans le tambour, au moyen d'un dispositif spécial, vers le cinquième ou sixième jour de la germination, si le grain se dessèche. D'après Briant et Vaux, le mode de travail suivant convient pour un grand nombre d'orges. On fait d'abord faire un tour, sans aérer, puis on abandonne au repos. Après quelques heures, on fait tourner pendant une demi-heure, en faisant passer de l'air pour abaisser la température à 14°-15°. On abandonne au repos, sans aération, pendant peu de temps. On recommence à tourner en aérant, et on maintient la température vers 15° pendant cinq jours en tournant quand c'est nécessaire. On arrose au cinqnième ou sixième jour, selon l'aspect du grain, avec 75 à 120 litres d'eau par 1 000 kilogrammes d'orge, et on maintient la température à 15° jusqu'au neuvième jour, en tournant fréquemment. Du dixième au onzième jour, on élève la température à 17°, et on remplace l'air humide par de l'air sec pour faner le grain.

La quantité d'air qui traverse les tambours dépend de la température du grain et elle est maxima au moment où la germination est la plus active. On a calculé que pour un tambour de 100 quintaux, la quantité moyenne d'air injecté est de 1 mètre cube 6 par seconde ; mais ce chiffre peut varier considérablement aux diverses époques de l'année.

Quant à la force motrice, Briant et Vaux l'évaluent à 15 chevaux pour une malterie de 12 tambours de 9 mètres cubes. Bleisch, qui a étudié sous ce rapport une malterie comportant huit tambours de 100 quintaux, donne au sujet de la production, de l'espace et de la force motrice les renseignements suivants. La malterie fournit par an, avec trois cents jours de travail, 24 000 quintaux de malt touraillé. La surface totale de la malterie est de 1 057 mètres carrés ; le personnel, de neuf hommes. Quant à la force motrice, il faut compter qu'on a en moyenne deux tambours en mouvement, qui consomment un à deux chevaux ; les ventilateurs exigent 8 chevaux, et les pompes à air et à eau prennent 14 à 15 chevaux. On voit par ces chiffres que la dépense en force motrice dans le maltage pneumatique provient surtout des ventilateurs et des pompes, et que le mouvement des tambours eux-mêmes ne correspond qu'à une dépense minime.

Fanage du malt. — Quand la germination a atteint le point voulu, on l'arrête en enlevant de l'eau au malt vert, soit en le portant directement à la touraille, soit en procédant au préalable au fanage du malt.

Le fanage du malt peut se pratiquer soit au germoir, soit dans un grenier de fanage, soit enfin sur un plateau de fanage de la touraille. Si on effectue le fanage au germoir, il faut que la surface disponible soit assez grande pour qu'on puisse étaler le malt sous une couche très mince. On fait alors de nombreux pelletages à la volée, en donnant à la couche une épaisseur de 4 à 5 centimètres seulement. L'humidité du grain décroit ainsi lentement, les radicelles se fanent, et bien que la plumule continue à pousser légèrement, il n'y a plus de perte sensible de matière sèche. On peut effectuer aussi cette opération dans un grenier spécial de fanage, ou sur un plateau de fanage placé à la partie supérieure de la touraille, sur lequel on place le malt en couche mince et qui est traversé par un courant d'air.

Avec les appareils pneumatiques, le grenier de fanage est inutile, et l'opération s'effectue très aisément, dans les cases ou dans les tambours, en faisant circuler de l'air sec.

Le fanage est une opération qui est beaucoup trop délaissée aujourd'hui. Ses avantages sont les suivants : le malt fané arrive moins humide à la touraille ; on évite ainsi la formation de grains vitreux, on diminue la durée du touraillage, car on peut élever la température plus rapidement, et on obtient plus facilement des malts pâles, car le grain est plus sec et se colore moins par le chauffage. En outre, pendant le fanage, la désagrégation du grain se continue lentement et devient plus parfaite.

La pratique du fanage a cependant ses détracteurs qui prétendent qu'elle est inutile avec les tourailles modernes bien construites, et qu'elle favorise la formation des moisissures. La première objection n'est pas toujours exacte, car sur la touraille la couche de malt est souvent trop épaisse et la température trop élevée. La seconde ne paraît pas meilleure, car on n'observe des moisissures au fanage que s'il s'en est développé déjà au germoir.

Le fanage peut donc rendre de réels services pour la fabrication des malts pâles. Par contre, il n'est pas recommandable pour les malts foncés, genre Munich.

TOURAILLAGE

Le touraillage du malt est une des opérations les plus importantes de la fabrication, et il a une influence très considérable sur le travail ultérieur du brassage, et sur la couleur et la saveur de la bière. Cette opération a pour but d'arrêter la germination de l'orge quand elle a atteint le degré voulu, en supprimant l'humidité qui lui est nécessaire. Le touraillage permet en outre de conserver le malt sans altération pour l'employer au fur et à mesure des besoins. Il a également pour résultat de réduire la quantité de diastases : celle-ci est trop élevée dans le malt vert, et elle conduirait à la production de bières instables, sans moelleux et sans corps. Enfin le touraillage permet de produire d'importantes transformations des principes du grain et de développer dans le malt un arome spécial et une coloration plus ou moins accentuée.

La touraillage s'effectue en principe en plaçant le malt vert sur des plateaux dans des étuves spéciales appelées tourailles, traversées par un courant d'air ou de gaz chauds, et en portant ainsi le grain à la température voulue.

Étude théorique du touraillage.

Phénomènes qui se produisent dans le grain pendant le chauffage. — Tant que la température n'atteint pas 44° C. les phénomènes vitaux persistent dans le grain. Grüss a montré que la croissance de la plumule se continue si la température s'élève lentement, et elle se manifeste encore au-dessus de 30°, surtout si l'air est humide. Cet allongement de la plumule s'accompagne d'une élévation du taux des sucres réducteurs et du saccharose. Gordon Salamon a observé qu'il se produit souvent, dans cette période de début du chauffage, une augmentation du pouvoir diastasique lorsque la température est basse et l'humidité du malt élevée.

Au-dessus de 44°, la vie de l'embryon est paralysée : on n'observe par suite aucun allongement de la plumule si on élève rapidement la température. Les diastases commencent à s'affaiblir, et on constate par exemple, sous l'influence du séjour prolongé à 40°-45°, une diminution graduelle du pouvoir diastasique (Schulte im Hof, Gordon Salamon). Mais ces diastases n'en continuent pas moins leur action à ces températures : la proportion des matières azotées solubles augmente, surtout celle des peptones (Schulte im Hof); il se forme encore un peu de sucres, et surtout des produits de dédoublement de l'amidon, notamment des dextrines (Bleisch). Ces actions diastasiques sont variables avec la température et avec le degré d'humidité du grain ; elles sont d'autant plus actives que le grain est plus humide et que la température est plus voisine de l'optimum de la diastase considérée. Peu à peu, les actions diastasiques se ralentissent par suite de la dessiccation progressive du grain, et la température à laquelle elles sont arrêtées dépend de la rapidité plus ou moins grande du séchage. En pratique, on peut considérer que quand l'humidité est descendue à 7 ou 8 p. 100, les actions diastasiques s'arrêtent.

Au-dessus de 60°, la dessiccation s'achève et les diastases continuent à s'affaiblir par le chauffage. Nous savons que la résistance des diastases est plus faible à l'état humide qu'à l'état sec, et que l'action nocive d'une même température est d'autant plus forte qu'elle est prolongée plus longtemps. L'affaiblissement dépendra donc à la fois du degré de température, de la durée du chauffage et de l'état d'humidité du grain. L'amylase, la peptase et les autres diastases seront donc plus ou moins affaiblies. Voici un exemple, dû à Gordon Salamon, qui indique les variations du pouvoir diastasique pendant toute l'opération du touraillage.

Temps.	Températures sur le plateau.	Pouvoir diastasique.	Humidité p. 100.
4 heures 1/2....	31°	72,6	40,18
16 —	38°	74,29	19,40
25 —	41°	55,11	13,58
29 —	49°	45,59	5,32
42 —	69°	42,94	5,18
44 —	88°	31,96	2,17
Fin.............	88°	22,99	1,95

Nous retrouvons ici l'augmentation du pouvoir diastasique au début du touraillage, signalée plus haut, puis un affaiblissement graduel, qui devient considérable quand la température atteint 80°.

Quand la température dépasse 80° C. l'affaiblissement des diastases se continue, mais comme le degré d'humidité du grain est à ce moment très faible si l'opération a été bien conduite, la destruction complète ne peut avoir lieu à ces températures, car la résistance des diastases à l'état sec est beaucoup plus grande qu'à l'état humide. En outre, les matières azotées subissent des transformations importantes : il y a coagulation des matières albuminoïdes ; la teneur du grain en azote soluble diminue, et cette diminution dépend surtout de la température finale et de la durée du chauffage. Il y a en outre diminution du rendement du malt en extrait à partir de 80°, mais cette variation reste faible jusqu'à 100-110°.

Enfin, à température élevée, il se produit une légère torréfaction qui développe l'arome du malt et sa coloration. La coloration parait provenir d'une transformation des sucres du malt; on constate en effet que le sucre interverti et le maltose diminuent sensiblement dans cette période. Elle dépend surtout de l'humidité du grain et se produit particulièrement quand on chauffe le malt encore humide à une température assez élevée.

La teneur finale du malt en eau n'est plus que de 1 à 3 p. 100 environ au sortir de la touraille.

Conditions à réaliser dans la pratique. — Nous voyons par ce qui précède que la dessiccation du grain devra se faire avec certaines précautions. Le touraillage doit réduire la quantité de diastases contenues dans le malt, sans cependant la supprimer ; il doit produire dans le grain les transformations nécessaires, suivant la nature du malt à obtenir, et respecter la désagrégation obtenue au germoir.

Pour ce qui concerne les diastases, leur résistance est faible à l'état humide et élevée à l'état sec. Il en résulte que, pratiquement, la dessiccation doit s'opérer au début lentement et à basse température, tant que le grain est encore très humide. Quand celui-ci est suffisamment sec, on peut sans inconvénients chauffer davantage pour torréfier le malt à la température convenable. Le chauffage, effectué avec ces précautions, ne détruit qu'une partie de ces diastases, et la proportion détruite varie avec le degré d'humidité du malt et avec la température finale. Elle est d'autant plus grande que le malt a été chauffé plus humide au début, et que la température finale est plus élevée. Donc, un malt germé long, riche en diastases, pourra supporter une température plus élevée et être chauffé plus humide qu'un malt germé court.

Le touraillage doit produire dans le grain les transformations nécessaires suivant la nature du malt à obtenir. Au début du touraillage, si on place le grain encore très humide à une douce température, les actions diastasiques se manifestent avec énergie; la désagrégation peut alors aller trop loin et conduire à un malt forcé, incapable de donner des bières moelleuses. En outre, nous verrons plus loin qu'on risque de former ainsi des grains vitreux. Quelle que soit la nature du malt à produire, il est donc nécessaire de ventiler fortement au début pour éliminer une grande partie de l'eau du grain et réduire l'action des diastases. S'il s'agit alors de fabriquer un malt coloré, il faut laisser se former les sucres et les produits de dédoublement de l'amidon qui donneront, dans le travail ultérieur, l'arome et la coloration voulus. Pour réaliser cette condition, on porte à 60°-65° le malt quand il contient encore 15 p. 100 d'eau, pour favoriser l'action des diastases. La teneur en eau ne doit pourtant pas dépasser sensiblement ce chiffre de 15 p. 100, car cette action des diastases deviendrait trop forte et l'amande subirait des transformations nuisibles. On porte ensuite le malt peu à peu jusqu'à 105° de manière à développer l'arome et la coloration.

S'il s'agit de fabriquer un malt pâle, il faut sécher le grain avec précaution, mais très rapidement. On doit en effet éviter ici l'action des diastases et la formation des sucres qui donneraient, par le chauffage ultérieur, une coloration nuisible. Il faut donc chercher à abaisser le plus vite possible la teneur du malt en eau à 6 ou 8 p. 100, sans dépasser la température de 50°. Quand ce degré de dessiccation est atteint, nous avons vu que l'action des diastases se trouve paralysée. On peut alors chauffer jusqu'à 80°-85° sans colorer le malt : cette température finale assez élevée est indispensable, comme nous le verrons, pour développer dans le malt pâle l'arome nécessaire et assurer sa bonne conservation.

Enfin le touraillage doit respecter la désagrégation obtenue au germoir. Or il arrive parfois, quand l'opération est mal conduite, que les grains deviennent durs, prennent un aspect vitreux, et donnent au brassage un rendement inférieur. Cet accident se manifeste surtout quand on porte le malt encore très humide à une température élevée. On a cru pendant longtemps que ce fait était dû à la formation d'empois d'amidon dans le malt chauffé à l'état humide. Grüss a montré que cette explication est inexacte. En étudiant des malts vitreux, ce savant a constaté qu'ils renferment une quantité plus grande de sucres réducteurs. Les diastases saccharifiantes présentent donc une suractivité dans le touraillage qui donne naissance au malt vitreux ; en outre, la cytase exagère aussi son action et gélifie les membranes cellulaires, en donnant une sorte d'empois cellulosique qui englobe les grains d'amidon. Les grains montrent ainsi au centre un noyau vitreux insoluble formé par cette pâte cellulosique. Cet accident ne peut se produire qu'à la suite de fautes graves dans le touraillage, et en particulier à la suite de la surchauffe du malt quand il est encore très humide. Dans ces conditions, les substances gommeuses produites par la cytase pénètrent dans le corps farineux, et il se produit une masse dure et vitreuse. Au contraire, si le grain est assez sec, cette pénétration ne peut se faire ; il y a une dilatation de l'air contenu dans le grain quand celui-ci est fortement chauffé, et on obtient ainsi un malt gonflé et friable. Pour éviter la formation de grains vitreux, on devra donc réaliser la même condition que pour l'affaiblissement rationnel des diastases, c'est-à-dire la première dessiccation à basse température.

Les matières albuminoïdes peuvent également, au cours du touraillage, se coaguler autour des grains d'amidon, en donnant ainsi au malt l'aspect vitreux, mais les zones vitreuses ainsi produites se rencontrent surtout à la partie périphérique et ventrale du grain ainsi qu'à l'extrémité opposée à la radicule, au lieu de former au centre un noyau vitreux comme dans le cas précédent. Wimmer et Luff ont montré que ce sont les portions de malt vert qui ne sont pas désagrégées qui deviennent ainsi vitreuses, même quand on touraille avec précaution. La désagrégation insuffisante du grain peut donc amener la production de grains vitreux : dans ce cas le phénomène se distingue de celui qu'a signalé Grüss par la disposition dans le grain des parties vitreuses, et il est sous la dépendance du travail au germoir plus que du travail à la touraille.

Étude pratique du touraillage.

Tourailles. — La touraille est un bâtiment constitué essentiellement par un foyer, une chambre de chaleur, et un ou deux plateaux sur lesquels on dispose le malt à tourailler. Elle est terminée par une cheminée. On peut distinguer deux types de tourailles : les tourailles à feu direct, dans lesquelles la dessiccation est obtenue par le passage, à travers la masse de l'orge, des gaz produits par le foyer ; et les tourailles à air chaud dans lesquelles les gaz du foyer échauffent de l'air qui pénètre dans la touraille et traverse l'orge en la desséchant. Dans le premier cas, le touraillage est donc effectué avec les gaz mêmes de la combustion ; et, dans le second cas, avec de l'air chauffé par ces gaz.

Tourailles à feu direct. — Les tourailles à feu direct sont les plus anciennes, et on les rencontre en France et en Angleterre dans un très grand nombre de brasseries. Il existe divers dispositifs de ce genre dont un des plus répandus est le suivant : la touraille (fig. 40) se compose d'un bâtiment à section carrée portant à la partie inférieure un foyer. Ce foyer est enfermé dans une colonne de maçonnerie qui s'élève jusqu'à une première chambre

appelée chambre de chaleur. Dans cette chambre, se
mélangent en proportions voulues l'air froid et les gaz

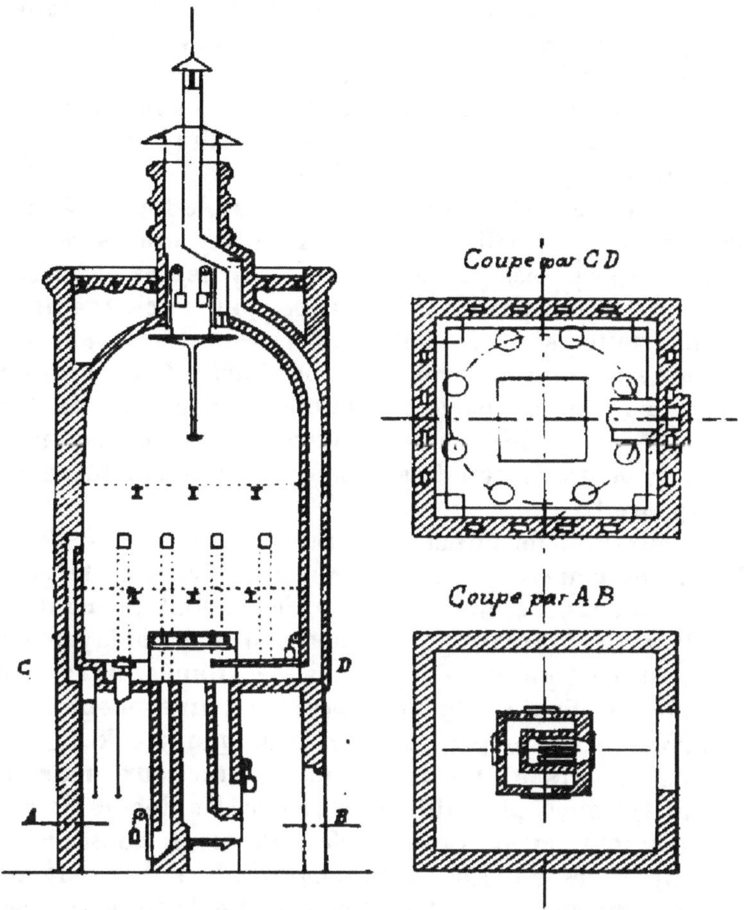

Fig. 40. — Touraille à feu direct. (Crépelle-Fontaine, constructeur, à La Madeleine-lez-Lille.)

chauds du foyer, de manière à avoir une température
finale convenable. A cet effet, le massif de maçonnerie
du foyer porte sur ses quatre côtés une prise d'air froid
qu'on peut fermer plus ou moins à l'aide de registres.

L'air froid et les gaz chauds sont répartis aussi également que possible dans la chambre de chaleur par un certain nombre de carneaux percés de trous et formant étoile. Les plateaux sur lesquels le malt est étalé se trouvent au-dessus de la chambre de chaleur. Il y en a tantôt un seul, tantôt deux. Enfin, à la partie supérieure, la touraille se termine par une cheminée de tirage qui évacue au dehors les gaz et la vapeur d'eau.

On emploie parfois pour ces tourailles le foyer Perret, dans lequel la grille est remplacée par une série de voûtes superposées sur lesquelles on brûle des poussiers de coke. On fait passer deux fois par jour le chargement d'une voûte sur la voûte qui est au-dessous, et on recharge la voûte supérieure d'une couche de cendres de coke. Ce foyer est parfois avantageux pour les petites tourailles ; on y emploie un combustible très peu coûteux, mais le coup de feu final est difficile à donner avec cet appareil.

La touraille à feu direct présente un avantage : c'est d'être simple et peu coûteuse. Mais elle a, par contre, de gros inconvénients. Comme les gaz du foyer sont en contact direct avec le malt, il est nécessaire d'employer un combustible qui ne donne pas de fumée. Avec les charbons ordinaires, le malt prendrait une odeur très désagréable. On ne peut donc utiliser que le coke. On a parfois recours à des charbons anthraciteux, mais le travail est alors plus difficile à régler. En dehors de cet inconvénient, la touraille à feu direct a aussi celui d'envoyer des poussières de charbon sur le malt au moment du chargement du foyer. Enfin le tirage de ces appareils est souvent insuffisant, surtout au début de l'opération.

Tourailles à air chaud. — Dans les tourailles à air chaud, la disposition est identique, sauf pour le foyer, l'admission de l'air et la chambre de chaleur. Dans ce cas, les gaz du foyer échauffent une série de tuyaux dans lesquels ils circulent, tandis que l'air froid s'échauffe à leur contact et se dirige vers les plateaux de la touraille.

Il existe divers types de tourailles à air chaud. Un premier type, qui est très répandu en Allemagne, se compose d'un fourneau surmonté d'un tuyau qui s'élève jusqu'à la chambre de chaleur. Là, ce tuyau se recourbe, soit en formant horizontalement une série de sinuosités concentriques, soit en s'enroulant et en s'élevant peu à peu de manière à former une sorte d'escargot sous le premier plateau. Les gaz chauds parcourent ce tuyau, puis sont évacués dans une cheminée latérale située dans le mur ; ils sont conduits ainsi dans un tube placé au centre de la cheminée de ventilation située au haut de l'appareil, et s'échappent au dehors. L'air entre dans la chambre de chaleur par de nombreux orifices dont on peut régler l'ouverture, et vient s'échauffer au contact des tuyaux. Souvent, les gaz du foyer, après avoir parcouru les tubes de la chambre de chaleur, redescendent dans la chambre située au-dessous, appelée chambre de réchauffage, et y parcourent une seconde tuyauterie, avant de s'échapper dans la cheminée, d'où le nom de tourailles à retour qu'on donne fréquemment à ces appareils. L'air froid du dehors entre alors dans la chambre de réchauffage, où il est porté à 40°-45°, puis passe dans la chambre de chaleur où il atteint le degré voulu. On utilise ainsi la chaleur perdue des gaz de la chambre supérieure pour réchauffer l'air froid, d'où une économie de combustible. La section des tuyaux qui parcourent la chambre de chaleur est en forme de cœur, la pointe étant tournée vers le haut. Cette disposition empêche les radicelles qui s'échappent du plateau, de séjourner à la surface des tuyaux et d'y produire de la fumée.

Dans d'autres systèmes, les gaz du foyer circulent dans une série de tubes métalliques, puis sont évacués dans

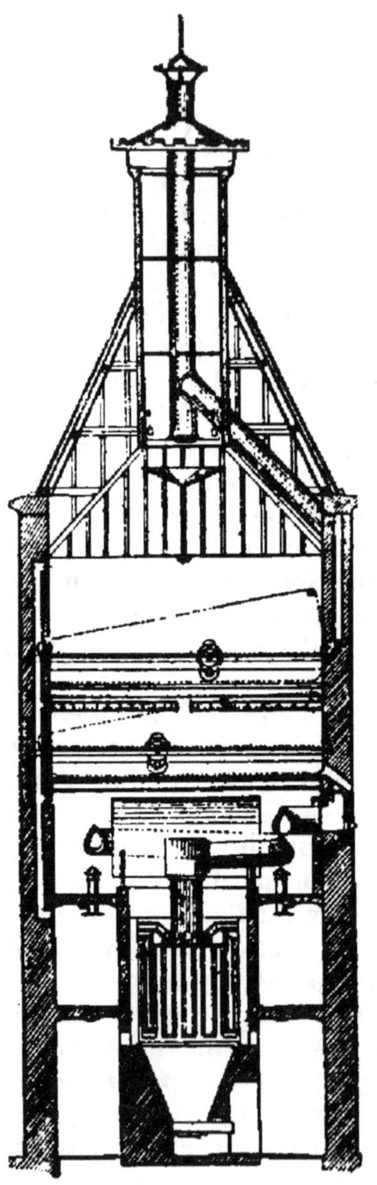

un conduit latéral, d'où ils gagnent la cheminée supérieure de la touraille. L'air froid pénètre sur les côtés du bâti de maçonnerie qui forme le fourneau, circule autour des tubes en s'échauffant, et se répartit dans la chambre de chaleur, sous le premier plateau, par un certain nombre d'orifices. Souvent, les gaz chauds, au lieu d'être évacués dans la cheminée à la sortie des tubes du calorifère, parcourent un tuyau recourbé en escargot et placé dans la chambre de chaleur. Ces appareils constituent donc une combinaison du type précédent avec le premier type. Tel est le cas de l'appareil représenté par la figure 41. Il se compose d'une caisse en tôle et en maçonnerie qui reçoit un certain nombre de tubes en tôle d'acier, dans lesquels plongent des contre-tubes d'appel d'air en tôle galvanisée. Les tubes en acier

Fig. 41. — Touraille avec calorifère système Bourdon. (Société Strasbourgeoise de constructions mécaniques, à Lunéville.)

sont fermés hermétiquement à leur extrémité inférieure et suspendus par leur partie supérieure à une plaque tubulaire : ils sont chauffés par un feu disposé au bas de l'appareil. Les gaz chauds circulent en outre dans un tube recourbé placé dans la chambre de chaleur, avant d'être évacués dans la cheminée latérale. Ce type de tourailles, qui permet d'atteindre des températures très élevées, est particulièrement recommandable pour la fabrication des malts colorés.

Ces systèmes ont l'avantage de permettre l'emploi de n'importe quel combustible, puisque les gaz du foyer ne sont pas en contact avec le malt ; en outre, le tirage de ces tourailles est très énergique. Mais dans les appareils que nous venons de décrire, la température du plateau supérieur est solidaire de celle du plateau inférieur, ce qui rend le travail plus difficile à conduire, car il n'est pas facile de modérer au point voulu la température sur le plateau supérieur quand le chauffage est assez fort sur le plateau inférieur. Pour obvier à cet inconvénient, on construit aujourd'hui des tourailles à plateaux indépendants. La figure 42 représente un appareil de cette nature. Les deux plateaux sont séparés par un plancher percé d'ouvertures, et la touraille a ainsi deux chambres chaudes, indépendantes l'une de l'autre, qui portent chacune une tuyauterie spéciale, l'une pour le premier plateau, l'autre pour le second. Les gaz circulent d'abord dans les tuyaux placés sous le plateau inférieur, puis sont évacués dans la cheminée latérale. Un système de registres permet ou de les amener directement dans la cheminée supérieure, ou de les envoyer d'abord dans les tuyaux placés sous le deuxième plateau avant de les évacuer. Sous le plateau supérieur se trouvent également des prises spéciales d'air froid. Cette disposition permet de rendre les plateaux indépendants l'un de l'autre et de régler ainsi à volonté le chauffage et la ventilation de chaque plateau.

BOULLANGER. — Brasserie.   12

Fig. 42. — Touraille Engelhardt de Furth (Bavière).

Obere-Horde : Plateau supérieur. — Obere-Sau : Cochon supérieur. — Untere-Horde : Plateau inférieur. — Untere-Sau : Cochon inférieur. — Schür-Raum : Chaufferie.

Plateaux des tourailles. — Les plateaux des tourailles sont tantôt en tôle perforée, tantôt en fils d'acier ronds ou triangulaires. Les plateaux en tôle perforée ont l'inconvénient de se boucher facilement avec les grains, et de n'offrir pour le passage de l'air qu'une faible partie de la surface totale. Les plateaux en fils d'acier sont préférables : ils offrent à l'air une surface de passage double des précédents.

Les tourailles ont tantôt un plateau, tantôt deux, parfois trois. Les tourailles à un plateau permettent de régler facilement les températures et le travail y est facile à conduire, mais leur production est faible. Aussi les tourailles à deux plateaux sont préférées : elles sont plus économiques au point de vue de la dépense en combustible, mais le réglage du travail de chaque plateau est plus délicat, puisque les deux plateaux sont solidaires au point de vue de la température, sauf dans les tourailles à plateaux indépendants. Les plateaux sont placés en général à une distance d'environ 2 mètres l'un de l'autre. Les tourailles à trois plateaux sont peu répandues : leur ventilation laisse souvent à désirer, et leurs frais de construction sont élevés.

Retourneur mécanique. — Le pelletage du grain sur le plateau de la touraille s'effectue soit à bras d'homme, soit mécaniquement. Le retourneur mécanique se compose d'un arbre horizontal portant une série de palettes mobiles (fig. 43). L'arbre engrène à son extrémité avec une vis sans fin et une crémaillère, il est ainsi animé d'un mouvement de rotation et d'un mouvement de translation suivant toute la longueur du plateau de la touraille. Les palettes, dans leur mouvement de rotation, soulèvent le grain à leur passage pour le laisser retomber en arrière. Quand l'arbre est arrivé au bout du plateau, un mécanisme renverse automatiquement le mouvement, pour faire revenir l'appareil sur lui-même. La course entière demande une vingtaine de minutes.

Le pelletage à la main a l'inconvénient d'être très pénible et malsain pour les ouvriers, et d'occasionner des pertes de chaleur par l'ouverture des portes. Il en résulte qu'il n'est pas effectué aussi souvent qu'il devrait l'être, et avec le soin nécessaire. Le retourneur mécanique permet d'éviter ces inconvénients en réalisant automatiquement le pelletage : il peut marcher continuellement, quelle que soit la température. L'emploi de

Fig. 43. — Pelleteur mécanique pour tourailles. (Diebold, constructeur à Nancy.)

cet appareil constitue donc un grand progrès ; cependant beaucoup de tourailles n'en sont pas munies. Certains praticiens prétendent en effet qu'il ne peut remplacer le travail à la main qui ramène plus vite en haut le grain de la face inférieure de la couche, et qui ne laisse pas, comme certains retourneurs, une couche de grains contre le plateau. Il est possible que le pelletage à la main, quand il est effectué par des ouvriers expérimentés, avec le plus grand soin et pendant le temps voulu, soit plus parfait que le pelletage mécanique. Mais dans la pratique, ces conditions sont difficilement réalisables à cause des températures élevées de la touraille, et le pelletage à la main est toujours effectué d'une façon imparfaite. Les objections précédentes ne paraissent donc pas avoir une grande valeur, et les excellents résultats obtenus par les malteries qui ont adopté les retourneurs montrent que ces appareils présentent de sérieux avantages.

Tirage de la touraille. — Le tirage de la touraille est le plus souvent provoqué par l'ascension des gaz chauds dans la cheminée. Parfois cependant on place dans la cheminée d'aspiration un ventilateur à ailettes pour faciliter le tirage. Ce dispositif peut rendre des services, surtout avec les tourailles où le tirage est insuffisant au début de l'opération. Avec les tourailles à air chaud, les gaz du foyer, en passant dans le tuyau situé au centre de la cheminée d'aspiration, échauffent l'air et provoquent un tirage énergique.

Pratique du touraillage. — Examinons d'abord le travail dans une touraille à un plateau, qui doit produire, par un touraillage de vingt-quatre heures, du malt ordinaire peu coloré. Le malt vert est chargé sur le plateau en couche de 15 centimètres environ : on ouvre les registres et on règle le feu de manière à monter lentement à 30 ou 35°, en retournant fréquemment la masse, soit avec le retourneur mécanique, soit par des pelletages. Le but de ces pelletages est de bien mélanger le grain et d'assurer une dessiccation et une température régulière dans toute la masse. On continue à monter lentement à 50-55°, et le malt doit paraître à peu près sec quand on atteint cette température. Cette première période dure environ douze heures. On réduit alors peu à peu l'ouverture des prises d'air et on élève progressivement la température jusqu'à 80-100°, suivant la coloration qu'on veut obtenir; on fait marcher le retourneur mécanique toutes les heures ou toutes les deux heures, ou on procède à de fréquents pelletages à la main. Quand le degré final est atteint, on ferme les registres d'accès de l'air, et on maintient cette température pendant une, deux ou trois heures, en faisant marcher le retourneur d'une façon continue : c'est ce qu'on appelle donner le coup de feu. Cette deuxième période dure également douze heures, soit vingt-quatre heures en tout. La durée du touraillage peut être aussi de quarante-huit heures. Dans ce cas, la première période de dessiccation à basse température dure en moyenne vingt-quatre heures, et la période suivante de chauffage et de torréfaction dure vingt-quatre heures également.

Examinons maintenant le cas d'une touraille à deux plateaux, devant produire, comme dans l'exemple précédent, un malt ordinaire peu coloré, par un touraillage en vingt-quatre heures. On charge d'abord le plateau supérieur sous une épaisseur de 15 à 18 centimètres, et on dessèche le malt sur ce plateau en laissant ouvertes toutes les prises d'air froid, de manière à monter lentement à 35-40°. Quand l'humidité est devenue faible, on élève la température en activant le feu, et on monte progressivement à 45-60° sous forte ventilation. On retourne la couche très fréquemment, soit en faisant marcher le retourneur mécanique d'une façon presque continue, soit en procédant à des pelletages toutes les heures. Cette première période dure ordinairement douze heures. On évacue alors le malt sur le plateau inférieur et on remet du malt vert sur le plateau supérieur. On chauffe de manière à monter lentement sur le plateau inférieur de 45-60° à 80-100°, comme précédemment, en douze heures environ. Quand on atteint la température finale, on y séjourne une à deux heures. Les retournages se font sur le plateau inférieur, à intervalles d'une ou deux heures. Pendant ce temps, on surveille la marche du plateau supérieur, qui doit être celle que nous venons d'indiquer pour la première période. Ce réglage est évidemment assez difficile avec les tourailles dont les deux plateaux sont solidaires : on risque alors de donner au plateau supérieur une température trop élevée si on monte sur le plateau inférieur au point voulu, ou inversement, d'avoir sur le plateau inférieur une température trop basse si on donne à la couche supérieure la température qui lui est favorable.

Pour la production des malts foncés, genre Munich, ce mode de travail doit être légèrement modifié. Le point important de cette fabrication réside dans la température du malt sur le plateau supérieur : ce malt demande un fanage prolongé à chaud, quand le grain contient encore 15 à 18 p. 100 d'eau, puis un chauffage à 100-105° sur le plateau inférieur de la touraille. Le touraillage se fait en quarante-huit heures. On charge le malt vert sur le plateau supérieur en couche de 23 à 24 centimètres, puis on monte d'abord à 45° avec forte ventilation de manière à abaisser l'humidité à 20-22 p. 100. On réduit alors la ventilation et on monte à 60-65°, l'humidité du malt étant encore de 15 à 18 p. 100 environ. On fait fonctionner le retourneur d'une façon continue dès que la température atteint 55°. Cette première phase dure vingt-quatre heures, et le chauffage à 65° du malt encore assez humide détermine, comme nous l'avons vu, la formation de sucres et de dextrines. On évacue alors le malt sur le plateau inférieur, et on monte progressivement à 100-105° en vingt heures environ. On maintient ordinairement trois à quatre heures cette température finale, tous les registres étant fermés, de manière à développer l'arome et la coloration.

Pour le touraillage des malts pâles genre Pilsen, la durée de vingt-quatre heures est préférable à celle de quarante-huit heures, car la présence du grain humide pendant vingt-quatre heures sur le plateau supérieur de la touraille conduit à une désagrégation exagérée et à un malt forcé. On place le grain en couches de 12 à 15 centimètres sur le plateau supérieur et on monte rapidement à 30-35°. On maintient cette température sous forte ventilation de manière à dessécher presque complètement le grain à cette basse température. On ne dépasse pas sur le plateau supérieur la température de 50°, et il est préférable de rester aux environs de 35 à 40°. On évacue alors sur le plateau inférieur le malt presque complètement desséché, et on chauffe dans un courant d'air modéré jusqu'à 80-85°. Certains brasseurs prétendent que pour obtenir un bon malt pâle, il ne faut pas dépasser une température finale de 50-55°; mais on obtient par cette méthode des malts sans arome, qui donnent des bières à goût pailleux. Il ne faut pas craindre de monter à 80-85°, et cette température n'a pas d'inconvénients si le malt a été bien séché au préalable. En outre, le produit obtenu se conserve beaucoup mieux, car les transformations ultérieures produites en silos par les diastases sont moins actives.

Contrôle des températures. — Le contrôle des températures de la touraille est très important. Il peut se faire en plaçant des thermomètres à différents points des couches, et en les observant fréquemment, mais il est préférable d'avoir recours à des thermomètres enregistreurs qui inscrivent toutes les variations. Il importe de remarquer que les indications fournies par ces thermomètres varient beaucoup suivant l'endroit de la touraille où ils sont placés. Souvent on prend les empératures dans l'air, à cause de la présence des retourneurs, mais il faut alors tenir compte de l'écart qui existe entre la température de l'air et celle des couches. Cet écart est parfois très considérable, surtout quand le tirage est irrégulier. On est cependant obligé d'admettre, quand le thermomètre n'est pas plongé dans les couches, un écart moyen entre la température de la couche et celle de l'air au point où se trouve le thermomètre. Mais cette manière d'opérer n'est pas exacte, et l est bien préférable de prendre la température dans les couches elles-mêmes.

Le contrôle est avantageusement complété par un thermomètre avertisseur électrique, dont la sonnerie se fait entendre quand on atteint une température déterminée. Cet appareil est constitué par un thermomètre à mercure dont les degrés communiquent de cinq en cinq par fils électriques à un même nombre de boutons de contact sur un tableau. Ce tableau est placé dans la chaufferie et parfois aussi dans le bureau du directeur qui peut ainsi contrôler à distance le travail de l'ouvrier. Il suffit alors de tourner la manivelle du tableau avertisseur pour que la sonnerie commence au bouton correspondant à la température de la touraille; inversement on peut placer la manivelle sur le bouton qui correspond à la température maxima qu'on ne doit pas dépasser, et la sonnerie avertit dès que cette température est atteinte.

Pour effectuer un contrôle complet de la marche du touraillage, il faudrait faire toutes les deux ou trois heures des prises d'échantillons pour y déterminer l'humidité, puisque l'action de la température dépend surtout de la teneur du grain en eau; mais on se contente presque toujours de l'examen des températures.

Touraillage en tambours. — On a également cherché, notamment dans les malteries montées en tambours Galland, à opérer le touraillage du malt en tambours à l'aide de la vapeur. L'opération se fait alors dans deux tambours, à cause de la variation de volume considérable que le malt vert subit pendant le touraillage. Le premier tambour est appelé tambour de fanage; le second, plus petit, est le tambour de touraillage proprement dit.

Le tambour de fanage est construit comme un tambour de germination, système Galland, avec tubes perforés au centre et à la périphérie, par lesquels l'air chaud est aspiré à travers le malt par un ventilateur. Le tambour de fanage est ventilé par de l'air qui sort du tambour de touraillage, par de l'air chauffé par un radiateur, et par de l'air froid extérieur. On peut ainsi régler aisément la température. Pour le tambour de touraillage, l'air est pris dans une chambre où se trouve un appareil de chauffage à la vapeur. Dans l'intérieur du tambour se trouvent en outre des radiateurs qui reçoivent de la vapeur à haute pression, pour pouvoir élever facilement la température à la fin du touraillage, tout en réduisant la ventilation. Le grain séjourne vingt-quatre heures dans le tambour de fanage et vingt-quatre heures dans le tambour de touraillage, et les températures sont réglées par la nature du malt à obtenir. La rotation des appareils est généralement continue, à la vitesse ordinaire des tambours de germination.

Bleisch a remarqué que le séchage s'effectue dans le tambour de fanage à température très basse, et cette observation a été confirmée par Briant et Vaux. Les dépenses d'installation sont à peu près celles d'une touraille ordinaire; la dépense en combustible est plutôt un peu plus élevée qu'avec les tourailles, et il faut compter en outre une dépense en force motrice pour la ventilation, qui n'existe pas dans les tourailles où le tirage est le plus souvent naturel.

TRAITEMENT DU MALT APRÈS TOURAILLAGE

Dégermage. — Le malt sortant de la touraille doit être débarrassé de ses radicelles, qui communiqueraient à la bière une coloration anormale et une saveur désagréable. Ces radicelles se détachent très facilement aussitôt après le touraillage, quand le malt est encore chaud; mais comme elles sont très hygroscopiques, elles perdent vite leur rigidité et deviennent difficiles à enlever si on attend trop longtemps. Certains brasseurs conservent cependant le malt avec ses radicelles, et ne le dégerment qu'au moment de l'emploi. C'est là une mauvaise pratique, car les radicelles absorbent de l'humidité, rendent le grain humide, et se détachent ensuite très difficilement.

Le dégermage se fait dans un appareil dégermeur composé ordinairement d'un tambour en tôle perforé dans lequel tourne dans le même sens que celui-ci, mais beaucoup plus vite, un batteur à lames hélicoïdales d'acier. Cet agitateur exerce sur le malt une friction énergique et détache les radicelles. Celles-ci passent par les fentes du tambour perforé et tombent au fond de l'appareil. A la sortie du cylindre, le malt est exposé à un courant d'air provenant d'un aspirateur qui élimine toutes les poussières qui se trouvent encore mélangées au malt après le passage dans le cylindre.

La figure 44 représente une machine à dégermer basée sur le même principe : elle se compose d'un cylindre garni extérieurement de toile métallique et qui travaille dans une caisse en tôle tout à fait close. A l'intérieur de ce cylindre se trouve un tambour à force centrifuge. Le malt à nettoyer passe dans l'espace formé à l'intérieur du cylindre et à l'extérieur du tambour à force centrifuge, et s'y débarrasse de ses germes et de ses poussières. Un aspirateur agit sur le malt à sa sortie du cylindre pour éliminer les poussières.

Pour enlever au malt toutes ses poussières et lui donner un éclat brillant, on procède parfois au polissage du malt. Le passage du grain dans certaines dégermeuses effectue déjà un polissage par le frottement des grains entre eux ; mais l'opération peut se faire dans des polisseuses de malt spéciales. Ces appareils sont constitués ordinairement par une série de brosses superposées, les unes fixes, les autres mobiles et animées d'un mouvement de rotation rapide. Ces brosses sont fixées sur des cônes en fonte. Le malt arrive au contact des brosses et se trouve ainsi frotté et poli. Un aspirateur monté sur l'appareil enlève les poussières.

Conservation du malt. — Le malt bien dégermé doit

être emmagasiné dans les conditions les meilleures pour sa bonne conservation. Le malt peut être conservé soit en silos, soit en tas. Quand on doit conserver le malt longtemps, les silos sont bien préférables, car les tas offrent une trop grande surface à l'air; le grain y devient trop

Fig. 44. — Machine à dégermer et à polir le malt. (Société Strasbourgeoise de constructions mécaniques, à Lunéville.)

humide et perd son arome; en outre, il est beaucoup plus exposé à être envahi par les insectes et les souris. La conservation du malt en sacs présente les mêmes inconvénients: les brasseurs qui achètent du malt doivent donc limiter leur provision le plus possible, et conserver les sacs dans une chambre sèche.

Les silos doivent être placés dans un endroit parfaitement sec. Ils sont le plus souvent en bois, parfois en fer ou en maçonnerie. Leur section est généralement rectangulaire, et ils se terminent le plus souvent à la partie inférieure par une pyramide au sommet de laquelle se trouve un registre d'ouverture. La fermeture, à la partie supérieure, se fait au moyen d'une trappe. Souvent, pour assurer la siccité des silos en bois, on les double intérieurement avec de la tôle.

L'accès de l'air dans le malt ne doit pas être complètement supprimé, surtout au début. La pratique a appris en effet que la qualité du malt s'améliore après quelques semaines de contact limité avec l'air. Il se produit une légère fixation d'eau, qui donne au grain l'humidité nécessaire pour qu'il subisse sa maturation. Il faut donc que les silos ne ferment pas hermétiquement et soient convenablement ventilés. Lang conseille même de n'ensiler le malt qu'au bout de quelques semaines : le grain arrive ainsi en silos avec la teneur en eau la plus favorable à sa maturation, mais il ne faut évidemment pas qu'il ait fixé trop d'eau pendant ce séjour, car le meilleur malt qui est devenu humide se gâte et un nouveau touraillage ne lui rend jamais ses qualités premières. Le chiffre normal paraît devoir osciller entre 3 et 5 p. 100 d'eau.

Dans tous les cas, il est indispensable de ne pas ensiler le malt quand il est encore chaud, à la sortie du dégermeur. On doit l'étaler en couches minces pour le refroidir complètement avant de l'introduire dans les silos. En effet le malt ensilé chaud se colore davantage et n'arrive que très lentement au point de maturation voulu.

Certains brasseurs emmagasinent le malt en grand tas, dans des greniers bien secs, mais le malt y reprend toujours trop d'humidité. Il est bon de le couvrir avec des sacs. Dans certaines malteries, on recouvre le malt d'une couche de radicelles de $0^m,10$ à $0^m,25$ de hauteur, sous prétexte que les radicelles fixent l'humidité et laissent au-dessous le malt sec. Cette pratique n'est pas recommandable, car elle n'empêche pas les couches supérieures du malt de fixer de l'humidité qui gagne bientôt les couches centrales.

Pendant la conservation du malt, il se produit des transformations importantes. De même que le grain d'orge, le grain de malt est le siège d'actions diastasiques, et leur activité dépend surtout de la teneur en eau et de la température finale de touraillage. Schönfeld a constaté notamment qu'un malt conservé humide renferme moins d'azote coagulable que le malt conservé sec : il y a donc diminution de l'azote coagulable quand on conserve le malt à l'humidité, et c'est là une transformation défavorable qu'il faut éviter. Schulte im Hof a montré en outre que pendant la conservation du malt, le pouvoir diastasique semble augmenter ; les rendements en extrait et en maltose diminuent pour le malt touraillé à basse température, et augmentent pour le malt touraillé à haute température ; la teneur en azote albuminoïde diminue plus rapidement dans le malt touraillé bas que dans le malt touraillé haut ; enfin les amides diminuent dans le malt touraillé bas et augmentent dans le malt touraillé haut.

RÉSIDUS DE LA MALTERIE

La malterie fournit comme résidus les petits grains et les grains cassés provenant du triage et du nettoyage de l'orge, et les radicelles de l'orge dégermée ou touraillons. Les résidus du triage sont recueillis et se vendent facilement pour l'alimentation des volailles et des animaux.

Touraillons. — Les touraillons se présentent sous l'aspect de filaments très fins, d'une couleur jaune brunâtre. Ils sont très hygroscopiques et absorbent rapidement jusqu'à quatre et cinq fois leur poids d'eau. Ils constituent un aliment de grande valeur pour les animaux. En effet, leur richesse en matières azotées est très considérable ; elle atteint 24 à 30 p. 100 de leur poids. Ils contiennent en outre 40 à 50 p. 100 de matières extractives hydrocarbonées. La composition moyenne des touraillons est la suivante :

Eau..........................	8 à 12	p. 100.
Matières organiques azotées.....	24 à 30	—
— extractives non azotées.	39 à 49	—
Cellulose....................	14 à 23	—
Cendres.....................	6 à 8	—

On voit que les touraillons constituent une matière nutritive excellente. Aussi se vendent-ils facilement. Ils servent à l'alimentation des animaux et on les incorpore le plus souvent à des tourteaux et à des drèches. En France, on les emploie peu, ce qui est regrettable, et la plus grande partie de notre production est achetée par les éleveurs allemands. On prépare cependant aujourd'hui, dans certaines usines du nord de la France, des tourteaux de touraillons et de levure, avec les résidus des brasseries de la région.

MALTS COLORANTS

Dans la fabrication des bières foncées, la couleur naturelle du malt brun ne suffit pas pour obtenir la coloration désirée. Pour donner à la bière la teinte voulue, on a recours le plus souvent à l'addition de malts *noirs* ou *colorants*, de malts *bruns* ou *caramels*, ou de *caramels* proprement dits.

Préparation du malt colorant. — Le malt noir colorant se prépare en chauffant du malt ordinaire dans des torréfacteurs analogues à ceux qui servent à torréfier le café. Ils sont tantôt sphériques, tantôt cylindriques : la forme sphérique est préférable, car elle permet de maintenir plus facilement tout le malt en mouvement. On y chauffe le malt lentement et avec précaution jusqu'à une température voisine de 200°, en donnant à l'appareil un mouvement de rotation continu. Le chauffage se fait soit au bois, soit au charbon, parfois au gaz : le chauffage au bois paraît donner les résultats les meilleurs.

Souvent on part, non pas du malt touraillé sec, mais du malt trempé ou à moitié touraillé. Quand on emploie cette méthode, on fait d'abord tremper le malt de manière à lui laisser absorber environ 50 p. 100 d'eau. On remplit alors avec ce malt le tambour de torréfaction aux deux tiers, et on chauffe lentement à 68-70°. Il se produit pendant ce chauffage une saccharification partielle du contenu du grain. On élève ensuite doucement la température à 90°, puis on continue à griller prudemment, en tournant sans cesse, jusqu'à une température voisine de 200°. On laisse alors la température s'abaisser, sans cesser de tourner, puis on vide le grain et on l'étale en couche mince afin que son refroidissement s'achève. Pour rendre le malt brillant, on procède parfois au glaçage en introduisant dans le torréfacteur, avant la fin du grillage, un peu d'eau sucrée : le sucre en fondant se colle aux grains et leur donne du lustre.

Cette opération est assez difficile, et il faut beaucoup de soin et de surveillance pour obtenir un produit régulier. Aussi les malts obtenus par la première méthode sont-ils assez fréquemment plus ou moins charbonnés. Par la seconde méthode, on évite une décomposition trop profonde de l'enveloppe et on obtient un brunissement plus régulier du corps farineux.

Préparation du malt caramel. — Le malt caramel est un malt colorant brun, plus riche en extrait que le malt noir, mais dont le pouvoir colorant est plus faible. On peut l'obtenir en chauffant simplement du malt vert dans un torréfacteur à la température de 160°. Mais on a le plus souvent recours à du malt touraillé, qu'on mouille au préalable dans l'eau froide jusqu'à ce qu'il contienne environ 50 p. 100 d'humidité. On chauffe ce malt lentement pendant quatre heures, en agitant, dans un torréfacteur. A la fin de l'opération, on envoie dans le torréfacteur de l'air ozonisé pour donner au grain l'arome voulu. Le malt est alors touraillé à 80-85° dans une touraille spéciale, puis remis dans un torréfacteur où on le porte à une température maxima de 160-180°.

On obtient ainsi un produit brun, d'un goût exquis et très riche en sucre.

Composition des malts colorants. — Les malts colorants noirs renferment encore beaucoup d'amidon qui peut être saccharifié par le malt ordinaire. Leur rendement atteint 60 à 73 p. 100 quand ils sont de bonne qualité, mais il peut tomber à 35 à 40 p. 100 s'ils ont subi une torréfaction exagérée. Leur pouvoir colorant est très considérable. On le détermine en comparant la coloration du liquide qu'ils fournissent avec celle d'une solution décinormale d'iode. Il varie de 10 000 à 12 000 de cette solution d'iode.

Les malts caramels bruns sont plus riches en extrait que les malts noirs, et cet extrait peut contenir plus de 50 p. 100 de sucre, tandis qu'il n'en contient guère plus de 20 à 25 p. 100 dans les malts colorants. Mais le pouvoir colorant du malt caramel est beaucoup plus faible que celui du malt noir : il atteint environ le huitième ou le dixième du pouvoir colorant d'un bon malt noir. En outre, quand on emploie le malt caramel en quantité notable, il donne à la bière une saveur mielleuse et douce et abaisse l'atténuation. Il est en outre moins avantageux au point de vue économique que les malts colorants.

Emploi des malts colorants. — La dose de malt colorant à employer est évidemment variable avec la nature du malt, le mode de travail et le degré de coloration à atteindre. Les doses moyennes sont de 1 à 1,5 p. 100 du malt mis en œuvre, pour le malt noir, et de 7 à 9 p. 100 pour le malt caramel.

On peut employer ces malts, soit en mélange avec le

malt ordinaire en cuve matière, soit en les ajoutant dans la chaudière à trempes. On peut également préparer à part, à 70°, une infusion de malt colorant : on filtre la solution obtenue et on l'ajoute au moût en chaudière. On peut enfin préparer avec le malt colorant une bière noire qu'on utilise ensuite pour renforcer la couleur des bières. Cette bière s'obtient en brassant par décoction à une tempéture de saccharification de 60° le malt colorant avec un tiers de malt ordinaire, et en faisant fermenter le moût obtenu. On la conserve dans des caves très froides, où elle peut séjourner longtemps sans altération.

CONTROLE DE LA MALTERIE

Pertes au maltage. — Si on compare les chiffres donnés pour les pertes au maltage dans diverses usines, on trouve souvent des valeurs très différentes. Ces différences tiennent non seulement au mode de travail de l'usine, mais aussi à la manière de compter ces pertes. Dans beaucoup de malteries, on part de l'orge brute et on compte dans la perte au maltage les déchets du nettoyage, ce qui n'est pas rationnel, car il s'agit ici d'une perte inhérente à la qualité de l'orge et non pas au travail du maltage. En outre, on évalue la perte en prenant pour produit final le malt, tantôt à la sortie de la touraille, tantôt après conservation. Or ces deux chiffres peuvent différer sensiblement. Il importe donc de préciser ce qu'on doit entendre par pertes au maltage : ce sont celles qui se produisent depuis le trempage jusqu'à la sortie de la dégermeuse.

Pour évaluer ces pertes, il faut d'abord tenir compte de ce fait que l'orge renferme en moyenne 14 p. 100 d'eau, tandis que le malt après dégermage n'en contient plus que 1 à 3 p. 100, ce qui correspond à une perte de poids sensible. Le seul moyen de déterminer la perte réelle *en matière sèche* consisterait donc à comparer le poids d'orge *sèche* introduite au poids de malt *sec* obtenu. Mais dans la pratique, on se contente ordinairement de comparer le poids d'orge utilisé au poids de malt obtenu, sans s'inquiéter de l'humidité, et il faut alors tenir compte de la perte occasionnée par les différences de teneur en eau de l'orge et du malt. Cette perte s'élève déjà à 11-12,5 p. 100 du poids de l'orge employée.

Dans le trempage, la perte par dissolution des éléments du grain atteint 0,5-1 p. 100; elle s'élève à 1.5-2 p. 100 si on y ajoute celle qui provient des grains légers éliminés à la surface des cuves à tremper.

Pendant la germination, la perte par gazéification atteint 6,5 à 7,5 p. 100, dans un travail normal, pour les malts pâles; elle s'élève à 9-10 p. 100 dans la fabrication des malts foncés bavarois à cause de la température plus élevée de la germination. Mais cette perte par gazéification peut être beaucoup plus forte dans les malteries où le travail est mal conduit.

Enfin les radicelles représentent une perte moyenne de 4 p. 100, mais qui peut s'élever à 6-7 p. 100 pour les malts bavarois, où les radicelles sont très fortes.

Sur la touraille et pendant le traitement du malt après touraillage, les pertes en matière sèche sont peu sensibles.

Nous voyons donc en résumé que les pertes, rapportées à 100 kilogrammes d'orge nettoyée, peuvent se résumer ainsi pour un travail normal :

Perte en eau............	11,0 à 12,5 p. 100.	
— au trempage.......	1,5 à 2,0	—
— par respiration	6,5 à 7,5	—
— par les radicelles ..	3,5 à 4,0	—
— totale.............	22,5 à 26,0 p. 100.	

La perte atteint donc 22,5 à 26 p. 100, et 100 kilogrammes d'orge nettoyée donnent pratiquement 74 à 77 kilogrammes de malt touraillé frais. Comme le malt reprend un peu d'eau pendant sa conservation, on obtient finalement, par 100 kilogrammes d'orge, 78 à 80 kilogrammes de malt. Pour les malts foncés, genre Munich, la perte est plus élevée ; elle atteint souvent 27 à 28 p. 100 et l'augmentation de perte correspond surtout à une gazéification plus active et à des radicelles plus fortes. Le rendement n'est donc plus que de 72 à 73 kilogrammes de malt touraillé par quintal d'orge.

La perte en eau, les pertes par le trempage et par les radicelles ne sont pas susceptibles de grandes modifications et restent sensiblement les mêmes partout : c'est donc surtout la perte par respiration qui donne lieu à des différences d'une usine à l'autre. Le but du malteur doit être évidemment de réduire cette perte au minimum, tout en assurant la désagrégation du grain et la vie du germe : nous avons vu qu'une germination chaude, accompagnée de fréquents pelletages, exagère ces pertes par respiration. Le meilleur moyen de diminuer la perte consiste donc à germer à basse température. Un trempage trop prolongé donne aussi au grain une croissance trop rapide, augmente l'activité de la respiration et élève la perte, comme le montrent les chiffres suivants, dus à Luff.

Durée du trempage.	Teneur en eau de l'orge trempée. p. 100.	Perte en mat. sèche au maltage. p. 100.	Germes secs. p. 100.	Perte par gazéification. p. 100.	Extrait du malt. p. 100.
48 h. 1/2	43,9	8,94	3,42	5,52	68,50
73 h. 1/2	46,4	10,91	4,43	6,48	67,28
113 h.	47,9	12,61	5,13	7,48	65,10

Les expériences de Windisch ont montré que le trempage avec aération permet de réduire la perte au maltage. Bleisch, qui a vérifié ce fait sur les malts bavarois, est arrivé aux résultats suivants :

Essai

n° 1. n° 2. n° 3. n° 4. n° 5.

Trempage ordinaire.

	n° 1	n° 2	n° 3	n° 4	n° 5
Perte au maltage rapportée à la matière sèche	13,60	12,88	13,76	14,60	14,47
Rendement en extrait rapporté au malt sec	75,65	75,01	70,92	71,57	74,46

Trempage avec aération.

	n° 1	n° 2	n° 3	n° 4	n° 5
Perte au maltage rapportée à la matière sèche	12,48	12,08	13,06	12,34	12,46
Rendement en extrait rapporté au malt sec	76,40	75,10	71,92	74,50	75,17

On voit que la perte au maltage est toujours inférieure d'environ 1 p. 100 pour les grains trempés avec aération. En outre, le rendement en extrait de ces grains est un peu plus élevé : le trempage avec aération est donc un mode de travail avantageux.

Contrôle de la malterie. — Le contrôle des pertes totales peut se faire aisément en pesant le grain mis en œuvre et le malt obtenu. La perte atteint alors en moyenne 22 à 24 p. 100 pour les malts pâles, et 26 à 28 p. 100 pour les malts colorés.

Pour contrôler les pertes en matière sèche, il est indispensable de tenir compte de l'humidité de l'orge et du malt. Si a est l'humidité, exprimée en kilogrammes, d'un quintal d'orge, la matière sèche totale de P quintaux d'orge mis en œuvre sera évidemment P (100—a) kilogrammes. De même, si a' est l'humidité, exprimée en kilogrammes, d'un quintal de malt, la matière sèche totale des P' quintaux de malt obtenus avec les P quintaux d'orge sera P' (100—a') kilogrammes. La perte en matière sèche, pour P quintaux d'orge, sera donc représentée, en kilogrammes, par la différence P (100—a) — P' (100—a'). Donc, par quintal d'orge, la perte en matière sèche, exprimée en kilogrammes, sera donnée par la formule :

$$Q = 100 - a - \frac{p'}{p}(100 - a').$$

Cette perte en matière sèche, dans un travail normal, doit être environ de 10 à 12 p. 100.

On cherche parfois à déterminer la perte totale au maltage par la comparaison du poids de 1000 grains d'orge au poids de 1000 grains de malt. Des vérifications expérimentales de cette méthode ont été faites par Jalowetz et par Regensburger. Ces auteurs ont constaté des différences qui varient entre 0,5 et 2 p. 100 avec la détermination par pesée directe. Cette méthode n'est donc pas exacte.

Le contrôle des diverses opérations du maltage demande la tenue de livres spéciaux. Pour le trempage, on note la nature du grain, son poids, la durée du trempage, la température. Pour la germination, on note la durée, les températures du germoir et du malt, l'heure des pelletages, etc. Pour le touraillage, on note l'heure du chargement, les températures aux diverses périodes, l'heure du déchargement, le poids de malt obtenu. On peut ainsi retrouver facilement les causes d'une diminution de qualité du malt et y remédier.

Quant au contrôle chimique, il peut s'effectuer en dosant dans l'orge l'humidité, l'amidon et les sucres, et les matières azotées sous leurs diverses formes. On procède à une analyse semblable du malt. Connaissant le poids de l'orge mise en œuvre et le poids du malt obtenu avec cette orge, on a tous les éléments pour calculer la perte en eau, la perte en amidon et en matières azotées, et pour apprécier les variations des diverses formes d'azote. La perte en amidon atteint en moyenne 7 à 8 p. 100 et la perte en matières azotées 1,5 à 2 p. 100.

INSTALLATION D'UNE MALTERIE

Dans l'installation d'une malterie sur germoirs, on doit prévoir à la partie supérieure du bâtiment des greniers pour emmagasiner les orges brutes. Ces greniers contiennent également les appareils nettoyeurs. A l'étage situé au-dessous, on dispose une autre série de greniers pour l'emmagasinage des orges nettoyées. Au-dessous se trouvent les cuves mouilloires et enfin au rez-de-chaussée et au sous-sol les germoirs. Les tourailles sont placées à l'extrémité des bâtiments, ordinairement à l'opposé des cuves mouilloires. Enfin près de la touraille se trouvent les silos à malt (fig. 45).

Les orges qui arrivent à la malterie sont montées dans les greniers par un monte-charge ou une chaîne à godets. Elles y subissent le nettoyage et passent dans le grenier inférieur où elles sont classées par catégories. Les orges après trempage sont évacuées sur le germoir, et on fait avancer les couches peu à peu, à chaque pelletage, suivant toute la longueur du germoir, de manière à arriver au voisinage de la touraille quand la germination est achevée. Le malt vert est alors remonté sur le plateau de la touraille par un monte-charge ou une chaîne à godets. Après touraillage, le malt sec passe au dégermeur et est remonté par une chaîne à godets dans les silos.

Pour l'établissement de la dimension des locaux, il faut se baser sur les chiffres suivants. On doit pouvoir produire en huit ou neuf mois la quantité de malt à obtenir annuellement, car le maltage au germoir est très difficile dans les mois d'été; on doit compter en outre que le rendement en malt par rapport à l'orge est d'environ 76 à 78 p. 100 : il faudra donc prévoir le traitement de 130 kilogrammes d'orge pour produire 100 kilogrammes de malt.

Dans ces conditions, supposons qu'on ait à installer

une malterie de 7500 quintaux de malt : il faudra compter
sur 9750 quintaux d'orge à traiter. La campagne étant de
250 jours environ, il faudra traiter 39 quintaux d'orge
pour produire 30 quintaux de malt par jour.

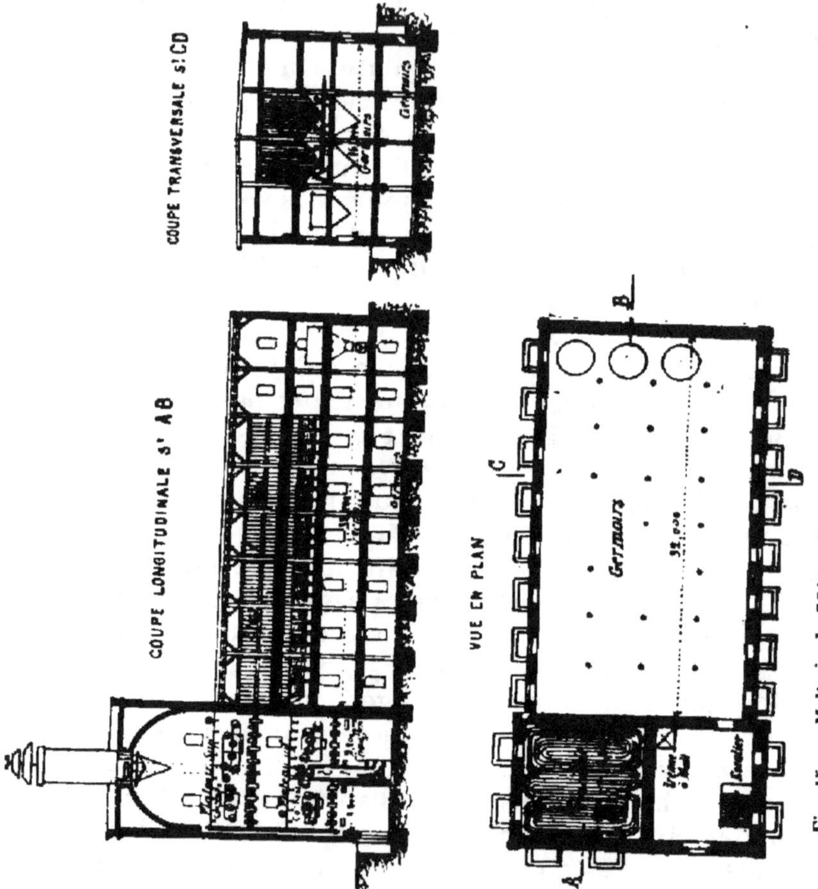

Fig. 45. — Malterie de 7500 quintaux en malt. (Diebold, constructeur, à Nancy.)

Pour les greniers, on peut tabler en moyenne sur une
surface de $0^{mq},32$ — $0^{mq},35$ par quintal d'orge. La surface
à prévoir dépendra de la quantité d'orge à conserver :
pour pouvoir emmagasiner un quart de la consommation

annuelle, il faudra donc environ 1000 mètres carrés de greniers.

Pour les cuves mouilloires, on peut compter en moyenne un volume de 275 litres par quintal d'orge à traiter. La durée du trempage étant environ de 3 jours, il faudra une capacité suffisante pour avoir en travail $3 \times 39 = 117$ quintaux d'orge. Le volume de cuves à prévoir sera donc de $117 \times 275 = 320$ hectolitres. On prendra donc 3 cuves mouilloires de 110 hectolitres environ.

On doit traiter sur les germoirs 39 quintaux d'orge par jour. Si on suppose une durée de germination de dix jours, on peut se baser sur une surface de 28 mètres carrés par quintal à traiter par jour. La surface à prévoir pour les germoirs sera donc de 28×39, soit environ 1100 mètres carrés.

Pour la touraille, si nous supposons une touraille à deux plateaux et un travail en quarante-huit heures, on peut compter qu'un mètre carré de surface produit par jour 50 kilogrammes de malt. Comme on doit obtenir 30 quintaux de malt par jour, il faudra une surface de plateaux de $\dfrac{30}{0,5}$, soit 60 mètres carrés.

Enfin pour les silos, comme l'hectolitre de malt pèse en moyenne 54 kilogrammes, si on veut pouvoir emmagasiner par exemple 3500 quintaux de malt, il faudra compter sur un volume de $\dfrac{350\,000}{54} = 6500$ hectolitres environ. On devra donc prévoir 650 mètres cubes de silos.

Une malterie pneumatique permettrait de produire la même quantité de malt sur une surface cinq fois plus réduite. On peut compter alors sur 360 jours de travail par an, puisque le système pneumatique permet de travailler toute l'année. La quantité d'orge à traiter par jour ne sera donc plus que de 27 quintaux environ au lieu de 39 quintaux. Les cuves mouilloires seront réduites à 70 hectolitres de capacité. L'espace nécessaire pour les appareils de germination pneumatique sera de 200 à 250 mètres carrés. Enfin la touraille sera également réduite, puisque le travail se fait en 360 jours au lieu de 250.

COMPOSITION, APPRÉCIATION ET ANALYSE DU MALT

Composition du malt.

Si on compare le poids volumétrique de l'orge à celui du malt, on constate que la différence entre le poids d'un hectolitre d'orge et le poids d'un hectolitre de malt oscille généralement entre 15 et 17 kilogrammes. Le poids moyen d'un hectolitre de malt est d'environ 52 kilogrammes.

La comparaison du volume de l'orge au volume du malt qui en résulte montre qu'il y a à peu près équivalence : un hectolitre d'orge fournit environ un hectolitre de malt d'humidité normale.

Si on rapproche maintenant la composition chimique du malt de celle de l'orge, on constate qu'un bon malt ne contient plus que 3 à 5 p. 100 d'eau, tandis que l'orge en renferme environ 14 p. 100. La richesse en amidon est de 10 à 12 p. 100 plus faible dans le malt que dans l'orge, par suite de la perte par respiration et de la formation des sucres, mais la quantité de sucres préformés est plus considérable dans le malt que dans l'orge. La présence du saccharose dans le malt a été signalée d'abord par Kuhnemann, puis confirmée par Brown et Héron, Kjeldahl, O'Sullivan et d'autres. Jalowetz a rencontré aussi la dextrine et le maltose, mais la présence de ces deux corps n'est pas admise par tous les auteurs, très probablement à cause de la différence de la nature des

malts expérimentés. O'Sullivan, sur vingt malts, a trouvé
pour les sucres les chiffres suivants :

<pre>
Saccharose................... 2,8 à 6 p. 100.
Maltose.................. .... 1,3 à 5   —
Dextrose.... .... 1,5 à 3   —
Lévulose................... 0,7 à 1,5 —
</pre>

Ces chiffres ne sont qu'approchés, car toutes les précautions n'ont pas été prises, dans ces recherches, pour
exclure complètement l'action des diastases sur l'amidon.
Mason, qui a repris cette étude en supprimant totalement
l'action diastasique dans les dosages, a constaté dans le
malt la présence de dextrose et de lévulose, de saccharose
et d'hydrates de carbone réducteurs, mais non fermentescibles. Il a trouvé par exemple, dans divers malts touraillés,
les chiffres suivants :

	Sucre réducteur en dextrose. p. 100.	Saccharose. p. 100.	Matières réductrices en dextrose. p. 100.
Malt de Munich pâle....	1,51	6,18	0,47
— foncé...	1,57	6,47	0,70
Malt anglais............	2,32	7.41	0,90
—	1,93	5.73	0,54
Malt séché à l'air	1,85	6,98	0,59
Orge	»	1,92	»

Sous le rapport des matières azotées, le malt est un
peu moins riche en azote que l'orge, à cause de la perte de
matière azotée occasionnée par les radicelles. Nous avons
vu que cette perte en azote atteint 1,5 à 2 p. 100 du poids
de l'orge. Mais pendant la germination, les diastases
protéolytiques solubilisent des matières azotées; le
touraillage en coagule une autre partie. Finalement, si
on examine la richesse du malt en azote total, on trouve
qu'elle est de 1,3 à 1,8 p. 100 du poids du malt sec, ce qui
correspond à 8-11 p. 100 de matières azotées. Mais la
nature de ces diverses matières azotées n'est plus la
même que dans l'orge. En soumettant divers malts à la

saccharification par la méthode conventionnelle que nous exposerons plus loin, Fernbach a constaté que la proportion d'azote soluble ou solubilisé par la saccharification dans ces malts varie de 20 à 40 p. 100 de l'azote total, le chiffre le plus fréquent étant de 33 p. 100. Kukla a trouvé de même que la matière azotée soluble d'un malt peut varier entre 3 et 5 p. 100 ; et que dans les bons malts il y a 30 à 35 p. 100 de l'azote total à l'état soluble, ce qui correspond bien aux chiffres moyens de Fernbach. Ce chiffre peut s'élever à 40 p. 100 et plus, quand on exagère, par une germination forcée, le développement de la plumule aux dépens de la croissance naturelle des radicelles. Il peut descendre au-dessous de 25 p. 100 si le malt est mal désagrégé par une germination trop courte ou parfaitement désagrégé par une germination froide très longue. Kukla a montré en outre que les matières azotées solubles coagulables des malts varient entre 0,1 et 0,6 p. 100 ; elles représentent donc 1 à 6 p. 100 de l'azote total et 3 à 12 p. 100 de l'azote soluble. Cette proportion d'azote coagulable décroît quand la germination a lieu rapidement et à haute température.

Si donc on compare les matières azotées de l'orge à celles du malt, on constate que le malt est plus pauvre que l'orge en matières azotées totales et en matières azotées insolubles, mais il est plus riche en matières azotées solubles. Quant aux matières azotées solubles coagulables, elles sont tantôt plus abondantes, tantôt moins abondantes dans le malt que dans l'orge, suivant les modes de travail. Quelques exemples, empruntés aux travaux de Kukla (tableau page 233) indiquent ces variations suivant les divers modes de germination et de touraillage.

On voit par les chiffres de ce tableau que la nature des diverses matières azotées du grain varie beaucoup suivant le mode de travail de l'orge à la germination et au touraillage. La proportion de matières azotées solubles coagulables est beaucoup plus forte avec la

POUR 100 DE GRAIN SEC.	GERMINATION NATURELLE.					
	COURTE.		PROLONGÉE.		TRÈS PROLONGÉE.	
	Orge.	Malt.	Orge.	Malt.	Orge.	Malt.
Matières azotées totales	12,68	9,99	9,84	9,38	11,26	9,62
— insolubles	11,03	6,59	7,99	5,64	9,66	7,68
— solubles	1,65	3,40	1,85	3,74	1,60	4,94
— — coagulables	0,46	0,23	0,14	0,12	0,17	0,64
— — non coagulables	1,19	3,17	1,71	3,62	1,43	1,30

POUR 100 DE GRAIN SEC.	GERMINATION FORCÉE.					
	BONNE DÉSAGRÉGATION.			BONNE DÉSAGRÉGA-TION. —	MAUVAISE DÉSAGRÉGATION.	
	Orge.	Malt touraillé à 58° R.	Malt touraillé à 62° R.	Malt.	Orge.	Malt.
Matières azotées totales	»	»	»	6,97	9,48	8,40
— insolubles	6,62	5,51	5,49	2,92	8,21	5,72
— solubles	1,09	3,90	3,93	4,05	1,27	2,68
— — coagulables	0,34	0,11	0,41	0,17	0,14	0,45
— — non coagulables	0,70	3,79	3,47	3,88	1,13	2,53

germination froide, lente et prolongée qu'avec la germination rapide et chaude. La germination forcée augmente également la richesse du malt en azote soluble incoagulable. Le touraillage à température élevée permet d'augmenter la proportion d'azote coagulable. Il peut donc y avoir, suivant les conditions de travail, une augmentation ou une diminution de l'azote coagulable contenu primitivement dans l'orge.

Au point de vue des matières minérales, il importe de remarquer que les phosphates insolubles de l'orge se transforment en partie, pendant le maltage, en phosphates solubles. Ce sont ces phosphates qui donnent au malt une acidité apparente au tournesol. Fernbach a montré en effet que le malt ne renferme pas d'acides libres, car tout extrait de malt exige l'addition d'une certaine quantité d'acide avant d'avoir une réaction acide au méthyl-orange qui vire cependant en présence de la plus petite trace d'acide libre. Moritz a constaté que le malt est d'autant plus riche en phosphates solubles que la germination a été plus forcée.

Appréciation et analyse du malt.

L'emploi d'un bon malt est une condition essentielle pour fabriquer une bière de bonne qualité. L'appréciation du malt est donc une opération de la plus haute importance. Elle doit comprendre d'abord l'examen des caractères externes et internes du grain, ou examen physique, et l'analyse chimique. L'analyse chimique du malt n'est en effet qu'un essai de brassage qui n'est pas suffisant pour permettre de porter sur le malt un jugement complet : elle doit être complétée par l'examen physique.

Examen physique du malt. — L'examen physique comprend l'étude des caractères internes et externes du grain : siccité, couleur, propreté, dimension des grains, poids de l'hectolitre, poids de 1000 grains, longueur de la plumule, et état de l'amande.

Méthodes de détermination de ces caractères. — Les six derniers caractères signalés ci-dessus ont été adoptés par le 5ᵉ Congrès international de Chimie appliquée à Berlin, en 1903, pour accompagner et compléter l'analyse chimique conventionnelle des malts. Le Congrès de Berlin a établi en outre les méthodes suivantes pour l'appréciation de ces caractères.

La *pureté* se détermine en établissant la proportion de radicelles, de grains cassés ou moisis, et de graines étrangères que renferme le malt.

La *dimension des grains* se détermine au moyen des tamis trieurs de Vogel, qui se composent de trois cribles présentant des ouvertures de $2^{mm},8$, $2^{mm},5$ et $2^{mm},2$, et munis d'un appareil sasseur. On divise ainsi le grain en trois catégories. Il faut employer pour cette détermination 100 grains de malt qu'on maintient en agitation pendant cinq minutes.

Le *poids de l'hectolitre* se détermine avec les appareils imaginés pour cet usage et adoptés par la commission allemande de vérification des mesures.

Le *poids de 1000 grains* s'obtient en comptant au moins deux fois 500 grains, et en rapportant le poids obtenu au malt sec.

La *longueur de la plumule* se détermine en classant les grains dans six catégories, d'après la longueur de la plumule, et on cherche sur 200 grains au moins la proportion centésimale des grains compris dans chacune des catégories suivantes :

1. Plumule plus petite que 1/2 de la longueur du grain.
2.   —   égale à 1/2   —
3.   —   —   2/3   —
4.   —   —   3/4   —
5.   —   —   toute la longueur du grain.
6.   —   supérieure à toute la longueur du grain.

L'état de l'amande s'observe en coupant au moyen d'un farinatome de Prinz, de Heindorf ou de Grobecker, 200 grains au moins, et en notant la proportion centésimale de grains friables, durs, demi-vitreux, vitreux, blancs, jaunes et bruns.

Appréciation d'un malt d'après l'examen physique. — Un bon malt doit être *sec* et cassant. Il y a en effet d'abord un intérêt évident à ne pas payer l'eau du malt au prix de la matière sèche ; en outre, les malts humides s'altèrent très rapidement.

La *couleur* n'a que peu d'importance : elle doit être uniforme ; mais la couleur du moût que donne le malt est évidemment bien plus intéressante pour le brasseur que la couleur du malt lui-même.

Le malt doit être *propre*, exempt de radicelles, de grains cassés ou moisis et de graines étrangères.

La *dimension des grains* doit être aussi uniforme que possible, car la qualité d'un malt dépend beaucoup de la régularité de grosseur de ses grains. En outre, on préfère les grains gros, pleins et arrondis.

Le *poids de l'hectolitre* est également utile à connaitre. Le malt est léger quand il pèse moins de 50 kilogrammes ; lourd, quand il pèse plus de 54 kilogrammes.

Le *poids de 1000 grains* est un caractère important, et il est surtout utile pour reconnaitre si le malt livré est plus humide que l'échantillon reçu et soumis à l'analyse, ce qui arrive souvent. Quand ce poids est inférieur à 30 grammes, le malt est généralement pauvre en extrait, il est normal quand il atteint 34 à 35 grammes. Quand il dépasse 38 à 40 grammes, on est en présence d'un malt trop humide ou insuffisamment germé.

L'examen de *la longueur de la plumule* est très utile. On préfère, avec raison, les malts germés régulièrement, c'est-à-dire ceux dont les grains présentent des plumules d'égale longueur. Il est difficile de donner un chiffre absolu pour la longueur que doit avoir la plumule. On considère en général que les $\frac{4}{5}$ des grains doivent se trouver dans les catégories 3 et 4 ($\frac{2}{3}$ et $\frac{3}{4}$ de la longueur du grain), et que la catégorie 1 (grains non germés) ne doit pas comprendre plus de 3 p. 100 des grains. On sait que le développement de la plumule est en relation avec l'état de désagrégation. Mais il ne faut pas perdre de vue que le mode de germination influe sur la plumule : si la germination a été chaude et rapide, la plumule peut être longue sans que la désagrégation soit complète ; et inversement, si la germination a été froide et lente, la plumule peut être courte et la désagrégation parfaite.

L'examen de la plumule doit donc être complété par l'étude de l'*état de désagrégation de l'amande*, et ce dernier caractère est beaucoup plus important que la longueur de la plumule. L'amande doit être très friable et blanche, la désagrégation complète et régulière. Il importe de remarquer que quand on emploie les farinatomes qui coupent le grain transversalement dans sa partie médiane, on obtient des résultats toujours trop favorables. Il faut que la germination soit très défectueuse pour que le grain ne soit pas friable en son centre ; et quand la désagrégation est imparfaite, les points mal désagrégés se trouvent toujours à l'extrémité opposée de l'embryon, vers le bout du grain. Il est donc préférable de recourir exclusivement aux farinatomes qui coupent le grain longitudinalement, comme celui de Kickelhayn. On se rend compte alors sur la coupe jusqu'à quelle distance le grain est farineux et friable, et on détermine la proportion centésimale de grains à bouts durs.

Pour apprécier la désagrégation, on peut aussi effectuer l'essai du plongeon, qui est basé sur ce fait que les grains vitreux ont une densité plus élevée que celle de l'eau et tombent au fond quand on les plonge dans ce liquide. D'après Meacham, il suffit de jeter dans l'eau additionnée de 5 p. 100 d'alcool méthylique 300 grains, et, après agitation de trente secondes, d'étaler les grains immergés sur une feuille de buvard pour les examiner et les classer dans une des catégories suivantes : grains non germés, grains complètement vitreux, grains partiellement vitreux et grains à bouts durs. Cet essai ne donne pas des résultats toujours exacts ; mais, effectué avec soin, il peut cependant donner quelques indications.

Prior a proposé de déterminer la friabilité du malt en faisant une mouture au moulin de Seck, dont nous parlerons plus loin, suivie d'un tamisage au tamis trieur de Vogel, et en établissant la proportion de farine obtenue. Cette proportion diminue à mesure que le nombre des grains vitreux et durs augmente. Prior distingue ainsi :

1° les malts très friables qui donnent plus de 40 p. 100 de farine.
2°   —   friables   —   35-40   —   —
3°   —   durs   —   30-35   —   —
4°   —   très durs   —   moins de 30 —   —

Mais les expériences de Bode ont montré que la teneur du malt en eau influe sur la proportion de farine. A mesure que la teneur en eau augmente de 1 p. 100, la proportion de farine diminue aussi de 1 p. 100. Il est donc nécessaire, pour faire l'essai de Prior, d'admettre par exemple une teneur moyenne du malt en eau de 5 p. 100, et, pour chaque variation de 1 p. 100 dans la richesse en eau, de corriger de 1 p. 100 le chiffre obtenu pour la farine, en retranchant quand l'humidité est au-dessous de 5 et en ajoutant quand elle est au-dessus.

Analyse chimique du malt. — L'analyse chimique du malt est un essai de brassage en petit qui donne au brasseur des renseignements très importants sur la valeur pratique de son malt. Cette analyse comprend généralement les déterminations suivantes : humidité, durée de saccharification, rendement en extrait, couleur du moût, maltose et rapport du maltose au non-maltose. Ces déterminations sont celles qui ont été adoptées par le Congrès international de Chimie appliquée de 1903 à Berlin, mais on peut y joindre utilement les déterminations du pouvoir diastasique et du pouvoir liquéfiant, des sucres, et des diverses formes de matières azotées.

L'uniformité des méthodes d'analyse des malts est indispensable pour rendre comparables entre elles les analyses effectuées par les divers laboratoires. Avant 1898, l'analyse du malt et en particulier la détermination du rendement en extrait se faisait en préparant avec 40 grammes de malt une mouture grossière à l'aide d'un moulin de laboratoire et en soumettant cette farine à un essai de brassage. On reconnut qu'on obtenait des résultats très différents d'un laboratoire à l'autre. Le rendement en extrait dépend en effet du degré de mouture du malt, et il était impossible de produire partout une mouture identique. Pour obvier à cet inconvénient, le 3ᵉ Congrès international de Chimie appliquée, tenu à Vienne en 1898, décida d'adopter une méthode conventionnelle pour l'analyse des malts, et de déterminer notamment le rendement en extrait en employant une mouture aussi fine que possible, et en prenant la densité du moût à 15° au lieu de 17°,5. On ne tarda pas à reconnaître que si on détermine le rendement d'un même malt en employant d'une part la mouture grossière et d'autre part la mouture fine, on obtient dans le deuxième cas un chiffre plus élevé que dans le premier. Ce fait n'est pas surprenant, car la mouture fine fait disparaître tous les défauts de désagrégation que peut présenter le malt, et fournit des chiffres qui se rapprochent du rendement absolu du malt en extrait, tandis que la mouture grossière se rapproche davantage des résultats de la pratique industrielle. La différence entre les chiffres obtenus entre les deux moutures est d'autant plus faible que le malt est mieux désagrégé : elle varie ainsi entre 0,5 et 5 p. 100. Il en résulte que si la mouture fine donne des résultats intéressants, elle ne donne pas au brasseur le renseignement principal qu'il désire, c'est-à-dire le rendement pratique qu'il peut obtenir avec son malt.

Telle est la raison qui a engagé le Congrès de Berlin, en 1903, à revenir à la mouture grossière, tout en conservant l'analyse avec la mouture fine, car la comparaison des deux chiffres ainsi obtenus donne des indications précieuses sur l'état plus ou moins parfait de désagrégation du malt. En outre, le Congrès a décidé de prendre la densité du moût à 17°,5, à l'aide du picnomètre.

Pour pouvoir opérer avec une mouture grossière toujours identique, on emploie le moulin conventionnel de Seck. Ce moulin se compose de deux cylindres cannelés mus par des pignons, et qu'on peut éloigner ou rapprocher à volonté, en laissant entre eux une distance bien déterminée, à l'aide d'un levier mobile sur un cercle divisé. On peut avec cet instrument broyer sans perte un poids donné de malt en produisant une mouture dont le degré de finesse est caractérisé par la division du cercle à laquelle est placé le levier mobile.

Méthodes conventionnelles du Congrès de Berlin de 1903 pour l'analyse des malts. —A. Prise d'échantillon. — L'échantillon de malt servant à l'analyse doit représenter véritablement un échantillon moyen. Comme les diverses parties d'un tas de malt présentent des différences de composition, il importe de bien les mélanger avant de prélever l'échantillon. Puis on prélève des portions égales en divers points, on les mélange, et c'est dans ce mélange qu'on prélève l'échantillon destiné à l'analyse.

Il est utile d'employer un instrument permettant de puiser du grain à différentes profondeurs. Pour du malt emmagasiné en silos, il est particulièrement important de pouvoir chercher des échantillons à diverses profondeurs pour constituer l'échantillon moyen.

Si le malt est conservé en sacs, il faut prélever les échantillons dans plusieurs sacs et à diverses profondeurs, afin de les mélanger pour former un échantillon moyen.

B. IMPORTANCE ET EMBALLAGE DES ÉCHANTILLONS. — La quantité de malt à envoyer à l'analyse doit être au moins de 500 grammes. L'emballage doit permettre d'exclure toute modification ultérieure du malt, et particulièrement un changement de sa teneur en eau. Les bouteilles en verre (bouteilles à bière), fermées au liège ou à fermeture mécanique, les flacons à l'émeri, les bocaux à conserves, ou les boîtes en fer-blanc fermant bien peuvent servir à cet usage. Les bouteilles en grès, les cartons, les sacs et les boîtes en bois ne doivent pas être employés.

C. RENSEIGNEMENTS. — Chaque échantillon de malt doit être accompagné, autant que possible, de renseignements sur l'objet de l'envoi, et, en outre, d'indications sur la provenance de l'orge, le procédé de maltage, le touraillage, l'âge du malt compté à partir du touraillage, le mode d'emmagasinage (silos, caisses, sacs ou tas).

D. ÉTUDE DU MALT. ANALYSE CHIMIQUE. a) *Teneur en eau.* — Pour déterminer l'humidité du malt, on en broie 5 grammes, qu'on pèse immédiatement dans un flacon de verre et qu'on sèche à 105° C. dans une étuve bien aérée ou dans le vide. La durée du séchage ne doit pas dépasser quatre heures. La dimension des flacons bouchés à l'émeri doit être de 5 à 6 centimètres de haut sur 3^{cm},5 de diamètre.

b) *Rendement en extrait.* — On le détermine sur de la farine fine et sur de la mouture grossière.

La farine est considérée comme fine lorsque 85 p. 100 traversent le trieur de Vogel après cinq minutes d'agitation (340 à 360 tours à la minute) Pour l'essai de brassage, on moud environ 51 grammes de malt et on pèse ensuite exactement 50 grammes de farine.

On obtient la mouture grossière en faisant passer le malt dans le moulin de Seck, placé à la graduation 25°. On moud exactement 50 grammes. Ces 50 grammes de mouture fine ou grossière sont empâtés avec 200 centimètres cubes d'eau à 45° C. et on maintient cette température au bain-marie pendant une demi-heure; puis on monte en vingt-cinq minutes à 70° C. d'une manière régulière, c'est-à-dire d'un degré par minute. On séjourne ensuite pendant une heure à 70° C.

Le mieux est d'opérer ce brassage à l'aide d'un agitateur mécanique. Il faut éviter d'agiter trop fortement et irrégulièrement.

On note le moment où le brassin a atteint la température de 70° et on compte à partir de ce moment le temps nécessaire pour que la réaction avec l'iode ne se produise plus, temps qui mesure la *durée de saccharification*. On commence à essayer la réaction de l'iode lorsque le brassin est depuis dix minutes à 70°, et on fait ensuite l'essai de cinq en cinq minutes. A cet effet, on place une goutte de la masse, à l'aide d'une baguette de verre, sur une lame de porcelaine blanche, et on ajoute une goutte d'iode.

La solution d'iode se prépare en dissolvant dans un litre d'eau 1^{gr},275 d'iode et 4 grammes d'iodure de potassium.

La saccharification peut être considérée comme terminée quand il ne se produit plus aucune coloration. On exprime sa durée par un chiffre qui est un multiple de cinq minutes. On note l'odeur du brassin.

Quand la saccharification est terminée, après un séjour d'une heure au moins à 70° si la saccharification n'a pas atteint cette durée, on sort le gobelet contenant le brassin du bain-marie, on ajoute 200 centimètres cubes d'eau et on refroidit rapidement à 17° C. environ. On ramène ensuite le poids du brassin exactement à 450 grammes.

Après avoir bien agité, on verse le brassin sur un filtre à plis non mouillé, et assez grand pour contenir le tout; on recueille le liquide dans un vase sec, et on maintient l'entonnoir couvert. On reverse sur celui-ci les 100 premiers centimètres cubes.

Le moût filtré peut être brillant, clair, opalescent, trouble ou très trouble; il peut filtrer rapidement ou lentement. Il sert à la détermination de l'extrait et, le cas échéant, à d'autres dosages.

c) *Détermination de l'extrait.* — La densité du moût est prise exactement à 17°,5, à l'aide d'un picnomètre (flacon à densité) à col étroit, et on cherche la quantité d'extrait correspondant dans la table de Balling, que nous donnons en annexe à la fin de cet ouvrage. Il faut de temps à autre vérifier la valeur en eau du picnomètre.

d) *Couleur du moût.* — Comme liquide de comparaison, on emploie l'iode décinormal (12^{gr},7 d'iode et 40 grammes d'iodure de potassium par litre). On exprime la coloration par le nombre de centimètres cubes de cette solution d'iode qu'il faut ajouter à 100 centimètres cubes d'eau pour les amener à la coloration du moût.

e) *Détermination du sucre.* — Cette détermination ne se fait que si elle est demandée. On amène 25 centimètres cubes de moût à 250 centimètres cubes. Dans une capsule de porcelaine de 13 centimètres de diamètre et de 350 centimètres cubes de capacité, munie d'un manche et d'un couvercle, on fait bouillir 50 centimètres cubes de liqueur cupropotassique. Cette liqueur doit être ainsi composée : Liqueur A : 39^{gr},639 de sulfate de cuivre amenés à 500 centimètres cubes avec de l'eau distillée; liqueur B : 173 grammes de sel de Seignette et 51^{gr},6 de soude caustique Na OH, amenés à 500 centimètres cubes. On prend 25 centimètres cubes de chaque liqueur, au moment du dosage, pour faire 50 centimètres cubes de liqueur cupropotassique. On verse dans ces 50 centimètres cubes de liqueur 25 centimètres cubes de moût dilué, et on laisse bouillir pendant quatre minutes. On recueille aussitôt l'oxydule de cuivre dans un tube de Soxhlet; on le lave à l'eau bouillante, à l'alcool, à l'éther, on le sèche et on le chauffe d'abord dans un courant d'air, puis dans un courant d'hydrogène de manière à le réduire à l'état de cuivre. On se reporte alors aux tables de Wein, données à la fin de cet ouvrage, qui donnent le maltose correspondant au poids de cuivre obtenu.

Il importe de remarquer que cette méthode ne donne pas un chiffre exact pour le maltose, à cause de la présence d'autres sucres réducteurs, glucose et lévulose notamment. Nous indiquerons, à propos de l'analyse des moûts, une méthode plus précise.

Le rapport du sucre au non sucre se calcule sur l'extrait total, en égalant le maltose brut à 1.

Calcul du rendement. — Soit E l'extrait contenu dans 100 grammes du moût; h, la teneur pour 100 du malt en eau. Dans les 450 grammes du brassin, il y a 400 grammes d'eau et 50 grammes de malt contenant $\frac{h}{2}$ d'eau. La quantité totale d'eau du brassin est donc $400 + \frac{h}{2}$. Or, 100 grammes de moût contiennent E d'extrait et $(100-E)$ d'eau. Donc, si à $(100-E)$ d'eau correspondent à E d'extrait, à $(400 + \frac{h}{2})$ d'eau correspondront $\dfrac{E\left(400 + \frac{h}{2}\right)}{100 - E}$ d'extrait. Cette expression représente l'extrait de 50 grammes de malt humide. L'extrait pour 100 de malt humide, c'est-à-dire le rendement R du malt humide est donc :

$$R = \frac{E(800 + h)}{100 - E}.$$

Pour le rapporter à 100 de malt sec, il suffit de multiplier R par $\dfrac{100}{100-h}$. Le rendement en extrait doit être rapporté au malt humide et aussi au malt sec. Le bulletin d'analyse doit indiquer la valeur arrondie à 0,1 p. 100 près, et spécifier les résultats avec la mouture fine et avec la mouture grossière.

Déterminations complémentaires. — Certains auteurs ont proposé quelques modifications aux méthodes du Congrès de Berlin.

Au lieu de déterminer le rendement sur la mouture fine, Boone a proposé de déterminer [le rendement absolu du malt de la façon suivante : on brasse 50 grammes de farine fine de malt avec 300 centimètres cubes d'eau à 15° C. dans un gobelet taré. On maintient pendant deux heures à l'état de repos, à 15°, puis on décante 100 centimètres cubes du liquide diastasique qu'on met en réserve. On met alors le brassin au bain-marie à 45° exactement pendant une demi-heure, puis on procède à la saccharification par la méthode conventionnelle du Congrès de Berlin. Quand la saccharification est terminée, on pousse avec le bain-marie le brassin à l'ébullition, qu'on maintient une demi-heure, puis on refroidit à 45°. On y verse alors le liquide diastasique mis en réserve au début de l'expérience, on maintient la masse pendant un quart d'heure à 45°, puis on procède à une deuxième saccharification semblable à la première, par la méthode conventionnelle de Berlin. Quand la saccharification est terminée, on ajoute 100 centimètres cubes d'eau, on refroidit rapidement à 15°; on amène le poids total du brassin à 450 grammes et on continue comme par la méthode de Berlin.

On obtient ainsi, par comparaison avec le rendement obtenu avec la mouture grossière, des renseignements très utiles sur l'état de désagrégation du grain. La différence est d'autant plus grande que le malt est moins bien désagrégé. Cette méthode de Boone est justifiée par

14.

certaines observations de Bleisch et Regensburger et de Hajek. Ces auteurs ont constaté, en effet, que dans l'analyse du malt à l'état de mouture fine, on n'obtient pas le rendement maximum en extrait, mais qu'il reste toujours dans les drèches une proportion de substances non saccharifiées qui oscille entre 0,54 et 1,16 p. 100. Il est donc plus rationnel de déterminer le rendement absolu par la méthode de Boone, au lieu du rendement avec la mouture fine, pour le comparer au rendement obtenu avec la mouture grossière qui reste toujours le chiffre le plus important pour le brasseur.

La *détermination du pouvoir diastasique du malt* présente une réelle importance, qui est trop souvent méconnue. Elle permet de savoir si un malt peut se prêter à un mode de brassage déterminé, et donne des renseignements précieux sur la manière dont on a conduit la germination et le touraillage. Le pouvoir diastasique du malt peut se déterminer par plusieurs méthodes dont la plus usitée est celle de Lintner. Cette méthode, consiste à mesurer le pouvoir diastasique en dosant la quantité de sucre que produit pendant un temps donné une quantité donnée d'extrait de malt sur une quantité donnée d'amidon. On met à macérer pendant six heures 25 grammes de malt, finement moulu, avec 500 centimètres cubes d'eau en agitant de temps à autre. L'amylase entre en solution ; on filtre à clair.

D'autre part, on introduit dans une série de tubes à essai 10 centimètres cubes d'une solution d'amidon soluble à 2 p. 100, et on ajoute, dans chacun de ces tubes, des quantités croissantes de l'extrait de malt, en commençant par $0^{cc},1$, $0^{cc},2$, $0^{cc},3$, etc., jusqu'à 1 centimètre cube. On agite et on laisse la diastase agir pendant une heure à la température de 18° environ. Au bout de ce temps, on additionne chaque tube de 5 centimètres cubes de liqueur de Fehling, on agite, et on place tous les tubes dans un bain d'eau bouillante pendant dix minutes.

Quand on les sort, on constate que certains tubes sont encore bleus et par suite contiennent encore de la liqueur de Fehling non réduite, tandis que d'autres sont jaunes, la réduction étant complète. On cherche le tube dont le contenu n'est ni bleu, ni jaune, c'est-à-dire qui est juste réduit, et si le cas se présente on note le volume d'extrait de malt ajouté dans ce tube. Si le cas ne se présente pas, on choisit les deux tubes voisins dont l'un est bleu, et l'autre jaune, par exemple les tubes qui ont reçu $0^{cc},5$ et $0^{cc},6$ d'extrait, et on recommence une nouvelle série de tubes dans lesquels on ajoute $0^{cc},51$, $0^{cc},52$, $0^{cc},53$..., $0^{cc},59$ d'extrait. On obtient ainsi le volume d'extrait de malt qu'il faut employer pour produire le sucre nécessaire à la réduction totale de 5 centimètres cubes de liqueur de Fehling.

On désigne par 100 le pouvoir diastasique d'un malt tel que $0^{cc},1$ de son extrait produise, dans les conditions indiquées, le sucre nécessaire pour la réduction exacte de 5 centimètres cubes de liqueur de Fehling. Si on a employé par exemple $0^{cc},45$, le pouvoir diastasique, qui serait de 100 pour $0^{cc},1$, n'est plus que de $\frac{100}{4,5}$ pour $0^{cc},45$ puisqu'il est quatre fois et demie plus faible. En règle générale, en appelant n le nombre de centimètres cubes d'extrait de malt employé, on a pour l'expression du pouvoir diastasique :

$$PD = \frac{10}{n}.$$

Dans l'exemple choisi, on trouve $\frac{10}{0,45} = 22,22$.

Pour rapporter au malt sec le résultat, il suffit de multiplier le chiffre obtenu par $\frac{100}{100-h}$, h étant l'humidité du malt.

Cette méthode a donné lieu à de nombreuses critiques ; elle exige d'abord toute une série de déterminations ; elle effectue la transformation de l'amidon à une température trop basse, où l'action amylolytique est faible et où les petites différences peuvent passer inaperçues; elle est basée enfin sur la loi de proportionnalité de Kjeldahl, qui ne peut s'appliquer aux opérations du brassage. Aussi certains auteurs notamment Ling, et Ford et Gunthrie ont-ils proposé de modifier la méthode de Lintner. Pour éviter de faire toute une série d'essais, on peut titrer avec du glucose la portion de liqueur de Fehling non réduite dans les tubes où la réduction n'est pas tout à fait complète (Ling). Ford et Gunthrie font macérer pendant une heure 20 grammes de malt finement moulu avec 500 centimètres cubes d'eau distillée, en agitant constamment. Après un repos de quinze minutes, on prend 70 centimètres cubes d'une solution d'amidon soluble à 2 p. 100, et on y ajoute, à la température de 40°, 1 centimètre cube de l'extrait non filtré. Au bout d'une heure on arrête la transformation en ajoutant 1 centimètre cube de soude caustique à 1 p. 100, on refroidit à 15°, on amène à 100 centimètres cubes et on détermine le sucre réducteur sur 25 centimètres cubes de cette solution, par réduction de la liqueur cupropotassique et pesée de l'oxyde de cuivre précipité. Le poids d'oxyde de cuivre, multiplié par 79. donne le pouvoir diastasique en unités Lintner.

La préparation de l'amidon soluble est de la plus haute importance dans la détermination du pouvoir diastasique, quelle que soit la méthode employée. Thomas conseille de chauffer une solution à 2 p. 100 d'amidon sec pendant trois heures à l'autoclave à 2,5 atmosphères de pression. Ford part de la fécule de pomme de terre : on la lave à l'eau, puis avec une solution de soude à 5 p. 100, puis à l'eau, et enfin on la fait digérer avec de l'acide chlorhydrique de densité 1,037, à 40° pendant trois jours, jusqu'à ce qu'une prise d'essai bien lavée se dissolve dans l'eau bouillante. On lave alors le produit jusqu'à ce que l'eau ait une réaction neutre, puis on ajoute un léger excès de bicarbonate de soude pour éliminer les dernières traces d'acide et on lave à fond à l'eau distillée. L'amidon doit être neutre ou faiblement acide à l'acide rosolique.

Les méthodes qui précèdent se rapportent à la détermination du pouvoir saccharifiant du malt. Le pouvoir liquéfiant est en général élevé quand le pouvoir saccharifiant est élevé, mais l'appréciation complète du pouvoir diastasique d'un malt exige également la détermination du pouvoir liquéfiant. Lintner et Sollied ont donné la méthode suivante pour cette détermination. On commence par préparer dix tubes à essai contenant chacun de l'eau et 1 gramme de fécule en suspension sous un volume total de 10 centimètres cubes. On introduit ensuite dans les tubes des quantités croissantes d'extrait de malt $0^{cc},1$, $0^{cc},2$, $0^{cc},3$, etc., préparé par la méthode indiquée plus haut, et on plonge successivement chaque tube dans un bain d'eau bouillante en agitant fortement. Dès que la température de 65° est atteinte, la masse devient solide ; on sort alors le tube du bain-marie. Le contenu des dix tubes étant ainsi gélatinisé, on place les tubes dans le bain-marie à 65° pendant quinze minutes, puis pendant dix minutes dans un bain d'eau bouillante pour détruire la diastase. On refroidit rapidement tous les tubes à 17°,5 et on les retourne l'un après l'autre. Le premier tube dont le contenu s'écoule facilement sert à calculer le pouvoir liquéfiant, d'après la quantité d'extrait de malt qu'il a reçu. On utilise le même mode de calcul que pour le pouvoir saccharifiant, en désignant par 100 le pouvoir liquéfiant d'un extrait qui liquéfie à la dose de $0^{cc},1$, 10 centimètres cubes d'empois d'amidon à 10 p. 100.

Le chiffre qui exprime ainsi le pouvoir liquéfiant est généralement compris entre 40 et 75 pour les malts touraillés normaux.

La *détermination des sucres préformés* dans le malt est assez difficile, car on doit éviter les actions diastasiques pendant le dosage. La meilleure méthode paraît être celle qui a été adoptée par Mason dans ses recherches sur les sucres du malt. Elle consiste à faire bouillir pendant une demi-heure 20 grammes de farine de malt avec de l'alcool à 90° G.L., de manière à détruire l'activité diastasique. On évapore à sec, on sèche à 100° pendant une demi-heure, on reprend par 150 centimètres cubes d'eau en agitant, on ajoute un peu d'alumine, on amène à 250 centimètres cubes et on filtre. Dans le liquide filtré, on détermine au moyen de la liqueur cupropotassique les sucres réducteurs directement, le saccharose après inversion, et les corps réducteurs non fermentescibles directement après fermentation par la levure.

La *détermination des diverses formes de matières azotées* se fait sur le moût obtenu après saccharification par la méthode conventionnelle de Berlin. On obtient ainsi l'azote soluble et celui qui est solubilisé pendant la saccharification par les diastases protéolytiques du malt. Le dosage de l'azote, effectué sur un gramme de farine de malt par la méthode de Kjeldahl, donne l'azote total. Le dosage de l'azote contenu dans le moût, sur 25 centimètres cubes, par la même méthode, donne l'azote soluble, et la différence entre l'azote total et l'azote soluble donne l'azote insoluble. L'azote soluble coagulable se détermine, comme pour les orges, en faisant bouillir, pendant une heure 100 centimètres cubes de moût ; on filtre pour retenir les matières azotées coagulées, on lave et on dose de nouveau l'azote, sur 25 centimètres cubes, dans le liquide filtré ramené à un volume connu. La différence entre l'azote soluble avant et après ébullition représente l'azote soluble coagulable.

Prior a enfin proposé, en dehors des déterminations conventionnelles du Congrès de Berlin, d'autres déterminations telles que le pouvoir diastasique, les hydrates de carbone réducteurs provenant par brassage des hydrates de carbone préformés dans le malt, les hydrates de carbone préformés du malt et la richesse de l'extrait en

hydrates de carbone. Ces méthodes de Prior sont beaucoup
trop compliquées pour pouvoir être adoptées dans la pratique courante des laboratoires et ne peuvent être utiles
que pour les recherches scientifiques, et nous nous
bornerons à renvoyer, pour leur description complète,
au mémoire original de l'auteur (1).

**Appréciation d'un malt d'après son analyse
chimique.** — L'humidité normale du malt est de
3 à 5 p. 100. La teneur en eau ne doit pas dépasser
7 p. 100, car le malt trop humide se conserve mal, et il
n'est pas avantageux pour l'acheteur de payer l'eau au
prix de la matière première.

La durée de saccharification du malt est très variable :
on considère qu'elle est courte quand elle ne dépasse
pas quinze minutes, moyenne quand elle atteint vingt à
vingt-cinq minutes, longue quand elle dure trente minutes
et davantage. Une courte dissolution indique en général
une désagrégation très complète et un pouvoir diastasique
élevé. Les renseignements fournis par l'examen de
l'amande et par la détermination du pouvoir diastasique
permettent ainsi de contrôler les résultats fournis par la
durée de saccharification. Quand le malt se saccharifie
lentement, on doit en conclure qu'il est peu diastasique,
et ce malt devra être traité, en cuve matière, plus lentement et à plus basse température qu'un malt à saccharification courte.

Le rendement en extrait est d'autant plus élevé que le
malt est mieux désagrégé. Il est également plus fort pour
les malts pâles que pour les malts foncés ; il y a cependant des exceptions, et certains malts foncés, touraillés
avec soin, peuvent donner autant de rendement que des
malts pâles. Le rendement, évalué par rapport à 100 de
malt sec, ne doit pas descendre au-dessous de 70-71 p. 100.
La comparaison des rendements obtenus avec la mouture

(1) *Bayer, Brauer Journal*, 1902, 20 et 21, et *Annales de brasserie et
de distillerie*, 1902, 11 et 12.

fine et la mouture grossière permet de juger de l'état de désagrégation du malt ; la différence est d'autant plus faible que le malt est plus friable : elle peut n'être que de 0,5 p. 100 par exemple, si le malt est de bonne qualité, et atteindre 4 et 5 p. 100 avec les malts mal désagrégés.

La coloration du moût à 10 p. 100 en iode $\frac{N}{100}$ varie de 1,6 à 2,2 pour les malts pâles, de 3,4 à 4,3 pour les malts ambrés, de 5,6 à 6,1 pour les malts dorés foncés, et de 7 à 16 pour les malts bruns.

La proportion de maltose formé pendant la saccharification du malt par la méthode conventionnelle dépend du pouvoir diastasique et de l'état de désagrégation. Un malt qui donne beaucoup de maltose peut être attaqué à température élevée, et conduit en général à une atténuation principale forte. Au contraire un malt qui donne peu de maltose est moins diastasique : il devra être attaqué avec plus de précautions, à température plus basse. Il importe d'ailleurs de remarquer qu'avec certains modes de brassage, la proportion de maltose qui se forme dans la pratique peut être plus ou moins élevée : l'appréciation d'un malt au point de vue de la richesse de l'extrait en maltose dépend donc du mode de travail de l'usine. Par exemple, un malt peut convenir sous le rapport du maltose formé à une brasserie qui emploie le brassage par infusion et se montrer défectueux pour une brasserie qui utilise la décoction à trois trempes. La proportion de maltose formé pendant la saccharification est élevée quand elle dépasse 66 p. 100 de l'extrait; moyenne, quand elle est de 63 à 65 p. 100; faible, quand elle descend au-dessous de 63 p. 100. Les malts pâles donnent, en général, plus de maltose que les malts foncés.

L'appréciation d'un malt au point de vue du pouvoir diastasique dépend aussi du mode de travail de la brasserie. Le pouvoir diastasique doit être élevé si le brassage doit être fait rapidement et à haute température, et si la brasserie utilise une notable proportion de grains crus. Mais, en règle générale, il n'est pas avantageux d'avoir un malt trop diastasique, car ces malts, qui proviennent généralement d'une germination chaude suivie d'un touraillage insuffisant, conduisent à des moûts très riches en maltose, à des atténuations trop fortes et donnent des bières qui manquent de mousseux et de corps.

Au point de vue des matières azotées, le brasseur préfère en général les malts pauvres en azote. Les matières azotées du malt doivent d'abord servir à fournir à la levure l'azote nécessaire à son alimentation ; en outre, la nature des composés azotés du malt a une grande importance pour la production de la cassure et pour la clarification ultérieure. Elle influe aussi sur la stabilité de la bière, car beaucoup de ces matières constituent d'excellents aliments pour les ferments de maladie. Enfin Windisch a reconnu que la bouche et le mousseux de la bière dépendent de la présence d'albumoses en proportions variables. La question des matières azotées du malt présente donc une importance très considérable : malheureusement l'état actuel de la science ne permet pas de fixer d'une façon précise des règles au sujet de la quantité qui est nécessaire pour que ces diverses matières remplissent le rôle utile qui leur incombe. Les procédés de dosage sont encore trop imparfaits, et même l'importance relative de ces diverses catégories de matières azotées est encore assez mal définie. Kukla a toutefois établi les règles suivantes : un bon malt ne doit pas contenir plus de 30 à 35 p. 100 de matières azotées solubles. Si ce chiffre s'élève à 40 p. 100 ou plus haut, il est certain que la germination a été forcée. En outre, le malt est d'autant meilleur qu'il contient plus d'azote soluble coagulable. Bien qu'il y ait des réserves à faire sur les procédés employés par Kukla pour le dosage de l'azote soluble, les proportions qu'il donne paraissent bien constituer un maximum à ne pas dépasser. Toutefois, il ne faut pas se dissimuler que la question des matières azotées est beaucoup trop compliquée pour pouvoir être résolue par une formule aussi simple. Kukla a eu surtout le grand mérite d'ouvrir une voie nouvelle en montrant que le problème de l'azote réside plutôt dans une question de qualité que de quantité ; mais ce problème ne pourra être élucidé complètement et donner lieu à une solution précise que quand on connaîtra mieux les diverses matières azotées de l'orge et leurs méthodes de séparation, leurs variations aux divers stades de la fabrication, leur élimination par les levures, et leur influence dans la clarification et dans le moelleux de la bière.

IV. — BRASSAGE.

Le brassage a pour objet la production du moût sucré aux dépens du malt seul ou associé à des grains crus ou à des sucres. Le but à atteindre consiste évidemment à utiliser de la façon la plus parfaite les matières premières employées, mais en conservant à la bière sa stabilité, son caractère et sa qualité. Les facteurs essentiels qui influent dans cette opération sont la qualité du malt, la nature de la mouture, le procédé de brassage et le mode de soutirage.

Le brassage peut se diviser en deux phases : 1° le concassage du malt ; 2° le brassage proprement dit qui comprend l'empâtage du malt, la saccharification, le soutirage du moût et le lavage des drèches.

CONCASSAGE DU MALT

Principes du concassage. — Le concassage a pour but de briser l'amande en fragments de manière à offrir à l'amylase la plus grande surface possible d'attaque sur l'amidon. La question du concassage est intimement liée à celle du rendement, et la nature de la mouture est un des facteurs qui contribuent le plus à l'obtention de rendements élevés. Nous avons vu, à propos de l'analyse des malts, que le rendement monte quand la finesse de la mouture augmente. Matthews et Lott, en soumettant à la saccharification un même malt broyé à un degré de finesse variable, ont obtenu pour l'extrait des chiffres d'autant plus bas que le broyage est plus grossier, et variant ainsi de 72,86 pour la mouture fine, à 66,10 pour la mouture grossière. On serait donc amené théoriquement à choisir une mouture très fine et à travailler le malt à l'état de farine, si les nécessités du soutirage n'imposaient une limite à la finesse de la mouture. En effet, quand les enveloppes du grain restent entières, elles constituent un filtre à texture lâche et cependant efficace par l'enchevêtrement des éléments qui le forment. Au contraire, avec la mouture trop fine, les éléments ténus se serrent, offrent au passage du moût une résistance de plus en plus grande ; la filtration se fait mal, la masse se laisse difficilement traverser par les eaux de lavage, et l'épuisement imparfait amène une baisse de rendement. En outre, quand on emploie une cuve matière filtrante, la farine fine passe entre le faux-fond et le fond de la cuve et échappe à la saccharification.

D'autre part, la mouture trop grossière a des inconvénients sérieux ; elle abaisse le rendement, et la filtration des particules fines reste incomplète.

Il en résulte qu'on doit rester, dans le concassage, entre de justes limites, et dans le travail qui comporte la filtration en cuve, on doit régler la mouture de manière à se rapprocher le plus possible du rendement obtenu au laboratoire, mais sans compromettre le soutirage. Ce résultat est atteint en aplatissant le grain, et en le déchirant ensuite de manière à en faire sortir le contenu sous forme de menus fragments, tout en respectant le plus possible les enveloppes qui doivent être simplement fendues ou déchirées, mais non moulues. Quand on emploie le filtre-presse pour séparer le moût des drèches, on peut alors utiliser la mouture fine et augmenter ainsi le rendement : nous discuterons plus loin ces méthodes en étudiant le brassage et le soutirage du moût.

Matthews et Lott ont constaté que la proportion de maltose du moût diminue avec la mouture grossière, tandis que la proportion de dextrines augmente. L'état de finesse de la mouture a donc sa répercussion sur la composition même du moût ; ce qui est évident, car l'état de division de la mouture joue certainement un rôle dans la vitesse des transformations diastasiques.

Moulins à malt. — Les moulins à malt sont de types assez variés. Ils se composent, en principe, de cylindres dont on peut régler à volonté le degré d'écartement, et entre lesquels passe le malt. Ces appareils sont tantôt à deux cylindres, tantôt à quatre cylindres.

Le moulin à deux cylindres (fig. 46) se compose d'une trémie G, portant à sa base des distributeurs C à lames de tôle. Au-dessous se trouve un distributeur répartiteur des grains D, qui conduit le malt entre les deux cylindres A et A', dont l'un, A, est à coussinets fixes, et l'autre, A', à coussinets mobiles. Des leviers B à contrepoids C maintiennent les coussinets ; enfin un registre H sert de dégorgeoir de malt concassé.

Les moulins à quatre cylindres (fig. 47) comportent deux paires de cylindres superposées. La paire supérieure est réglée à un écartement tel qu'elle aplatit simplement le grain, la paire inférieure achève le concassage de l'amande et déchire simplement l'enveloppe sans la moudre. La distance entre les deux cylindres peut se régler avec la plus grande précision. Des leviers à contrepoids permettent à l'un des cylindres de s'écarter de l'autre dans le cas où un corps dur viendrait à s'engager dans l'appareil, et de revenir ensuite à sa position première. Enfin, à la partie supérieure se trouve un sasseur qui retient les grosses impuretés telles que pierres et morceaux de bois; on y adjoint parfois un appareil magnétique pour retenir les fragments de fer.

Les cylindres sont tantôt lisses, tantôt cannelés. On

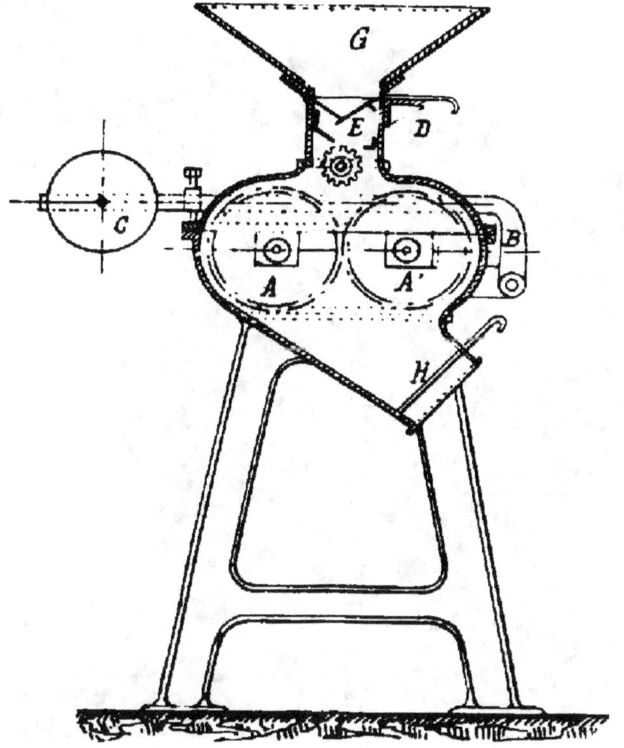

Fig. 46. — Moulin concasseur à une paire de cylindres. (Crépelle-Fontaine, constructeur, à la Madeleine-lez-Lille.)

voit que le but à atteindre dans le concassage n'exige pas l'emploi de rouleaux cannelés, qui produisent souvent un déchirement trop accentué des enveloppes du grain. Les rouleaux lisses sont donc préférables. Les cylindres lisses, tournant à la même vitesse, produisent simplement un aplatissement du grain sans froisser l'enveloppe, et ce genre de mouture peut suffire avec les malts très friables, obtenus par une longue germination froide, comme le cas se présente souvent en Angleterre.

Si les cylindres tournent à une vitesse différentielle, il se

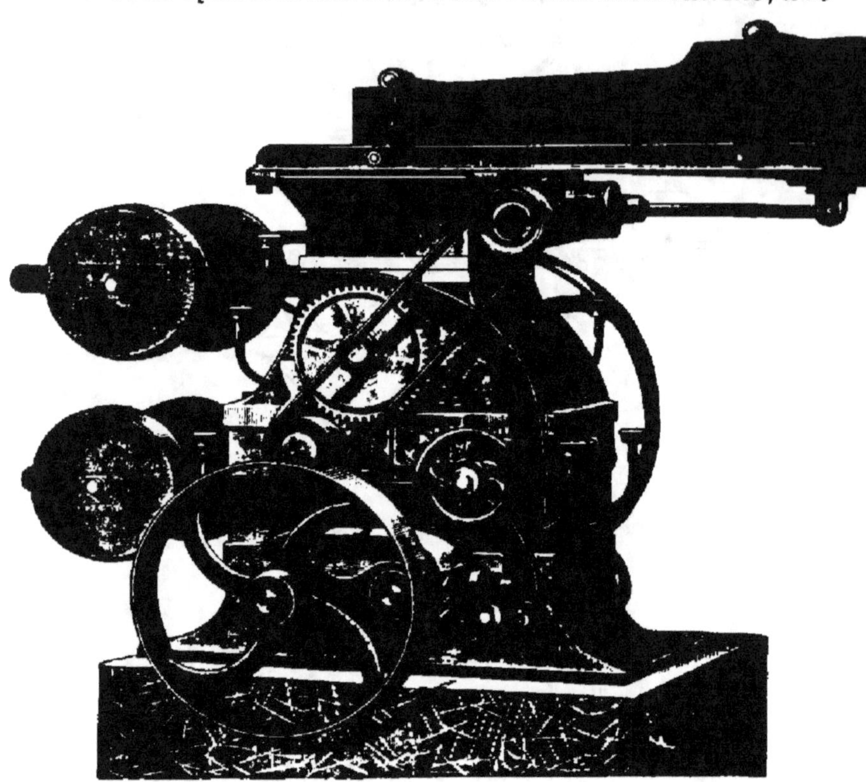

Fig. 47. — Moulin à malt à quatre cylindres. (Société Strasbourgeoise de constructions mécaniques, à Lunéville.)

produit un léger déchirement de l'enveloppe, qui complète la mouture. Ces deux opérations, aplatissement et déchirement de l'enveloppe, se trouvent séparées dans les moulins à quatre cylindres, et correspondent, la première aux cylindres supérieurs, la seconde aux cylindres inférieurs.

Il faut donner la préférence aux moulins à quatre

cylindres qui permettent de mieux régler la nature de la mouture, et qui peuvent moudre avec leurs cylindres inférieurs les petits grains respectés par les cylindres supérieurs. Les appareils perfectionnés sont surtout utiles avec les malts de qualité médiocre, et permettent souvent d'augmenter dans ce cas le rendement dans des proportions sensibles.

Les moulins constituent une source permanente de dangers d'infection à cause de la masse énorme de poussières qu'ils déversent dans l'air. Ces poussières sont formées non seulement par de la farine fine, mais aussi par des microbes adhérents aux grains, des spores de moisissures, etc. ; elles se glissent partout et il faut par suite éloigner le plus possible les moulins des bacs refroidissoirs, des réfrigérants, et des salles de fermentation. La place des moulins est évidemment à la partie supérieure de la brasserie, au-dessus de la salle de brassage, et pour éviter la contamination des bacs refroidissoirs qui sont presque toujours placés dans le voisinage, la meilleure méthode consiste à enfermer le moulin dans un local aussi hermétiquement clos que possible. On peut alors évacuer les poussières à l'aide d'un ventilateur qui les entraîne dans un canal traversé par de l'eau en pluie fine, de manière à les abattre.

Pratique du concassage. — Le degré de finesse à adopter pour la mouture dépend d'abord du mode de soutirage employé. Si la brasserie travaille par soutirage en cuve, ce qui est le cas le plus général, le but à atteindre est de concasser l'amande en menus fragments en respectant le plus possible les enveloppes, et le degré d'écartement des cylindres doit être réglé pour arriver à ce résultat. Si la filtration se fait au filtre-presse, il faut que la mouture soit fine ; mais les moulins à quatre cylindres se prêtent assez mal à ce genre de travail, et il est préférable d'avoir recours à des moulins spéciaux où l'échauffement est moins à craindre.

La qualité du malt doit intervenir dans le choix du degré de concassage. Plus le malt est défectueux, plus le rendement subit l'influence de la mouture. Quand le malt est bon, les différences de rendement entre la mouture fine et la mouture grossière restent faibles, mais quand le malt est mal désagrégé, le rendement croît rapidement avec la finesse de la mouture. Si le malt est friable et sec, il suffit d'un effort minime exercé par le moulin pour faire sortir le corps farineux de l'enveloppe, et il n'est pas nécessaire de rapprocher autant les cylindres pour avoir une bonne mouture que si on a affaire à un malt dur. En outre, pour que la mouture soit régulière avec un écartement donné des cylindres, il faut que les grains soient d'une grosseur uniforme. Les brasseurs qui ne maltent pas eux-mêmes doivent donc veiller à l'homogénéité de leur malt, afin que tous les grains soient bien atteints par le moulin. Les moulins à quatre cylindres permettent sous ce rapport un travail beaucoup plus parfait, en écrasant entre les cylindres inférieurs les petits grains qui ont échappé aux cylindres supérieurs.

La mouture obtenue est recueillie dans une trémie assez grande pour la contenir tout entière, et placée au-dessus de la cuve matière avec laquelle elle communique par un conduit. Parfois le malt, avant d'arriver au concasseur, passe sur une bascule qui enregistre le poids mis en œuvre : c'est une excellente pratique qui permet d'avoir une base précise pour l'appréciation du rendement.

BRASSAGE

L'opération du brassage ne consiste pas en une simple extraction à l'eau des substances solubles du malt. En effet, les éléments utiles ne sont pas, pour la plupart, à l'état soluble, et il faut, pour les extraire, les solubiliser sous l'action des diastases. Comme ces transformations diastasiques sont variables avec les conditions de travail et notamment avec les températures, on conçoit que le mode de brassage puisse faire varier la composition du moût et le caractère de la bière.

On peut distinguer dans le travail quatre phases principales : l'empâtage du malt, le brassage proprement dit, le soutirage du moût et le lavage des drèches. L'*empâtage*, ou *hydratation*, ou *salade*, a pour but le mélange intime du malt et de l'eau ; il s'effectue, soit directement dans la cuve matière, soit au moyen d'un « *hydrateur* ». Le *brassage* proprement dit correspond aux transformations diastasiques de l'amidon, des sucres et des matières azotées. Il consiste à amener progressivement la masse à la température convenable pour produire ces transformations. Les méthodes de travail, ou *méthodes de brassage*, sont ici très nombreuses et se distinguent surtout par la rapidité de l'élévation de température, le degré initial et le degré final, les procédés employés pour élever la température de la masse. Le *soutirage* a pour objet la séparation du moût clair des parties insolubles ou *drèches*. Il peut s'effectuer de deux manières, par filtration sur faux-fond ou par filtration au filtre-presse. La filtration sur faux-fond peut elle-même se faire dans la cuve matière qui est alors munie d'un faux-fond perforé, ou dans une cuve spéciale à filtrer. Enfin les *lavages* assurent l'extraction du moût qui imbibe encore les drèches après le soutirage ; ils se font par arrosage des drèches à l'eau chaude et déplacement progressif du moût sucré qui reste dans la masse.

Nous étudierons d'abord le matériel employé pour le brassage, puis nous décrirons les principales méthodes de travail, dont nous ferons ensuite l'étude théorique et pratique.

Matériel employé pour le brassage.

Les appareils employés pour le brassage sont : pour l'empâtage, l'hydrateur ; pour le brassage, la cuve matière ou le macérateur, parfois le cuiseur, et, dans les procédés de brassage mixtes ou par décoction, la chaudière à trempes ; pour le soutirage, la cuve à filtrer ou le filtre à moûts ; pour les lavages, la croix écossaise.

Hydrateurs. — On peut distinguer deux types d'hydrateurs : les hydrateurs mécaniques et les hydrateurs automatiques.

Hydrateur mécanique. — L'hydrateur mécanique (fig. 48)

Fig. 48. — Hydrateur mécanique.

se compose d'un cylindre métallique muni d'un axe central portant des palettes en hélice. A une des extrémités se trouve l'orifice d'arrivée de l'eau, et au-dessus, un tuyau qui communique avec la trémie à malt. Le malt arrive dans le cylindre, est poussé par la rotation de l'agitateur et mélangé intimement à l'eau.

Hydrateur automatique. — L'hydrateur automatique

(fig. 49) se compose également d'un cylindre communiquant à sa partie supérieure avec la trémie à malt, et s'ouvrant à la partie inférieure dans la cuve matière.

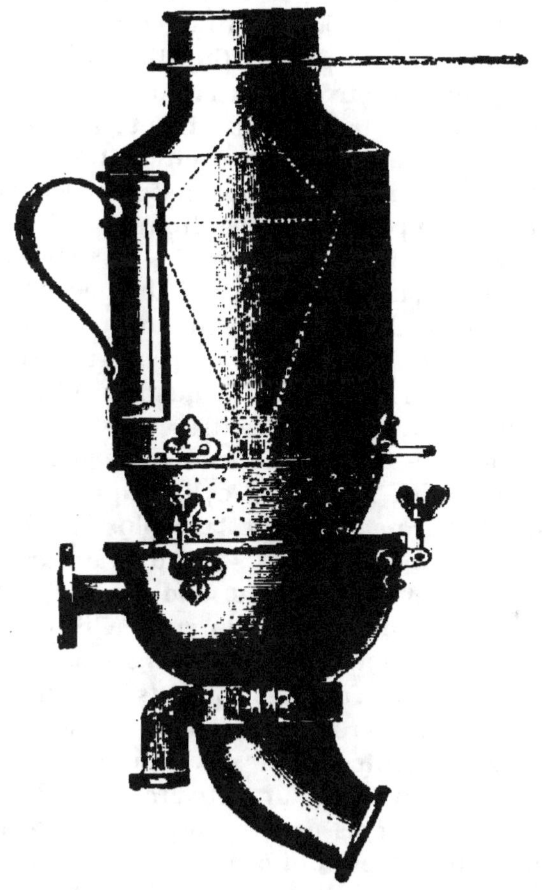

Fig. 49. — Hydrateur automatique. (Société Strasbourgeoise de constructions mécaniques, à Lunéville.)

L'eau arrive soit par des couronnes perforées, soit par une double enveloppe percée de trous et se répartit ainsi parfaitement dans le malt. Pour régulariser la descente du malt et réduire sa vitesse, on place à l'intérieur de l'appareil un cône métallique dont la pointe est tournée vers le haut, ou des cloisons en chicanes.

Cuve matière. — La cuve matière (fig. 50) peut servir, soit seulement pour le travail du brassage, soit à la fois pour le brassage et pour la filtration. Elle est généralement en tôle, recouverte extérieurement de bois ou de liège pour éviter le refroidissement ; parfois elle est munie d'une double enveloppe à circulation de vapeur pour permettre de maintenir plus aisément les températures ; parfois, elle porte un serpentin réchauffeur, appliqué contre ses parois intérieures. Ce dernier dispositif est très recommandable : il permet d'abréger le travail en décoction en réchauffant en cuve matière pendant qu'une trempe est en chaudière, ce qui supprime une trempe ; il permet en infusion de réduire la quantité d'eau chaude et d'avoir des moûts plus concentrés.

La cuve matière est parfois carrée, parfois ovale, le plus souvent ronde. La forme cylindrique est la meilleure, car elle permet un débattage plus régulier.

Quand la cuve ne doit servir qu'au brassage, elle n'a pas de faux-fond et elle porte au fond une ouverture destinée à évacuer la masse dans la cuve à filtrer. Quand elle doit servir à la fois au brassage et au soutirage, elle porte un faux-fond perforé, les robinets de soutirage et la croix écossaise : nous retrouverons ces appareils en étudiant la cuve à filtrer. La cuve matière est tantôt ouverte, tantôt fermée par un couvercle mobile.

L'agitation de la masse est indispensable pour avoir une température bien uniforme et pour favoriser la saccharification. Aussi la cuve matière porte-t-elle un agitateur plus ou moins puissant, dont la forme est très variable. Tantôt il consiste simplement en un arbre vertical portant à sa partie inférieure deux palettes inclinées en sens inverse et tournant au fond de la cuve. Cette disposition suffit pour les petites cuves. Pour obte-

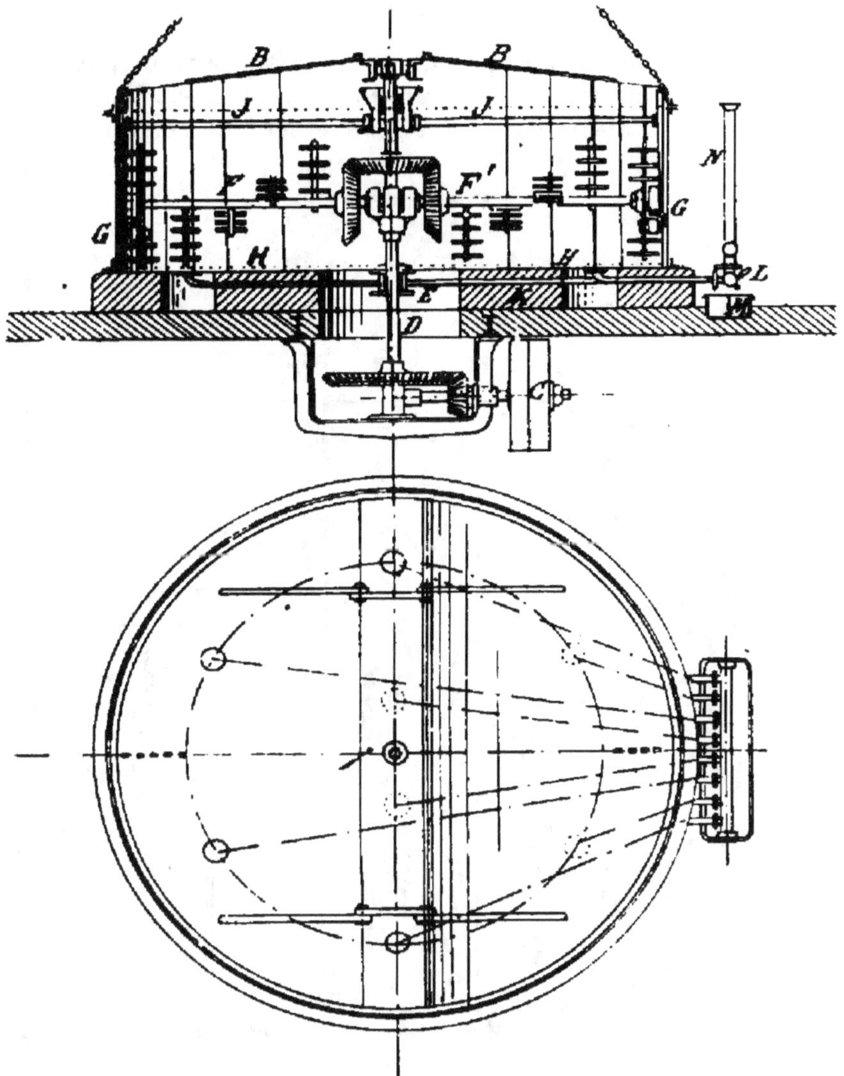

Fig. 50. — Cuve matière filtrante avec vagueur. (Crépelle-Fontaine, constructeur, à la Madeleine-lez-Lille.)

A, cuve proprement dite ; B, couvercle ; C, poulies ; D, arbre vertical ; E, boîte à étoupes ; F, arbres à fourquets ; G, crémaillère circulaire ; H, faux-fond perforé ; I, croix écossaise ; J, branches de la croix ; K, tuyaux de soutirage ; L, robinets de soutirage ; M, réservoir à deux compartiments ; N, faux-bucq.

nir une agitation plus parfaite, on utilise, surtout pour
les grandes cuves, des vagueurs plus compliqués. Tantôt
l'arbre vertical transmet son mouvement de rotation à

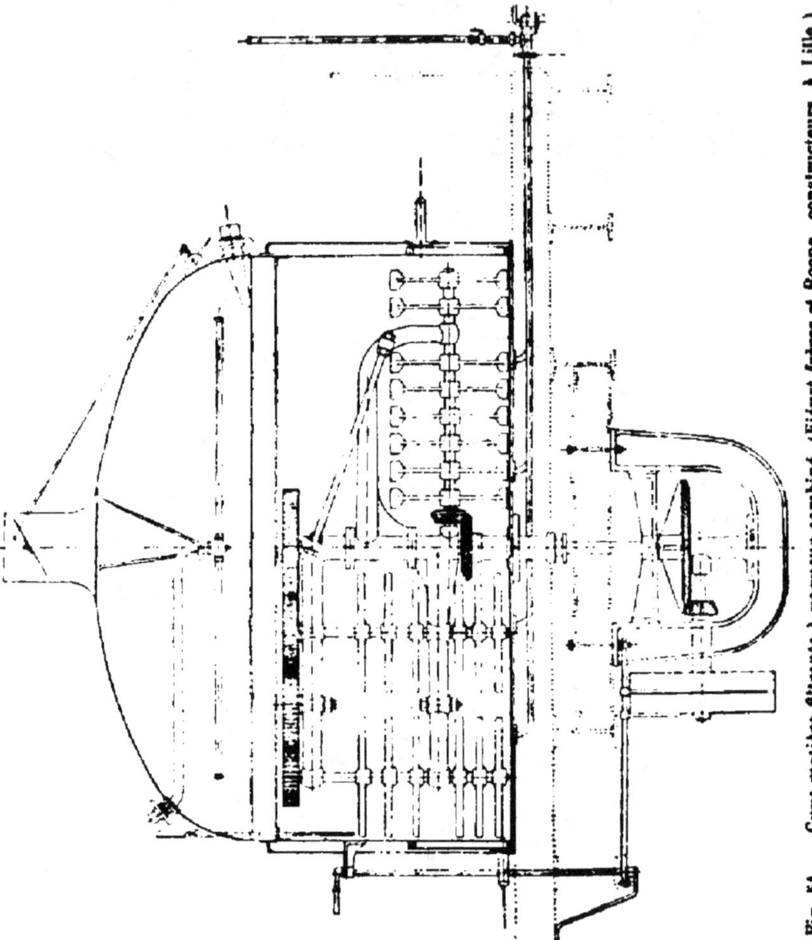

Fig. 51. — Cuve matière filtrante à vagueur combiné. (Fiévet frères et Boone, constructeurs, à Lille.)

deux bras horizontaux placés dans la cuve et armés de
palettes disposées en hélice (fig. 50). Les arbres horizontaux ont un mouvement de rotation sur eux-mêmes et
entraînent par suite les palettes qui tournent perpendi-

culairement au plan de la cuve, ils ont en outre un mouvement de rotation autour de l'axe vertical. Dans d'autres appareils, l'arbre vertical porte une série d'engrenages qui commandent, soit des agitateurs verticaux à bras horizontaux, soit des agitateurs horizontaux à bras verticaux (fig. 51). Ces agitateurs sont animés d'un mouvement

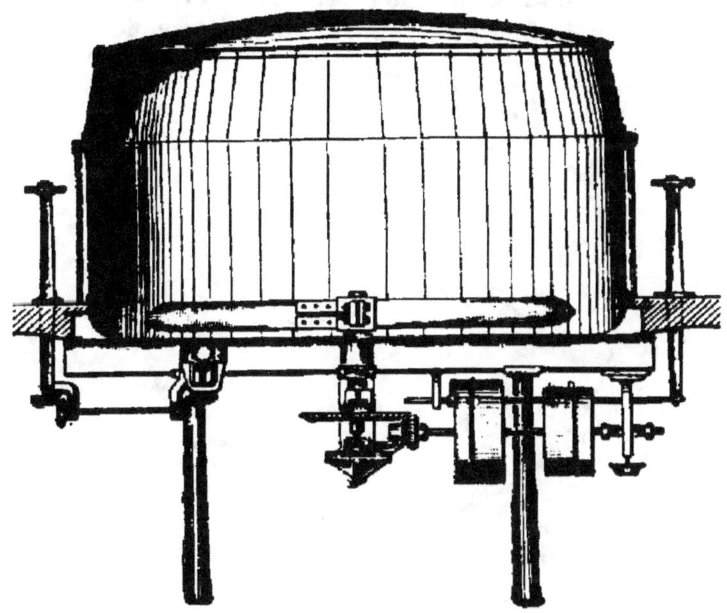

Fig. 52. — Cuve matière avec ailes Weigel. (Société Strasbourgeoise de constructions mécaniques, à Lunéville.)

de rotation propre autour de leur axe et sont entraînés en même temps dans la rotation de l'axe principal autour de la cuve.

On a simplifié, dans ces dernières années, la forme du vagueur : au lieu des palettes plus ou moins compliquées, on préfère aujourd'hui la forme en hélice qui est plus simple et permet plus facilement le nettoyage. Le vagueur hélicoïdal de Weigel (fig. 52) se compose de deux branches contournées en hélice (fig. 53), placées au fond de la cuve et tournant à une vitesse d'environ 40 tours à la minute. Il produit un débattage parfait, et un mélange très homogène. Cet appareil n'occupe dans la cuve qu'une place très réduite et supprime tous les engrenages encombrants et difficiles à nettoyer. Il faut avoir soin, quand la cuve matière doit servir aussi à la filtration, de donner à ce vagueur une vitesse plus faible

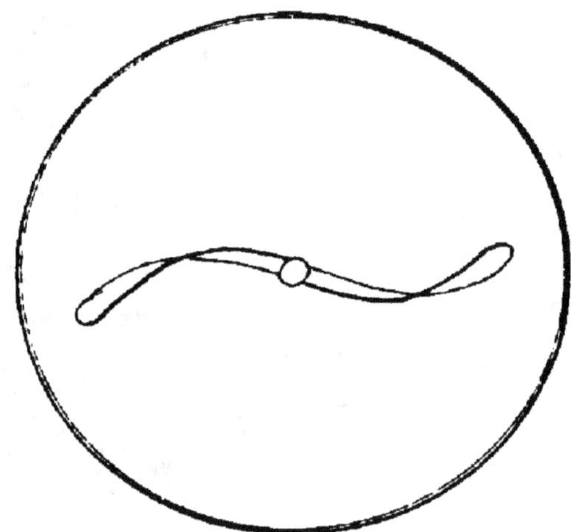

Fig. 53. — Cuve matière avec ailes Weigel (plan schématique).

et une inclinaison différente des bras pour que la couche de drèches soit bien uniforme et que le faux-fond ne soit pas déformé.

La commande de l'agitateur de la cuve matière se fait soit par la partie supérieure, soit par le dessous. Cette dernière disposition est préférable, car les engrenages ne sont pas exposés à la vapeur qui s'élève de la cuve.

La forme du vagueur n'a pas une influence bien marquée sur le rendement, mais il est hors de doute qu'une agitation énergique active la saccharification.

Macérateur. — Quand on dispose d'une cuve à filtrer, on peut employer pour le travail du brassage, soit

Fig. 54. — Macérateur. Diebold, constructeur, à Nancy.)

une cuve matière sans faux-fond, soit un macérateur.

Le macérateur (fig. 54) se compose d'un cylindre horizontal, muni d'un agitateur à bras verticaux. Il est chauffé à la vapeur par un double fond, et il porte à la partie supérieure des ouvertures qu'on peut fermer par des étriers à vis, de manière à pouvoir chauffer sous pression si on le désire. Un orifice de vidange permet l'évacuation de la masse.

Le macérateur Fiévet et Boone (fig. 55), voir aussi les figures 63 et 64) est constitué par un corps cylindrique en tôle d'acier dans lequel tourne un double agitateur portant des bras à griffes qui raclent le fond. Cet agitateur fonctionne à plusieurs vitesses pour permettre de délayer lentement les masses épaisses ou vivement les matières fluidifiées. Le chauffage a lieu par une double enveloppe qui permet l'emploi de la vapeur à 6 kilogrammes de pression. Le couvercle supérieur est à contrepoids, et se ferme d'une façon hermétique par un joint en caoutchouc et des boulons à ailettes. L'appareil porte une rehausse à la partie supérieure pour récolter les écumes qui débordent et les faire rentrer à l'intérieur; il est enfin muni d'une cheminée, d'un tube de niveau et d'un thermomètre.

On voit que ces appareils permettent à volonté le travail du brassage à toute température, la cuisson du grain cru à l'air libre ou sous pression, le refroidissement de l'empois, la cuisson du moût houblonné à l'air libre ou sous pression.

Cuiseur. — Quand on emploie des grains crus, on utilise parfois le cuiseur pour la cuisson des grains sous pression. Le cuiseur (fig. 56) se compose essentiellement d'un réservoir conique ou cylindro-conique en tôle, qui peut résister à une pression de vapeur de 3 ou 4 atmosphères. A la partie supérieure se trouve un orifice de chargement soigneusement assujetti par un étrier à vis. L'admission de vapeur se fait à la base de l'appareil par injection tangentielle de deux côtés opposés, de manière à produire à l'intérieur un tourbillon giratoire qui maintient la masse en mouvement. Certains cuiseurs portent

Fig. 55. — Macérateur à double agitateur. (Fièvet frères et Bonne, constructeurs, à Lille.)

un agitateur. La vidange de la masse s'effectue par la

tubulure inférieure de l'appareil. Le cuiseur porte enfin à la partie supérieure un manomètre et une soupape de sûreté.

Chaudière à trempes. — La chaudière à trempes sert, dans les procédés de brassage par décoction ou mixtes, à porter à l'ébullition les trempes. Ces chaudières sont tantôt en cuivre, tantôt en acier et cuivre, tantôt en acier. On fait aujourd'hui, surtout avec le chauffage à la vapeur, beaucoup de chaudières à trempes en tôle d'acier, qui sont moins coûteuses.

Les chaudières à trempes (fig. 57) sont assez larges, ordinairement rondes, et elles sont souvent recouvertes par un dôme sphérique muni d'une cheminée d'appel, afin d'entraîner rapidement les vapeurs. Certaines chaudières peuvent être fermées par un couvercle boulonné et permettent ainsi de cuire sous pression (fig. 58 et 59).

Le chauffage se fait tantôt à feu nu, tantôt à la vapeur. Quand la chaudière doit être chauffée à feu nu, elle est disposée sur un massif de maçonnerie qui constitue le foyer. La partie chauffée doit être aussi grande que possible pour utiliser avantageusement le combustible. Un agencement de carneaux sur les côtés de la chaudière permet aux gaz de chauffer le pourtour : le fond doit se trouver à une distance d'environ 0^m,80 à 1 mètre de la grille du foyer, pour éviter la surchauffe.

Quand on chauffe à la vapeur, la chaudière porte soit une double enveloppe, soit un serpentin placé au fond. Dans ce dernier cas, on fait ordinairement arriver la vapeur par la partie supérieure pour ne pas percer les parois de la chaudière, et on peut enlever le serpentin très facilement pour le nettoyage. Le chauffage par serpentin a l'avantage de mieux utiliser la chaleur, de simplifier la construction du fond et de la vidange de l'appareil, de réduire l'épaisseur de la tôle et de permettre un chauffage plus facile dans les appareils de très grandes dimensions. En outre, l'adjonction d'un serpentin à une chaudière à feu nu permet de la transformer facilement

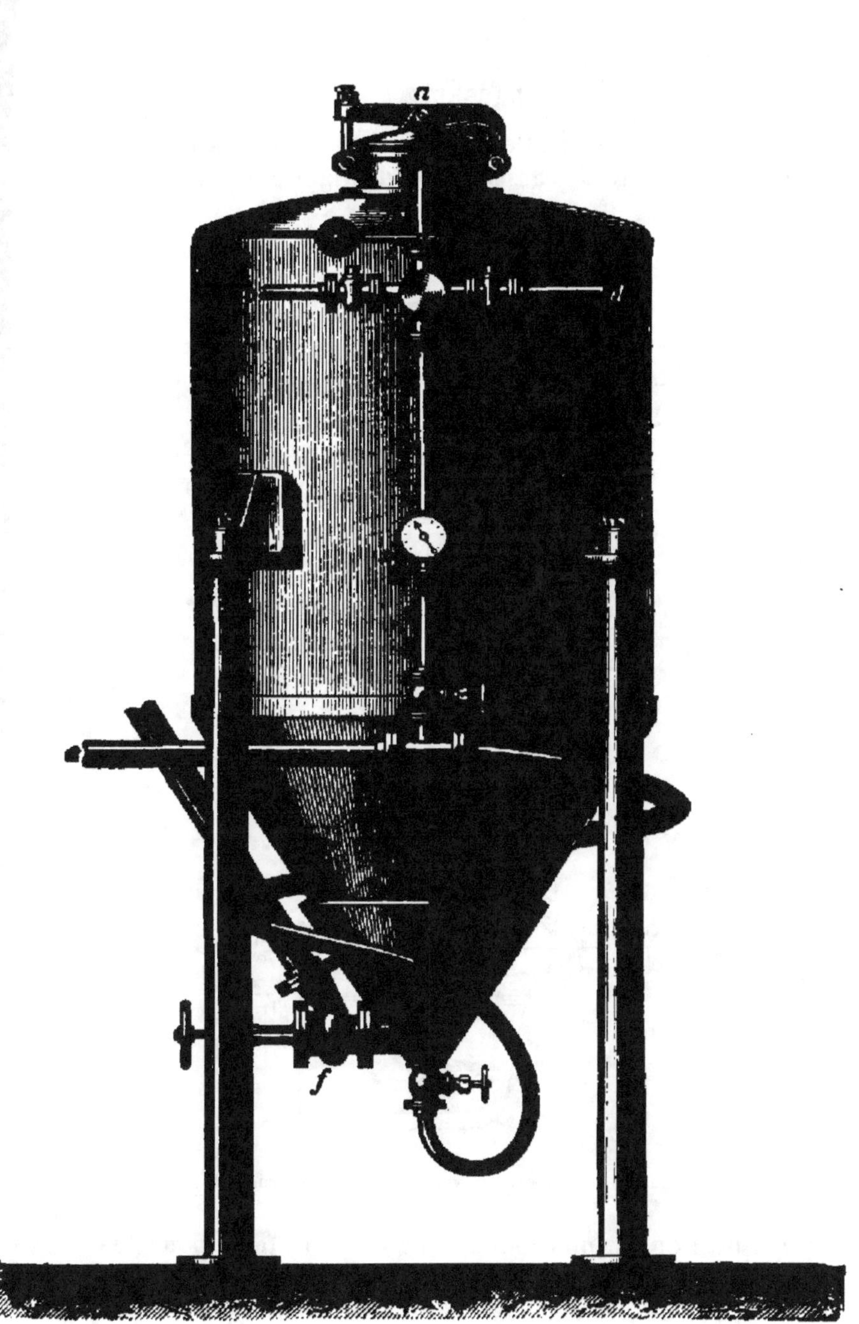

Fig. 56. — Cuiseur vertical, système Henze.

en chaudière à vapeur. Par contre, le serpentin a l'inconvénient de s'encrasser assez vite et d'exiger des nettoyages fréquents.

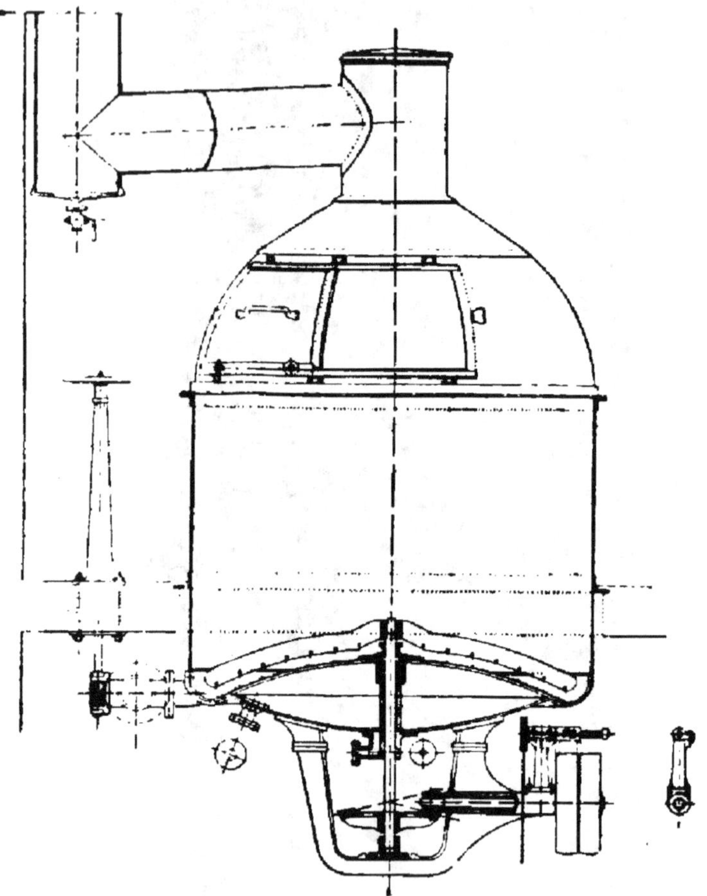

Fig. 57. — Chaudière à trempes. (Fiévet et Boone, constructeurs, à Lille.)

La question du meilleur mode de chauffage pour les chaudières a été très discutée. On a objecté au chauffage à la vapeur de donner des bières brunes moins aromatiques que le chauffage à feu nu, dans lequel il se produit une surchauffe et un commencement de caramélisation qui influe sur le goût de la bière. De nombreuses expériences entreprises à ce sujet ont montré que cette opinion

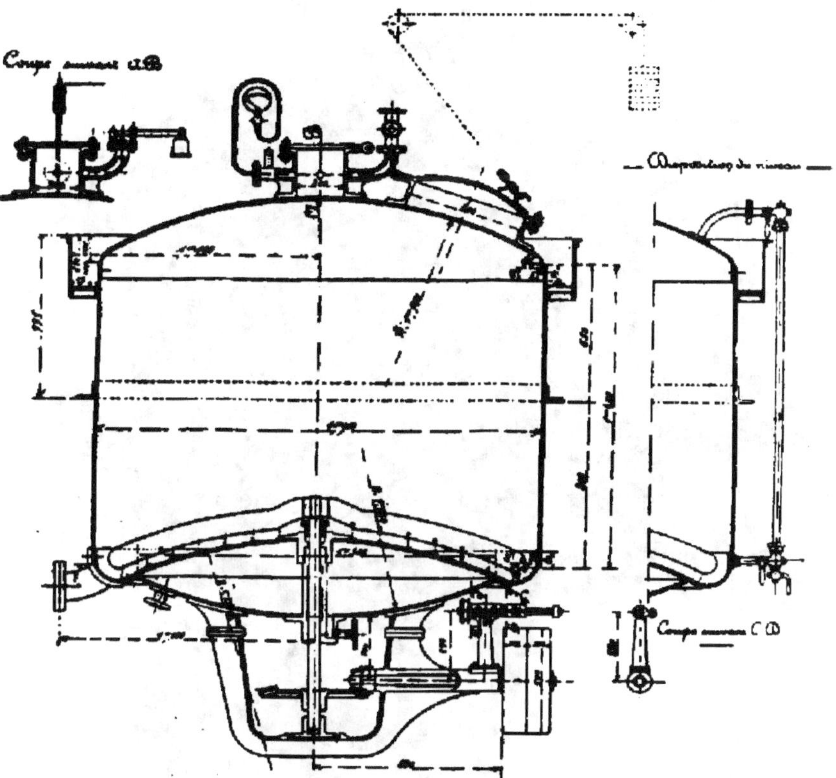

Fig. 58. — Chaudière à trempes et à cuire pouvant fonctionner sous pression. Coupe transversale. (Fiévet et Boone, constructeurs, à Lille.)

n'est pas exacte : le chauffage à la vapeur permet d'obtenir plus facilement les bières pâles, et fournit des bières brunes identiques à celles qu'on obtient avec le chauffage à feu nu. Les expériences de Schwackhöfer et Walther notamment ont montré que dans le chauffage à

feu nu, il ne se produit pas de surchauffe ; d'autres
recherches ont permis de constater que la composition

Fig. 59. — Chaudière à trempes et à cuire pouvant fonctionner sous pression.
Vue d'ensemble. (Fiévet et Boone, constructeurs, à Lille.)

des bières est sensiblement la même, qu'elles soient
brassées à feu nu ou à la vapeur, et les petits changements observés par certains expérimentateurs doivent

donc être rapportés à d'autres causes qu'au mode de chauffage.

Aujourd'hui, le chauffage à la vapeur tend à se répandre de plus en plus. La vapeur a en effet l'avantage de permettre un chauffage plus régulier ; l'opération est plus facile à régler et on n'a pas à craindre les coups de feu comme avec le chauffage à feu nu ; l'installation est plus propre et moins encombrante ; enfin la dépense en combustible est presque toujours moins considérable.

Comme la chaudière à trempes doit servir au chauffage d'une masse pâteuse de malt et d'eau, elle doit posséder un agitateur pour éviter l'adhérence de la matière au fond. Cet agitateur est composé tantôt de deux palettes qui tournent à une très petite distance du fond, tantôt de deux palettes munies de chaînes de fer qui frottent sur tout le fond de la chaudière pendant la rotation, tantôt par un vagueur hélicoïdal Weigel. La transmission du mouvement se fait soit par la partie supérieure, soit par le dessous.

Cuve à filtrer. — La filtration sur faux-fond peut s'effectuer soit avec la cuve matière, soit avec une cuve à filtrer.

CUVE MATIÈRE FILTRANTE. — Quand la cuve matière doit servir à la fois au brassage et au soutirage (fig. 50, 51 et 52) elle porte un faux-fond mobile, formé de plusieurs secteurs percés d'orifices assez fins pour retenir les drèches et laisser passer le moût.

Le faux-fond est tantôt en tôle, tantôt en cuivre, tantôt en bronze.

Les faux-fonds en fer ont l'inconvénient de se rouiller, surtout dans les brasseries où le travail n'est pas continu. Les faux-fonds en cuivre sont bien meilleurs ; ils sont plus propres, durent beaucoup plus longtemps et conservent une valeur assez grande quand on veut s'en défaire pour les remplacer. On a recommandé beaucoup dans ces dernières années les faux-fonds en bronze, qui sont coûteux, mais ont l'avantage sur les faux-fonds en cuivre d'être moins flexibles, plus résistants, et de moins s'incurver sous le poids des drêches. Ils permettent aussi d'augmenter beaucoup le nombre des perforations, mais ce n'est pas là un avantage, car l'expérience pratique a démontré que les nouveaux faux-fonds à perforations très nombreuses ne donnent pas une filtration plus rapide que les anciens ; bien au contraire, il arrive fréquemment, avec les faux-fonds en bronze qui portent de 60000 à 120000 trous au mètre carré, que les orifices s'obstruent rapidement parce qu'ils sont trop petits. La filtration est plus longue, et on doit procéder fréquemment à des nettoyages très dispendieux.

L'augmentation du nombre des perforations ne paraît donc pas jouer un rôle avantageux dans la vitesse du soutirage, et les anciennes cuves dont les perforations varient de 20000 à 45000 trous au mètre carré donnent une filtration au moins aussi rapide que les nouveaux faux-fonds à perforations plus nombreuses.

La forme des orifices (fig. 60) est variable. Tantôt le faux-fond est percé de trous coniques, évasés vers le dessous, tantôt de fentes de 15 millimètres de long, taillées en biseau, la petite ouverture tournée vers le haut. Les fentes sont préférables : la surface de filtration est plus considérable, les obstructions sont moins à craindre. Elles donnent une filtration plus rapide que les trous, mais elles sont plus difficiles à percer que les trous ronds.

Le faux-fond occupe toute la surface de la cuve. Il est entièrement perforé, sauf sur le bord où on réserve une une partie pleine pour éviter que la drêche ne s'écarte des parois. Il doit être parfaitement horizontal. Il est bon de ne laisser entre le faux-fond et le fond véritable, qu'une distance très faible, 6 à 10 millimètres par exemple, sinon on risque d'y accumuler une grande quantité de boue et de folle farine lors de l'empâtage.

Le fond de la cuve porte un certain nombre d'orifices correspondant à des tuyaux de soutirage qui aboutissent soit à des robinets dits de *mise en perce*, placés au-dessus d'un bac dit *reverdoir*, soit à un tube fermé. Cette dernière disposition n'est pas très recommandable, quand elle ne permet pas de comparer les moûts qui s'écoulent des divers tuyaux. Quant au reverdoir, il est constitué par un bac en cuivre, de dimensions variables, tantôt ouvert, tantôt fermé. Il est parfois divisé en deux compartiments

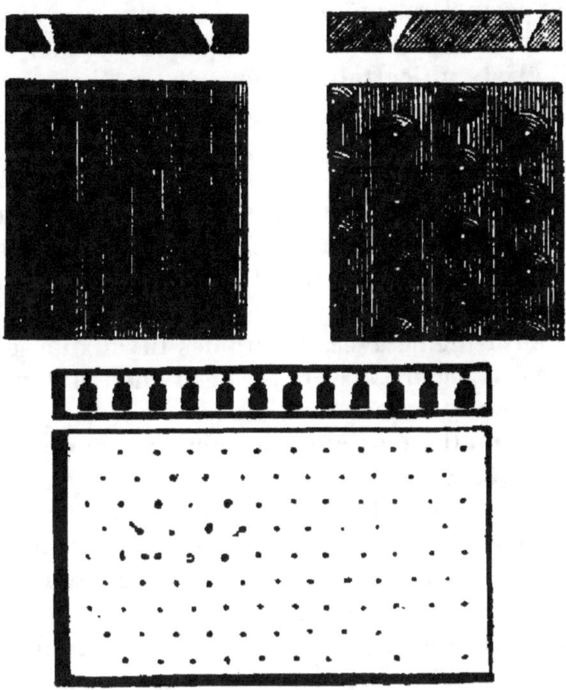

Fig. 60. — Divers modes de perforations de faux-fonds.

par une cloison longitudinale. Dans ce cas, les robinets peuvent couler sur l'un ou l'autre de ces compartiments. Quand le moût coule trouble au début du soutirage, il se rassemble dans l'un des compartiments, d'où une pompe le renvoie en cuve. Quand il coule clair, on tourne les robinets au-dessus du second compartiment.

On place ordinairement deux orifices par mètre carré

de surface, parfois seulement un ou un et demi dans les grandes cuves, et on les dispose le plus souvent sur un ou plusieurs cercles qui divisent la surface en anneaux de surface égale.

Les robinets de mise en perce servent à régler l'écoulement du moût des différents points de la cuve. Ils ne doivent pas permettre, même quand ils sont trop ouverts, de rentrées d'air sous le faux-fond par les tuyaux de soutirage. Il existe un certain nombre de systèmes de robinets pour éviter ces rentrées, mais le moyen le meilleur et le plus simple consiste à bien régler l'ouverture du robinet au point voulu.

Dans les méthodes par infusion, la cuve matière porte un tuyau vertical, appelé *faux-bucq*, qui communique par sa partie supérieure avec la bâche à eau chaude et par sa partie inférieure avec un tuyau horizontal qui se raccorde lui-même avec chacun des tuyaux de soutirage. Ce dispositif permet d'envoyer l'eau chaude dans la cuve par le dessous du faux fond.

La cuve matière est enfin munie d'une porte d'évacuation des drèches.

Cuve a filtrer. — Dans un grand nombre de brasseries, la saccharification et le soutirage se font aujourd'hui dans deux appareils différents, la cuve matière, ou le macérateur, et la cuve à filtrer.

La cuve à filtrer (fig. 61) est construite comme une cuve matière, mais elle n'a pas d'agitateur et son faux-fond est fixe. Les observations faites plus haut au sujet des faux-fonds, des perforations, des tuyaux de soutirage sont applicables aux cuves à filtrer. On dispose à l'intérieur de la cuve une piocheuse formée de palettes qui labourent la drèche et bouchent les fissures qui se produisent pendant le soutirage et les lavages. Un dispositif de volants ou de leviers permet d'élever plus ou moins le râteau-piocheur dans la cuve et de donner aux palettes une inclinaison plus ou moins accentuée, afin de faire varier l'angle que fait le plan de la palette avec la direction du mouvement. On peut ainsi labourer plus ou moins profondément la drèche et la diriger à volonté à la fin de l'opération, vers une ouverture d'évacuation.

La figure 62 représente deux cuves de filtration jumelles munies chacune d'un râteau piocheur, qu'on peut

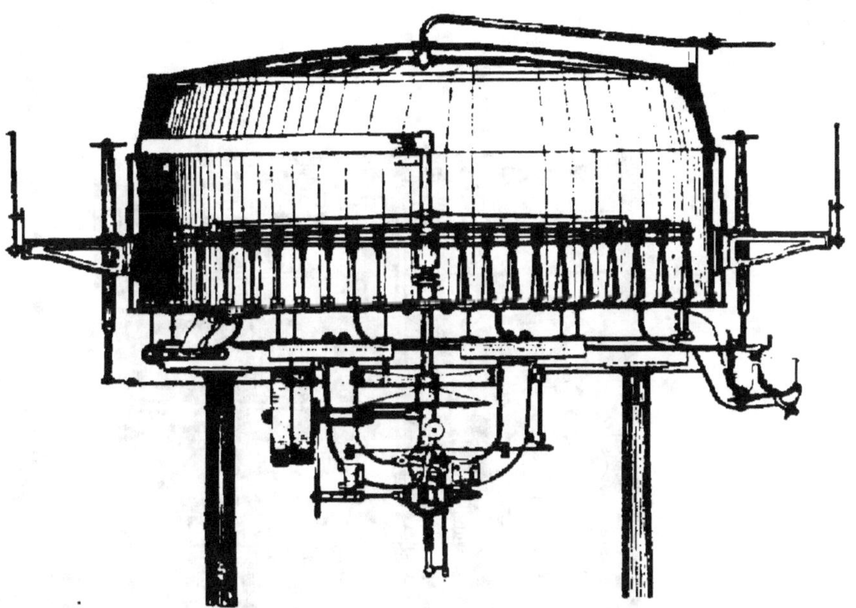

Fig. 61. — Cuve à filtrer avec piocheuse de drèches. (Société Strasbourgeoise de constructions mécaniques, à Lunéville.)

élever plus ou moins, qui fonctionne automatiquement une fois mis en route et débarrasse seul la cuve des drèches qui y sont accumulées. On peut ainsi soutirer l'une des cuves pendant qu'on donne sur l'autre une trempe à l'eau chaude, et procéder ainsi à des macérations successives et méthodiques dans les deux cuves, sans perdre de temps.

Les figures 63 et 64 représentent l'installation de ces cuves de filtration avec un macérateur.

16.

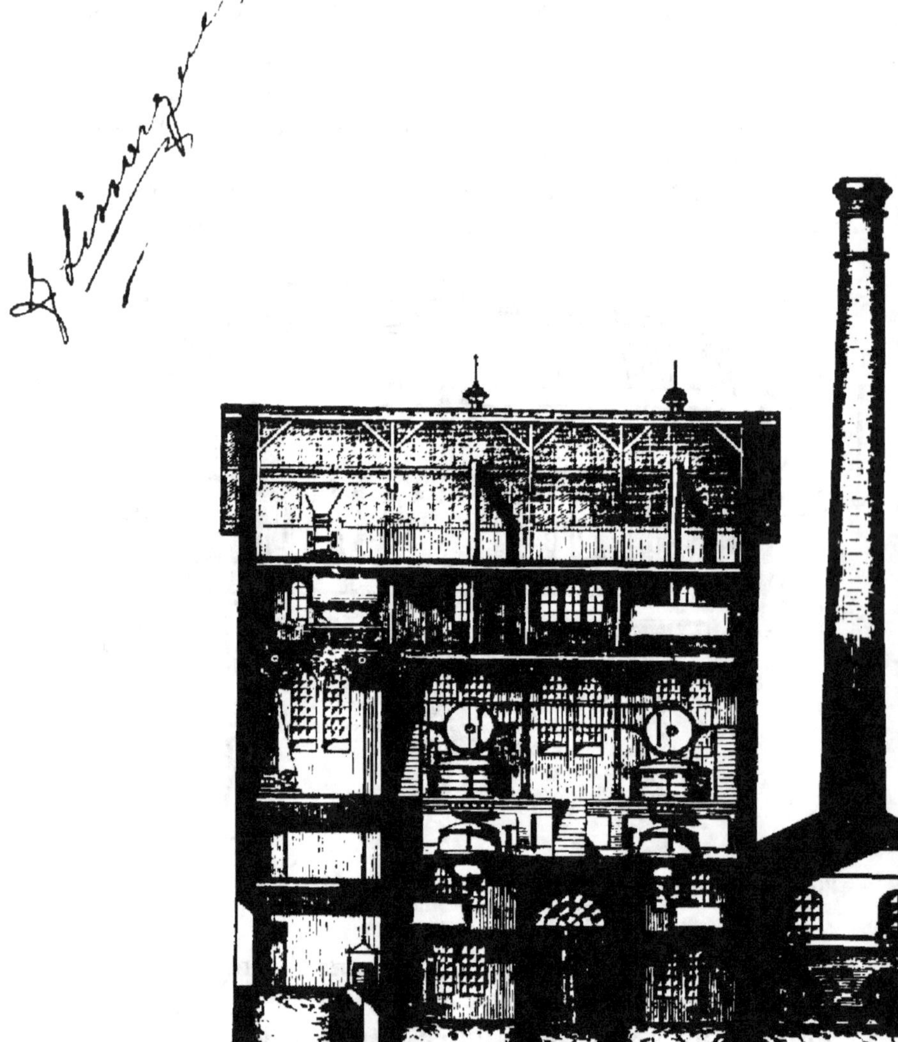

Fig. 65. — Vue d'une brasserie en cascade avec macérateur

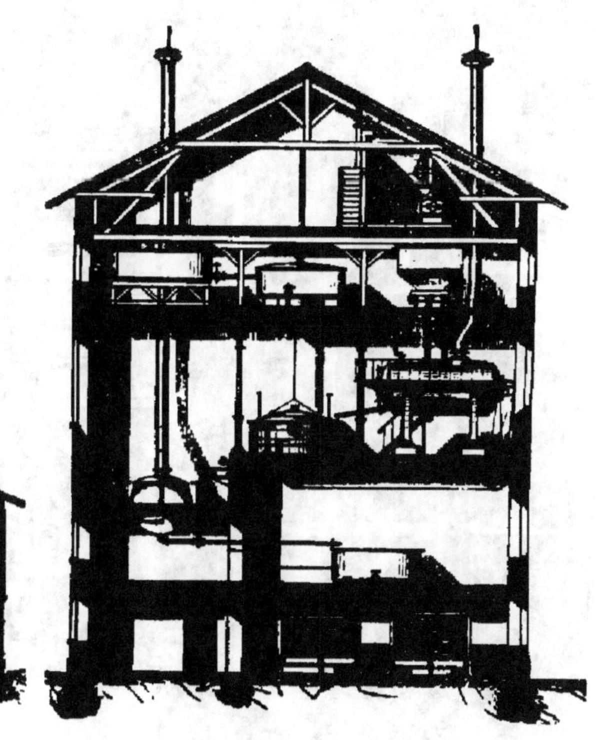

é Strasbourgeoise de constructions mécaniques, à Lunéville.)

Filtre à moûts. — Le filtre à moûts permet d'em-

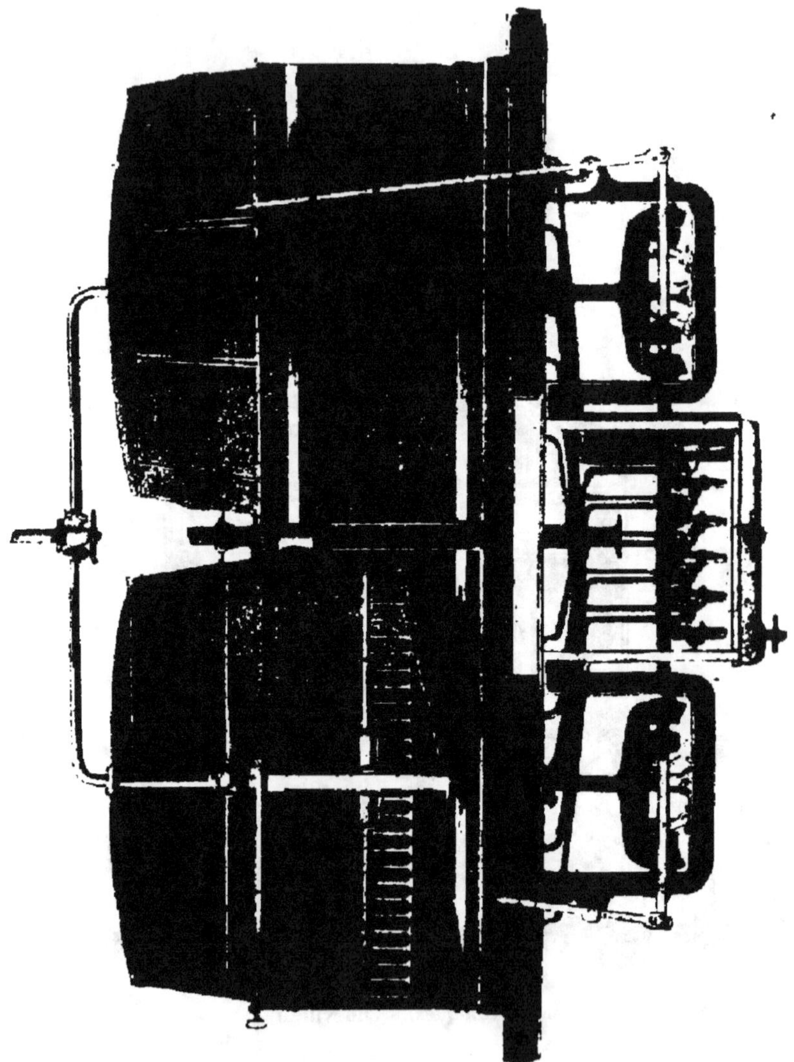

Fig. 62. — Cuves de filtration jumelles. (Fiévet et Buohe, constructeurs, à Lille.)

ployer une mouture fine et d'augmenter le rendement.
Cet appareil se compose en principe d'un certain nombre

de plateaux serrés les uns contre les autres et reposant,
par des oreilles latérales, sur deux montants parallèles
sur lesquels ils glissent. Ils sont placés entre deux sommiers, l'un fixe et l'autre mobile. Le serrage se fait par

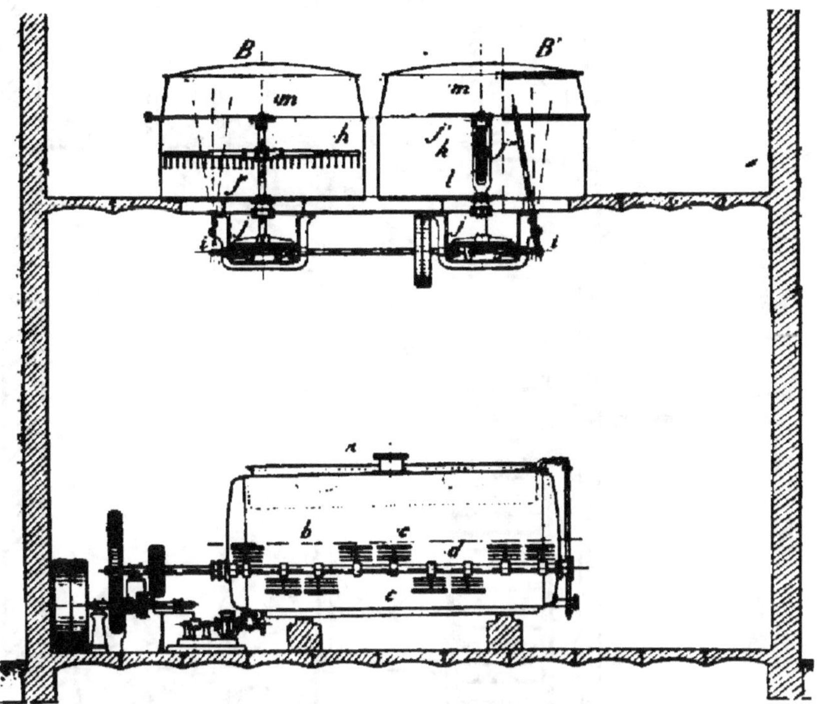

Fig. 63. — Installation d'un macérateur et de cuves de filtration jumelles.
Coupe longitudinale. (Fiévet et Boone, constructeurs, à Lille.)

une vis centrale ou par deux vis placées sur chacun des
tirants. Chaque plateau est placé contre son voisin de
manière à former avec leurs bords une cloison étanche.
La partie intérieure de chaque cadre est moins large que
les bords, et il se forme ainsi entre deux plateaux juxtaposés une poche dans laquelle s'accumule la matière à
filtrer. La surface interne des plateaux est cannelée, et

chacun porte, à cheval sur lui, une toile qui vient s'appli-

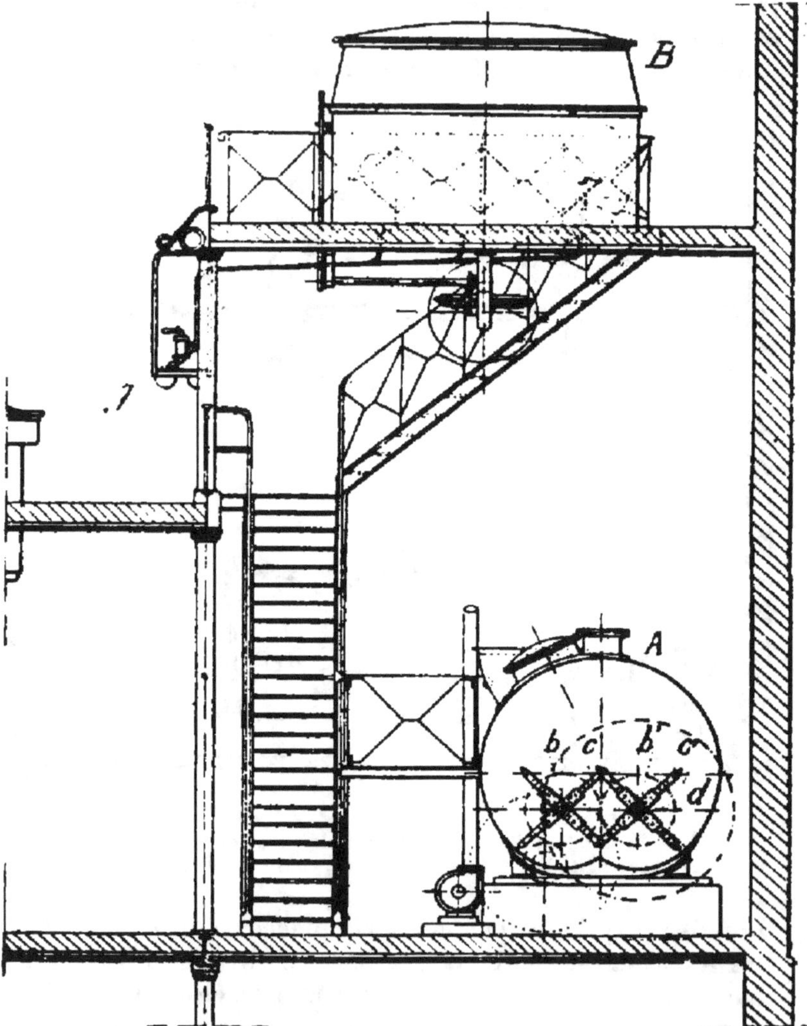

Fig. 64. — Installation d'un macérateur et de cuves de filtration jumelles.
Coupe transversale. (Fiévet et Boone, constructeurs, à Lille.)

quer contre ses parois. La matière à filtrer arrive entre les plateaux sous faible pression; le liquide filtre à travers les toiles et le moût s'écoule par les robinets de chaque plateau, tandis que les drèches s'accumulent entre les toiles. Quand le filtre est rempli, il suffit d'envoyer de l'eau chaude sous pression pour effectuer le lavage.

Parmi les principaux filtres à moûts utilisés en brasserie, on peut citer le filtre Meura et le filtre Crossmann.

Croix écossaise. — On emploie très fréquemment la croix écossaise pour l'arrosage des drèches à l'eau chaude. Cet appareil est placé soit sur la cuve matière, si elle sert à la filtration, soit sur la cuve à filtrer. Il se compose le plus souvent d'un vase ouvert, monté sur un tourillon et placé sur l'axe central de la cuve. A ce vase sont adaptés deux, trois ou quatre tuyaux en cuivre, percés de trous et d'une longueur égale au rayon de la cuve à filtrer. L'eau chaude arrive dans le vase central et s'écoule par les trous percés sur les tuyaux en produisant, comme dans le tourniquet hydraulique, une rotation de la croix autour de l'axe. Dans d'autres installations, la croix est montée sur billes, et raccordée par une canalisation close à un réservoir d'eau placé au-dessus. La rotation ne doit pas être trop rapide, et une vitesse de 5 à 10 tours à la minute semble suffisante, sinon l'eau d'arrosage se trouve projetée contre les parois de la cuve et sur le bord des drèches, au lieu d'être répartie régulièrement sur toute leur surface. Pour que la croix écossaise fonctionne bien, le mieux est de percer les trous à la partie inférieure du tuyau au voisinage de l'axe, afin que la partie centrale des drèches reçoive l'eau directement, et de placer les trous latéralement à mesure qu'on s'éloigne de l'axe, en augmentant leur nombre de plus en plus puisque la surface de drèches à arroser augmente.

Autres appareils utilisés pour le brassage. — Les pompes sont employées dans le travail du brassage, soit pour envoyer la masse de la cuve matière dans la chaudière à trempes, soit, inversement, pour renvoyer la trempe bouillante dans la cuve. On utilise surtout dans ce but les pompes centrifuges, qui ont l'avantage d'avoir un débit rapide et d'être peu encombrantes, et parfois aussi les pompes à boulets.

La préparation de l'eau chaude se fait le plus souvent dans une bâche chauffée soit par un serpentin de vapeur, soit par les gaz chauds qui s'échappent des foyers des chaudières à feu nu, et cette dernière disposition est particulièrement économique. Pour obtenir facilement de l'eau à la température voulue, on emploie les mélangeurs constitués par une boîte cylindrique à l'intérieur de laquelle arrive l'eau chaude ou la vapeur et l'eau froide, par deux tuyaux munis de robinets qu'on règle à volonté de manière à avoir à la sortie la température voulue.

Disposition des appareils de brassage. — On peut disposer les appareils de brassage, soit en cascade complète, soit en cascade partielle. Dans la cascade complète (fig. 65, voir pages 282-283), on place en haut le moulin qui alimente directement la trémie où se rassemble la mouture. Au-dessous de la trémie se trouve le macérateur ou la cuve matière ; puis, plus bas, la cuve à filtrer, placée elle-même au-dessus des chaudières à trempes et à houblonner. La cascade se complète par les bacs et les réfrigérants disposés au-dessous de la chaudière à houblonner et au-dessus des cuves de fermentation. Avec cette installation, on réduit au minimum l'usage des pompes, qui ne servent que pour renvoyer dans la cuve matière ou dans le macérateur les trempes portées à l'ébullition dans la chaudière, mais on doit disposer d'un bâtiment très élevé.

Dans la cascade partielle, on dispose deux étages d'appareils au lieu d'un seul. On place, par exemple, successivement en haut le moulin, puis la trémie à malt, la cuve matière et en bas la chaudière à trempes, et on dispose la cuve à filtrer au même niveau que la cuve

Fig. 66. — Salle de brassage. (Diebold, constructeur, à Nancy.)

matière et la chaudière à houblonner au niveau de la chaudière à trempes (fig. 66, 67 et 68). Il faut dans ce cas faire passer au moyen d'une pompe le contenu de la cuve matière dans la cuve à filtrer, au lieu de le laisser écouler directement comme dans la cascade complète. On peut encore disposer tous les appareils de brassage en cascade, mais remonter à l'aide d'une pompe le moût houblonné sur les bacs et les réfrigérants qui sont placés, dans ce cas, au-dessus de la chaudière à cuire.

Description des principales méthodes de brassage.

Les méthodes employées pour l'empâtage et le brassage proprement dit peuvent se rapporter à trois types principaux :

1° Les méthodes de brassage *par infusion*, dans lesquelles on produit l'élévation de température rapidement, par des additions graduelles d'eau chaude, sans jamais soumettre à l'ébullition aucune des parties du mélange ;

2° Les méthodes de brassage *par décoction*, dans lesquelles l'élévation de température est réalisée par le chauffage à l'ébullition d'une fraction de la trempe et le retour de cette partie chauffée au contact de la partie tiède restée dans la cuve matière ;

3° Les méthodes *mixtes*, ou méthodes de *brassage à moût trouble*, qui comprennent une trempe de décoction chauffée à l'ébullition et une trempe d'infusion obtenue par addition d'eau chaude.

Ces méthodes, autrefois très nettement séparées, ont aujourd'hui beaucoup de points communs par suite de l'emploi des macérateurs et des grains crus. L'adjonction de maïs ou de riz au malt exige en effet une transformation préalable de l'amidon du grain en empois, et dans les procédés d'infusion, cette opération s'effectue souvent en portant à l'ébullition une fraction de la trempe de

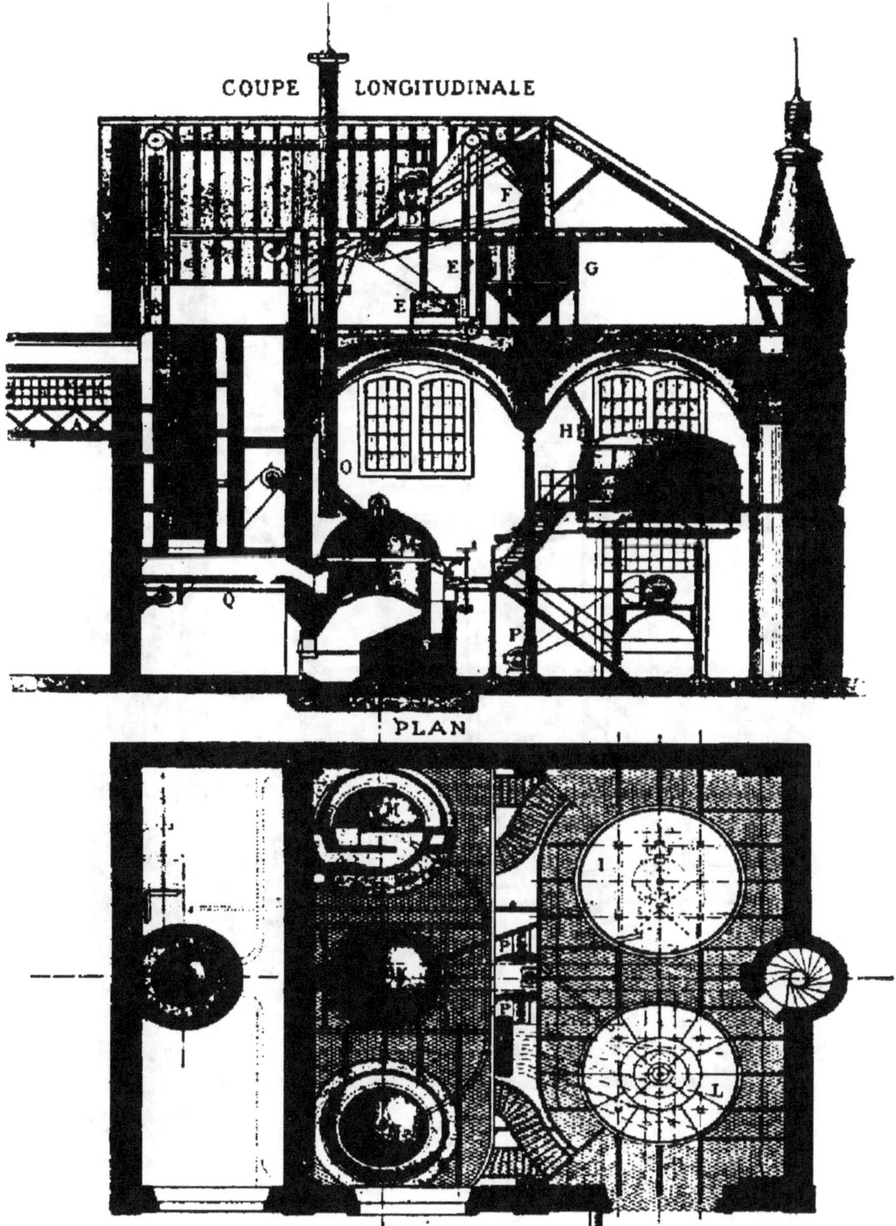

Fig. 67. — Brasserie feu nu. (Diebold, constructeur, à Nancy)

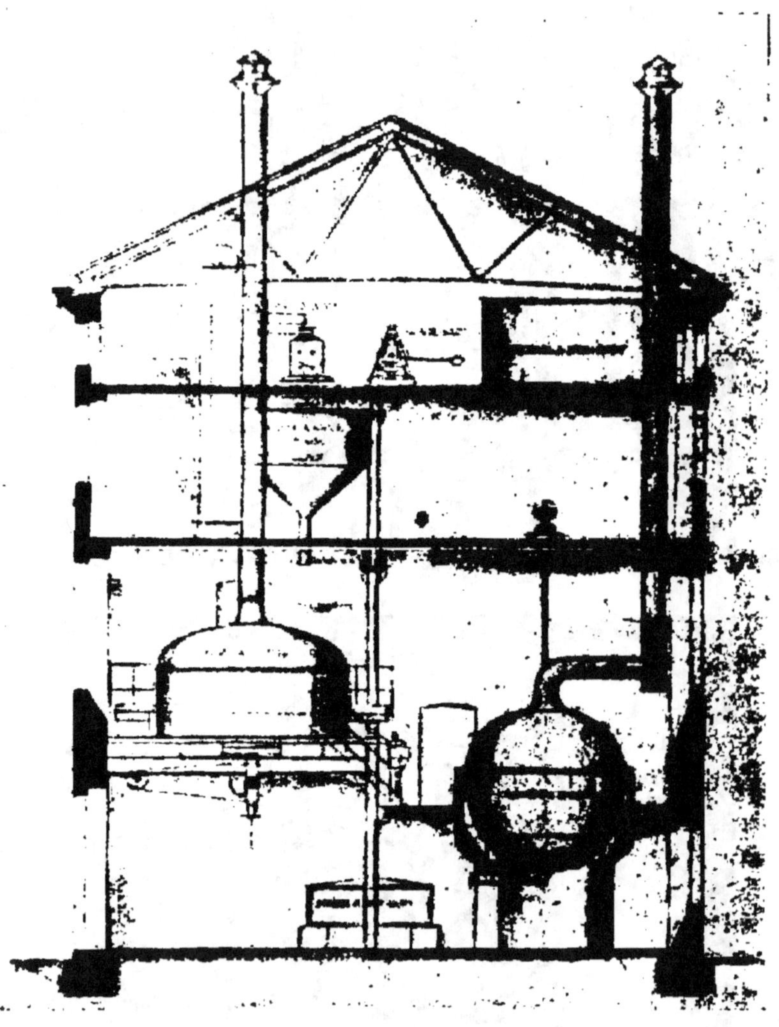

Fig. 68. — Vue d'une brasserie en cascade partielle avec cuve matière et c

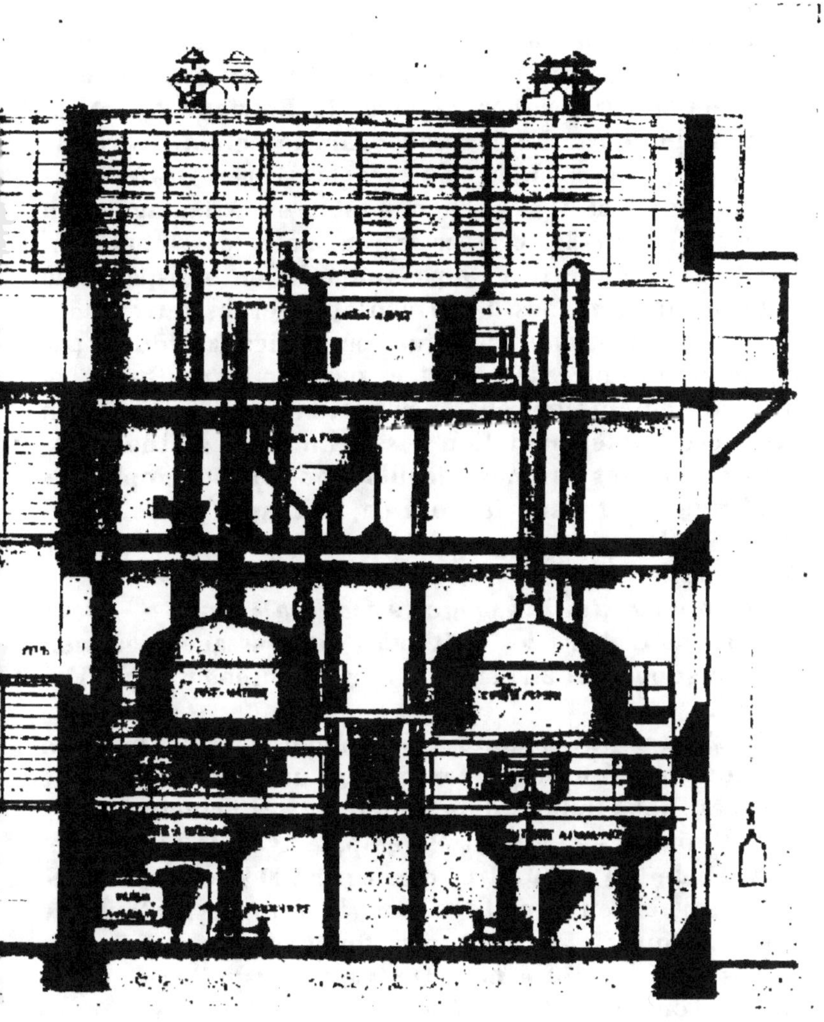

(Société Strasbourgeoise de constructions mécaniques, à Lunéville.)

malt pur avec le grain à employer, et en faisant rentrer ensuite la masse en cuve matière au contact de la partie tiède.

Le brassage par infusion est usité principalement dans les brasseries de fermentation haute, notamment dans le nord de la France, l'Angleterre, la Belgique et l'Allemagne du Nord. Le brassage par décoction, d'origine bavaroise, s'est répandu dans les brasseries de fermentation basse, et il règne en maitre en Allemagne, en Autriche et dans les brasseries françaises de fermentation basse. Cependant, il n'y a pas une relation indispensable entre les deux modes de fermentation et les deux modes de brassage : en effet, certaines brasseries fabriquent par décoction des bières fermentées par une levure haute, et d'autres, notamment en Amérique, brassent par infusion des bières de fermentation basse. Enfin les méthodes de brassage mixtes ou à moût trouble sont surtout employées en Belgique et dans le nord de la France et de l'Allemagne : elles s'appliquent à la fermentation basse et à la fermentation haute.

Méthodes de brassage avec malt pur. — Nous étudierons d'abord les méthodes de brassage avec malt pur, en supposant en général l'emploi d'une cuve matière filtrante.

Méthodes par infusion. — Les méthodes par infusion sont très nombreuses et comportent un grand nombre de variétés. Nous indiquerons seulement les principales.

1º Méthode. — Le malt est empâté avec de l'eau tiède, à raison de 120 à 150 litres d'eau par 100 kilogrammes de malt, soit en cuve matière, soit avec un hydrateur, de manière que la température finale de la masse, très épaisse, soit de 40 à 50º. On vague jusqu'à ce que la masse soit bien homogène, puis on laisse en repos quinze à vingt minutes. On procède alors à une première trempe en introduisant, en trente ou quarante minutes, de l'eau à 80º par le faux-bucq, en vaguant de manière à obtenir dans la masse une température finale de 65°. On agite encore quelque temps, puis on laisse déposer une heure et on soutire le moût qu'on envoie en chaudière. On procède alors à la seconde trempe, dite trempe de saccharification, en ajoutant progressivement, sous forte agitation, de l'eau à 75°. Après repos de quarante à cinquante minutes, on soutire comme dans le premier cas, et on envoie cette seconde trempe rejoindre la première dans la chaudière où s'achève la saccharification totale. La drèche restée dans la cuve est alors lavée à la croix écossaise jusqu'à épuisement suffisant.

2° MÉTHODE. — On peut aussi opérer de la même manière, mais en ne faisant qu'une seule trempe. On empâte très épais à 45°, puis on fait arriver de l'eau à 95-98° de manière à atteindre plus ou moins rapidement la température finale de 68°. On réchauffe alors lentement à 75°. Après repos, on soutire et on lave à la croix écossaise.

Si la cuve matière ne sert qu'à la saccharification, on évacue dans la cuve à filtrer dès que le brassage est terminé, on laisse reposer, puis on soutire et on lave.

Si on dispose d'un macérateur ou d'une cuve à serpentin réchauffeur, on utilise les moyens de chauffage de ces appareils, ce qui permet de réduire la quantité d'eau nécessaire pour l'élévation de température, et d'en utiliser davantage pour l'épuisement.

3° MÉTHODE. — On fait tomber la farine de malt dans 200 litres d'eau à 70-75° par 100 kilogrammes de malt, de manière à avoir une température finale de 60°. Quand la masse est bien homogène, on envoie sous le faux-fond de l'eau à 95-98° de manière à remonter à la température finale choisie pour la saccharification, soit 68-70°. Après n repos de deux heures, on soutire et on lave les drèches.

Cette méthode est employée principalement en Angleterre ; elle exige un malt de bonne qualité, finement moulu, et bien désagrégé, à cause de la haute température d'attaque.

4° MÉTHODE. — On peut aussi empâter le malt aux basses températures et passer brusquement à la température choisie pour la saccharification, en évitant totalement tout séjour du brassin aux températures intermédiaires. C'est la méthode de *brassage par sauts* de Windisch, qui s'applique à l'infusion et à la décoction. En infusion, on empâte à basse température (37°, puis on fait tomber le brassin dans la chaudière à trempes, où se trouve de l'eau à 75-100°, jusqu'à ce que la température du mélange soit arrivée au degré final qu'on a choisi, par exemple 70°. On commence alors à chauffer la chaudière à trempes et on y fait arriver le reste du brassin, de manière que la température ne descende jamais au-dessous de 70°. On abandonne le tout à la saccharification, on monte à 77° pour finir, on envoie en cuve à filtrer et, après repos, on soutire et on lave.

Méthodes par décoction. — Les méthodes par décoction sont également très nombreuses. On a en effet cherché, dans ces dernières années, à y introduire des variantes pour en abréger la durée.

1° MÉTHODE : MÉTHODE BAVAROISE. — La méthode classique bavaroise comprend trois trempes, deux trempes épaisses et une trempe claire. L'empâtage se fait à froid, soit en cuve matière, soit au moyen de l'hydrateur, avec 250 litres d'eau par 100 kilogrammes de malt. On vague de manière à obtenir une masse bien homogène, puis on ajoute lentement de l'eau chaude pour arriver à 35°.

Dès que cette température est atteinte, on prélève avec une pompe, sans cesser d'agiter, un tiers environ du moût pâteux, et on l'envoie dans la chaudière à trempes : c'est la première trempe épaisse ou première *dickmaische*. Pendant que le reste du brassin demeure au repos dans la cuve matière, on chauffe progressivement la trempe en agitant de manière à atteindre la température de 70-75° en un temps qui varie de trente minutes à une heure trente, puis on porte à l'ébullition en quinze ou vingt minutes. On fait bouillir de quinze à quarante-cinq minutes suivant le type de bière à produire, puis on met l'agitateur de la cuve matière en mouvement et on fait rentrer la trempe en cuve, où la température monte à 50°. Sans cesser d'agiter, on pompe alors la seconde trempe épaisse ou seconde *dickmaische*, constituée par un tiers environ du moût pâteux, et on la porte à l'ébullition dans la chaudière à trempes. On monte lentement à 75°. on stationne parfois un peu à cette température, puis on pousse vivement à l'ébullition qu'on maintient de vingt à trente minutes. On ramène alors la deuxième trempe en cuve matière où la température monte à 62-63°.

On laisse déposer de cinq à quinze minutes .et on prélève une troisième trempe qui est cette fois une trempe claire ou *lautermaische*; on l'envoie en chaudière, et on la porte lentement à 75°, puis vivement à l'ébullition, qu'on maintient de quinze à quarante-cinq minutes. On fait rentrer la trempe bouillante dans la cuve, et le volume de la lautermaische est calculé de telle sorte que la température finale est de 72 à 75°. On abandonne alors au repos pendant trente à quarante-cinq minutes. on soutire et on procède au lavage des drèches.

2° MÉTHODE. — On peut suivre la même marche que précédemment, mais remplacer la trempe claire par une trempe épaisse et faire ainsi trois dickmaisches, ce qui supprime le temps de repos nécessaire pour le prélèvement de la trempe claire.

3° MÉTHODE. — On peut abréger la méthode classique en empâtant à 50° au lieu de 35° : on ne fait alors que deux trempes. Après l'empâtage, on laisse quelque temps au repos, puis on pompe une première trempe épaisse qu'on porte lentement à 75°. Parfois on séjourne un peu aux températures de saccharification comprises entre 60°

et 72°, puis on porte à l'ébullition, et on fait rentrer la trempe en cuve, où la température monte à 62°. On prélève alors une seconde dickmaische ou une trempe claire ; on la porte à l'ébullition, et son retour en cuve matière élève la température à 75°. On laisse déposer trente à quarante-cinq minutes, puis on soutire et on procède aux lavages. Cette méthode à deux trempes est aussi connue sous le nom de procédé de Dortmund.

4° MÉTHODE : BRASSAGE ABRÉGÉ DE WINDISCH. — On empâte à haute température de manière à réduire beaucoup la durée du brassage : c'est la méthode de *brassage abrégé* de Windisch. L'empâtage, très épais, se fait à 62°, en ayant soin de chauffer d'avance la cuve matière. On prélève, dès l'empâtage, une trempe qu'on porte rapidement à l'ébullition. On fait bouillir cinq minutes et on ramène en cuve où la température monte à 70°. On abandonne alors la masse à cette température pendant une heure, puis on prélève une deuxième trempe qu'on fait bouillir pendant cinq minutes, et qu'on ramène rapidement en cuve matière de manière à avoir une température finale de 75°. On laisse déposer, on soutire et on lave. La durée du travail est ainsi réduite à deux heures ; au lieu de quatre heures à quatre heures et demie que demande le brassage à trois trempes.

5° MÉTHODE : BRASSAGE PAR SAUTS DE WINDISCH. — La méthode de *brassage par sauts* de Windisch peut aussi s'appliquer à la décoction à une, deux ou trois trempes. Dans le travail à une trempe, on empâte à basse température (25-37°), on laisse tomber une partie du brassin dans la chaudière contenant de l'eau à 80°, de manière à abaisser la température à 72°. On porte ensuite ce mélange à l'ébullition pendant un temps plus ou moins long, puis on y fait tomber le contenu froid de la cuve matière de manière à rabaisser la température à 72° et à maintenir cette température. On abandonne le brassin à la saccharification, puis on monte à la température finale de 75-77°

et on évacue en cuve à filtrer. Après repos, on soutire et
o.f lave.

Dans le travail à deux trempes, on met moins d'eau
à 80° dans la chaudière, et on empâte à 25°. Au lieu de
monter à la température finale après la première trempe,
on remonte alors une partie du brassin à 72° en cuve
matière, on fait bouillir le reste en chaudière pour
atteindre avec cette deuxième trempe bouillante la température finale. On conçoit qu'on puisse de même brasser
par sauts à trois trempes.

Méthodes mixtes ou à moût trouble. — Les méthodes
à moût trouble sont des variantes des méthodes précédentes, et elles combinent à la fois l'infusion et la décoction.

Nous indiquerons, comme type de ces méthodes, la
méthode lilloise, très employée dans le nord de la France.
L'empâtage se fait à froid. Après repos, on envoie de l'eau
à 70-95° par le faux-bucq, de manière à réchauffer la
masse à 50° environ. On soutire alors par le faux-fond une
partie du moût trouble, incomplètement saccharifié,
qu'on envoie dans une chaudière à trempes et qu'on porte
à l'ébullition. On donne à cette trempe le nom de *masse*,
et à la chaudière le nom de *chaudière à masse*. Pendant
que la masse subit le chauffage, on fait arriver en cuve
matière, sur le reste du brassin, une trempe d'infusion,
dite *trempe de saccharification*, en ajoutant de l'eau à 90°
de manière à atteindre une température finale de 70°. On
laisse reposer une heure, et on soutire le moût pour
l'envoyer dans la chaudière à houblonner. Pendant ce
temps, la première trempe de moût trouble est arrivée à
l'ébullition ; on la ramène alors en cuve matière sur les
drèches, on mélange, on laisse reposer, puis on soutire et
on envoie le moût ainsi obtenu rejoindre dans la chaudière
à houblonner le moût de la trempe de saccharification. On
procède alors aux lavages de la drèche jusqu'à épuisement
suffisant.

Méthodes de brassage avec emploi de grains crus.
— Quand on associe au malt des grains crus, les
méthodes précédentes doivent être modifiées. Le travail
est beaucoup facilité par l'emploi d'un macérateur.   .

**Méthodes d'infusion avec emploi des grains
crus.** — 1° MÉTHODE, AVEC MACÉRATEUR. — On chauffe le
grain cru dans le macérateur avec trois ou quatre fois
son poids d'eau et 10 p. 100 de son poids de malt pour
liquéfier la masse et éviter un empâtement trop fort. On
monte progressivement à 80-85°, température de géla-
tinisation de l'amidon. On maintient cette température
trois quarts d'heure à une heure, puis on ajoute de l'eau
froide de manière à refroidir à la température choisie
pour l'empâtage, et on fait tomber le malt dans le macérateur, soit au moyen de l'hydrateur, soit au moyen de
la cuve matière. On monte avec de l'eau chaude à 62-65°,
puis à 75°, et on évacue en cuve à filtrer après saccharification totale. On soutire et on lave.

2° MÉTHODE, AVEC MACÉRATEUR. — On peut aussi employer
la même méthode en portant le mélange de malt et de
grains crus à l'ébullition, ou même à une température
supérieure à 100° en cuisant sous pression dans le macérateur fermé, au lieu de s'arrêter à 80-85°. Les autres
parties du travail restent identiques.

3° MÉTHODE, AVEC CUISEUR ET CUVE MATIÈRE. — On cuit le
grain cru sous pression de 3 kilogrammes dans le cuiseur avec deux fois son poids d'eau ; pendant ce temps
on empâte le malt en cuve matière, puis on vide le cuiseur par sa propre pression dans la cuve, ce qui élève la
température à 65-70°. Pour éviter que l'empois à haute
température ne détruise trop de diastase à son arrivée
en cuve, on vide souvent le cuiseur dans la cuve matière
à travers un *exhausteur*, simple cheminée en tôle dans
laquelle débouche le tuyau de décharge du cuiseur, et où
on provoque un violent courant d'air en plaçant au
haut de l'appareil un injecteur de vapeur. Le jet de

matière amylacée se pulvérise contre une plaque de tôle et se refroidit en tombant dans la cheminée au contact de l'air froid aspiré par la vapeur. Après décharge en cuve matière, on élève si c'est nécessaire la température à 75° avec de l'eau chaude, et on termine le brassage par la méthode ordinaire.

4° MÉTHODE, AVEC CUVE MATIÈRE ET CHAUDIÈRE A TREMPES. — On empâte tout le malt à 45°, puis on monte à 65° par addition d'eau chaude. On prélève une trempe qu'on envoie en chaudière, on y ajoute doucement le grain cru en agitant, et on monte lentement à la température de 72-75° où on séjourne quinze à vingt minutes, puis on porte vivement à l'ébullition qu'on maintient le temps voulu pour que tout l'amidon soit transformé en empois. On fait alors rentrer la trempe en cuve matière au contact du malt de manière à avoir une température de 70°. On prélève une seconde petite trempe qu'on fait bouillir cinq minutes, et qu'on fait rentrer en cuve où la température monte à 75°. On laisse déposer, on soutire et on lave.

5° MÉTHODE, AVEC MACÉRATEUR. — La même méthode peut être employée avec un macérateur. On prélève alors dans le macérateur une partie de l'empâtage qu'on met en réserve, on ajoute le grain cru, on porte à l'ébullition, puis on refroidit à 70°. On fait alors rentrer la portion de malt réservée, et on termine le brassage par la méthode ordinaire.

Ces méthodes peuvent également s'appliquer avec filtration au filtre à moûts.

Méthodes de décoction avec emploi des grains crus. — 1° MÉTHODE. — On procède au brassage ordinaire à trois trempes, mais on ajoute le grain cru en chaudière à la première trempe. On chauffe très lentement et avec précaution, en agitant constamment, on séjourne quinze ou vingt minutes à 75°, puis on porte à l'ébullition pendant trente ou quarante minutes. On fait alors rentrer en cuve matière, et on continue le travail pour les deux autres trempes par la méthode ordinaire.

2º MÉTHODE. — On peut aussi ajouter le grain cru à la première et à la deuxième trempe au lieu de l'introduire entièrement à la première. Les autres parties du travail restent identiques.

3º MÉTHODE. — On procède au brassage ordinaire à deux trempes, mais en ajoutant en chaudière le grain cru soit à la première trempe, soit aux deux trempes. On observe les mêmes précautions que dans la première méthode pour le chauffage et le maintien de la température à 75°.

4º MÉTHODE. — Le procédé précédent peut s'appliquer également à la décoction à une trempe. On empâte alors à 55°, on prélève une trempe qu'on porte lentement à 75°, en ajoutant peu à peu le grain cru, on maintient quinze minutes à cette température, puis on porte à l'ébullition et on fait rentrer lentement la trempe en cuve matière pour obtenir une température finale de 75°. Après saccharification et repos, on soutire et on lave.

5º MÉTHODE. — Si on dispose d'un macérateur au lieu d'une cuve matière, on traite les grains crus le plus souvent dans le macérateur pendant que la trempe est portée lentement à l'ébullition dans la chaudière. On empâte alors dans le macérateur à 50° les deux tiers environ du malt, puis on prélève une trempe qu'on envoie en chaudière. On ajoute le grain cru dans le macérateur, on porte lentement à 75°, puis à l'ébullition. On refroidit par addition d'eau froide à 55°, on ajoute le reste du malt et on fait rentrer dans le macérateur la trempe bouillante venant de la chaudière, pour obtenir une température finale de 75°.

Méthodes spéciales de brassage. — Certaines méthodes de brassage ont pour but de récupérer l'amidon qui reste encore dans les drèches après le travail ordinaire et d'augmenter ainsi le rendement. On peut citer notamment, dans ce groupe, le procédé Puvrez, le procédé Schmitz et le procédé Kubessa.

Procédé Puvrez. — Ce procédé consiste à faire passer la masse détrempée contenue en cuve matière dans un moulin à mouture humide, de manière à réduire en pâte les gruaux restés dans les enveloppes. On soutire le liquide amylacé ainsi obtenu, on le porte à l'ébullition en chaudière et on saccharifie cet empois, soit par la diastase restée dans la cuve matière, soit par une réserve diastasique prélevée au moment de la salade.

Procédé Schmitz. — Le malt est d'abord moulu finement, et empâté très épais avec de l'eau à 45°. Après brassage pendant dix minutes, on soutire une certaine quantité de liquide diastasique qu'on met en réserve. La masse restée dans la cuve matière est chauffée doucement à 70° environ (la cuve matière doit, pour cette méthode, être munie d'un manteau de vapeur). Au bout d'une heure, quand la saccharification est terminée, on porte rapidement à l'ébullition, on laisse bouillir quinze minutes de manière à transformer en empois les particules d'amidon restées dans les drèches, on laisse déposer, puis on soutire le moût très chaud, à 90-93°, et on lave les drèches. Le moût soutiré est refroidi à 68° et amené en chaudière, ainsi que les trempes de lavages. On ajoute alors la solution diastasique mise en réserve, qui saccharifie en quinze minutes l'empois d'amidon entraîné. On porte à l'ébullition après saccharification totale, et on procède au houblonnage.

Procédé Kubessa. — Ce procédé consiste à séparer la mouture en farine, gruaux et enveloppes et à travailler ces trois portions séparément. La séparation se fait au moment du concassage par une modification du moulin. On fait tomber d'abord les gruaux dans la chaudière à trempes contenant de l'eau à la température voulue, on porte à la température de saccharification, puis à l'ébullition qu'on prolonge longtemps de manière à solubiliser les portions d'amidon les plus résistantes. Cette longue ébullition n'a aucune influence nuisible sur la saveur puisque les enveloppes sont séparées. Pendant ce temps, on empâte les enveloppes dans la cuve matière à la température désirée, puis on ramène en cuve le brassin de gruaux bouilli, de manière à obtenir une température variant entre 68 et 74°. Les enveloppes, qui contiennent beaucoup de diastase, saccharifient les gruaux. Quant à la farine, qui représente environ 20 p. 100 du malt, elle est introduite en cuve matière quand la masse atteint une température choisie à l'avance : on procède ainsi à un véritable brassage par sauts. Le brassin entier est alors envoyé dans la chaudière à trempes, où la saccharification s'achève à 78°.

Étude théorique de l'empâtage et du brassage.

Il se produit, pendant les diverses opérations du brassage et de l'empâtage, des réactions et des transformations très importantes qu'il est nécessaire d'étudier d'abord au point de vue théorique, avant de les appliquer à la pratique des méthodes de brassage.

Empâtage. — L'empâtage a pour objet d'assurer le mélange parfait du malt et de l'eau, de dissoudre les diastases, et de les mettre en contact avec les éléments qu'elles doivent transformer. Les transformations qui se produisent pendant l'empâtage dépendent principalement de sa température et de sa durée.

Influence de la température sur l'empâtage. — La dissolution des diastases est plus rapide à chaud qu'à froid, mais la dissolution à chaud est accompagnée d'une destruction partielle des diastases : cette destruction est déjà sensible à 45-50°, et elle devient considérable si l'empâtage a lieu à température très élevée.

Si l'empâtage se fait à froid, les actions diastasiques

restent faibles. Au contraire, à chaud, l'activité des diastases se manifeste aussitôt et on observe alors, dès l'empâtage, les phénomènes diastasiques qui accompagnent la saccharification. Si on examine dans ces conditions l'action des diverses diastases, on constate pour l'amylase que le maltose qui se forme lors de l'empâtage va en croissant jusqu'à une température voisine de 60°, et décroît ensuite. L'empâtage à haute température conduira donc à des moûts plus pauvres en maltose. Pour les diastases des matières azotées, les opinions sont assez divergentes. Il est clair que si on admet dans le malt la présence de deux diastases protéolytiques, la peptase et la tryptase, les variations dans la température d'empâtage permettront de favoriser plus ou moins l'une de ces diastases et de faire varier par suite la composition chimique du moût sous le rapport des matières azotées. Mais tandis que certains auteurs pensent qu'à des températures supérieures à 50° on favorise la production des albumoses et on réduit la formation d'amides, d'autres pensent au contraire que les températures basses sont plus favorables pour les albumoses. La première interprétation paraît s'accorder beaucoup mieux avec les résultats de Fernbach et Hubert et de Weis, que nous avons exposés à propos de l'étude des diastases; et les différences observées proviennent très probablement de la nature des malts étudiés, dans lesquels la tryptase était plus ou moins affaiblie, et de la durée plus ou moins grande du contact.

Action de la durée sur l'empâtage. — Les actions diastasiques s'accentuent avec la durée de contact. A une même température, la proportion de maltose formé est jusqu'à une certaine limite d'autant plus grande que le contact est plus prolongé. Il en est de même pour la solubilisation des matières azotées qui augmente avec la durée. Pierre a montré en outre que le séjour prolongé à une température inférieure à 50° favorise le développement des ferments lactiques et augmente l'acidité du moût. Il en résulte une augmentation dans la teneur du moût en phosphates acides, et par suite dans l'activité des diastases. Enfin on a remarqué que quand on abandonne à elle-même pendant un certain temps la salade faite à froid, le moût obtenu est plus coloré que si on le brasse aussitôt après l'empâtage.

Influences qui agissent sur la température d'empâtage. — La température d'empâtage, c'est-à-dire celle qu'on observe immédiatement après le mélange de la farine de malt avec l'eau, est sujette à des variations qui dépendent d'abord des quantités relatives de malt et d'eau et de leurs températures, et ensuite de l'état du malt, comme l'ont montré Brown et Morris. En effet, la chaleur spécifique du malt sec étant de $0°,52$, et augmentant de $0,005$ pour 1 p. 100 d'humidité du malt, la calorimétrie permettrait de calculer facilement la température finale X du mélange, connaissant le poids de malt P, son humidité H, sa température T, le poids d'eau P' et sa température T'. On a en effet :

$$P[0,52 + 0,005\,H][X - T] = P'[T' - X].$$

Mais si on applique cette formule aux opérations de la pratique, on constate toujours que le chiffre obtenu dans la pratique pour la température d'empâtage est plus fort que celui qu'on obtient par cette formule. Il se produit donc dans l'empâtage une action qui dégage de la chaleur. Cette action est la pénétration de l'eau dans les fins granules d'amidon et le tissu cellulaire, ainsi que la combinaison de l'eau avec ces substances. Ce phénomène est connu sous le nom de *chaleur d'hydratation*. Brown et Morris ont montré que cette chaleur dégagée est d'autant plus considérable que le malt est plus sec, ce qui explique l'observation pratique qui a appris que la température d'empâtage varie même quand on opère exactement avec les mêmes quantités de malt et d'eau, prises dans les mêmes conditions de température. Donc, pour atteindre dans l'empâtage une température déterminée, il faut tenir compte de la teneur du malt en eau. Brown et Morris ont ainsi dressé des tables qui donnent la température finale d'empâtage dans diverses conditions de températures, de poids de malt et d'eau, et d'humidité du malt (1). Ces chiffres ont surtout de l'importance pour les méthodes de brassage où on empâte à très haute température : un écart de quelques degrés peut alors avoir une grosse influence. Ils en ont beaucoup moins pour les méthodes ordinaires où on empâte à température basse et avec un assez grand volume d'eau.

Brassage proprement dit. — Nous envisagerons d'abord le cas le plus simple, c'est-à-dire le brassage avec malt pur. La température de la masse empâtée est élevée plus ou moins rapidement jusqu'à un degré final voisin de 75°. Le liquide tend à s'épaissir par suite de la formation d'empois, mais comme la diastase liquéfiante agit en même temps sur l'amidon, la masse reste fluide. La diastase saccharifiante transforme l'amidon solubilisé, en donnant naissance à du maltose et à des dextrines ; les diastases protéolytiques dégradent les matières azotées ; il se produit enfin des transformations dans les matières minérales. Les actions diastasiques et chimiques qui accompagnent le brassage portent donc à la fois sur les matières hydrocarbonées, les matières azotées et les matières minérales.

Transformations des matières hydrocarbonées dans le brassage. — Il existe dans le malt deux groupes de matières hydrocarbonées qui intéressent spécialement le brasseur : les sucres préformés et l'amidon. Les premiers passent en solution au cours du brassage et leurs variations dans le travail sont peu importantes ;

(1) *Journal of the Fed. Instit. of Brewing*, t. V, p. 338.

l'amidon, au contraire, se dédouble sous l'action de l'amylase, et les transformations qu'il subit dépendent principalement de la température, de la durée, de la nature du malt et de la nature de l'eau de brassage. Ces réactions dans la pratique sont encore assez mal connues : beaucoup d'expériences entreprises sous ce rapport ont été effectuées au laboratoire, dans des conditions qui ne réalisent jamais celles de la pratique industrielle. En outre, la plupart des recherches sur l'action de l'amylase sur l'amidon ont été faites sur de l'empois de fécule, tandis qu'en industrie l'amidon mis en œuvre est celui du malt, et il est solubilisé et saccharifié le plus souvent à une température inférieure à celle de sa transformation en empois. On ne peut donc appliquer que sous réserves les résultats obtenus dans ces conditions expérimentales, à l'explication des phénomènes du brassage.

Influence de la température. — La diastase agit sur l'amidon du malt à la température ordinaire, mais lentement; vers 55°, l'action devient énergique, et elle atteint son maximum à 70°. A cette température élevée, les portions d'amidon les plus résistantes se trouvent liquéfiées et transformées par la diastase. En outre, nous avons vu, en étudiant l'amylase, que les proportions de maltose et de dextrines qui se forment varient avec la température : au-dessous de 60-63° il se forme beaucoup de maltose; à mesure que la température s'élève au-dessus de 65° la quantité de maltose formé diminue tandis que la quantité de dextrines augmente, et à 70-75° il se produit beaucoup de dextrines et peu de maltose. Il semble donc que le brasseur puisse très aisément, en élevant plus ou moins la température de saccharification, modifier la composition chimique du moût. En réalité, les résultats observés dans la pratique sont variables avec la méthode employée pour la saccharification, avec la durée du brassage et avec la nature du malt. En effet, la formation du maltose n'attend pas, pour se manifester, qu'on soit arrivé à la température choisie pour le brassage; au contraire, elle est en quelque sorte explosive et tellement rapide, surtout avec les malts très diastasiques, qu'elle se produit presqu'entièrement dans les premières minutes de la saccharification. Il en résulte que la température de brassage ne peut permettre d'agir sur la composition chimique du moût qu'avec certains modes de travail, comme nous le verrons plus loin.

Nous avons vu que, dans les conditions les plus favorables, cette formation rapide de maltose peut atteindre les quatre cinquièmes de l'amidon mis en œuvre ; elle progresse ensuite très lentement et va plus ou moins loin, suivant la réaction du milieu. Dans la pratique industrielle, on ne réalise jamais les conditions nécessaires pour une formation aussi abondante de maltose; on cherche au contraire, en général, à la réduire afin d'avoir des bières moins alcooliques et plus dextrinées.

Dans les procédés par décoction où on porte à l'ébullition une partie de la masse en saccharification, la diastase agit aux températures inférieures à 75° pour donner du maltose et des dextrines ; puis, aux températures élevées, elle se trouve détruite et les portions d'amidon les plus résistantes se transforment en empois. D'après Petit, les dextrines formées pendant le chauffage à 70° sont très facilement attaquées par la diastase quand on fait rentrer la trempe au contact de la partie tiède restée dans la cuve, et elles donnent naissance à une grande quantité de maltose, qui peut atteindre 50 p. 100 de leur poids. Au contraire les dextrines formées par le chauffage à 50-60° sont beaucoup plus résistantes, et donnent une quantité de maltose qui ne dépasse pas 25 p. 100 de leur poids.

Influence de la durée. — Les observations qui précèdent font prévoir que la formation du maltose est d'autant plus grande que le brassage est plus prolongé aux basses températures, et que le malt est plus diastasique. Si l'élévation de température se fait lentement, la production du maltose est favorisée; si au contraire le passage des basses températures aux températures élevées se fait très vite, l'action de la diastase saccharifiante se trouve réduite.

INFLUENCE DE LA NATURE DU MALT. — La nature du malt a une grande influence sur la composition hydrocarbonée du moût. Quand le malt est très profondément désagrégé l'amidon se transforme si rapidement, aux températures intermédiaires, de 60 à 65°, que lorsqu'on arrive aux températures élevées auxquelles la production de maltose est réduite, la saccharification est pratiquement terminée, et le maximum de maltose possible est déjà produit. Si au contraire le malt est mal désagrégé, l'amidon se dissout plus difficilement, la saccharification est plus lente et la formation du maltose est plus faible. Le pouvoir diastasique du malt influe également sur la marche de la transformation de l'amidon. Si le malt est insuffisamment touraillé et très diastasique, on observe les mêmes phénomènes qu'avec un malt profondément désagrégé, c'est-à-dire une formation très rapide de maltose aux dépens de l'amidon. La saccharification est plus lente si le malt est peu diastasique.

Nous savons enfin, par les recherches de Fernbach et Wolf, et de Maquenne et Roux, que l'amylase présente une sensibilité très grande aux moindres variations dans la réaction du milieu, et que plus la réaction se rapproche de la neutralité au méthylorange, plus la transformation progresse facilement, et plus elle donne naissance à du maltose. Comme les malts diffèrent notablement par leur alcalinité à l'orangé et par la distance qui les sépare de la neutralité à ce réactif, on conçoit que deux malts, d'une même richesse en amylase, puissent très bien fournir, dans les mêmes conditions, des moûts d'une teneur en maltose très différente (Fernbach).

INFLUENCE DE LA NATURE DE L'EAU DE BRASSAGE. — La nature de l'eau de brassage agit de la même manière, en modifiant plus ou moins la réaction du milieu. Les eaux riches en bicarbonate de chaux agissent comme neutralisantes ; elles rapprochent ainsi le milieu de la neutralité à la phtaléine et réduisent par suite la proportion de maltose formé aux dépens de l'amidon. Les travaux de Matthews et de Windisch et Boden ont également montré qu'à doses massives, le sulfate de chaux augmente les dextrines et diminue le maltose.

Transformations des matières azotées. — Les matières azotées présentes dans le malt sont constituées par des substances plus ou moins solubles dans l'eau, et par des substances insolubles. Petit divise les substances solubles en deux catégories : les acides amidés, les sels ammoniacaux et les bases xanthiques, qui se dissolvent complètement dans l'eau pure à toute température ; et les globulines, légumine, caséine, fibrine, dont la solubilité dans l'eau augmente avec la température, la durée de contact et l'acidité du milieu. Le travail du brassage ne se borne pas d'ailleurs à une extraction de ces substances ; parallèlement à la saccharification de l'amidon, on observe en effet pendant le brassage une dégradation des matières azotées sous l'action des diastases protéolytiques. Nous avons vu, en étudiant la diastase protéolytique du malt, l'analogie étroite qui existe entre l'action de cette diastase et celle de l'amylase, aussi bien sous le rapport de la nature des produits de dédoublement que sous le rapport de l'influence des températures. Nous savons aussi que l'influence de la durée, de la nature du malt et de l'eau se fait sentir à peu près de la même façon pour les deux phénomènes. Ces ressemblances dans le fonctionnement des deux diastases sont très heureuses, car elles permettent de réaliser l'harmonie nécessaire entre la composition hydrocarbonée et la composition azotée du moût.

INFLUENCE DE LA TEMPÉRATURE. — La proportion d'azote dissous s'élève avec la température, mais les auteurs ne sont pas d'accord sur la température la plus favorable pour cette dissolution, et sur les dégradations que subissent les matières azotées.

Nous avons vu, par les expériences de Fernbach et Hubert, que les corps amidés se forment surtout à basse température. A mesure que la température s'élève, la proportion de peptones augmente, et à 70°, 60 p. 100 de l'azote solubilisé passe à l'état de peptones. Weis trouve par contre qu'il n'y a pas d'augmentation sensible des albumoses pendant le brassage et que le rôle principal en cuve matière revient à la tryptase qui transforme les albumoses et peptones en corps amidés.

Les expériences de Krandauer sur le malt de Munich ont montré que l'optimum de la diastase protéolytique est aux environs de 50°, ce qui concorde bien avec les résultats de Weis. Mais, contrairement à Weis, Krandauer trouve que la transformation des matières albuminoïdes, avec les malts de Munich, est essentiellement pepsique, la tryptase étant très affaiblie, sinon complètement détruite, par la température élevée du touraillage.

On voit par ce qui précède qu'on n'a pas encore de données précises sur les températures qui sont les plus favorables à la production d'un moût renfermant les matières azotées en quantité et en qualité désirables. Les divergences observées sous ce rapport tiennent évidemment à la nature des malts, dans lesquels les diastases protéolytiques, peptase et tryptase, sont plus ou moins affaiblies par le travail du touraillage, et aussi au procédé de brassage employé. Il semble toutefois que dans la majorité des cas, il se forme surtout des amides aux basses températures de saccharification, et des peptones aux hautes températures.

INFLUENCE DE LA NATURE DU MALT. — On voit par ce qui précède que c'est la nature du malt qui joue le rôle capital dans les variations des matières azotées du moût. Suivant la richesse du malt en azote soluble, et suivant l'activité plus ou moins grande des diastases protéolytiques, la composition azotée du moût peut varier dans des limites assez étendues. En effet, le travail du maltage donne naissance à plus ou moins de matières azotées solubles ; le touraillage détruit une partie plus ou moins grande des diastases, suivant les conditions de travail, et les diastases protéolytiques restent par suite plus ou moins actives suivant que le malt a été touraillé à température basse ou à température élevée. Dès lors, si on traite divers malts par la même méthode, on doit s'attendre à produire des moûts assez différents au point de vue de la teneur en matières azotées. Fernbach a trouvé en effet, sur 26 analyses de malt, que la proportion de matière azotée du moût pour 100 d'extrait, varie dans des limites assez larges, de 4,38 à 5,91. Il est très probable qu'il existe entre les divers groupes de matières azotées des différences analogues.

INFLUENCE DE LA DURÉE. — Les expériences de Fernbach, effectuées à l'École de Brasserie de l'Institut Pasteur, ont montré que plus on s'approche rapidement de la température finale de saccharification, moins le moût obtenu est riche en azote. Krandauer a fait sur les malts de Munich des constatations analogues et a vu que le brassage rapide avec empâtage à haute température réduit la solubilisation des matières azotées et conduit à un moût pauvre en azote.

INFLUENCE DE LA NATURE DE L'EAU. — Nous avons vu, par les travaux de Fernbach et Hubert, que la neutralité à l'orangé représente la réaction optima pour la protéolyse, et il est probable que cette réaction est l'optimum pour la formation des corps amidés, comme elle l'est pour la formation du maltose. La présence dans l'eau de sels tels que le bicarbonate de chaux doit donc tendre à éloigner la réaction de la neutralité à l'hélianthine pour la rapprocher de la neutralité à la phtaléine, et réduire par suite la proportion de corps amidés formés pendant le brassage.

Enfin la solubilité des matières azotées est accrue par certains sels tels que les phosphates acides, et d'après Matthews et Windisch et Boden, par le sulfate de chaux.

Transformations des matières minérales. — Il se produit pendant le brassage des réactions entre les sels de l'eau et les sels du malt. Les phosphates du malt fournissent, avec les sels de chaux de l'eau, du phosphate de chaux insoluble ; une partie de l'acide phosphorique se trouve ainsi éliminée, mais il en reste toujours assez pour l'alimentation minérale de la levure. Le bicarbonate de chaux transforme aussi les phosphates acides en phosphates neutres, et nous avons vu plus haut l'importance de cette réaction au point de vue des produits de la saccharification.

L'acidité, due à peu près exclusivement aux phosphates acides, diminue donc en présence de sels de chaux. L. Pierre a constaté en outre qu'elle augmente d'une façon continue avec la température, jusque vers 60-62°, pour diminuer ensuite, et avec la durée de contact. Ce dernier phénomène paraît être sous la dépendance du développement de ferments lactiques, et provient d'une réaction entre l'acide lactique formé et les phosphates secondaires ou tertiaires.

Cas de l'emploi des grains crus. — La diastase du malt agit d'une façon très différente sur les divers amidons, au-dessous des températures d'empesage, comme le montre le tableau suivant, dû à Lintner :

Amidon de :	Proportion centésimale d'amidon dissous au bout de quatre heures de contact à :				Températures d'empesage.
	50°.	55°.	60°.	65°.	
Pomme de terre..	0,13	5,03	52,67	90,34	65°
Riz..............	6,58	9,68	19,68	31,14	70°-75°
Orge	12,13	53,30	92,81	96,24	80°
Malt vert........	29,70	58,56	92,13	96,26	85°
Malt touraillé	13,07	56,02	91,07	93,62	80°
Froment..... ...	»	62,23	91,08	94,58	75°-80°
Maïs.............	2,70	»	18,50	54,60	70°-75°
Seigle	25,20	»	93,70	94,50	80°
Avoine	9,40	48,50	92,50	93,40	85°

On voit que l'amidon de riz et de maïs sont très faiblement attaqués par la diastase au-dessous de leur température de transformation en empois, tandis que l'amidon
du malt est presque entièrement dissous à une température inférieure à la température d'empesage. Il en
en résulte que la transformation préalable de l'amidon
du grain cru en empois est indispensable pour assurer
sa saccharification complète. On voit en outre que la
température d'empesage du riz et du maïs est de 70 à
75° ; il faut donc porter le grain cru au moins à cette
température pour lui faire subir la transformation voulue.
Enfin on sait que les amidons sont plus ou moins résistants à l'action de la diastase, et les amidons de maïs et
de riz sont particulièrement longs à saccharifier.

Quand on met en contact avec la diastase du malt
l'empois d'amidon ainsi obtenu, la saccharification s'opère.
Les principaux facteurs qui interviennent ici sont la
richesse en amylase, la température au moment de la
rentrée de l'empois au contact du malt, et la vitesse
de cette rentrée. Si la proportion d'amylase est considérable, l'empois est saccharifié rapidement ; si au contraire
la quantité d'amylase est faible, la saccharification est
beaucoup plus lente, et elle peut même rester incomplète.
La température au moment de la rentrée de l'empois au
contact du malt a également une grosse importance. Si

la température finale, après le retour du grain, ne dépasse pas 60°, on se trouve sans cesse aux températures favorables à la production de maltose, et on forme de grandes quantités de ce sucre, quelle que soit la vitesse de rentrée. Si au contraire la température est de 62° par exemple au moment de l'arrivée de l'empois et s'élève finalement aux environs de 70° les produits formés varient alors avec la richesse en amylase et la vitesse de la rentrée. La proportion de maltose formé est d'autant plus grande et la saccharification d'autant plus rapide que la masse est plus riche en amylase. Ce fait se comprend aisément puisque la température s'élève au fur et à mesure de la rentrée de l'empois; dans ces conditions, plus l'action est rapide aux températures inférieures, plus la saccharification est courte et plus le maltose formé est abondant.

De même, si le retour de l'empois en cuve matière est rapide, l'élévation de température se fait très vite : il se forme par suite peu de maltose et beaucoup de dextrines, surtout si l'amylase est peu abondante. Au contraire, si le retour s'effectue lentement, à température relativement basse, il se forme plus de maltose, et la proportion formée est d'autant plus grande que le malt est plus riche en amylase.

Application pratique aux diverses méthodes de brassage.

Il nous reste à voir quelles sont les conséquences des notions exposées ci-dessus pour la pratique des diverses méthodes de brassage.

Il importe de remarquer tout d'abord que dans le choix et dans l'appréciation des méthodes de brassage, on doit avant tout tenir compte de la nature du malt employé. Toutes les méthodes de brassage ne sont pas applicables à un malt donné, et tel malt, qui fournit avec une méthode d'excellents résultats, peut se comporter très mal avec une autre méthode. On comprend ainsi que les études comparatives des méthodes de brassage aient souvent donné des résultats contradictoires, car les phénomènes observés avec un malt peuvent parfaitement être différents avec un autre malt.

Le malt doit donc être approprié au procédé de brassage choisi, ou inversement la méthode choisie pour le brassage doit s'adapter à la nature du malt. C'est en perdant de vue cette notion fondamentale que beaucoup de brasseurs ont échoué dans l'essai de certaines méthodes de brassage. Nous verrons d'ailleurs que beaucoup de procédés de brassage anciens ont pris naissance par suite des caractères particuliers des malts produits à cette époque, et qu'au contraire les procédés modernes sont adaptés aux malts obtenus par les méthodes de germination actuelles.

Il en résulte qu'il est impossible de chercher, dans la méthode de brassage seule, les moyens d'assurer la production d'un moût de composition déterminée. Il est certain qu'on ne doit plus imposer aujourd'hui au brassage des règles fixes et empiriques, indépendantes de la nature des malts, et que les modifications réfléchies dans les procédés de brassage permettent au brasseur judicieux de résoudre avantageusement certains problèmes de fabrication. La méthode de brassage par sauts permet par exemple de réduire la proportion de maltose formé et l'atténuation de la bière si le brasseur le juge nécessaire ; mais, pour assurer à la bière toutes les autres qualités telles que la composition azotée la plus favorable, le moelleux et la mousse, il ne faut pas perdre de vue que le rôle important revient ici à la malterie et à la qualité du malt fabriqué.

Empâtage. — **Emploi des appareils.** — L'empâtage peut se faire directement en cuve matière ou à l'aide d'un hydrateur. L'hydrateur a l'avantage d'éviter la production de folle farine, d'assurer un mélange intime et homogène de la mouture avec l'eau, et d'empâter tout le malt à la même température. Cet appareil est donc particulièrement recommandable pour les brasseries dans lesquelles la cuve matière possède un agitateur plus ou moins compliqué, dont la disposition ne permet pas une agitation énergique de la masse au début du travail. Les inconvénients de l'hydrateur sont de permettre difficilement les empâtages à températures élevées, et d'allonger la durée de l'opération, qui dure généralement de quinze à vingt minutes et quelquefois davantage si l'appareil est mal construit : il en résulte qu'une partie du malt se trouve déjà exposée aux actions diastasiques avant que l'autre partie soit empâtée. Ce fait n'a pas d'importance dans les méthodes où la salade se fait à basse température, mais peut présenter des inconvénients si elle se fait à température élevée. Aussi beaucoup de praticiens se rangent-ils aujourd'hui à l'opinion de Windisch, qui considère que l'hydrateur est un instrument des plus recommandables pour les installations anciennes, mais inutile dans les brasseries où le travail se fait par les méthodes modernes, en employant l'agitateur Weigel à hélice et en empâtant à haute température.

L'agitateur à hélice, qui se tient au fond de la cuve, brasse en effet puissamment la masse dès le début de l'opération, empêche la formation de pelotes et hydrate parfaitement le malt. Pour éviter la poussière de farine, il suffit alors de faire déboucher dans la cuve matière le tuyau d'amenée de la mouture au-dessous du niveau de l'eau, ce qui est très facile avec l'agitateur à hélice, mais impossible avec les vagueurs plus ou moins compliqués qui occupent toute la largeur et toute la hauteur de la cuve. L'empâtage ne dure ainsi que quelques minutes, si le diamètre du tuyau d'amenée de la mouture est suffisant, et la régularité de l'action diastatique est ainsi parfaite sur toute la masse.

Influence du mode d'empâtage. — A basse température, la dissolution des diastases se produit sans destruction sensible, et les actions diastasiques restent faibles. Aux températures moyennes (45-50°) les diastases commencent à agir, la proportion de maltose formé croît jusqu'à 60°. Enfin aux températures élevées (60-65°), l'action des diastases est immédiate, le maltose diminue à mesure que la température d'empâtage dépasse 60° et la destruction des diastases devient très sensible. Les facteurs qui doivent être envisagés dans la pratique pour le choix de la température d'empâtage sont particulièrement la qualité du malt et la méthode de brassage adoptée. Avec les malts très diastasiques et parfaitement désagrégés, on peut sans danger empâter aux températures élevées. Ce mode de travail est général en Angleterre où les malts sont rendus très friables par une germination longue et froide. Mais avec un malt peu friable et peu diastasique, l'empâtage rapide à haute température est dangereux : la diastase n'a pas le temps de bien se dissoudre ; la farine s'agglomère en pelotes dans lesquelles l'eau pénètre difficilement ; enfin les diastases se trouvent partiellement détruites par la haute température d'attaque, et ce traitement trop brutal peut occasionner de grosses difficultés de saccharification. Il est donc prudent de ne pas empâter à trop haute température un malt de qualité médiocre, et un tel malt s'accommoderait mal de l'empâtage à 62° de la méthode abrégée de Windisch, par exemple.

La nature du malt intervient aussi pour ce qui concerne la température d'empâtage la plus favorable à la dissolution des matières azotées qui contribuent au moelleux et à la mousse de la bière. Elle peut être plus ou moins élevée suivant l'état des diastases du malt. D'une façon générale, il semble que les méthodes d'empâtage à haute température favorisent davantage la production des peptones et des albumoses, tandis que les méthodes d'empâtage à basse température favorisent plutôt la formation des corps amidés. Mais le résultat dépend surtout ici de l'état des diastases du malt et de sa composition chimique.

Le procédé de brassage choisi doit également entrer en ligne de compte pour le mode d'empâtage à adopter. Il est clair que si on veut employer le brassage abrégé, la température d'attaque doit être très élevée ; inversement il n'est pas possible d'attaquer le malt à 60° si on se propose d'employer le brassage par sauts, car on produirait déjà à cette température, avec un bon malt, une telle quantité de maltose que le traitement ultérieur n'aurait plus aucune influence sur la composition chimique du moût.

Enfin, dans les méthodes par infusion ou par décoction, l'attaque du malt à température élevée réduit la proportion de maltose, si la température est supérieure à 60°. On peut ainsi agir sur la composition du moût et obtenir des bières plus riches en dextrines et plus étoffées.

Brassage. — Emploi des appareils. — Le travail par cuve matière filtrante a l'avantage de réduire au minimum le matériel et la place nécessaire, mais il est difficile d'effectuer avec toute la perfection désirable le double travail de la filtration et du brassage dans un seul appareil. La présence de l'agitateur dans la cuve matière filtrante gêne le dépôt de la drêche ; l'épuisement se fait moins bien ; il se produit fréquemment, pendant le travail de l'empâtage, des accumulations de folle farine entre le fond et le faux-fond ; enfin la cuve matière se trouve immobilisée pendant un temps très long et elle ne peut servir de nouveau que quand toute l'opération est terminée. Aussi les brasseries qui emploient deux appareils distincts pour le brassage et la filtration, macérateur ou cuve matière, et cuve à filtrer ou filtre à moûts, sont-elles de plus en plus nombreuses. Le travail est plus parfait et plus facile ; l'utilisation du matériel est meilleure, le rendement est un peu plus élevé, et on n'a pas à craindre la formation des boues entre le fond et le faux-fond pendant le brassage.

Ces boues sont surtout constituées par des particules de folle farine entraînées au moment de l'empâtage, et qui se gélatinisent en partie. Quand la cuve matière filtrante donne naissance à des boues de cette nature, la seule méthode pour les éviter, si on ne dispose pas d'une cuve à filtrer, consiste à se servir de la cuve sans faux-fond pour le brassage en fermant les trous des tuyaux de soutirage avec des bondes de bois. Quand l'opération est terminée, on envoie tout le brassin en chaudière, on nettoie la cuve, on enlève les bondes, on remet le faux-fond, on le couvre d'eau chaude et on y repompe le brassin qu'on abandonne au repos avant filtration.

Le macérateur présente sur la cuve matière l'avantage de pouvoir gélatiniser les grains crus par chauffage à 90°, à l'ébullition ou sous pression, et de permettre facilement tous les modes de travail, les réchauffages, les refrodissements, etc. L'adjonction à la cuve matière d'un serpentin réchauffeur à vapeur permet de la rendre aussi avantageuse pour le travail qu'un macérateur, si on doit seulement porter à 90° le contenu de la cuve. On peut alors utiliser des grains crus sans avoir aucun appareil supplémentaire.

Influence de la température. — Par suite de la rapidité de la formation du maltose aux températures intermédiaires, on conçoit que le brasseur ne puisse agir sur la composition chimique du moût que dans les méthodes à sauts brusques, si le malt est bien désagrégé. Donc, dans les procédés de brassage où l'élévation de température est lente et progressive, comme dans l'infusion à deux trempes ou la décoction à trois trempes, presque tout le maltose qui peut se former aux dépens de l'amidon prend naissance, si le malt est de bonne qualité, aux températures intermédiaires, de sorte que lorsqu'on arrive aux températures élevées qui favorisent la production des dextrines, la saccharification est pratiquement terminée et tout le travail ultérieur est sans effet.

Donc, en infusion avec malt pur, si on veut [modifier par la méthode de brassage la composition chimique du moût et réduire la proportion de maltose afin d'avoir des bières plus riches en extrait et moins alcooliques, il faut monter très rapidement à 70°, en réduisant au minimum le séjour aux températures intermédiaires (voir 2° méthode, avec ascension rapide), ou opérer par la méthode descendante (3° méthode), ou par la méthode de brassage par sauts (4° méthode). Ce dernier procédé supprime tout séjour aux températures inférieures à celle qui a été choisie pour la saccharification, et permet seul d'obtenir les proportions de maltose et de dextrines correspondant à un degré donné. Au contraire, dans l'infusion à deux trempes (1° méthode) la lenteur du travail ne permet pas d'agir d'une façon sensible sur la composition chimique du moût, surtout si le malt est diastasique et bien désagrégé.

Il en est exactement de même en décoction. Avec les méthodes à deux et trois trempes, on ne peut pas modifier sensiblement la composition chimique du moût, si le malt est de bonne qualité, à cause de la lenteur du travail. Au contraire, la méthode de brassage par sauts permet de régler à volonté les proportions de maltose et de dextrines par le choix de la température finale, puisqu'on évite tout séjour aux températures intermédiaires.

On voit donc que pour profiter des variations des produits de la saccharification diastasique sous l'action des températures, on est conduit, surtout avec les malts bien désagrégés, à modifier les méthodes de travail de manière à les rendre plus rapides et plus brutales.

Pour ce qui concerne les matières azotées, l'influence des températures de brassage se fait également sentir, mais elle est variable avec la nature des malts et la durée du brassage. D'une façon générale les températures les plus favorables pour la peptonisation des matières azotées semblent être au voisinage de 50°, les températures supérieures favorisant la production des peptones et des albumoses et les températures inférieures celle des amides. L'élévation de la température augmente également la dissolution des globulines du malt.

Dans le cas d'emploi des grains crus, les températures de saccharification peuvent faire varier notablement la composition chimique du moût. Si la température finale, après la rentrée de l'empois en cuve matière, ne dépasse pas 60°, on se trouve dans des conditions à peu près identiques à celles des procédés de brassage lent, et tout le maltose possible se produit aux températures intermédiaires, si l'amidon du grain cru est bien transformé en empois. Si, au contraire, on fait rentrer rapidement l'empois de manière à obtenir une température de 68 à 70°, il se forme d'autant plus de dextrines et d'autant moins de maltose aux dépens de cet amidon que la rentrée est plus rapide et le malt moins diastasique.

Influence de la durée. — La durée du brassage a, d'après ce que nous venons de voir, une importance considérable au point de vue de la composition chimique du moût. Avec un malt bien désagrégé les méthodes lentes de brassage conduisent à la formation de grandes quantités de maltose et à la production de bières sèches et trop atténuées. La lenteur et la précaution dans les opérations sont au contraire recommandées avec les malts durs et peu diastasiques. La durée du brassage influe également sur la teneur du moût en matières azotées. Les méthodes qui n'arrivent que lentement aux températures élevées de saccharification favorisent la dissolution des matières azotées et la formation des corps amidés, et il semble en général que le moût est d'autant plus pauvre en azote qu'on atteint plus vite les températures finales. Le brassage abrégé de Windisch, qui favorise la production des albumoses contribuant, d'après cet auteur, au moelleux de la bière, réduirait donc aussi la richesse du moût en azote.

Influence de la nature du malt. — Il est évident, d'après ce qui précède, que la nature du malt joue dans le brassage le rôle capital. Les malts médiocres se prêtent mal aux méthodes brusques de travail ; en outre, l'action de la température, de la durée sur la composition chimique du moût dépend, comme nous l'avons vu, de l'état du malt. La formation du maltose est d'autant plus abondante et d'autant plus rapide que le malt est plus diastasique et mieux désagrégé. Un malt peu diastasique donne par exemple une saccharification lente et peut permettre d'agir un peu sur la composition chimique du moût en élevant plus ou moins rapidement la température, tandis qu'un malt trop désagrégé se saccharifie si rapidement que quelques minutes suffisent pour que la formation du maltose soit à peu près complète. Or les méthodes de brassage anciennes ont été établies, pour la plupart, d'après les caractères des malts de l'époque, malts durs, mal désagrégés, souvent trop fortement touraillés et peu diastasiques. Elles conviennent fort bien pour ces malts ; mais les progrès de la malterie ont conduit aujourd'hui à la production de malts très friables, parfaitement désagrégés et suffisamment diastasiques. Les anciennes méthodes ne s'adaptent plus à cette nature de malts ; il devient impossible d'agir sur la composition chimique du moût ; on arrive à produire trop de maltose et des bières trop sèches et trop atténuées. On a donc cherché, dans ces dernières années, à adapter les méthodes de brassage à la majorité des malts actuels, et c'est cette étude qui a conduit aux méthodes modernes un peu brutales, mais qui peuvent fort bien s'appliquer aux bons malts.

La nature du malt a enfin une influence capitale sur la richesse du moût en matières azotées. Suivant la composition chimique du malt sous le rapport de l'azote et suivant l'activité plus ou moins grande des diastases protéolytiques, la composition azotée du moût peut varier dans de larges limites. Ce que nous avons déjà dit à ce sujet nous dispense d'y insister encore ici.

Mécanisme des méthodes par infusion avec malt pur. — L'empâtage correspond à la dissolution de la diastase : au fur et à mesure que la température s'élève sous l'addition d'eau chaude, les diastases agissent, et quand on atteint la température de 65°, l'amidon se transforme rapidement en maltose et en dextrines.

Dans la première méthode, à deux trempes, la première trempe entraîne de l'amidon et la saccharification se continue en chaudière ; la trempe de saccharification à 75° transforme en empois les portions d'amidon les plus résistantes ; elles se saccharifient en grande partie, et la transformation s'achève en chaudière puisqu'on n'a pas dépassé la température de 75°. On voit que cette méthode s'applique particulièrement à des malts mal désagrégés et peu diastasiques, tels qu'on en obtenait beaucoup autrefois ; malts qui se saccharifient lentement et qui demandent que la température soit élevée avec précaution. La longue durée de l'élévation de température à 65° ne permet pas au brasseur d'agir sur la composition chimique du moût en modifiant les températures finales de saccharification, à moins que le malt ne soit très pauvre en diastase et très mal désagrégé. Dans ce dernier cas, en effet, la saccharification peut être assez peu avancée lorsqu'on arrive aux températures de 65-70° pour que la proportion de maltose puisse être réduite par le brassage à ces températures. Au contraire, appliquée à des malts de bonne qualité, suffisamment diastasiques et bien désagrégés, cette méthode conduit à une formation très abondante de maltose par suite du long séjour au-dessous de 65°, et à des bières très atténuées, plates et sèches.

Au contraire, dans la deuxième méthode à une trempe,

si l'élévation de température est très rapide, et si on monte par exemple à 68° en dix minutes, on peut agir sur la composition chimique du moût, réduire la proportion de maltose, et augmenter celle des dextrines. Cette méthode s'applique aux malts de bonne qualité, complètement désagrégés et suffisamment diastasiques. Si, au contraire, on procède à l'élévation de température plus lentement et avec plus de précautions, la méthode pourra convenir à un malt dur qui se saccharifie lentement; mais avec un malt de bonne qualité, le brasseur n'aura plus en main la composition chimique de son moût.

La troisième méthode ou méthode anglaise soumet le malt à un traitement beaucoup plus énergique et s'applique aux malts bien désagrégés et très diastasiques. Ce mode de travail évite le long passage du brassin aux températures intermédiaires, et par suite de l'empâtage à haute température, on réduit la formation de maltose, d'autant plus que la température d'empâtage est plus élevée.

Enfin la méthode de brassage par sauts, appliquée à l'infusion, supprime tout passage du brassin aux températures intermédiaires de saccharification. Elle donne donc naissance aux produits de dédoublement de l'amidon qui correspondent à la température finale choisie, et à ceux-là seuls. Les expériences de Petit ont montré qu'avec une température finale de 70°, la quantité de maltose formé diminue beaucoup, dans des proportions variables suivant la nature des malts. En terminant le saut entre 65 et 70°, on se maintient dans les limites voulues pour obtenir une atténuation finale de 60 à 62 p. 100. Une température trop élevée abaisse trop fortement l'atténuation, et la fermentation ainsi que la bière obtenue laissent à désirer. La méthode de brassage par sauts permet donc de régler l'atténuation finale, mais ce procédé exige un travail très précis et très surveillé, parce que les moindres écarts de température peuvent avoir une répercussion considérable sur la saccharification et sur le caractère de la bière. On ne peut donc l'employer que dans les appareils qui permettent un réglage rigoureux des températures.

Mécanisme des méthodes par décoction avec malt pur. — Si nous prenons comme exemple la décoction à trois trempes, nous voyons que la salade a surtout pour but la dissolution des diastases. Pendant le chauffage de la première trempe, tant que la température est au-dessous de 75°, la diastase agit sur l'amidon et en saccharifie une partie, et la saccharification est d'autant plus complète qu'on séjourne plus longtemps aux températures favorables. Quand on porte à l'ébullition, la diastase se trouve détruite et l'amidon non attaqué se transforme en empois à l'ébullition et se trouve alors dans un état beaucoup plus favorable pour l'action de la diastase. Quand la première trempe est ramenée en cuve matière, la diastase présente saccharifie cet empois, et comme la température s'élève, elle commence à agir activement sur l'amidon resté en cuve et sur les dextrines tendres amenées par la première trempe. Les mêmes phénomènes se reproduisent dans la deuxième trempe : saccharification au-dessous de 75°, destruction de la diastase et transformation en empois des particules d'amidon restant, au-dessus de 75°. La deuxième trempe, à son retour en cuve matière, amène la température à 62-63°, et la saccharification devient très active. Enfin dans la troisième trempe il se produit encore une destruction d'une partie de la diastase, et le retour de la trempe en cuve matière permet d'atteindre la température finale où la saccharification se complète.

Si le malt se saccharifie difficilement, il est recommandable de laisser stationner chaque trempe entre 62-70° et d'élever très lentement la température. On peut également prendre les trempes plus faibles afin de monter plus lentement en cuve matière.

Dans cette méthode, et avec la majorité des malts qu'on obtient par les procédés de germination actuels, malgré la destruction partielle de la diastase dans les trempes, la formation du maltose est trop rapide pour que le travail ultérieur au-dessus de 60° puisse permettre de fabriquer des bières plus ou moins dextrinées. On ne peut donc pas facilement, par cette méthode, modifier la composition chimique du moût et l'atténuation de la bière. Ce procédé, qui est le plus ancien, assure, par son extrême lenteur, une régularité parfaite dans l'élévation des températures et une uniformité très grande dans la fabrication d'un brassin à l'autre. L'ébullition des trempes permet en outre, en transformant en empois l'amidon du malt, d'obtenir un meilleur rendement avec les malts insuffisamment désagrégés. Cette méthode convient donc particulièrement aux malts foncés, fortement touraillés, qui exigent une méthode de brassage lente et prudente, mais elle ne présente aucun avantage pour les malts pâles, riches en diastase.

Aussi les méthodes de décoction abrégées ont-elles gagné de plus en plus de terrain, même en Bavière pour la fabrication des bières brunes. La nature des phénomènes qu'on observe dans ces méthodes est toujours la même ; mais tandis que la méthode à trois trempes, très longue et très coûteuse, ne permet pas au brasseur d'avoir en main la composition chimique de son moût, la méthode abrégée de Windisch, infiniment plus économique, où la température est rapidement élevée au-dessus de 62°, s'y prête davantage et conduit à des bières plus moelleuses et moins atténuées. Mais il faut que le malt soit d'une qualité suffisante pour résister à ce traitement un peu brutal. Cette méthode n'est donc applicable qu'aux bons malts, bien désagrégés, obtenus par une germination lente et froide.

Enfin dans la méthode de brassage par sauts, on observe les mêmes phénomènes que nous avons signalés plus haut à propos de cette méthode appliquée à l'infusion. Elle permet de régler l'atténuation finale, suivant la température choisie par la saccharification, et peut s'appliquer à des malts passables, qui s'accommoderaient mal du brassage abrégé.

Mécanisme des méthodes à moût trouble. — Si nous examinons la méthode lilloise, nous constatons qu'après la dissolution des diastases et le soutirage de la *masse*, on procède au moyen de la trempe de saccharification à 70°, à la transformation de l'amidon le plus facilement attaquable par la diastase. Comme une grande quantité d'amylase a été enlevée par le soutirage de la masse, le pouvoir diastasique est réduit, la saccharification est plus lente et la quantité de maltose formée est assez faible. Le chauffage de la masse à l'ébullition amène une destruction considérable de diastase, et au retour en cuve matière, la température élevée transforme l'amidon restant en empois, en donnant naissance à une faible proportion de maltose, et la saccharification s'achève dans la cuve et dans la chaudière. On voit que cette méthode a surtout pour but d'obtenir la réduction de l'activité diastasique, la diminution du maltose et la transformation en empois de l'amidon non désagrégé. Elle s'applique à des malts durs, peu friables et assez fortement diastasiques : on obtient alors un rendement meilleur qu'avec l'infusion. On peut régler plus facilement la composition chimique du moût et réduire la proportion de maltose. Mais le danger de la méthode consiste en un appauvrissement trop grand du brassin en amylase si le malt est peu diastasique.

Cas de l'emploi des grains crus. — La cuisson préalable du grain a pour but de transformer l'amidon en empois pour qu'il puisse être attaqué facilement par la diastase. La cuisson s'opère soit à 80-90°, soit à 100°, soit à une température plus élevée, sous pression. La cuisson sous pression n'est pas nécessaire quand on emploie des matières premières assez finement concassées, ou sous forme de farines. Elle a l'inconvénient de donner des produits d'odeur désagréable par suite de la haute température atteinte : il se forme notamment du furfurol par l'action des corps à réaction acide sur les pentosanes du grain. Le travail est en outre beaucoup plus difficile à régler à cause de la température élevée de l'empois. La meilleure méthode paraît être celle qui consiste à transformer l'amidon du grain, soit à sa température d'empesage, soit à l'ébullition. La petite quantité de malt ajoutée sert à liquéfier l'amidon et à éviter un empâtement trop fort. C'est ce que réalisent la première, la quatrième et la cinquième méthode que nous avons exposées plus haut pour le brassage par infusion avec grains crus.

Dans les méthodes par décoction, il est préférable de n'introduire les grains crus qu'à la première trempe, avant que le pouvoir diastasique ne soit réduit par l'ébullition des trempes successives. Le malt employé doit être en effet suffisamment diastasique pour assurer la saccharification totale de l'amidon du grain cru.

Le mode de travail peut avoir une grosse influence sur la composition chimique du moût, suivant la vitesse de rentrée de la matière amylacée en cuve et suivant le pouvoir diastasique du malt. En règle générale, quand la température finale après la rentrée de l'empois est supérieure à 60°, la proportion de maltose est d'autant plus réduite que la vitesse de rentrée est plus grande et le malt moins diastasique. Suivant le pouvoir diastasique plus ou moins élevé du malt, et suivant le caractère de la bière à produire, il faudra donc modérer plus ou moins la vitesse du retour de la trempe de grains crus.

L'emploi des grains crus, et notamment du riz, permet d'agir sur la coloration du moût et de produire plus facilement des bières pâles. Enfin la pauvreté du riz en matières azotées réduit la richesse du moût en azote : il en résulte que le liquide est moins nutritif pour la levure que le moût de malt pur. L'exactitude de ce fait est confirmée par la difficulté des fermentations et l'action déprimante du riz sur la levure quand on l'emploie à forte dose (20 ou 25 p. 100). Il nécessite alors de continuels changements de levains. D'autre part, il n'est pas démontré que cette pauvreté du moût en matières azotées entraine une stabilité plus grande de la bière, car nous ne connaissons pas encore bien la nature des corps azotés qui rendent les bières instables, et il s'agit ici plutôt d'une question de *nature* d'azote que d'une question de *proportions*.

Le maïs donne des bières moins fines que le riz à cause de l'huile qui reste toujours en petites proportions dans les grits. A la dose de 20 à 25 p. 100, il modifie sensiblement le goût de la bière et exerce sur la levure une action déprimante, mais moins accusée que celle du riz.

Quelle que soit la méthode adoptée pour le travail des grains crus, il y a une limite qu'on ne peut pas dépasser dans la proportion à utiliser en brasserie. Certains procédés permettent d'employer plus de 50 100 de grains crus, mais ce résultat n'est atteint qu'aux dépens de la finesse et de l'arome de la bière. Le maximum pratique parait être aux environs de 20 à 25 p. 100. A des doses plus fortes, la bière ne conserve pas la franchise de goût des bières de malt pur. A des doses plus faibles, la modification de goût est peu sensible, et si elle se manifeste, elle tient souvent plutôt à la nature du malt qu'à l'emploi du grain. Il arrive en effet que pour assurer la saccharification des grains crus, on utilise des malts très diastasiques, insuffisamment touraillés, et manquant complètement d'arome, de sorte que la bière perd son parfum, et d'autant plus qu'on emploie moins de malt. Il est donc indispensable d'utiliser avec les grains crus un malt à la fois aromatique et diastasique, obtenu par un lent séchage à basse température, suivi d'un touraillage élevé.

L'emploi des grains crus à forte dose amène une

économie sensible de matières premières, mais elle n'est pas aussi considérable qu'on le croit si on fait intervenir la dose de houblon plus forte qu'il faut souvent ajouter aux bières de grains crus, la diminution des drèches, les changements coûteux de levains et les aléas qu'ils amènent, etc. Il est d'ailleurs hors de doute que si l'emploi des grains crus peut s'adapter dans une certaine mesure à la production des bières ordinaires, la production des bières fines ne doit jamais se faire autrement qu'avec du malt seul.

Soutirage et lavages.

Mécanisme du soutirage. — Nous examinerons d'abord le mécanisme du soutirage par faux-fond.

Soutirage par faux-fond. — Dans le soutirage par faux-fond, la masse est abandonnée au repos, soit dans la cuve matière, soit dans la cuve à filtrer, et la couche filtrante est constituée par la drèche elle-même. Après dépôt des drèches, on trouve à la partie supérieure une couche visqueuse, ou *oberteig*, formée principalement des fines matières azotées insolubles ou coagulées. Au-dessous viennent les gros débris d'enveloppes plus ou moins mélangés de cellulose fine. Quand on ouvre les robinets de mise en perce, la filtration commence. Elle est d'abord imparfaite ; les particules fines qui se trouvent au fond sont entraînées et le moût coule trouble. Mais bientôt la couche inférieure se tasse par l'aspiration, devient plus compacte, arrête les fins débris de cellulose et de matières azotées et constitue bientôt la couche filtrante. Les matières en suspension dans le moût sont arrêtées en partie dans la couche intermédiaire de drèches, et la filtration proprement dite s'effectue contre le faux-fond, sur la couche inférieure.

Les principaux facteurs qui interviennent dans cette opération sont la disposition de la cuve, la nature du

malt, la finesse de la mouture, la température et le mode
de soutirage.

La surface de la cuve est un des facteurs les plus
importants de la rapidité du soutirage ; l'opération est
d'autant plus rapide que la surface est plus grande pour
un poids donné de matières premières. Le nombre de perforations du faux-fond a une importance beaucoup moins
considérable ; toutefois il est évident que si le nombre des
trous est insuffisant, non seulement le soutirage est plus
lent, mais le moût qui s'écoule est aspiré plus fortement
en certains points, et il se forme ainsi des îlots de
drèches qui ne sont pas traversés par les eaux au moment
des lavages. Par contre, si le nombre des trous est trop
considérable, il se produit des obstructions et la filtration
devient très pénible. Enfin si les robinets de soutirage
sont disposés trop en contre-bas du faux-fond, on observe
un tassement trop énergique de la couche filtrante et un
ralentissement dans le soutirage.

La nature du malt influe sur la constitution de la
couche filtrante : les fines matières azotées et cellulosiques
qui forment le filtre inférieur peuvent être plus ou moins
abondantes, les enveloppes peuvent être plus ou moins
pailleuses. Un malt à enveloppes lourdes se dépose en
masse compacte dans la cuve, et sa filtration est plus
longue et plus difficile. Quand le malt est de mauvaise
qualité et donne un travail défectueux au brassage, on
peut s'attendre également à des difficultés de soutirage.

Les particules de drèches accumulées dans la cuve
laissent entre elles des canaux à travers lesquels circule
le moût pendant le soutirage. Si la mouture est bien faite
et si les enveloppes du grain sont restées intactes, les
canaux restent larges ; si au contraire la mouture est trop
fine, les canaux sont étroits et s'obstruent facilement par
les fines particules entraînées. La filtration sur faux-fond
devient donc longue et pénible quand la mouture est fine.
L'emploi de fortes proportions de grains crus donne nais

sance à une action analogue, à cause de la réduction du
volume des enveloppes et de l'augmentation des fins
débris cellulosiques.

L'épaisseur de la drèche n'a pas d'influence bien sensible sur la vitesse du soutirage.

Les températures élevées facilitent le soutirage en
diminuant la viscosité du moût et son adhésion aux particules de drèches.

Enfin le mode de soutirage a une grande importance.
Si on ouvre largement les robinets au début de l'opération, la couche filtrante se trouve comprimée, le courant
rapide entraîne les particules les plus fines dans les canaux
de filtration qui s'obstruent, et bientôt le soutirage devient
très lent. La rentrée de l'air sous le faux-fond, par les
robinets de soutirage, arrête également la filtration.

Soutirage au filtre à moûts. — Dans ce cas, le mécanisme de la filtration n'est plus tout à fait le même. Le
moût est filtré à travers des toiles : au début, les matières
les plus fines passent à travers les pores du tissu, mais
bientôt ces particules fines s'accumulent à la surface des
toiles et constituent une couche filtrante analogue à celle
qui se produit dans la cuve à filtrer. Pour que ce phénomène ait lieu, il est nécessaire d'employer une mouture
fine : la mouture grossière ne donnerait pas sur la toile un
colmatage assez rapide pour rendre la filtration pratique.
Comme les orifices de passage du moût sont ici beaucoup
plus fins que les trous des faux-fonds de cuves, il faut
employer une pression assez forte pour forcer la circulation, et il est nécessaire d'augmenter beaucoup la surface
filtrante. Les facteurs qui influent ici sur la filtration sont
la surface totale des plateaux du filtre, la nature du malt,
la finesse de la mouture, la température et la pression
dans l'appareil, et leur action est du même sens que celle
que nous avons signalée pour la filtration par faux-fond.

Mécanisme des lavages. — Quand le soutirage du
moût fort est achevé, la drèche est encore imprégnée de

ce moût concentré ; les lavages ont pour but d'extraire la plus grande partie de ce moût. L'eau, bien répartie à la surface des drèches, forme une couche qui traverse peu à peu la masse en déplaçant le liquide qui l'imbibe. Le déplacement ne se fait évidemment pas d'une façon absolue : la drèche retient du moût par capillarité, et, pendant les lavages, il se produit ainsi une dilution et une diffusion de ce moût au contact de l'eau.

Les influences qui s'exercent sur le soutirage des eaux de lavages sont celles qui ont été exposées plus haut au sujet du soutirage du moût. En dehors de ces influences, les facteurs qui jouent un rôle dans l'épuisement et dans l'effet utile des lavages sont principalement la température de l'eau, le nombre des trempes de lavage, le piochage des drèches et la durée du lavage.

L'épuisement est d'autant plus parfait que la température de l'eau de lavage est plus élevée. Toutefois on a intérêt à ne pas dépasser dans la cuve une température de 80°. Une température plus élevée détruit la diastase du moût qui imbibe la masse et qui peut encore saccharifier les particules d'amidon entraînées des drèches ; elle peut en outre gélatiniser les petites quantités d'amidon qui restent dans les pailles et causer ainsi des troubles. Aux températures inférieures, le soutirage est moins rapide et l'épuisement moins parfait. Le refroidissement qui se produit dans les cuves de filtration ouvertes conduit au même résultat.

L'épuisement est d'autant plus complet que le volume des eaux de lavage est plus grand, et que ce volume est réparti en un nombre de trempes plus considérable, séparées par des piochages de la drèche. Pendant le lavage, il se forme en effet des crevasses, les eaux se frayent à travers la drèche des chemins. Pour que l'épuisement soit régulier et pour qu'à la fin du soutirage il n'y ait pas d'îlots de drèches renfermant encore du moût concentré, il est nécessaire de combler ces crevasses et de modifier fréquemment ces chemins. Le piochage des drèches réalise cette condition.

Enfin la rapidité du lavage agit à la fois sur la température et la composition du moût. Si le lavage est rapide, la température s'abaisse peu, et les eaux de lavage entraînent moins de matières difficilement solubles telles que certaines matières azotées, les pentoses et les substances ligneuses. Si le travail est lent, le refroidissement devient sensible, surtout si la cuve est ouverte, et la dissolution des substances étrangères est augmentée par la durée de contact.

Si on compare l'extrait du moût fort à celui des eaux de lavage, on constate que dans celles-ci l'extrait est beaucoup plus riche en matières azotées et en matières minérales, notamment en phosphates. On dissout donc dans l'épuisement par l'eau chaude des corps azotés, des matières minérales, et aussi des pentoses et des corps gommeux, en quantité d'autant plus grande que le volume des eaux de lavage est plus grand.

Emploi des appareils. — Nous avons vu plus haut les avantages que présente l'emploi d'une cuve matière ou d'un macérateur associé à une cuve à filtrer ou au filtre à moûts, sur l'emploi d'une cuve matière filtrante. On peut employer, pour le soutirage et les lavages, la cuve à filtrer ou le filtre à moûts.

Cuve à filtrer et filtre à moûts. — La comparaison de la cuve à filtrer avec le filtre à moûts a donné lieu, dans ces dernières années, à des études très intéressantes de la part de plusieurs expérimentateurs, notamment de Schifferer, Windisch, Cannon et Brown, etc. Ces auteurs sont arrivés aux conclusions suivantes. Le filtre à moûts permet d'abord de travailler avec de la farine fine, ce qui est impossible avec la cuve à filtrer : on augmente ainsi le rendement, surtout avec les malts médiocres. Dans trois brassins faits avec le même malt, et étudiés comparativement avec la cuve à filtrer et le filtre à moûts ; Cannon et Brown ont obtenu avec le filtre à moûts 99,9 p. 100 du rendement du laboratoire et 96,8 p. 100 avec la cuve à filtrer, soit 3,1 p. 100 de plus avec le filtre à moûts. Schifferer est arrivé à des résultats analogues. L'épuisement est donc plus complet ; en outre, il n'y a plus trace d'amidon dans les drèches, à cause de la fine mouture employée. D'une façon générale, Cannon et Brown trouvent que la composition chimique des moûts venant du filtre est plus favorable que celle des moûts obtenus avec la cuve à filtrer. La quantité de matières albuminoïdes contenues dans le premier moût qui sort du filtre est notablement moindre que celle des moûts forts de la cuve matière. Les bières obtenues sont plus brillantes et se conservent au moins aussi bien.

Le filtre à moûts réduit en outre le temps qu'exige le soutirage, et permet ainsi d'accroître beaucoup la puissance de la salle de brassage. Windisch signale par exemple un essai dans lequel un filtre de trente-quatre chambres a fourni en dix-sept minutes 95 hectolitres de moût fort à 21° Balling. La totalité du soutirage, pour 240 hectolitres, a duré une heure et demie, et les dernières eaux de lavage marquaient 0°,2 Balling.

Le moût fort et les trempes de lavage coulent plus rapidement, et le temps de contact des lavages avec les drèches se trouve sensiblement diminué, ce qui peut présenter des avantages au point de vue de la saveur de la bière. Enfin, quand on emploie de fortes proportions de grains crus le filtre à moûts n'occasionne pas les difficultés de soutirage qu'on éprouve avec la cuve à filtrer. Toutefois, malgré tous ces avantages, les brasseurs ont jusqu'ici montré une grande résistance à l'adoption de ce mode de soutirage, car le filtre à moûts est un outil lourd et encombrant, difficile à nettoyer, et susceptible encore de gros perfectionnements avant d'être bien adapté au travail de la brasserie. L'usure des toiles augmente d'une façon sensible les frais généraux. Schifferer compte 3 000 francs par an pour une brasserie qui travaille 12 500 quintaux de malt. Il faut en outre un appareil spécial pour laver les toiles. Enfin les drèches perdent un peu de leur valeur, car les éleveurs attribuent souvent de l'importance à l'aspect de la drèche. Les avantages du filtre à moûts ne sont donc pas tels que son introduction s'impose partout; son adoption dépend des conditions de chaque brasserie et de la nature des matières premières, mais il est certain que toute brasserie qui désire augmenter sa production doit envisager avec soin la question de l'emploi de cet appareil. Il n'est pas douteux non plus que les procédés spéciaux de brassage, tels que ceux de Puvrez et de Schmitz, permettant de récupérer l'amidon resté dans les drèches après brassage, n'auront plus grand intérêt si l'emploi du filtre à moûts se généralise en brasserie.

Diffusion méthodique. — De Geyter a réalisé l'application de la diffusion à la production des moûts de bière. Sa méthode consiste à traiter le malt dans un saccharificateur continu et à épuiser dans des diffuseurs la matière saccharifiée. Le saccharificateur se compose d'un long conduit cylindrique dans lequel des palettes, formant hélices propulsives, poussent la matière en avant avec une vitesse réglable à volonté. Des arrivées d'eau chaude sont ménagées le long de l'appareil, concurremment avec des enveloppes de vapeur sectionnées, et permettent d'obtenir en chaque point du chemin la température voulue. La notion de temps se transforme ainsi en une notion d'espace, chaque point du saccharificateur étant affecté à une des phases qu'on veut faire parcourir à la saccharification.

La matière, ayant parcouru le saccharificateur, est épuisée méthodiquement dans des diffuseurs fermés. L'eau de lavage arrive sur le diffuseur le plus épuisé : le jus faible provenant de celui-ci passe sur l'avant-dernier diffuseur, moins épuisé; le jus de ce deuxième diffuseur passe sur un troisième, et ainsi de suite jusqu'au diffuseur récemment chargé, dont le jus riche et concentré s'écoule seul à la chaudière. Quand le dernier diffuseur est épuisé, on le vide, et la même marche recommence avec l'avant-dernier diffuseur comme queue de batterie et un diffuseur nouvellement rempli, comme tête de batterie. Tant qu'on charge des diffuseurs, on obtient donc toujours du jus riche. Quand on n'en charge plus, à la fin du travail, la densité du moût commence à décroître, et on obtient ainsi une certaine quantité de moût faible, d'autant moins élevée qu'on prolonge davantage la fabrication et qu'on augmente davantage la quantité de matières premières travaillées. Cette méthode donne des moûts pauvres en azote, et le rendement n'est jamais inférieur à celui du laboratoire, mais elle exige un matériel compliqué.

Pratique du soutirage. — **Soutirage sur faux-fond.** — L'opération du soutirage est une des plus importantes du brassage, car le rendement dépend en grande partie de la perfection de cette phase du travail.

On ouvre peu à peu les robinets de mise en perce. Le premier moût qui passe coule trouble et on le renvoie dans la cuve : quand le moût est clair, on l'envoie en chaudière. Parfois, pour réduire la durée du passage de ce moût trouble, on ouvre largement au début les robinets, de manière à purger rapidement le faux-fond et les tuyaux de vidange, puis on ferme les robinets aux deux tiers quand le moût coule clair. Cette méthode n'est pas sans inconvénients : il se produit souvent un tassement de la couche et la filtration devient ensuite plus lente. Il est donc préférable de renvoyer un peu plus de liquide dans la cuve à filtrer, et de laisser les drèches assez lâches : l'élimination du moût trouble est un peu plus longue, mais on regagne largement ce temps par la facilité plus grande du soutirage. Pour prévenir le danger d'obstruction des tuyaux de vidange, on y envoie un violent coup d'eau chaude immédiatement avant le repos. On évacue ainsi tous les tuyaux et on dégage les orifices du faux-fond.

Il faut avoir soin de ne pas ouvrir trop largement les robinets de soutirage, car on constate bientôt que la filtration, d'abord plus rapide, se ralentit de plus en plus. Cette manœuvre a en effet pour résultat d'entraîner dans les canaux les fines particules de drèches; les interstices se bouchent et la filtration devient très pénible. Il faut éviter aussi soigneusement les rentrées d'air par les robinets de soutirage en les réglant convenablement : s'ils sont trop ouverts, ils débitent plus que le secteur de la cuve, et l'air a une tendance à rentrer. La présence de l'air entre le fond et le faux-fond arrête la filtration et les lavages dans cette partie, et occasionne par suite des pertes sensibles de rendement.

Quand, malgré l'ouverture normale des robinets, la filtration devient plus lente, il faut bien se garder d'ouvrir les robinets davantage, ce qui ne pourrait qu'accroître les difficultés de filtration. La meilleure méthode consiste à envoyer par le faux-fond de l'eau chaude pour déboucher les trous. Cet accident peut tenir à la proportion trop élevée de grains crus, à la nature du malt, qui donne des drèches compactes, qui ne se laissent pas facilement traverser, à la trop grande finesse de la mouture ou à une disposition défectueuse du faux-fond de la cuve.

Soutirage par le filtre à moûts. — On chauffe au préalable le filtre à la vapeur, puis on y refoule le moût trouble avec une pompe. La filtration est très rapide, et si le filtre est de dimensions suffisantes, tout le moût fort, à 22-23° Balling, peut s'écouler en dix ou quinze minutes. Les derniers restes de moût fort sont évacués à l'aide de l'air comprimé.

Pratique des lavages. — **Lavages sur faux-fond.** — Quand le moût fort est soutiré, il faut procéder au lavage et à l'épuisement des drèches. Celles-ci retiennent en effet environ 80 p. 100 de leur poids de moût. On pioche légèrement la surface des drèches, puis on fait tomber, à l'aide de la croix écossaise, une pluie d'eau chaude, qui déplace peu à peu le moût. On arrête au bout de quelque temps, on soutire, et on procède au piochage des drèches. On recommence ainsi deux ou trois arrosages. Le piochage des drèches doit être prolongé et se faire régulièrement dans toute la masse, de manière à assurer l'homogénéité de la couche et la régularité de l'épuisement. L'épuisement est plus parfait quand on répartit l'eau de lavage sur plusieurs trempes, séparées par des piochages. Quand les drèches viennent d'être piochées, il est bon de laisser quinze ou vingt minutes en repos pour éviter que la trempe de lavage ne coule trouble. La température de l'eau doit être élevée, car plus l'eau est chaude, plus l'épuisement est complet et meilleur est le rendement. La nature de la cuve intervient ici : si la cuve est ouverte, on peut employer de l'eau à 95° car il y a des pertes de chaleur considérables et on observe souvent une différence de température de 15° entre la température de l'eau et celle des drèches dans la cuve. Si la cuve est fermée, ces déperditions de chaleur sont supprimées, et on peut utiliser de l'eau à 75-80°, afin de ne pas détruire la diastase restante et de ne pas gélatiniser l'amidon qui reste dans les drèches, surtout si on a travaillé un malt à bouts durs.

L'épuisement de la drèche est d'autant plus complet que le volume des eaux de lavage est plus considérable : donc, pour laver dans de bonnes conditions, on doit réduire au minimum le volume du moût fort.

Degré d'épuisement. — Au point de vue économique, en dehors de toute question de saveur, il y a intérêt à épuiser la drèche aussi complètement que possible, jusqu'à une limite qui est atteinte quand la dépense en combustible nécessitée par la concentration du moût en chaudière n'est plus balancée par la valeur de l'extrait récupéré par les lavages. On considère fréquemment comme avantageux de ne plus recueillir la trempe quand elle marque moins de 0°,5 Balling. Jakob a montré, par le calcul de la dépense en combustible et de la valeur de l'extrait correspondant, que cette limite n'est pas applicable à toutes les usines. Le chiffre limite est généralement compris entre 0°,2 et 1°,2.

Le meilleur contrôle du lavage consiste à prendre la densité du liquide qui s'écoule, et celle du liquide qu'on obtient en exprimant à la presse un échantillon moyen de la drèche, pris dans toute la hauteur de la cuve. Si les deux chiffres sont égaux, le travail est satisfaisant; mais bien souvent on observe des différences de 1 p. 100 entre ces deux chiffres, différences dues à la compacité de la drèche, à l'insuffisance du piochage et à l'irrégularité du passage de l'eau qui se fait seulement par certains points de la masse.

Les opinions sont partagées au sujet de l'influence qu'exerce le degré d'épuisement du moût sur la saveur de la bière. Une opinion assez répandue est que quand on lave plusieurs fois les drèches à l'eau chaude, la saveur de la bière en souffre, car on dissout des matières azotées, des corps gommeux, des matières minérales qui nuisent à la finesse de la bière. Aussi certains brasseurs utilisent-ils parfois les trempes de lavage à bas degré pour la fabrication des bières de seconde qualité, les bières fines étant fabriquées avec les moûts riches. D'autres prétendent que le degré d'épuisement n'a aucun effet sur la saveur. Il est probable que la nature du malt intervient ici : suivant sa composition chimique plus ou moins favorable, l'action de l'épuisement prolongé peut être plus ou moins sensible. Il est certain, dans tous les cas, que lorsque l'épuisement est poussé trop loin, l'ébullition prolongée qu'il entraîne peut modifier le parfum de la bière.

Lavages au filtre à moûts. — Le lavage se fait méthodiquement à l'aide d'une pompe qui amène dans les gâteaux de drèches de l'eau à 75°. On contrôle avec soin la quantité d'eau de lavage et sa température, et quand les eaux marquent 0°,1 à 0°,3 Balling, on arrête, et on évacue le reste des eaux de lavage à l'air comprimé.

DRÈCHES

Les drèches sont constituées par les particules insolubles du malt qui sont restées dans la cuve à filtrer après lavages. Cent kilogrammes de malt fournissent environ 125 à 140 kilogrammes de drèches à 75-80 p. 100 d'eau.

Composition des drèches. — Les drèches renferment les enveloppes du grain, l'amidon non transformé, tous les corps peu solubles, presque toute la matière grasse du grain, et les corps azotés insolubles ou coagulés par le brassage.

Leur composition varie avec la nature du malt, le mode de brassage et le degré d'épuisement. La nature du malt intervient d'une part par la composition chimique, d'autre part par l'état de désagrégation. Un malt mal désagrégé donne des drèches qui contiennent encore des proportions sensibles d'amidon. Le mode de brassage, en modifiant la composition du moût, en dissolvant notamment plus ou moins de matières azotées, influe aussi sur la composition de la drèche. Enfin la drèche est d'autant plus pauvre en matières sucrées que l'épuisement a été poussé plus loin.

Les analyses suivantes, dues à Lindet et Herbet, indiquent la quantité de drèches obtenues pour cent de malt, et la proportion des matières azotées et minérales de ces drèches avec diverses orges. On voit que la richesse en matières azotées est élevée puisqu'elle atteint 17 à 22 p. 100 du poids de la drèche.

MATIÈRES DOSÉES.	ORGE chevalier.	ORGE de Hongrie.	ESCOURGEON.	ORGE d'Algérie.
Drèche sèche p. 100 du malt........	28,50	23,50	30,20	29,20
Matières azotées p. 100 du malt....	5,17	5,14	5,09	5,07
— — p. 100 de la drèche.	18,10	21,80	16,80	17,30
— minérales p. 100 du malt.	1,45	1,09	1,74	1,31
— — p. 100 de la drèche......	5,00	4,60	5,70	4,40

Dietrich et Kœnig donnent comme chiffres moyens et chiffres extrêmes de 158 analyses de drèches de brasserie fraîches, les résultats suivants :

	Maximum.	Moyenne.	Minimum.
Eau..................	84,6	76,2	69,5
Matières azotées.	7,1	5,1	4,1
— grasses........	3,2	1,7	0,8
— extractives non azotées	15,4	10,6	7,9
Cellulose	9,5	5,2	3,1
Cendres	2,0	1,2	0,3

Cette composition fait des drèches un aliment excellent pour les bœufs et les vaches laitières, à condition que cette nourriture soit fraîche. Mais les drèches ont l'inconvénient de s'altérer très vite : elles contiennent en effet un grand nombre de substances alimentaires pour les microbes et subissent par suite très rapidement les fermentations lactique et butyrique.

Conservation des drèches. — La conservation des drèches peut se faire en silos, mais les fermentations qui s'y produisent occasionnent des pertes sensibles en matières sèches. Pour conserver les drèches sans altération, il faut recourir à la dessiccation.

Cette opération doit se faire en évitant toute perte en éléments nutritifs, et sans que la digestibilité de ces éléments soit modifiée. Autrefois on séchait les drèches en les faisant traverser directement par les gaz d'un foyer. On emploie aujourd'hui des appareils qui utilisent

Fig. 69. — Appareil Pawling à dessécher les drèches. (Société Strasbourgeoise de constructions mécaniques, à Lunéville.)

la vapeur d'échappement des machines et qui sèchent les drèches à température relativement basse. La sécheuse Pawling (fig. 69) se compose de deux auges en fer à cheval, chauffées par la vapeur détendue ou par la vapeur d'échappement. A la partie supérieure ou au bout de l'appareil se trouve un système d'alimentation automatique qui enlève des drèches une grande partie de l'eau par égouttage. Le barboteur supérieur, commandé par engrenage, travaille dans la matière humide et entraîne régulièrement la drèche. Les barboteurs inférieurs servent au séchage et au déplacement ; ils sont munis d'un gros tuyau central et d'un serpentin agitateur où on emploie la vapeur à haute pression et qui entoure le tuyau central à une distance suffisante pour laisser une libre circulation à la drèche partiellement sèche. La consommation de vapeur à 7 kilogrammes par 100 kilogrammes de drèches sèches est de 200 à 240 kilogrammes, et les drèches contiennent, après refroidissement, de 9 à 12 p. 100 d'eau.

Dietrich et Kœnig donnent, comme moyenne d'analyses de 166 échantillons de drèches sèches, les chiffres suivants :

Eau...............................	9,5	p. 100.
Matières albuminoïdes............	20,6	—
— grasses	7,0	—
Extractifs non azotés............	42,2	—
Cellulose........................	16,0	—
Cendres..........................	4,7	—

Les drèches sèches constituent un aliment de premier ordre pour les vaches laitières et les bœufs. On peut les employer aussi pour l'alimentation des chevaux, en remplacement d'une partie d'avoine, mais il faut alors ne donner aux animaux qu'une drèche irréprochable pour qu'ils ne la refusent pas, et procéder par doses croissantes, en remplaçant d'abord 1 kilogramme d'avoine par 1 kilogramme de drèches, puis en augmentant la dose pour arriver à 3 kilogrammes de drèches mélangés avec 9 kilogrammes d'avoine.

RENDEMENT AU BRASSAGE

Le rendement au brassage est représenté par la quantité d'extrait formé dans la pratique par cent parties de malt ou d'autres matières premières. Sa détermination présente le plus haut intérêt, car elle donne des indications précises sur la manière dont le travail est conduit. Le chiffre du rendement en lui-même ne permet pas une appréciation exacte : c'est en comparant le rendement pratique avec le rendement obtenu au laboratoire qu'on peut porter un jugement précis sur les résultats du travail du brassage,

Causes qui font varier le rendement au brassage. — Les causes qui font varier le rendement au brassage sont extrêmement nombreuses. On peut citer notamment : la nature du malt, le mode de concassage, la finesse de la mouture, le mode de brassage, le degré d'épuisement des drèches, le matériel de brassage, etc.

Le rendement en extrait dépend avant tout de la qualité du malt. Ce n'est qu'avec un bon malt, bien désagrégé qu'on peut espérer obtenir un rendement élevé. Les malts à bouts durs se saccharifient plus difficilement, les parties non désagrégées ne se dissolvent que partiellement pendant le travail du brassage, surtout si la mouture est grossière, et il en résulte une diminution de rendement.

Nous avons vu, à propos du concasage, l'influence de cette partie du travail : le rendement est plus faible si le concassage est mal effectué, s'il reste des grains qui ne sont pas touchés par le moulin et s'il y a une forte production de folle farine. Nous ne reviendrons pas ici sur l'influence de la finesse de la mouture que nous avons étudiée à propos du concassage. Plus la mouture est fine, plus le rendement est élevé, surtout avec les malts médiocres.

Le procédé de brassage joue un rôle important dans le rendement. Il peut d'abord fournir un rendement plus ou moins élevé suivant la nature du malt. Par exemple, un malt médiocre et pauvre en diastase conduira à un rendement défectueux si on le soumet à une méthode de brassage brutale, avec empâtage à température très élevée et travail rapide. Il pourra au contraire fournir une saccharification satisfaisante et un rendement passable avec une méthode lente de brassage et un empâtage à basse température. Les procédés de brassage par infusion et par décoction donnent des rendements sensiblement égaux avec les bons malts; mais avec les malts médiocres, l'ébullition des trempes en décoction permet d'obtenir un rendement plus élevé. Le mode d'empâtage a également une influence sur le rendement. Comme l'épuisement est d'autant plus parfait que les lavages sont plus abondants, on a intérêt à empâter très épais et à réduire le volume du moût fort de manière à pouvoir laver à fond et à laisser dans la chaudière un espace suffisant pour les trempes de lavages. Le rapport du volume du moût fort au volume des trempes de lavage doit être voisin de 1 à 2, ou au moins de 1 à 1,5. On a observé également que les méthodes de brassage qui conduisent la production de moûts riches en dextrines, telles que le brassage par sauts, donnent des rendements moins élevés que celles qui fournissent des moûts riches en maltose. L'explication, très simple, de ce fait, a été donnée par Fernbach. Cette diminution de rendement ne tient pas à la méthode de brassage, mais aux produits formés. Chaque kilogramme d'amidon qui se transforme en dextrines donne un kilogramme d'extrait sous forme de dextrines, mais chaque kilogramme d'amidon ou de dextrines qui se transforme en maltose donne 1^{kg},055 d'extrait sous forme de maltose, par suite de la fixation d'eau. On obtient donc d'autant plus d'extrait avec 100 kilogrammes d'amidon qu'on produit plus de maltose, et il est par suite évident que les méthodes qui conduisent à des moûts très riches en dextrines donnent des rendements plus faibles.

Le degré d'épuisement des drêches a aussi une importance capitale au point de vue du rendement. Celui-ci est d'autant plus élevé que l'épuisement est plus parfait. Nous avons vu que l'emploi d'eau très chaude, le piochage des drèches, la réduction du moût fort, la haute température du soutirage, etc., augmentent le rendement. Quand il se forme dans la masse des drèches des îlots qui ne sont pas traversés par les eaux de lavages, les pertes de rendement peuvent devenir sensibles. Si on compare la densité du moût qui s'écoule des robinets avec celle du moût qui provient de la pression d'un échantillon moyen de la drèche, on trouve dans ce cas des différences appréciables et on peut compter que chaque demi-degré Balling observé dans cette différence correspond à une perte de rendement de 0,5 p. 100.

Enfin la qualité du matériel de brassage influe sur le rendement. La disposition de la cuve à filtrer joue notamment un rôle important dans l'épuisement. L'emploi du filtre à moûts, qui permet de recourir à la mouture fine, augmente sensiblement le rendement au brassage.

Comparaison du rendement au laboratoire avec le rendement pratique. — Pour le rendement au laboratoire, il est nécessaire d'envisager séparément le rendement obtenu avec la mouture fine ou mieux le rendement absolu obtenu par la méthode de Boone, et le rendement fourni par la mouture grossière, qui se rapproche davantage du rendement pratique. Nous avons vu, à propos de l'analyse des malts, que la comparaison des chiffres obtenus par ces diverses méthodes donne des renseignements du plus haut intérêt sur la qualité du malt et sur son état de désagrégation.

La comparaison du rendement obtenu au laboratoire avec la mouture grossière et du rendement pratique fournit des indications très utiles sur la manière dont le travail du brassage est conduit.

Nous avons signalé les observations de Bleisch et Regensburger qui ont montré que dans l'analyse des malts, même à l'état de mouture fine, il reste encore

dans les drèches une proportion de substances non saccharifiées, qui oscille, avec la mouture fine, entre 0,54
et 1,16 p. 100. On conçoit donc qu'avec certaines
méthodes de brassage qui emploient la mouture fine et
qui permettent de récupérer l'amidon restant dans les
drèches et de les épuiser à fond, le rendement puisse être
égal ou même supérieur au rendement fourni au laboratoire par la mouture fine, et *a fortiori* par la mouture
grossière. Le fait a été signalé notamment pour le procédé
Schmitz. Mais, en général, le rendement au brassage fait
en chaudière est inférieur au rendement du laboratoire.

Cette différence de rendement tient à plusieurs causes :
D'abord, il reste dans les drèches, en pratique, une certaine quantité de moût qui n'est pas extraite par les
lavages, et qu'on ne retrouve pas en chaudière, tandis
qu'au laboratoire on prend simplement la densité du moût,
et on calcule le rendement en tenant compte de la teneur
du malt en eau, ce qui donne la totalité de l'extrait produit, et non pas, comme dans la pratique, l'extrait récupéré. La nature de la mouture intervient ensuite. Il reste
dans la pratique une quantité d'extrait non saccharifié
d'autant plus grande que la mouture est plus grossière et
que le malt est plus mal désagrégé, et il y a ainsi une
différence sensible entre le rendement pratique et le rendement obtenu au laboratoire avec la mouture fine.

Détermination du rendement. — Le rendement
peut se déterminer soit dans la chaudière à houblonner,
soit dans la cuve guilloire. Le rendement en chaudière
ne donne pas des résultats très exacts à cause de la
présence du houblon et du trouble et de la déformation
des chaudières à chaud : il est préférable de faire le
rendement sur le moût refroidi, avant sa mise en
levain, dans les recherches précises.

RENDEMENT EN CHAUDIÈRE. — Dans la pratique, on calcule
le plus souvent le rendement en pesant le malt mis en
œuvre, en mesurant le volume de moût contenu dans la

chaudière et en déterminant sa teneur en extrait. Le chiffre obtenu pour le volume du moût est faussé par la présence du houblon et du trouble et par la température élevée du liquide. Il est donc nécessaire de lui faire subir une correction. En France, on fait dans ce but, entre 91 et 100°, une réduction de 4 p. 100 du volume, chiffre fourni par la régie. Ce chiffre est certainement trop faible. On admet en Allemagne une réduction de 5 p. 100 pour la température seule, et on fait en outre une correction pour le volume du trouble et du houblon.

Quand on veut obtenir un chiffre plus précis pour le rendement, il faut, d'après Windisch, faire à 100° une réduction de 4,1 p. 100 et y ajouter la correction relative au houblon et au trouble. Pour cette dernière correction, on compte que chaque kilogramme de houblon employé déplace $0^l,7$, que l'imbibition de 1 kilogramme de houblon bien égoutté est de $6^l,7$, et que le trouble est de 2 litres par quintal de malt. Il est évident qu'on doit compter pour les $6^l,7$ d'imbibition du houblon, l'extrait correspondant au moût dilué qui imbibe le houblon après lavage, extrait qu'on détermine par pression d'un échantillon moyen de houblon lavé. Ces corrections se rapportent naturellement à une évaluation précise du rendement par le brasseur, et non à l'évaluation légale faite par la régie, qui n'admet pas de correction pour le volume du trouble et du houblon, et fixe la déduction totale à 4 p. 100 du volume entre 91 et 100°.

Connaissant le poids de malt employé, le volume du moût produit et la teneur en extrait, on a tous les éléments pour déterminer le rendement. Pour la détermination de l'extrait, on peut employer soit le Balling, soit le densimètre légal. Le Balling est gradué à $17°,5$ et donne la quantité d'extrait contenue dans 100 grammes de moût. En se reportant aux tables de Balling, on a la densité correspondante à $17°,5$, et en multipliant le degré Balling par la densité, on a l'extrait pour le volume 100.

Par exemple si le moût est à 11° Balling, la densité correspondante à 17°,5 est 1,0446 et l'extrait par hectolitre est donc $\frac{11}{100} \times 104,46$, soit 11^{kg},49. En multipliant ce chiffre par le volume observé et corrigé, on obtient l'extrait total et par suite le rendement en extrait en divisant cet extrait total par le poids de malt mis en œuvre.

Comme la régie exige la prise de la densité à 15°, il est bien préférable d'employer le densimètre légal gradué à 15°. Dans ce cas, le nombre de degrés densimétriques, multiplié par le facteur 2,6, donne l'extrait dans l'unité de volume. Dans l'exemple précédent le densimètre à 15° donne 1°,0442, et l'extrait par hectolitre est alors $4,42 \times 2,6 = 11^{kg},49$. On en tire, comme précédemment, le rendement en extrait.

Le rendement en degrés hectolitres s'obtient en multipliant le degré densimétrique par le volume obtenu, et en divisant par le poids de malt mis en œuvre; ou, ce qui revient au même, en divisant l'extrait obtenu par hectolitre par le facteur 2,6, multipliant le résultat par le volume observé et divisant par le poids de malt mis en œuvre.

RENDEMENT EN CUVE GUILLOIRE. — La détermination du rendement en cuve est beaucoup plus exacte. Elle se fait de la même manière, mais la correction de température comporte beaucoup moins d'incertitude.

En outre, le chiffre n'est plus faussé par la présence du trouble et du houblon, et il tient compte de la perte dans les drêches de houblon. On prend le volume du moût dans une cuve guilloire bien jaugée. En fermentation basse, la température du moût est ordinairement de 5 à 6°, et pour ramener le volume à 15°, il suffit, d'après Windisch et Mohr, d'augmenter le volume de $\frac{1}{450}$.

En fermentation haute, la température est généralement assez voisine de 15°, et on peut le plus souvent négliger dans la pratique la correction de température. On prend alors la densité, on calcule l'extrait comme ci-dessus, et en divisant l'extrait obtenu par le poids de malt employé, on a le rendement pratique.

ANALYSE DES MOUTS

Les principales déterminations à effectuer pour l'analyse des moûts de brasserie sont la densité, l'extrait, les sucres réducteurs, les dextrines et les matières azotées.

Densité. — La densité se détermine à 15°, soit au picnomètre, soit à l'aide d'un densimètre sensible.

Extrait. — L'extrait peut se déterminer approximativement avec le saccharomètre Balling. C'est un instrument en verre lesté de manière à flotter verticalement dans les liquides. Plongé dans un moût, à la température de 17°,5, il indique directement, par la graduation de sa tige supérieure, la teneur en extrait pour 100 grammes de liquide. Si par exemple l'appareil placé dans un moût, à 17°,5, s'arrête au chiffre 12, on en conclut que ce moût contient environ 12 grammes d'extrait pour 100 grammes de liquide. Le chiffre obtenu n'est qu'approximatif, car l'instrument est gradué avec des solutions de sucre pur, et les moûts contiennent, avec le sucre, d'autres substances dissoutes qui n'influent pas de la même manière que le sucre sur la densité du moût, et par suite sur le degré que marque le saccharomètre.

On obtient également l'extrait en prenant la densité à 15°, et en multipliant le nombre de degrés densimétriques par le facteur 2,6, ce qui donne l'extrait contenu dans 100 centimètres cubes de liquide.

On peut enfin déterminer l'extrait directement en évaporant 10 centimètres cubes de moût jusqu'à consistance sirupeuse, et en séchant dans le vide jusqu'à poids constant.

Maltose et sucres. — On dose fréquemment le

20.

maltose par la méthode indiquée à l'analyse des malts. On prend 50 centimètres cubes de liqueur cupropotassique, dont nous avons indiqué la composition à propos du dosage du maltose dans les moûts provenant de l'analyse des malts (Voy. p. 243). On porte à l'ébullition et on ajoute 25 centimètres cubes de moût dilué de 30 à 200 centimètres cubes. On fait bouillir quatre minutes, on termine l'analyse par la méthode indiquée pour la détermination du sucre dans le moût des analyses de malt. Les tables de Wein donnent le maltose correspondant.

Ce procédé de dosage, qui consiste à effectuer une simple réduction à la liqueur cupropotassique et à évaluer tout le sucre en maltose, est inexact. Les moûts, après brassage et cuisson, renferment en effet du saccharose provenant du malt, du glucose et du lévulose préformés dans le malt ou produits par l'interversion du saccharose pendant la cuisson, du maltose, des dextrines et des pentoses.

Comme les pouvoirs réducteurs du glucose et du lévulose sont beaucoup plus élevés que celui du maltose, on obtient pour ce dernier sucre un chiffre beaucoup trop fort en évaluant les sucres réducteurs en maltose.

Petit a fourni une méthode qui permet de réduire au minimum ces diverses causes d'erreur. Elle consiste à déterminer le maltose sur le moût fermenté par le *Saccharomyces Apiculatus*, levure qui fait fermenter le glucose et le lévulose, mais ne touche ni au saccharose, ni au maltose. La réduction due au maltose, retranchée de la réduction totale de la liqueur cupropotassique par le moût avant fermentation par la levure apiculée, donne le chiffre correspondant au glucose et au lévulose. Enfin le saccharose se détermine par l'inversion Clerget.

Voici comment on peut opérer : On amène 25 centimètres cubes de moût à 200 centimètres cubes et on procède au dosage du sucre réducteur total par la liqueur cupropotassique en employant la méthode pondérale indiquée pour le dosage du maltose dans les moûts obtenus pour l'analyse des malts. Soit P le poids de cuivre obtenu. On stérilise, d'autre part, 50 centimètres cubes de moût, on ensemence avec la levure apiculée pure, et on met à l'étuve jusqu'à ce que la fermentation soit terminée. On amène le volume à 400 centimètres cubes, et on procède à un nouveau dosage à la liqueur cupropotassique, qui donne un poids P' de cuivre. Ce poids P' se rapporte au maltose seul, et les tables de Wein font connaître le maltose correspondant, contenu dans les 25 centimètres cubes de moût dilué employés pour le dosage. Une simple proportion permet de connaître le maltose contenu dans 100 du moût primitif. La différence P — P' donne le cuivre correspondant au glucose et au lévulose contenus dans les 25 centimètres cubes de moût dilué. Ces deux sucres ayant sensiblement le même pouvoir réducteur, on peut les évaluer en glucose et chercher dans les tables d'Allihn le glucose correspondant à ce poids (P — P') de cuivre, d'où on déduit le glucose du moût primitif.

Pour le saccharose, on mesure 100 centimètres cubes de moût, on ajoute de l'acétate neutre de plomb jusqu'à cessation de précipité, on amène à 150 centimètres cubes et on filtre. On prend 100 centimètres cubes du liquide filtré, on ajoute 20 centimètres cubes d'une solution d'acide sulfureux à 1,030-1,035 de densité, pour précipiter l'excès de plomb, on amène à 150 centimètres cubes et on filtre de nouveau. Le liquide filtré est examiné au polarimètre et on note le chiffre P obtenu. On mesure alors, dans un ballon jaugé à 100-110, 100 centimètres cubes du liquide filtré, on ajoute 10 centimètres cubes d'acide chlorhydrique fumant et on procède à l'inversion Clerget par chauffage de vingt minutes au bain marie à 67-70⁰. On refroidit, on affleure avec une goutte d'eau à 110 centimètres cubes, on prend la température T et on examine aussitôt au polarimètre. On ajoute au chiffre obtenu un dixième, puisqu'on a étendu le liquide de 100 à 110. Soit P' le chiffre trouvé ainsi. La quantité S de saccharose présente dans le moût est donnée par la formule :

$$S = \frac{100(P + P')}{144 - 0,5\,T}.$$

Comme le moût primitif a été amené deux fois de 100 à 150, il faut multiplier le résultat précédent par 2,25 pour ramener au moût primitif, et on a finalement pour la quantité Q de saccharose contenue dans 100 centimètres cubes de moût (16,29 étant le poids normal du saccharimètre) :

$$Q = S \times 2,25 \times 0,1629.$$

Dextrines. — Le dosage des dextrines se fait, en principe, en transformant en glucose par l'acide chlorhydrique à chaud, tous les hydrates de carbone hydrolysables, et en retranchant du glucose total ainsi obtenu le glucose correspondant au maltose, au glucose préformé et au saccharose. Mais le chiffre ainsi obtenu est inexact, d'abord parce qu'une partie du lévulose se détruit pendant l'inversion à chaud, et ensuite parce que le saccharose, en s'hydrolysant, donne également du lévulose qui se trouve partiellement détruit. Pour obtenir un chiffre suffisamment exact, il faut donc partir du moût fermenté à la levure apiculée, moût qui ne contient plus que le saccharose, le maltose et les dextrines.

On prend 50 centimètres cubes de ce moût filtré, on étend à 400 centimètres cubes avec de l'eau distillée, et on ajoute 15 centimètres cubes d'acide chlorhydrique à 16° B. On place le matras dans un bain-marie à l'ébullition pendant trois heures, ayant soin de munir le matras d'un long tube de verre pour éviter la concentration. On refroidit, on neutralise à la soude, on amène à 500 centimètres cubes, et dans le liquide obtenu, on dose le sucre par la méthode pondérale au moyen de la liqueur cupropotassique, comme nous l'avons vu pour les dosages d'amidon. Les tables d'Allihn donnent le glucose correspondant au volume de liqueur employée, qu'on rapporte au moût primitif: on obtient ainsi le glucose total Q. On retranche d'abord de ce chiffre la quantité de glucose qui correspond au maltose, qu'on obtient en multipliant le poids M de maltose, déterminé par la méthode indiquée plus haut, par le facteur 1,053 (100 parties de maltose donnent en effet 105,3 parties de glucose). Pour la correction relative au saccharose, Petit a montré que l'inversion ainsi pratiquée transforme le saccharose en donnant seulement 89 p. 100 de glucose et de lévulose, à cause de la destruction partielle de ce dernier sucre. On doit donc retrancher les $\frac{89}{100}$ du poids S de saccharose présent dans le moût. On a donc, pour l'expression du glucose qui correspond à la dextrine :

$$G = Q - [1,053\,M + 0,89\,S].$$

Pour convertir ce chiffre en dextrines, il suffit de le multiplier par 0,9 (90 parties de dextrines donnent en effet 100 parties de glucose). On a donc finalement, pour la proportion D de dextrines contenues dans le moût :

$$D = 0,9\,G.$$

Matières azotées. — Le dosage des matières azotées totales se fait sur 20 centimètres cubes de moût, évaporés à consistance sirupeuse et attaqués par la méthode Kjeldahl. Il suffira, pour cette analyse, de se rapporter à l'analyse de l'orge.

Pour doser l'azote soluble, on porte à l'ébullition 100 centimètres cubes de liquide pendant une heure, pour coaguler l'azote coagulable, on filtre, on lave, et on dose l'azote soluble non coagulable sur la liqueur filtrée, également par la méthode de Kjeldahl.

La différence entre l'azote total et l'azote soluble donne l'azote coagulable.

V. — CUISSON ET HOUBLONNAGE.

But de la cuisson. — La cuisson du moût a pour but :

1° De stériliser le moût;

2° De l'amener à la concentration voulue ;

3° De coaguler les matières albuminoïdes précipitables par la chaleur ;

4° De dissoudre les principes utiles du houblon.

C'est donc une opération de la plus haute importance, qui influe considérablement sur la stabilité, la clarification et le parfum de la bière.

Appareils employés pour la cuisson. — La cuisson s'effectue dans la chaudière à houblonner (fig. 70 et 71), identique à la chaudière à trempes que nous avons déjà décrite, mais sans agitateur. Elle peut s'effectuer aussi dans la chaudière à trempes. Les chaudières à houblonner sont tantôt en tôle d'acier, tantôt en cuivre : elles sont ordinairement de forme ronde, et la cuisson s'y fait le plus souvent à l'air libre. Quelques appareils (Voy. fig. 59) permettent cependant la cuisson sous pression. A la partie supérieure se trouve fréquemment un couvercle en forme de dôme, tantôt fixe, tantôt mobile, et muni d'une cheminée d'appel destinée à entraîner les vapeurs et à faciliter ainsi l'évaporation. Parfois le couvercle est concave et au milieu s'élève un tuyau dont la base est percée de trous ; le liquide en pleine ébullition sort alors par le trou central, se répand dans le couvercle et rentre par les trous dans la chaudière. On obtient ainsi une aération continue du moût, et on évite les projections de liquide au dehors. Dans le système Mascaux, la cheminée centrale porte une ouverture réglable. Le courant de vapeur provoque ainsi une aspiration d'air par cette ouverture : le moût à l'état de mousse qui arrive par cet

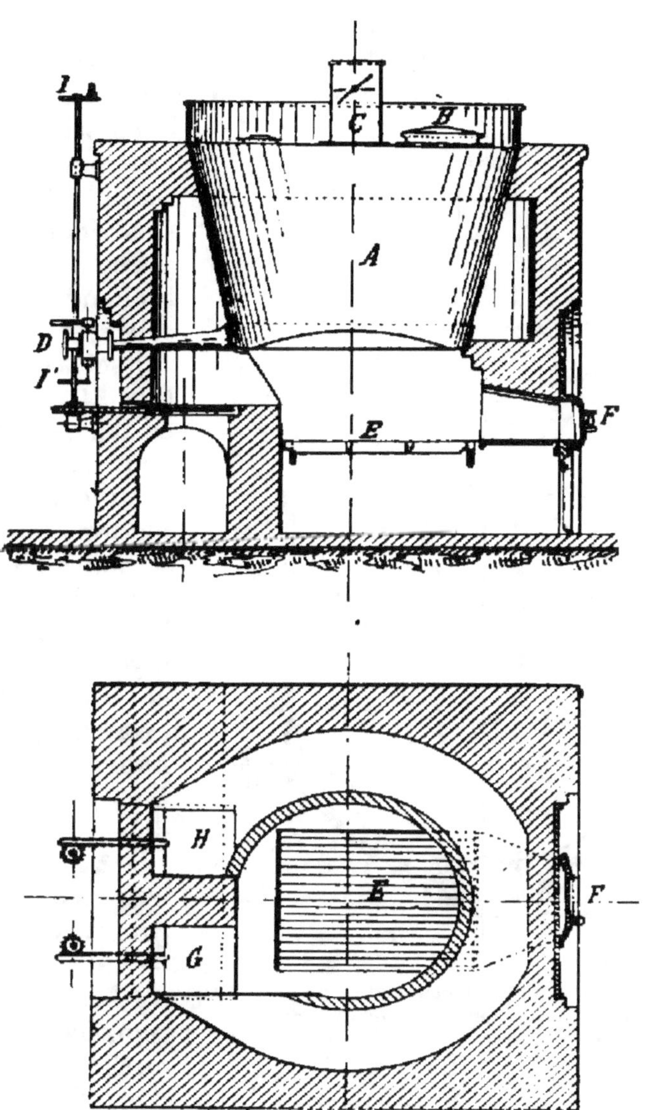

Fig. 70. — Chaudière à houblonner chauffée à feu nu. (Crépelle-Fontaine,
constructeur, à La Madeleine-lès-Lille.)

orifice rencontre ce courant d'air, se condense, retombe sur le couvercle de la chaudière et rentre par les trous du pourtour. Ce système permet de condenser instantanément les vapeurs de moût, même sous ébullition très violente.

Le chauffage de la chaudière se fait soit à feu nu (fig. 70), soit à la vapeur (fig. 71), et dans ce dernier cas on peut employer le chauffage par double-fond ou par serpentin. Nous ne reviendrons pas ici sur les avantages de chacun de ces modes de chauffage, que nous avons exposés à propos des chaudières à trempes.

Phénomènes qui accompagnent la cuisson. — Stérilisation du moût. — La température à laquelle le brassin

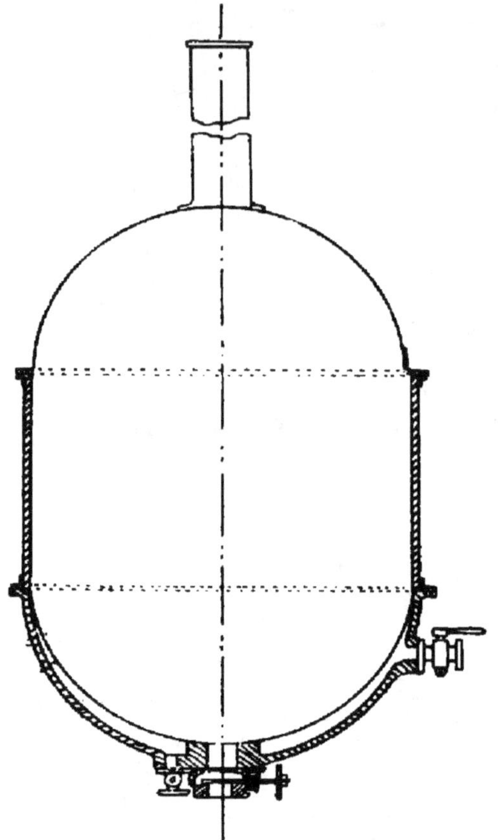

Fig. 71. — Chaudière à houblonner chauffée à la vapeur. (Crépelle-Fontaine, constructeur, à La Madeleine-lès-Lille.)

est porté pendant la saccharification est insuffisante pour détruire les nombreuses bactéries qui se trouvent dans l'eau et le malt. En outre, les diastases ne sont que partiellement détruites. Il est donc nécessaire de tuer d'abord tous ces organismes, et d'arrêter l'action des diastases. C'est le premier résultat qu'on obtient par la cuisson du moût. Le chauffage à 100° en présence de la petite dose d'acide que contient toujours le moût est suffisant pour détruire les diastases et les microbes, de sorte que le liquide se trouve pratiquement stérile après quelques minutes d'ébullition.

Concentration du moût. — La cuisson a aussi pour objet d'évaporer l'excès d'eau amené par les trempes de lavages et de concentrer le moût au degré voulu. La cuisson est donc d'autant plus longue que le lavage a été poussé plus loin et que le moût doit être plus concentré. La disposition de la chaudière est le seul facteur qui intervienne ici : elle doit permettre une évaporation rapide et aussi économique que possible.

Coagulation des matières azotées. — Le moût contient une forte proportion de matières albuminoïdes solubles à froid, mais coagulables à chaud. Déjà, en cuve matière, il s'opère une première précipitation d'autant plus accentuée que la température de saccharification est plus élevée. Cette précipitation se continue en chaudière au-dessous de 100°, puis à l'ébullition. Les matières azotées qui restent dans le moût sont donc, après la cuisson, ou sous la forme de glutine soluble à chaud, qui se précipite par le refroidissement, ou sous la forme d'amides et de peptones.

La proportion de matières azotées coagulées dépend de la durée de la cuisson, de la nature du malt, du mode de brassage et de la composition de l'eau de brassage. La quantité de matières azotées coagulées est d'autant plus élevée que l'ébullition est plus prolongée. En effet, la coagulation n'est pas immédiate : elle est très abondante au début de la cuisson, mais elle se poursuit encore lentement pendant la durée de l'ébullition. Toutefois, les proportions de matières ainsi coagulées deviennent de plus en plus faibles à mesure que la cuisson se prolonge, et on atteint assez vite une limite à laquelle on peut considérer que pratiquement la coagulation est devenue négligeable. La nature du malt intervient évidemment par la composition chimique, en apportant plus ou moins de matières azotées coagulables. Le procédé de brassage a également une influence sensible : suivant les températures plus ou moins favorables à l'action des diastases protéolytiques et à la dissolution des matières azotées, suivant la durée du travail, le moût peut être plus ou moins riche en peptones et en amides, les matières azotées peuvent être plus ou moins dégradées et la quantité de matières azotées coagulées peut varier dans des proportions assez grandes. Enfin l'action de la composition de l'eau de brassage sur la proportion de matières coagulées par l'ébullition a donné lieu à de nombreux travaux contradictoires. D'après Windisch et Boden, le sulfate de chaux augmente la coagulation, mais ce résultat n'a été obtenu qu'en présence de doses massives de ce sel, et il peut parfaitement ne pas être exact pour tous les malts. Les recherches de Pierre ont d'ailleurs conduit à des conclusions très différentes : cet auteur a constaté en effet que le sulfate de chaux et le chlorure de sodium sont sans action sensible, tandis que le bicarbonate de chaux augmente la coagulation, surtout au-dessus de 47°. Les expériences de Petit et Labourasse ont montré en outre que les matières azotées du malt subissent pendant la cuisson des transformations qui sont fortement influencées par la composition minérale de l'eau : par exemple le sulfate de chaux réduit les corps amidés et les peptones, le bicarbonate de chaux réduit les albumoses et les amides. Petit a signalé aussi l'action du phosphate acide de potasse, qui produit d'abord une augmentation de l'azote coagulable, puis une diminution très notable au delà d'une certaine dose.

CASSURE. — Le phénomène de la précipitation des matières albuminoïdes en amène un autre qui a une importance pratique considérable. La coagulation donne d'abord un trouble uniforme dans toute la masse, mais bientôt ce trouble s'agglomère et donne naissance à des grumeaux qui grossissent, en produisant un véritable collage du liquide et en entraînant toutes les matières en suspension. Le liquide se clarifie et apparaît limpide entre les flocons de matières coagulées. On donne à cette clarification le nom de *cassure* ou de *tranché*.

La cassure est bonne quand elle se produit rapidement, en donnant naissance à de gros flocons qui se déposent en laissant le liquide limpide. Elle est mauvaise quand elle se produit lentement, sous la forme de fins grumeaux qui se déposent mal. Ce phénomène dépend de la nature du malt, de la composition de l'eau et du mode de chauffage. Un bon malt donne en général une cassure bonne et rapide, si l'eau de brassage est convenable. Le sulfate de chaux et les sels de magnésie, à dose modérée, facilitent la cassure. L'acidité a également une influence sensible ; or comme les malts sont plus ou moins acides, la nature de la cassure peut ainsi varier beaucoup. Enfin les chaudières ouvertes, en permettant l'aération facile du moût, favorisent la production de la cassure. Ce phénomène présente d'ailleurs les caractères communs à tous les phénomènes de coagulation : il est influencé par des causes très minimes en apparence. Par exemple, la manière dont se produit l'agitation du liquide influe sur la rapidité de la formation des flocons et sur leur grosseur. L'injection d'une petite quantité d'air favorise beaucoup l'apparition du tranché. Il en est de même de l'addition de substances capables de produire dans le moût des précipités, qui déterminent la formation des flocons.

Dissolution des principes du houblon. — Le houblon apporte dans le moût de l'huile essentielle, des résines, du tannin, des matières azotées et des matières cellulosiques.

L'huile essentielle est très rapidement dissoute, et

comme elle est volatile, elle se trouve d'autant plus entraînée par la vapeur que l'ébullition est plus longue. Aussi certains auteurs lui ont-ils attribué une importance secondaire dans le houblonnage, ce qui est inexact, car il suffit de traces de cette huile essentielle pour aromatiser la bière.

La dissolution des résines molles est assez rapide et demande environ une heure d'ébullition des cônes de houblon : la cuisson prolongée les transforme en résines dures. La dissolution de la résine dure est beaucoup plus longue, mais comme cette résine est insipide et ne possède pas de propriétés antiseptiques, on n'a aucun intérêt à prolonger l'ébullition pour l'extraire. Les résines molles, au contraire, sont utiles par leurs propriétés antiseptiques, leur amertume et la stabilité qu'elles donnent à la bière : on a donc intérêt à les dissoudre aussi complètement que possible, sans les transformer en résines dures.

Le houblon apporte également du tannin et du phlobaphène qui se dissolvent dans le moût. Le rôle de ces substances a été très discuté : on leur a d'abord attribué, à tort, des propriétés antiseptiques, puis un rôle capital dans la coagulation des matières azotées en chaudière. Les expériences de Hayduck et de Héron, que nous avons signalées à propos de la composition du houblon, ont montré que le rôle du tannin comme précipitant des matières azotées est très problématique. En effet, la combinaison du tannin du houblon avec les matières albuminoïdes n'est pas insoluble à chaud et se précipite par le refroidissement. Il est d'ailleurs certain que la majeure partie des substances azotées se précipite parfaitement par simple ébullition du moût. On peut donc conclure que le tannin n'agit pas comme précipitant des matières azotées si on ajoute le houblon, comme on le fait d'ordinaire, au moins en partie après la coagulation des substances albuminoïdes et l'apparition de la cassure. Mais le tannin dissous par l'ébullition joue un rôle capital au moment du collage en fermentation haute : il est donc particulièrement utile pour les bières qui doivent subir ce mode de clarification.

Pendant l'ébullition, on dissout en outre des matières azotées solubles du houblon. Ces matières sont importantes, car elles peuvent servir à l'alimentation azotée de la levure, et elles jouent en outre un rôle dans le moelleux et le mousseux de la bière.

Enfin les matières cellulosiques qui constituent le cône de houblon entrent difficilement en solution et donnent à la bière un goût ligneux et âcre, d'autant plus accentué que l'ébullition est prolongée plus longtemps.

Oxydation du moût. — Les expériences de Bleisch et Schweitzer ont montré que pendant l'ébullition le moût fixe chimiquement une quantité notable d'oxygène. Cette oxydation porte principalement sur les sucres et nous la retrouverons en étudiant le refroidissement des moûts sur les bacs. Elle se fait uniquement par la surface, et il en résulte que la forme des chaudières et leur couverture jouent dans ce phénomène le rôle capital. L'oxydation est beaucoup plus forte dans les chaudières ouvertes que dans les chaudières à dôme ; elle augmente aussi avec la durée de l'ébullition. Cette oxydation amène une augmentation de la coloration du moût. La concentration et la caramélisation partielle des sucres, surtout sur le bord des chaudières à feu nu, tendent également à donner au moût une couleur plus foncée.

Pratique de la cuisson et du houblonnage. — Le moût venant de la cuve à filtrer est porté à l'ébullition dans la chaudière. On fait bouillir assez activement jusqu'à ce que la cassure se produise. Parfois la cassure est longue à apparaître : on peut alors la faciliter soit par l'addition de substances, telles que le tannin, qui produisent un précipité dans la masse, soit par l'injection d'air qui aide beaucoup la formation des flocons. On modère l'ébullition quand le houblon est ajouté, et on la maintient très régulière, sans aucune interruption.

Houblonnage. — La question du houblonnage serait très simple si le houblon ne contenait que des éléments utiles qu'il faudrait dissoudre. Mais il contient également des substances ligneuses nuisibles ; en outre, les substances utiles peuvent se transformer pendant l'ébullition. Le but à atteindre consiste donc à dissoudre complètement les principes utiles, en les modifiant le moins possible, et à dissoudre au contraire très peu de matières ligneuses.

MODES DE HOUBLONNAGE. — Pour tourner la difficulté, on fait le plus souvent le houblonnage en deux ou trois fois.

Quand on houblonne en trois fois, on met d'abord une petite partie du houblon dans la chaudière au début de l'ébullition. Cette portion doit être la moins fine : elle est ainsi épuisée à fond, et l'huile essentielle se trouve volatilisée en grande partie. Cette première addition de houblon favorise l'apparition de la cassure et empêche le débordement des mousses. Quand on est obligé d'employer du houblon suranné avec du houblon frais, on emploie le houblon ancien dès le début de la cuisson, afin que les substances volatiles, à odeur désagréable, qui proviennent de l'oxydation des principes aromatiques dans le houblon suranné, puissent être éliminées par la longue ébullition. Quand la cassure est produite, on ajoute une deuxième portion de houblon : on évite ainsi la combinaison du tannin du houblon avec les matières albuminoïdes du moût avant leur précipitation par la chaleur, et on le réserve pour mieux utiliser ses propriétés lors du collage. Ce deuxième lot amène en outre des résines et des matières azotées. L'huile essentielle disparaît en grande partie par l'ébullition prolongée. Aussi, pour obtenir des bières plus aromatiques, on ajoute, un quart d'heure ou une demi-heure avant la fin de la cuisson, une dernière portion assez faible de houblon, en modérant le feu et couvrant la chaudière. Cette dernière addition amène l'huile essentielle qui ne peut se volatiliser pendant le temps très court que dure encore l'ébullition et donne à la bière un parfum très délicat de houblon frais. On doit utiliser, pour ce houblonnage final, les houblons les plus fins.

Quand on houblonne en deux fois, on fait le premier houblonnage trente ou quarante minutes après le début de la cuisson, et le second un quart d'heure ou trois quarts d'heure avant de décharger. Le premier houblonnage permet d'utiliser surtout les résines et le tannin ; le second amène encore une certaine proportion de ces substances, et surtout l'huile essentielle. On attend souvent, principalement en infusion, que la cassure soit produite avant d'ajouter le houblon, afin de conserver l'action du tannin. Parfois la dernière portion de houblon est ajoutée après ébullition, soit dans la chaudière, soit dans le panier à houblon. Cette méthode donne au moût un arome très délicat, et convient pour la fabrication des fines bières pâles.

Nature du houblon a employer. — L'espèce de houblon et la dose employée ont sur le type de la bière une action très importante. La nature du houblon à utiliser varie avec le caractère et le prix de la bière à produire et avec la durée de conservation. Pour la production des bières fines et de luxe, on doit recourir aux houblons de qualité supérieure et d'arome délicat ; pour les bières courantes, on emploie pour le premier houblonnage des houblons communs, et on réserve pour le dernier houblonnage une quantité plus ou moins grande de houblon fin, suivant le type de bière et suivant son prix de vente. Dans le nord de la France et en Belgique, pour la production des vieilles bières vineuses et acides, les houblons de qualité courante du Nord et de la Belgique suffisent. La coloration de la bière doit être également envisagée : certains houblons colorent le moût beaucoup plus que d'autres, et il faut employer, pour la préparation des bières pâles, des houblons qui colorent peu. Pour les bières fines qui doivent subir un long séjour en cave de garde, l'emploi de houblons fins, très aromatiques, riches en résines antiseptiques, s'impose. Pour les bières jeunes au contraire, on peut employer du houblon plus faible. Il en est de même pour les bières spéciales du nord qui doivent s'acidifier dans leur conservation : les houblons moins forts et moins antiseptiques sont ici préférables.

Doses de houblon à employer. — La dose de houblon à employer varie avec le caractère de la bière, les qualités du houblon, la saison, la durée de conservation, la nature du malt, la durée de l'ébullition, le mode de fermentation, la nature de l'eau de brassage.

Certaines bières doivent être plus ou moins houblonnées suivant les régions et le goût des consommateurs. Les bières de Bavière sont peu houblonnées, les bières anglaises et celles de Pilsen le sont beaucoup. On emploie donc d'autant moins de houblon que la bière doit être plus douce. La dose de houblon dépend aussi de la densité du moût, et elle est d'autant plus élevée que le moût est plus riche en extrait.

On doit employer d'autant plus de houblon qu'il est de moins bonne qualité et plus faible. Les houblons âgés ou mal conservés contiennent moins de matières utiles, et il faut utiliser une plus grande proportion de ces houblons.

Le houblonnage doit être d'autant plus fort que la saison est plus chaude : en été on augmente la quantité de houblon pour utiliser ses propriétés antiseptiques et pour favoriser la conservation de la bière.

La dose de houblon doit être plus élevée si la bière doit être conservée longtemps ; on augmente ainsi la proportion de substances antiseptiques qui préservent la bière pendant sa longue conservation.

La nature du malt intervient aussi : si le malt est de qualité médiocre, peu touraillé et peu aromatique, il faut houblonner plus fortement, car ces malts donnent des bières plates, de conservation difficile, et le houblon vient renforcer leur parfum et leur stabilité. Inversement, quand le malt est de bonne qualité, fortement touraillé et très aromatique, une dose de houblon trop forte donne une amertume qui masque le parfum du malt et le moelleux de la bière.

Les bières dont la cuisson est courte exigent plus de houblon que celles qui sont cuites longtemps, car l'utilisation des principes du houblon est moins parfaite avec une ébullition courte. Il en est de même si une forte partie du houblon est ajoutée à la fin du travail, un quart d'heure ou une demi-heure avant la décharge de la chaudière.

Le mode de fermentation a également une influence sur la dose de houblon. Quand on fermente à haute température et quand on procède à la clarification par collage, il faut employer plus de houblon que quand on fermente à basse température et quand on clarifie par filtration. On emploie en effet, sauf dans le cas des bières très houblonnées de Pilsen, moins de houblon en fermentation basse qu'en fermentation haute.

Enfin la nature de l'eau de brassage intervient : il faut d'autant moins de houblon que l'eau est plus douce, et d'autant plus que l'eau est plus riche en sulfate de chaux.

Les doses de houblon employées varient ainsi, en fermentation basse, de 200 grammes à 600 grammes par hectolitre. Pour les bières de Munich, on emploie en moyenne de 200 grammes pour un moût à 10° Balling à 300 grammes pour un moût à 13-14° Balling. Pour les bières de Pilsen, on utilise en moyenne de 350 grammes pour un moût à 10° Balling à 550-600 grammes pour un moût à 13-14° Balling. Les bières du Nord, de fermentation haute, préparées par infusion, reçoivent de 300 à 500 grammes de houblon, soit en moyenne 400 grammes par hectolitre.

Épuisement du houblon. — Les principes utiles du houblon sont très solubles à chaud, mais comme ils sont répartis à l'intérieur des cônes, leur épuisement dans la pratique est toujours incomplet, car le moût qui imbibe les cônes se renouvelle très difficilement. Aussi a-t-on proposé plusieurs moyens pour faciliter l'épuisement en principes utiles sans augmenter la dissolution des substances nuisibles. On a d'abord conseillé de faire tremper le houblon pendant deux heures dans l'eau tiède avant de le mettre en chaudière, afin que l'extraction soit plus rapide et plus complète. On a préconisé ensuite d'effeuiller les cônes dans des machines : on sépare ainsi la lupuline, les graines, les tiges et les folioles. Les folioles seules sont ajoutées au moût environ une heure avant la fin de l'ébullition, et la lupuline au tiré des feux. C'est une méthode très rationnelle, car on extrait rapidement, avec les folioles ainsi divisées, le tannin et les matières utiles, et on conserve pour la fin la plus grande partie des résines molles et de l'huile essentielle de la lupuline, qui se dissolvent en quelques minutes. On utilise ainsi beaucoup mieux les matières utiles du houblon; on peut réduire par suite la dose employée, et on diminue en outre l'extraction des matières ligneuses nuisibles.

On a recommandé également l'emploi de l'extracteur de houblon. Cet appareil se compose d'une petite chaudière close, chauffée à la vapeur, dans laquelle on introduit le houblon avec un peu de moût. On chauffe, et un agitateur à peignes, placé dans l'appareil, divise la masse et effeuille les cônes. Quand l'extraction est complète, on vide le contenu de l'extracteur dans la chaudière une heure avant la fin de l'ébullition.

On a également conseillé de séparer l'huile essentielle du houblon le plus fin par distillation, en munissant l'extracteur d'un tube de dégagement qui passe dans un manchon d'eau froide. L'huile essentielle se condense avec les vapeurs entraînées, et on la recueille pour l'ajouter soit au moût, soit à la bière.

Durée de la cuisson. — La cuisson doit durer assez

longtemps pour que les phénomènes utiles se produisent, c'est-à-dire la stérilisation, la concentration, la cassure et la dissolution des principes du houblon. La stérilisation est presque immédiate ; la concentration demande un temps plus ou moins long suivant la dilution du moût ; le tranché se produit généralement vite quand le malt est de bonne qualité ; quant à la dissolution des principes du houblon, elle est parfaite si on emploie un extracteur, mais elle est plus longue et incomplète si les cônes sont traités en chaudière. Il est parfois nécessaire de prolonger la cuisson assez longtemps, soit parce que la cassure s'opère tardivement, soit parce que le moût, très dilué par les trempes de lavages, doit être fortement concentré.

La durée de l'ébullition dépend en outre de la nature des bières qu'on veut produire. Pour les bières de décoction, on fait souvent bouillir pendant une heure et demie à deux heures les bières qui doivent être rapidement débitées, et pendant deux ou trois heures les bières de conserve. Pour les bières d'infusion, on cuit : en Angleterre, pendant une heure et demie à trois heures ; pour les bières brunes du nord de la France, pendant six à huit heures, et quelquefois davantage ; pour les bières blondes, pendant deux ou trois heures. Les bières pâles sont cuites moins longtemps que les bières brunes, pour éviter la coloration qui s'accentue pendant l'ébullition. Une trop longue ébullition a d'ailleurs souvent pour résultat de diminuer la finesse de la bière.

VI. — REFROIDISSEMENT DU MOUT.

Le moût, après cuisson, doit d'abord être débarrassé des cônes de houblon, puis refroidi à la température de fermentation.

Séparation des cônes de houblon. — Cette séparation peut s'effectuer soit dans le panier à houblon, soit dans la cuve à filtrer, soit dans la chaudière même. Le panier à houblon est le meilleur dispositif. Il se compose d'un panier en tôle perforée ou d'une caisse métallique munie d'un faux-fond démontable. On y fait arriver le moût bouillant venant de la chaudière, les cônes de houblon sont retenus, et le moût qui s'échappe du panier est envoyé au refroidissement. La séparation des cônes de houblon peut également se faire dans la cuve à filtrer, à condition que celle-ci soit parfaitement nettoyée avant l'emploi. On peut aussi retenir le houblon dans la chaudière, en munissant l'orifice d'évacuation d'un grillage. Cette dernière méthode est assez imparfaite, car la surface filtrante est trop faible, et pour que l'écoulement soit assez rapide, il faut employer un grillage large qui laisse passer beaucoup de débris de houblon.

Épuisement des cônes de houblon séparés du moût. — D'après Bleisch et Windisch, chaque kilogramme de houblon séparé par le panier retient en moyenne 6,7 litres de moût. Pour récupérer ce moût, on peut presser le houblon ou le laver à l'eau chaude. Le pressurage se fait, soit dans le panier à houblon, soit dans une presse spéciale : mais il a l'inconvénient d'extraire des cônes des substances amères qui nuisent à la saveur de la bière. En outre le houblon pressé renferme encore du moût qu'on ne peut lui enlever que par des lavages à l'eau chaude. Dans ces conditions, il vaut bien mieux laver directement le houblon à l'eau chaude sans le presser. On fait alors arriver de l'eau chaude sur le houblon, on laisse reposer, et on soutire ; ou bien on procède à des arrosages à la croix écossaise. Cette méthode est bien préférable au pressurage.

REFROIDISSEMENT DU MOUT

But à atteindre par le refroidissement. — Le refroidissement n'a pas seulement pour but d'amener le moût à la température de fermentation. Le contact de l'air et du moût chaud est, en effet, indispensable pour obtenir une bière claire, de saveur agréable, et une fermentation régulière. Le moût doit subir, pendant son refroidissement, une oxydation et une aération qui ont une importance capitale sur la clarification de la bière et sur la marche de la fermentation. En outre les matières en suspension dans le moût doivent se déposer pendant le refroidissement et être séparées du liquide.

Appareils employés pour le refroidissement. — Les appareils employés pour le refroidissement sont les bacs ouverts ou les bacs fermés, les réfrigérants à ruissellement et les réfrigérants fermés.

Bac ouvert. — Les bacs ouverts sont de grands récipients carrés ou rectangulaires, très larges et peu profonds, dans lesquels le moût peut s'étaler en couche mince, sous une épaisseur de 8 à 12 centimètres. On les fait en fer ou en cuivre. Le fer est moins coûteux, mais il a l'inconvénient de se rouiller quand le bac reste quelque temps sans emploi. Pour éviter la rouille, on vernit parfois les bacs avec une solution alcoolique de gomme laque. Le fond est constitué par des feuilles de tôle ou de cuivre assemblées de manière à former un fond parfaitement uni et exempt de toute fissure dans laquelle le moût pourrait s'introduire et constituer un foyer d'infection. On ne doit pas disposer le fond des bacs directement sur le plancher, mais le faire reposer sur des supports pour que l'air puisse circuler au-dessous, ce qui facilite le refroidissement et permet de se rendre compte des fuites. La surface des bacs doit être bien plane, pour permettre un nettoyage facile et éviter les pertes de moût; elle doit présenter une légère pente pour diriger l'écoulement du moût vers l'orifice de décharge qui permet de décanter le moût clair et de retenir les dépôts.

On dispose habituellement les bacs à la partie supérieure de la brasserie, dans une pièce dont les murs sont formés de simples persiennes inclinées qu'on peut ouvrir ou fermer à volonté pour régler les courants d'air.

Bac fermé. — Pasteur avait, dès 1876, proposé le refroidissement à l'abri de l'air pour éviter la contamination par les microbes. L'appareil de Pasteur est devenu le prototype des bacs fermés.

Le bac fermé le plus simple, qui est aujourd'hui assez

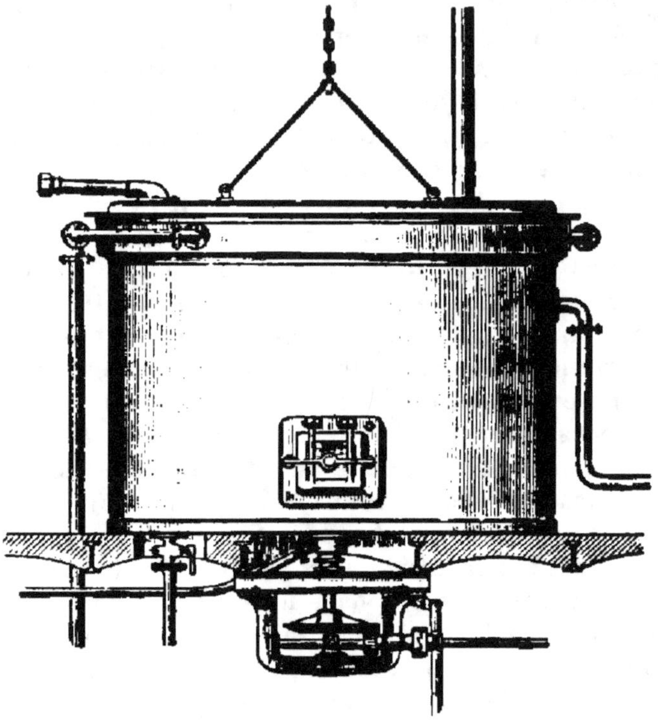

Fig. 72. — Bac Velten. (Société Strasbourgeoise de constructions mécaniques, à Lunéville.)

répandu, surtout dans les brasseries urbaines, se compose d'une cuve en tôle, fermée et munie d'une cheminée pour l'évacuation des vapeurs. On y envoie le moût bouillant qui se refroidit ainsi dans le bac à l'abri des microbes de l'air. Le fond de l'appareil porte deux décharges pour l'évacuation du liquide clair et du trouble;

ou bien on procède à la décantation par un flotteur. Pour augmenter l'aération, qui est très réduite dans cet appareil, on peut envoyer à la surface du moût un courant d'air filtré stérile qui balaie les vapeurs.

D'autres appareils permettent le refroidissement en vase clos, avec injection d'air filtré stérile. Le bac Velten (fig. 72) se compose d'un récipient à fermeture hydraulique et muni d'un agitateur. On y injecte de l'air stérile par un tube perforé, et on peut effectuer en outre

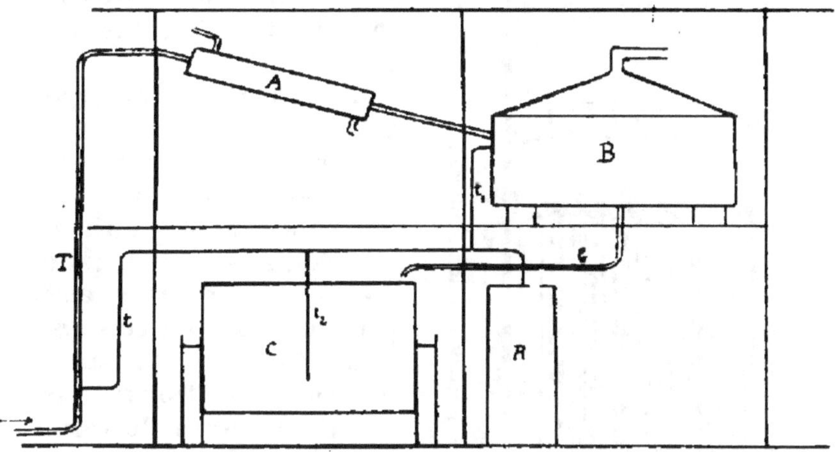

Fig. 73. — Schéma de la réfrigération par le système Leugering.

le refroidissement par circulation d'eau dans un serpentin. Les tubulures du couvercle sont munies de filtres à coton pour éviter la rentrée des microbes de l'air.

Dans le système Leugering (fig. 73) le moût sortant du panier à houblon reçoit d'abord une injection d'air filtré, puis passe dans un réfrigérant où sa température tombe à 60°. Il arrive alors dans le bac fermé, où il tombe sur une lame métallique qui l'étale en nappe. Au niveau de cette nappe arrive de l'air filtré qui aère le moût pendant sa chute. Après dépôt, le moût est décanté et achève son

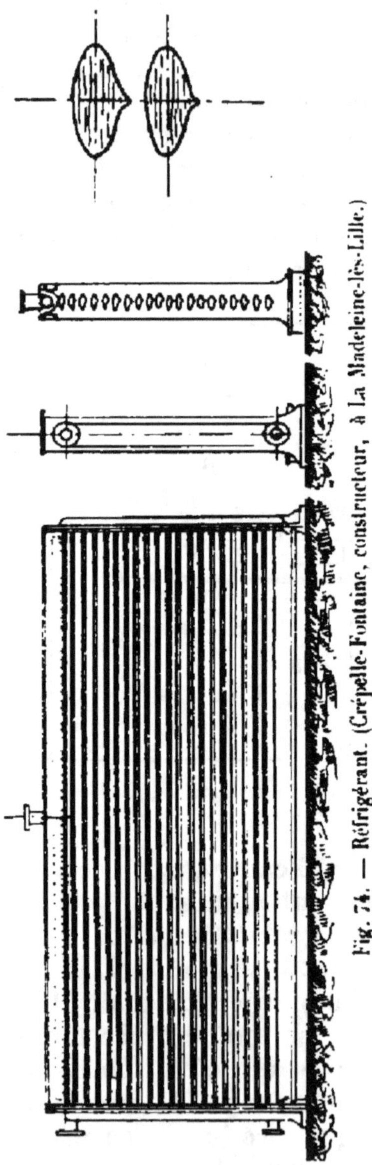

Fig. 74. — Réfrigérant. (Crépelle-Fontaine, constructeur, à La Madeleine-lès-Lille.)

refroidissement sur un réfrigérant ouvert enfermé dans une pièce où oninjecte de l'air filtré stérile.

RÉFRIGÉRANTS A RUISSELLEMENT. — Le principe de ces appareils consiste à faire couler le moût en nappe mince sur une surface métallique refroidie par de l'eau froide ou glacée.

Les réfrigérants du type Baudelot (fig. 74 et 75) se composent d'une série de tubes en cuivre placés les uns au-dessus des autres, et réunis entre eux de manière à pouvoir être parcourus par un courant d'eau froide. A la partie supérieure se trouve une gouttière percée de trous qui distribue le moût sur les tubes. Le liquide ruisselle à la surface des tubes en se refroidissant, et on munit souvent (fig. 74) les tubes, à la partie inférieure, d'une lame dentelée pour diriger le moût vers le tube situé au-dessous. Le liquide se réunit à la partie inférieure, dans une autre gouttière et s'écoule, refroidi, en cuve guilloire. On fait circuler dans les tubes,

Fig 75. — Réfrigérants accouplés. (Société Strasbourgeoise de constructions mécaniques, à Lunéville.)

de bas en haut, de l'eau froide quand il s'agit de refroidir le moût à 15-18° pour la fermentation haute. Pour atteindre les températures de 4 à 7° nécessaires en fermentation basse, on divise le réfrigérant en deux parties : dans la partie supérieure circule de l'eau froide et dans la partie inférieure de l'eau glacée ou le liquide incongelable de la machine à glace. L'eau glacée est préférable, car ses fuites présentent beaucoup moins de gravité pour la bière que les fuites de solutions salines.

Fig. 76. — Schéma du réfrigérant, type Lawrence.

Les réfrigérants du type Lawrence (fig. 76) sont basés sur le même principe, mais l'appareil refroidisseur est constitué par deux lames de cuivre ondulées de manière à réaliser une surface continue, ce qui facilite beaucoup le nettoyage. Entre les deux lames circule de bas en haut un courant d'eau froide ou glacée, tandis que le moût ruisselle de haut en bas sur les lames.

On donne parfois aux réfrigérants une forme circulaire (fig. 77) au lieu de la forme plane.

RÉFRIGÉRANTS FERMÉS. — Pour soustraire le moût à la contamination par les microbes de l'air, on a construit des réfrigérants fermés. Dans certains appareils, le moût circule simplement à l'intérieur des tubes, tandis que le liquide réfrigérant ruisselle à la surface. Dans d'autres, le réfrigérant est constitué par un certain nombre de faisceaux tubulaires formant des cylindres étagés les uns au-dessus des autres. Ces faisceaux sont reliés les uns aux autres, et les espaces intertubulaires le sont aussi. Le moût arrive dans le faisceau supérieur, passe à l'intérieur des tubes, traverse le faisceau tubulaire situé au-

dessous et ainsi de suite jusqu'au bas de l'appareil. Dans
les espaces intertubulaires circule de haut en bas de l'eau
froide ou glacée. Ces appareils sont à peu près abandonnés à cause des difficultés de nettoyage qu'ils présentent,

Fig. 77. — Réfrigérant circulaire à lames ondulées. (Fiévet et Bonne.
constructeurs, à Lille.)

de la forte dépense en eau qu'ils entraînent et de l'insuffisance d'aération du moût.

Pratique du refroidissement. — Considérons
d'abord le cas de l'emploi du bac ouvert et du réfrigérant à ruissellement. Le moût est envoyé bouillant sur
les bacs : il se décante rapidement et se refroidit par
évaporation. Le précipité floconneux gagne le fond, et le
moût apparaît d'une couleur noire et brillante. La durée

du séjour sur les bacs est variable. Tantôt on laisse le moût séjourner seulement pendant trente minutes à une heure pour permettre au dépôt de s'effectuer et à l'oxydation de se faire, puis on décante et on coule au réfrigérant quand la température est encore de 60 à 65°. Tantôt on laisse le moût se refroidir presque complètement sur les bacs, notamment en hiver, quand l'air est relativement pur, ce qui permet une décantation et une précipitation plus complète de la glutine.

Les dépôts restés dans le bac après décantation sont recueillis et filtrés soit dans des *trub-sacs*, soit au filtre-presse. Les trub-sacs sont des chausses en toile suspendues au-dessus d'une rigole, et dans lesquelles on laisse s'égoutter les dépôts ; mais on perd ainsi tout le moût qui imbibe la masse après égouttage.

Dans les grandes brasseries, il est préférable d'employer, pour la séparation des troubles, la filtration à travers les toiles d'un filtre presse spécial. Le moût y est envoyé sous pression, soit par simple différence de niveau, soit au moyen de l'air comprimé : on lave les tourteaux de dépôts recueillis, et on récupère ainsi tout le moût qui imbibe le trouble. Les trub-sacs et le filtre à troubles doivent être soigneusement nettoyés et stérilisés après chaque opération, pour éviter les infections.

Les dépôts doivent être enlevés des bacs après chaque brassin, et les bacs sont alors soumis au nettoyage. On peut employer avec avantage, pour le nettoyage, des râteaux à lames de caoutchouc : on brosse soigneusement les bords des bacs, et on rince à l'eau à plusieurs reprises en évacuant l'eau chaque fois au moyen du râteau. On évite ainsi complètement la formation des dépôts incrustants.

Le réfrigérant doit être nettoyé aussi avec soin à la brosse aussitôt après l'usage. Il faut avoir soin d'employer des appareils dont toutes les parties soient facilement accessibles à la brosse et dans lesquels il n'y ait pas d'angles qui deviennent des foyers d'infection. Les réfrigérants du type Lawrence sont très avantageux sous ce rapport.

Si on emploie le bac Velten ou un bac oxygénateur analogue, le moût y est envoyé bouillant et le refroidissement s'effectue entièrement dans l'appareil au moyen du serpentin réfrigérant, en faisant fonctionner l'agitateur et en injectant de l'air filtré. Parfois on complète le refroidissement par l'adjonction d'un réfrigérant fermé. Enfin, avec le bac fermé et le réfrigérant, on envoie le moût dans le bac où il séjourne un temps variable suivant les usines : il se refroidit très lentement et coule au réfrigérant à une température encore très élevée. Les températures à atteindre après réfrigération sont en moyenne de 12 à 18° par la fermentation haute, et de 4 à 6° pour la fermentation basse.

Phénomènes qui accompagnent le refroidissement. — Pasteur a montré le premier que le refroidissement du moût au contact de l'air amène une fixation chimique d'oxygène, une clarification par précipitation de matières en suspension, une dissolution de l'oxygène de l'air et une contamination par les microbes.

Fixation d'oxygène. — Pasteur a constaté que lorsque le moût bouillant est étalé en couche mince sur les bacs, il se produit une oxydation et une production d'acide carbonique. Cette oxydation porte principalement sur le maltose, le glucose et le lévulose, mais aussi sur les matières azotées et les résines du houblon.

La fixation d'oxygène se fait surtout à haute température, et elle diminue rapidement à mesure que la température s'abaisse. Bleisch et Schweitzer ont montré par exemple qu'elle est deux fois plus forte à 85° qu'à 45°. Il en résulte que l'oxydation commencée, comme nous l'avons vu, en chaudière, se poursuit au début du refroidissement, mais se ralentit dès que la température descend au-dessous de 80-85°. Cependant l'oxydation se produit encore aux températures inférieures, car Petit a montré qu'en aérant à froid un moût déjà aéré à chaud, il se produit une légère augmentation de l'acide carbonique dissous. Ce savant a d'ailleurs constaté que la proportion d'acide carbonique dissous augmente pendant toute la durée du refroidissement, comme l'indiquent les chiffres suivants, exprimés en centimètres cubes de gaz par litre de moût.

Stades.	Gaz dissous.	Acide carbonique.	Oxygène.	Azote.	Température.
En chaudière......	0,00	0,00	0,00	0,00	100°
Sur le bac après quinze minutes.	8,70	1,55	1,30	5,85	92°
A la sortie du bac.	18,00	6,00	2,30	9,70	38°
En cuve guilloire.	25,40	10,70	4,20	10,50	5°

Bleisch et Schweitzer ont montré que la hauteur de la couche a une influence considérable. La fixation d'oxygène est d'autant plus grande que la couche est plus faible. Elle est également favorisée par l'agitation.

L'oxydation augmente enfin la coloration du moût. Cette fixation d'oxygène, quand elle est modérée, donne à la bière une saveur moelleuse et agréable ; mais si elle est exagérée, elle est nuisible à la marche de la fermentation et à la saveur de la bière. On obtient une coloration plus foncée, une mauvaise cassure et une clarification défectueuse. Pasteur a constaté en outre qu'une oxydation trop forte détruit les principes aromatiques du houblon et fait disparaître le parfum et l'amertume de la bière.

CLARIFICATION DU MOUT. — Dans le refroidissement au contact de l'air, on voit se former un précipité floconneux qui gagne peu à peu le fond du bac en laissant au-dessus de lui le liquide clair. Ce trouble est constitué par un mélange de particules de drèches et de houblon entraînées mécaniquement, de matières azotées coagulées, de glutine et de résines de houblon qui ont subi l'oxydation. Pasteur a constaté au contraire que si le refroidissement se fait à l'abri de l'air, le moût reste louche, les fermentations sont paresseuses et la clarification se fait très difficilement. Les facteurs qui influent sur la quantité de trouble ainsi formé sont, d'après Bleisch et Schweitzer : 1° la nature du malt : les malts riches en azote donnent plus de trouble que les malts pauvres ; 2° le procédé de brassage : on obtient plus de trouble en infusion qu'en décoction ; 3° la dose de houblon : le trouble est d'autant plus fort que la dose de houblon est plus élevée ; 4° l'aération pendant l'ébullition : elle augmente la formation du trouble.

DISSOLUTION D'OXYGÈNE. — Pasteur a montré que pendant son refroidissement le moût dissout de l'oxygène ; et ce phénomène a une influence considérable sur la multiplication de la levure et sur l'activité de la fermentation. Bleisch et Schweitzer ont constaté que la quantité d'oxygène dissous augmente à mesure que la température s'abaisse, comme on peut le constater par les nombres de l'expérience de Petit, signalés plus haut. La dissolution d'oxygène se produit donc surtout sur le réfrigérant. L'agitation du moût la favorise et les moûts faibles dissolvent plus d'oxygène que les moûts concentrés. Mais le moût fixe chimiquement beaucoup plus d'oxygène qu'il n'en dissout : ainsi Bleisch et Schweitzer ont trouvé qu'à 85° un litre de moût fixe 53 centimètres cubes d'oxygène, tandis qu'à la température très favorable de 5°, il n'en dissout que $4^{cc},4$. Ce dernier chiffre est du même ordre que celui qui a été donné par Reinke et par Petit, et en général le moût contient une quantité à peu près constante d'oxygène dissous, voisine de 4 centimètres cubes par litre.

Pasteur a signalé, dans ses études sur la bière, l'influence considérable de cette dissolution d'oxygène sur la vie de la levure. Le défaut d'aération amène un retard dans le développement de la levure, les fermentations deviennent paresseuses et restent incomplètes. Les expériences de Calmette ont montré en effet que pendant les premières heures de la fermentation la levure absorbe rapidement l'oxygène libre du moût. Il est très probable que c'est l'oxygène dissous qui agit surtout sur la vitalité de la levure ; cependant Jörgensen et Reichard attribuent aussi un rôle à l'oxygène fixé chimiquement. Il est certain dans tous les cas que le rôle de l'oxygène combiné est très faible par rapport à celui de l'oxygène dissous.

CONTAMINATION PAR LES MICROBES. — Pendant le refroidissement sur les bacs ouverts et les réfrigérants à ruissellement, le moût est exposé au large contact de l'air et par suite à la contamination par les ferments étrangers. L'importance de cette contamination dépend de la pureté de l'air, de la situation des appareils refroidisseurs, de la saison, et, sur les bacs, de la température du moût.

L'air des villes est beaucoup plus chargé de poussières et de microbes que l'air des campagnes. Les brasseries situées au centre des villes populeuses sont donc beaucoup plus exposées aux contaminations par l'air que celles qui sont situées dans un endroit où l'air est pur. Cependant, à la campagne, le voisinage immédiat de fumiers, de fermes, de champs fumés récemment peut vicier l'air autant que dans les villes ; la présence de jardins fruitiers autour des brasseries occasionne fréquemment des infections par les levures sauvages qui sont très abondantes sur les fruits.

La situation des appareils refroidisseurs a également une grosse influence sur la contamination par l'air. Quand ils sont placés dans le voisinage des trieurs et des moulins, ils reçoivent une grande quantité de poussières et de microbes. La hauteur au-dessus du sol intervient aussi. Chapmann a constaté pour plusieurs brasseries des environs de Londres, que le nombre des bactéries de l'air diminue fortement avec la hauteur : il est souvent, à 18 mètres, les deux tiers ou les trois quarts de ce qu'il est à 4 mètres. La position élevée est donc la meilleure.

Afin de mesurer l'infection provenant de l'air, Siau a exposé pendant une demi-heure au milieu des réfrigérants des boîtes de Petri contenant du moût gélatiné, et il a constaté que le nombre des microbes augmente beaucoup pendant la saison d'été. Les levures sont surtout abondantes en mai et septembre, c'est-à-dire au moment de la floraison des arbres et de la maturation des fruits.

Enfin, sur les bacs, la température du moût a une grande influence sur la contamination par l'air. Tant que la température du moût est supérieure à 55-60°, la masse étalée sur les bacs émet une grande quantité de vapeurs. En s'élevant, ces vapeurs produisent un courant de bas en haut qui empêche à peu près complètement la chute des microbes dans le bac. Luff a constaté en effet que pratiquement le moût qui arrive bouillant sur le bac reste stérile jusqu'au moment où sa température atteint 50-55°. Puis, quand la température s'abaisse, on y rencontre d'abord des moisissures; et plus tard seulement des bactéries. On peut donc en conclure que les dangers d'infection ne commencent que quand la température est descendue au dessous de 55°, et ils sont d'autant plus grands que le moût séjourne plus longtemps et se refroidit plus lentement aux températures inférieures à 50°.

Conséquences pratiques. — INSTALLATION DES APPAREILS. — Pour éviter le plus possible la contamination par l'air, on doit placer les bacs à l'abri des poussières. Il faut donc les éloigner des moulins, des trieurs et des nettoyeurs d'orge, et les mettre autant que possible dans une position élevée. Les murs doivent être munis de persiennes qu'on ferme du côté du vent, pour modérer les courants d'air et éviter l'arrivée des poussières, et il est bon de recouvrir ces murs, ainsi que le plafond, d'une peinture facile à laver et à nettoyer. Ces précautions doivent être d'autant plus minutieuses que la brasserie est située dans un milieu où l'air est plus impur.

Les mêmes observations s'appliquent aux réfrigérants.

Il y a encore beaucoup de brasseries où il n'existe pas de local spécial pour cet appareil qu'on place dans un endroit quelconque, plus ou moins bien éclairé et plus ou moins exposé aux poussières. Pour soustraire le réfrigérant aux causes de contamination par l'air, il suffit de le placer dans une chambre spéciale dont les murs et le sol sont lavables à grande eau. On peut employer avantageusement le ciment pour le sol, les carreaux de faïence pour les murs. Pour éviter la pénétration de l'air extérieur contaminé, on produit dans le local une légère pression d'air pur. Il suffit pour cela d'insuffler dans la chambre de l'air avec un ventilateur, en plaçant sur le refoulement du ventilateur un filtre à coton destiné à retenir toutes les poussières de l'air. Il est évident que, dans ce cas, il faut éviter le plus possible pendant la réfrigération la présence des ouvriers dans la pièce. Pour le contrôle des températures et le réglage de l'eau du réfrigérant, il suffit, comme le recommande Fernbach, de disposer sur l'un des côtés de la chambre une paroi vitrée à travers laquelle on surveille le réfrigérant. Le robinet d'eau se trouve au dehors contre la paroi vitrée, et la température s'observe sur un thermomètre à cadran visible à travers la vitre.

Enfin, les canalisations qui amènent le moût aux bacs et aux réfrigérants doivent pouvoir être facilement nettoyées avant et après chaque opération.

Comparaison des divers modes de travail. — Le moût sortant de la chaudière à houblonner est pratiquement stérile, et le travail idéal consisterait à le conduire stérile jusqu'à la cuve de fermentation. En outre, le moût doit s'oxyder au contact de l'air, abandonner ses dépôts et s'aérer.

Les bacs sont très favorables à l'oxydation ménagée du moût. En effet, cette oxydation qui se produit surtout à haute température, se réduit naturellement très vite par suite du refroidissement rapide sur les bacs. La large surface favorise aussi beaucoup le dépôt des matières précipitées. Mais pour l'aération, le bac est un appareil peu avantageux : la dissolution d'oxygène est en effet très faible à température élevée ; elle se fait surtout à basse température et l'agitation du liquide la favorise : or, sur le bac, les basses températures exposent aux infections, et il est impossible d'agiter à cause de la nécessité de la formation du dépôt. Pour la contamination par les microbes, la pratique a démontré que tant que la température est supérieure à 60°, le moût reste stérile, à cause du courant de vapeur qui s'élève des bacs et empêche la chute des poussières. Mais au-dessous de 60°, le moût est exposé largement à l'infection par les microbes de l'air. On voit par ce qui précède que l'emploi du bac ouvert n'est utile et avantageux qu'aux hautes températures ; et, comme le fait remarquer très justement Fernbach, l'utilité de cet appareil cesse au moment où son danger commence. Le bac refroidissoir a en outre l'avantage de réduire la dépense en charbon pour la cuisson, à cause de la concentration naturelle qui se produit sur le bac, et de diminuer la quantité d'eau nécessaire pour le refroidissement. Donc, si on a soin de couler au réfrigérant le moût avant que sa température soit descendue au-dessous de 60°, on profite de tous les avantages du bac ouvert, en réduisant au minimum ses inconvénients.

Le bac fermé, sans injection d'air, est moins favorable à l'oxydation et à la formation des dépôts que le bac ouvert, et convient mal pour la dissolution d'oxygène, mais il a l'avantage de soustraire le moût au contact des microbes de l'air et de réduire la contamination au minimum, s'il est tenu soigneusement propre. Quant aux bacs fermés où l'oxydation s'effectue par injection d'air filtré, ils facilitent beaucoup la fixation d'oxygène, mais il est assez difficile de régler avec précision la quantité d'air nécessaire pour produire l'effet utile et ne pas détruire le parfum et les principes aromatiques du houblon. On sait depuis longtemps qu'une oxydation exagérée conduit à des bières plates, plus foncées, et de clarification défectueuse : il y a donc ici une question de réglage de l'air qui est assez délicate. Ces appareils ont, par contre, l'avantage d'éviter toute contamination par les microbes, mais ils doivent être stérilisables et entretenus dans le plus grand état de propreté.

Les réfrigérants à ruissellement sont bien préférables aux réfrigérants fermés. Le réfrigérant à ruissellement, installé dans une pièce spéciale avec injection d'air filtré, réalise en effet d'une façon parfaite les conditions requises pour la dissolution d'oxygène, en exposant le moût en couche mince au large contact de l'air. Les réfrigérants fermés sont au contraire très difficiles à nettoyer, occasionnent des infections et ne permettent pas une aération suffisante des moûts.

Nous pouvons donc conclure que les méthodes les meilleures et les plus simples pour le refroidissement du moût sont les suivantes :

1° L'emploi du bac ouvert et du réfrigérant à ruissellement, à condition de disposer ces appareils comme nous l'avons vu plus haut, et de faire couler le moût des bacs sur le réfrigérant avant que la température soit descendue au-dessous de 60°. Cette méthode est très recommandable pour les brasseries situées dans les localités où l'air est peu contaminé. Il est avantageux, en hiver, pour faciliter la précipitation des matières azotées, de laisser refroidir presque complètement le moût sur les bacs si l'air est très froid, pur et tranquille. Mais il est nécessaire, par cette méthode, d'avoir un réfrigérant assez puissant et de disposer d'assez d'eau froide pour effectuer le travail de réfrigération sur le moût à 60°, car si le réfrigérant et l'alimentation en eau sont insuffisants, on est obligé de ralentir le passage du moût, et on augmente par suite les dangers d'infection sur le bac.

2° L'emploi du bac fermé et du réfrigérant à ruissellement, en disposant le réfrigérant dans un local aéré par de l'air filtré. Cette méthode est la meilleure pour l'été, quand les chances de contamination par l'air sont considérables. Elle est à recommander pour les brasseries urbaines exposées aux poussières des villes, ou pour les usines situées dans le voisinage de fermes, de jardins fruitiers, etc. La contamination par l'air est réduite au minimum ; l'oxydation est suffisante si on a soin d'injecter de l'air filtré à la surface du moût. Par contre, cette combinaison est moins économique que la précédente, car on doit utiliser plus d'eau pour la réfrigération et plus de combustible pour la cuisson. En outre, quand le séjour dans le bac est très réduit, le dépôt est incomplet et le moût entraîne dans la cuve guilloire une grande quantité de matières en suspension. Le même phénomène se produit d'ailleurs avec le bac ouvert si on fait couler au réfrigérant quand la température est encore très élevée.

VII. — FERMENTATION.

Définitions. — La fermentation comprend, dans la pratique industrielle, deux phases distinctes : la fermentation *principale* ou *tumultueuse*, et la fermentation *secondaire* ou *complémentaire*. La première est caractérisée par un violent dégagement gazeux provenant de la décomposition active du maltose en alcool et en acide carbonique. La fermentation complémentaire, qui succède à la précédente, est beaucoup moins active : elle porte sur les produits difficilement fermentescibles de la saccharification de l'amidon ; elle correspond à la conservation de la bière dans des fûts ou des foudres et dure plus ou moins longtemps suivant les modes de fermentation.

La fermentation peut s'effectuer par deux méthodes différentes : la fermentation *haute* et la fermentation *basse*.

La fermentation haute utilise les levures hautes et se

fait à une température relativement élevée, qui varie, pour la fermentation principale, de 12 à 20°. La plus grande partie de la levure remonte à la surface du liquide pendant la fermentation, sa multiplication est très considérable, et la fermentation est de courte durée.

La fermentation basse utilise les levures basses, et se fait à une température beaucoup plus froide, qui varie de 5° à 10° pour la fermentation principale. La levure tombe au fond des cuves, sa multiplication est plus faible, et la durée de la fermentation est beaucoup plus grande que dans la méthode précédente.

On appelle *extrait réel* d'une bière, l'extrait pour 100 grammes de bière, calculé d'après le degré Balling ou densimétrique de la bière privée d'alcool et d'acide carbonique par concentration au tiers, et ramenée à son volume primitif avec de l'eau distillée.

On appelle au contraire *extrait apparent*, l'extrait pour 100 grammes de bière, calculé d'après le degré Balling ou densimétrique de la bière privée de son acide carbonique par l'agitation, mais contenant encore son alcool. Ce dernier chiffre ne donne évidemment pas la quantité réelle d'extrait contenu dans la bière; il est inférieur à l'extrait réel, car la présence de l'alcool modifie les indications du Balling, qui est gradué pour des solutions de saccharose pur.

On désigne sous le nom d'*atténuation* d'une bière, la proportion centésimale d'extrait fermenté sous l'action de la levure. On peut donc envisager deux atténuations : l'*atténuation réelle* qui correspond à l'extrait réel, et l'*atténuation apparente*, qui correspond à l'extrait apparent. Soit E l'extrait du moût, déterminé par le Balling ou le densimètre, e l'extrait réel de la bière, déterminé de la même manière, l'atténuation réelle A_r sera donnée par la formule :

$$A_r = \frac{E - e}{E} \times 100.$$

Soit de même E l'extrait du moût, e' l'extrait apparent de la bière, l'atténuation apparente A_a sera :

$$A_a = \frac{E - e'}{E} \times 100.$$

Comme e' est toujours plus petit que e, l'atténuation apparente est toujours plus grande que l'atténuation réelle. On envisage le plus souvent en pratique l'atténuation apparente qui est plus facile à déterminer, et on se contente de faire la différence entre le degré Balling ou densimétrique du moût et celui de la bière et de diviser par le degré Balling ou densimétrique du moût, pour obtenir l'atténuation apparente.

On distingue enfin l'atténuation après la fermentation principale, ou *atténuation principale*, et l'atténuation après la fermentation secondaire ou *atténuation finale*.

GÉNÉRALITÉS SUR LA FERMENTATION DU MOUT DE BIÈRE

Levures.

Nous avons déjà brièvement résumé, dans un de nos premiers chapitres, les conditions nécessaires à l'existence de la levure et à son développement. Il nous reste à étudier les diverses variétés de levures de bière et leur application industrielle.

Variétés de levures. — Les levures de bière sont extrêmement nombreuses et possèdent des propriétés très diverses. On peut distinguer, en brasserie, d'abord les *levures de culture* ou *bonnes levures*, qui produisent des bières de bonne qualité, et les *levures sauvages*, qui sont inutilisables parce qu'elles troublent la bière ou lui communiquent un goût désagréable. Ces levures sauvages se rencontrent en grande quantité sur les fruits et sont apportées dans les moûts principalement par l'air. On peut citer parmi ces levures les *Saccharomyces Pasto-*

rianus I, et II et III de Hansen, les *Saccharomyces ellipsoïdeus* I et II de Hansen, les levures apiculées, les torulas, etc. Nous les retrouverons en étudiant les maladies de la bière.

Parmi les levures de culture, nous rencontrons deux grandes classes, les levures *hautes* et les levures *basses*. Ces levures diffèrent d'abord notablement par la nature des fermentations qu'elles produisent. Les levures hautes marchent à haute température, se multiplient beaucoup et remontent à la surface du liquide. Les levures basses marchent à basse température, se multiplient peu et tombent au fond de la cuve.

On a attaché pendant longtemps une grande importance à une différence morphologique qui existe entre les levures hautes et les levures basses. La levure haute vue au microscope se présente, en général, sous forme de paquets rameux contenant des files de plusieurs cellules ; au contraire, la levure basse apparait sous la forme de globules isolés ou associés deux par deux. En réalité, ce phénomène n'est pas caractéristique : on voit fréquemment des levures hautes bourgeonner à la façon des levures basses et ne pas présenter les paquets rameux.

Mais il existe entre les levures hautes et les levures basses des différences d'ordre physiologique. Les levures hautes hydrolysent le raffinose en le transformant en lévulose, qu'elles font fermenter, et en mélibiose, qui reste inattaqué. Au contraire, les levures basses font fermenter ce mélibiose, car elles sécrètent une diastase spéciale, la *mélibiase* qui leur permet de dédoubler ce sucre en dextrose et en galactose, tandis que les levures hautes ne la sécrètent pas (Bau).

Dans chacune de ces deux catégories de levures hautes et de levures basses, il existe un grand nombre de types différents. Un des caractères les plus importants pour leur différenciation est fourni par l'atténuation que donnent ces diverses levures. Une même levure, cultivée toujours dans les mêmes conditions et dans le même moût, pousse toujours la fermentation jusqu'au même point, et Van Laer a donné à l'atténuation qui correspond à l'arrêt de la fermentation, le nom d'*atténuation limite*. On a classé ainsi les levures en plusieurs types suivant le degré d'atténuation qu'elles donnent dans les moûts.

Les levures de *type Saaz* donnent une atténuation faible, elles n'attaquent que le maltose, et ne touchent pas aux dextrines, même à celles qui sont les plus attaquables. Ces levures sont très peu répandues dans la pratique ; d'ailleurs les expériences de Schönfeld ont montré qu'elles donnent en cuve une atténuation excessivement faible, et conduisent à des fermentations paresseuses et à des bières plates et peu agréables.

Les levures de *type Frohberg* donnent une atténuation plus élevée et font fermenter une proportion sensible de dextrines plus ou moins attaquables. La majeure partie des levures de brasserie appartient à ce type.

Au-dessus des levures de type Frohberg, Van Laer a signalé le *type Logos*, qui pousse l'atténuation plus loin encore, en faisant fermenter des dextrines que le type Frohberg n'attaque pas.

Enfin, entre ces types Saaz, Frohberg et Logos, prennent place de nombreux types intermédiaires.

La cause de ces différences n'est pas encore bien connue, par suite de l'incertitude qui règne sur la nature des produits de dédoublement de l'amidon pendant la saccharification. Il s'agit évidemment d'une sécrétion plus ou moins abondante de diastases par les diverses levures, diastases susceptibles d'attaquer plus ou moins les dextrines de saccharification. D'après Delbrück, les levures de type Saaz ne posséderaient que la maltase ; les levures de type Frohberg posséderaient la maltase et une *malto-dextrinase* capable d'hydrolyser le maltose des maltodextrines ; les levures de type Logos posséderaient, comme les précédentes, la maltase et la maltodextrinase, et en outre une *dextrinase* agissant sur la dextrine des malto-dextrines. Si on adopte la théorie de la saccharification de Duclaux, les dextrines présenteraient des résistances variables aux actions diastasiques, et leur attaque dépendrait de la sécrétion plus ou moins active de dextrinase par les levures à forte atténuation.

En dehors des caractères de différenciation signalés au début de cet ouvrage, les diverses levures se différencient encore par la rapidité plus ou moins grande de leur dépôt et la clarification du liquide qu'elles font fermenter : elles se distinguent aussi par le bouquet qu'elles communiquent à la bière.

Mécanisme de la fermentation.

Phénomènes qui accompagnent la fermentation. — Aussitôt après l'ensemencement du moût de bière par la levure, on constate que l'oxygène en dissolution dans le moût disparaît rapidement. D'après Calmette et Grenet, cette disparition est complète au bout de douze heures. La levure commence à bourgeonner et à enlever au moût les sucres et les matières azotées nécessaires à la constitution de ses tissus.

La multiplication de la levure est variable avec la quantité de levure ensemencée. Si on ensemence faiblement, la multiplication est forte ; et inversement, si on introduit beaucoup de levure, la multiplication reste faible. La production de la levure à la fin de la fermentation est donc indépendante, au moins dans les conditions normales de la pratique, de la quantité de levure employée.

Au bout d'un temps variable avec l'activité de la levure et la proportion de levure ensemencée, la fermentation alcoolique commence. La maltase de la levure transforme le maltose en glucose et la zymase dédouble ce sucre en alcool et en acide carbonique. On voit alors apparaître les premières mousses qui annoncent le départ de la fermentation. Ces mousses augmentent de volume et se couvrent de plaques brunes de matières résineuses et de matières azotées précipitées. La décomposition du sucre devient bientôt très active, et elle s'accompagne d'un dégagement de chaleur qui élève notablement la température du moût.

Au bout d'un temps variable avec le type de bière qu'on fabrique, la fermentation se ralentit : la levure a été enlevée en grande partie, s'il s'agit de fermentation haute, ou s'est déposée au fond de la cuve, s'il s'agit de fermentation basse. Le liquide, examiné dans un verre, apparaît clair à travers les flocons de levure en suspension, si la fermentation a été bonne. La bière entre alors dans la période de fermentation complémentaire, qui se poursuit jusqu'à une limite, variable avec les levures, qui correspond à l'atténuation limite définie plus haut.

Les matières azotées subissent pendant la fermentation des variations considérables. Il s'en précipite une partie, et la levure en élimine une autre partie variable avec sa richesse en azote et l'activité de sa prolifération. Boullanger a ainsi constaté qu'indépendamment de toute précipitation, les levures de bière seules peuvent enlever au moût de 17 à 38 p. 100 de ses matières azotées. Fernbach a trouvé dans une expérience, que l'azote est éliminé pendant la fermentation dans la proportion de 47 p. 100. Evans est arrivé à un chiffre analogue. Petit a trouvé une élimination d'azote de 16,2 à 43,9 p. 100 pendant la fermentation principale : le chiffre peut s'élever à 49 p. 100 après la fermentation secondaire, mais on peut trouver des chiffres notablement plus faibles, par exemple 31 p. 100. Fernbach, en comparant l'élimination d'azote dans un même brassin de fermentation haute fermenté en fût en set cuves, a trouvé en fûts une élimination d'azote de 34,88 p. 100, et en cuve de 42,55 p. 100, soit 8 p. 100 en plus dans ce dernier cas, probablement à cause de l'élimination plus parfaite de la levure par les écumages.

Les matières azotées jouent donc un rôle très important dans la fermentation. Le moût doit en renfermer en quantité suffisante et sous la forme qui convient le mieux à l'alimentation de la levure, sinon la levure dégénère bientôt et manque de vigueur. Mais il faut aussi que les matières azotées ne soient pas trop abondantes, car dans ce cas les levures assimilent trop d'azote, leur activité diminue ; en outre, elles peuvent laisser dans la bière une quantité notable de matières azotées assimilables par les microbes, et la bière ainsi obtenue manque de stabilité.

Enfin la coloration du moût diminue pendant la fermentation. Cette diminution dépend de la quantité de houblon employé et de la nature de la levure. La décoloration est d'autant plus grande qu'on emploie plus de houblon, et certaines levures décolorent plus fortement que d'autres. Les levures sauvages et les mycodermes, en particulier, ont une influence décolorante accentuée sur la bière. Quand on met en levain à basse température et avec peu de levure, de manière à avoir un développement plus lent, la décoloration est plus forte qu'à température élevée, avec fermentation rapide. La décoloration commence au stade des écumes hautes pour continuer jusqu'à la fin de la fermentation.

Levains.

On utilise le plus souvent, pour l'ensemencement du moût, la levure provenant d'un brassin précédent, tant qu'elle n'est pas contaminée par les ferments étrangers et tant qu'elle est suffisamment active.

Caractères d'un bon levain. — Pour apprécier la

qualité du levain, on se base sur ses caractères extérieurs et sur sa pureté. La levure doit donner des écumes résistantes, et non pas lâches et bulleuses. Son dépôt doit être rapide, ferme et consistant, sa couleur franche, son odeur agréable. En fermentation basse, elle doit donner une cassure régulière, toujours au même stade de la fermentation, et la bière jeune, examinée dans le verre d'épreuve, doit se clarifier complètement en vingt-quatre heures. En fermentation haute, la montée de la levure en cuves ou son rejet en fûts doit se faire toujours au même moment et d'une façon régulière. L'atténuation principale doit être constante dans des conditions de travail identiques. La levure doit en outre être vigoureuse et active, la fermentation ne doit pas être paresseuse et sa durée doit rester régulière. Enfin l'examen microscopique renseigne sur l'état de pureté de la levure. La qualité du levain est d'autant meilleure qu'il est plus pur. En effet, quand le levain contient des bactéries nuisibles, celles-ci se multiplient de plus en plus, surtout si les conditions sont favorables, et le levain devient bientôt impropre à la fabrication.

Composition des levains. — Les levains des brasseries qui ne travaillent pas par levure pure sont constitués le plus souvent par des mélanges de diverses races de levures. Van Laer a montré que dans certaines conditions un équilibre stable peut s'établir entre ces diverses races de levures, de sorte que le levain conserve les mêmes propriétés et fournit toujours des bières de même type. Quand on procède à l'analyse bactériologique des levains, on rencontre le plus souvent des mélanges de levures à forte et à faible atténuation, et de variétés d'une même race plus ou moins transformées par les conditions de culture. On peut y trouver aussi des levures sauvages et des bactéries, en proportions variables suivant le degré d'infection.

Dégénérescence des levains. — Après un certain

nombre de générations, il arrive que la levure ne donne plus d'aussi bons résultats : son activité décroit, la fermentation languit, l'atténuation s'abaisse, la clarification se fait mal, la stabilité de la bière diminue. Les causes de ces variations des levains sont encore assez mal connues : elles peuvent tenir cependant à la composition chimique du moût, aux conditions défectueuses de la fermentation, ou à l'infection par les microbes nuisibles.

La levure ne peut se multiplier d'une façon régulière que si le moût contient dans les proportions voulues, toutes les matières nutritives qui lui sont nécessaires. L'emploi de grandes quantités de riz réduit, par exemple, la richesse du moût en matières azotées assimilables et amène rapidement une dégénérescence du levain. Un moût trop riche en azote produit une action analogue : l'activité de la levure diminue peu à peu quand elle absorbe trop d'azote. Si les modes de maltage et de brassage sont irréguliers, il se produit aussi des variations dans la composition chimique des moûts, variations qui empêchent l'acclimatation de la levure et nuisent au bon fonctionnement du ferment. La température des caves a également une influence ; et leurs variations de température amènent des variations dans les propriétés des levains.

Enfin, au bout de quelques générations, les levains sont souvent infectés par des bactéries ou des levures sauvages. L'infection par les bactéries se reconnaît aisément au microscope. Pour dévoiler la présence des levures sauvages, on utilise la propriété que possèdent ces levures de former beaucoup plus rapidement leurs spores que les levures de culture. Connaissant le temps minimum que met une levure de culture donnée, dans des conditions déterminées, pour former ses premières spores, l'apparition des spores avant cet instant indique la présence de levures sauvages. La méthode est très sensible et permet de retrouver $\frac{1}{200}$ de levure sauvage dans un levain (Holm et Poulsen).

Renouvellement des levains. — Quand le levain ne donne plus de résultats satisfaisants, il est nécessaire de le renouveler. On dispose alors de deux méthodes : ou bien on s'adresse à une autre brasserie pour se procurer un nouveau levain ; ou bien on multiplie un levain pur en partant de la levure pure conservée au laboratoire.

Levains provenant d'une brasserie. — On doit s'adresser dans ce cas autant que possible à une usine qui travaille par les mêmes méthodes et qui produit des bières analogues. Un changement de levain ainsi effectué n'est pas sans danger. La levure doit s'acclimater au milieu, qui présente toujours des différences avec celui de la brasserie voisine ; il en résulte, au moins au début, des variations dans le caractère et le goût de la bière. La qualité du levain peut également laisser à désirer. Aussi est-il très recommandable, surtout dans les brasseries qui ne sont pas organisées pour la fabrication des levains de levure pure, de chercher à conserver le plus longtemps possible à la levure ses propriétés. Il faut pour cela réduire au minimum l'infection du moût après sa sortie de la chaudière, pendant le refroidissement et en cuve de fermentation, produire un moût à composition aussi constante que possible, pour éviter les variations de la levure, et soumettre les levains à un traitement soigneux que nous étudierons plus loin.

Levains de levure pure. — Pour éviter les aléas qu'entraîne l'emploi des levains provenant d'autres brasseries, on a songé à utiliser une levure pure, dont on peut conserver la semence au laboratoire, et à multiplier cette levure chaque fois que le levain est devenu impur, pour substituer à ce mauvais levain un nouveau levain de la même levure, mais pur.

Choix et conservation de la levure pure. — Dans ce cas,

il est d'abord absolument indispensable de bien choisir la race de levure. On ne peut pas employer n'importe quelle levure dans une brasserie déterminée, et on doit avoir recours à une race qui donne une saveur, une atténuation, une clarification, une fermentation secondaire satisfaisantes. Il n'y a que l'expérimentation pratique qui puisse donner sous ce rapport des renseignements précis. La meilleure méthode à employer consiste donc à isoler plusieurs cultures pures d'un bon levain en usage dans la brasserie même, et à les expérimenter à l'usine de manière à choisir une race tout à fait satisfaisante. On doit se servir, pour l'isolement et la culture, du moût de bière de la brasserie, et opérer aux températures adoptées pour la fermentation dans la pratique.

En possession de la race convenable, il suffit de la conserver ou de la faire conserver par un laboratoire. Pour éviter la dégénérescence de cette levure pendant sa conservation, il faut se rapprocher le plus possible des conditions de la pratique. Il est prudent de recourir très souvent au rajeunissement dans le moût de bière de la brasserie, à la température de fermentation de l'usine. Comme liquide de conservation, Holm recommande la formule suivante :

Saccharose.................................	10 grammes.
Tartrate d'ammoniaque.................	0^{gr},5
Phosphate monopotassique.	0^{gr},1
Sulfate de magnésie....................	0^{gr},2
Eau...................... Q. S. pour 100 c. c.	

La multiplication de la levure pure peut se faire soit dans un laboratoire, soit à la brasserie même, en employant un des appareils à propagation dont nous avons étudié le fonctionnement dans un de nos premiers chapitres, et notamment l'appareil Fernbach. On obtient ainsi une certaine quantité de levure pure qui doit être propagée à la brasserie de manière à constituer un nouveau levain.

PROPAGATION DE LA LEVURE PURE A L'USINE. — Pour obtenir

un bon levain avec la petite quantité de levure pure
fournie par l'appareil à propagation, il est très important
de bien choisir d'abord le rapport entre la quantité de
levure et le volume du moût à y ajouter. On emploie en
général trop de moût. Il faut aussi effectuer la multiplication à une température convenable, en commençant,
pour la fermentation basse, à une température supérieure
à celle de la pratique et en l'abaissant ensuite peu à peu.

Voici comment Will conseille d'opérer pour la fermentation basse. Pour un kilogramme de levure pressée
pure, ou pour la quantité correspondante de levure liquide
venant de l'appareil, on emploie 60 à 100 litres de moût
stérile à 12-13° C., placés dans une cuve vernie et parfaitement nettoyée. Dès que la fermentation est en pleine
marche, on introduit la masse dans deux fois son volume
de moût à 6°, et, après le départ de la fermentation, on
rajoute 250 litres de moût à la même température. On
laisse la fermentation s'achever, on recueille la levure, et
on l'introduit dans une cuve de 8 à 12 hectolitres, contenant 4 à 5 hectolitres de moût à 6°, on rajoute 4 hectolitres de moût quand la fermentation est bien partie, et
on a ainsi bientôt assez de levure pour mettre en route
une grande cuve. Les risques d'infection, pendant cette
multiplication, sont peu considérables à cause de la basse
température, de l'activité de la fermentation, et de la
propreté qu'on maintient facilement dans tous les
appareils.

En fermentation haute en cuves, on peut opérer par
une méthode analogue. On place dans une petite cuve
bien propre un hectolitre de moût, à la température
ordinaire de mise en levain, par kilogramme de levure
pure ou pour la quantité correspondante de levure liquide
fournie par l'appareil. Dès que les premières mousses
apparaissent, on ajoute deux hectolitres de moût; puis,
quand la fermentation est active, on double de nouveau le
volume, jusqu'à ce qu'on ait une cuve ordinaire en levain

avec la nouvelle levure. La propagation s'effectue à la température ordinaire de fermentation. Cette méthode a l'inconvénient d'exposer à l'infection pendant la multiplication, par suite de l'emploi d'une petite quantité de levure qu'on propage à une température relativement élevée. En outre, les premières générations sont souvent mauvaises ; la montée de la levure se fait très mal et la plus grande partie des cellules tombe au fond de la cuve au lieu de monter à la surface. Les appareils à levure pure fournissent en effet des levures de fond, et il semble que les cellules ainsi obtenues aient besoin de quelques générations pour reprendre leurs qualités primitives. Cet aspect anormal de la fermentation haute disparaît d'ailleurs après une ou deux cultures.

En fermentation haute en fûts, on peut aussi utiliser la même méthode, mais en employant le liquide en pleine fermentation pour ensemencer une cuve guilloire quand son volume est suffisant. On entonne ensuite dans les fûts. On peut également mettre en levain des fûts avec la levure pure fournie par l'appareil, à raison de 100 litres de moût environ, pour 1 kilogramme de levure pure pressée ou pour la quantité de levure liquide correspondante. La levure rejetée par la bonde est en général très peu abondante : elle sert à mettre en levain d'autres fûts qui produisent alors une récolte meilleure, ordinairement suffisante pour mettre en levain un brassin. Cette méthode a les mêmes inconvénients que la précédente : elle expose beaucoup à l'infection pendant la multiplication, surtout en fûts ; en outre, la levure ne part pas bien, son développement est plus faible, la fermentation reste paresseuse, et la levure qui sort par la bonde du fût est très peu abondante, sale et de mauvais aspect. Ces caractères anormaux disparaissent après une ou deux générations.

On peut éviter complètement les risques d'infection pendant la propagation en fermentation haute, en employant de gros appareils à levure pure, de 10 à 12 hectolitres, qui fournissent par une seule culture la quantité de levure suffisante pour mettre en levain 15 à 30 hectolitres de moût. Ces appareils, clos et stérilisables, sont ensemencés avec une quantité notable de levure pure fournie par le laboratoire ou par un petit appareil à levure ; la multiplication s'y fait dans du moût stérile, à la température de fermentation de la pratique, et la levure pure obtenue sert à l'ensemencement de 15 à 30 hectolitres de moût. Cette méthode est la plus recommandable pour les grandes brasseries de fermentation haute.

Dégénérescence des levures pures. — En général, les levures pures sélectionnées, conservées avec les soins que nous avons indiqués plus haut, et utilisées dans une brasserie dont la fabrication est régulière, conservent leurs propriétés primitives. Cependant on observe assez fréquemment des cas de dégénérescence. Après avoir donné pendant longtemps de bons résultats, la levure donne une fermentation plus lente, une atténuation moins forte, une clarification imparfaite. Au contraire, d'autres levures conservent leurs propriétés sans aucune modification pendant sept ou huit années.

La dégénérescence ne tient réellement à un changement de propriétés de la levure que quand l'examen microscopique du levain et l'étude de la composition chimique du moût ne révèlent rien d'anormal. Si le levain est infecté de levures sauvages ou de bactéries, il suffit de recourir à un nouveau levain identique, mais pur, pour voir tout rentrer dans l'ordre. Si la composition chimique du moût ne convient pas à la levure, on conçoit également que le levain puisse changer peu à peu de caractère. Mais il arrive parfois que certains changements se manifestent, et que l'examen microscopique et l'étude de la composition du moût ne conduisent à aucune observation anormale. Certains changements sont ainsi passagers, et ce sont les plus fréquents : ils apparaissent sans cause appréciable et disparaissent de même. D'autres se fixent, et il

s'agit alors dans ce cas d'un changement de propriétés de
la levure pure, dû à des causes encore assez obscures.
Will, Jörgensen ont constaté par exemple que les
cellules de levures pures empruntées aux voiles superficiels peuvent devenir l'origine d'une dégénérescence : ces
levures donnent des fermentations paresseuses, une
clarification lente, et Will a montré qu'il faut très longtemps pour qu'une levure issue d'une culture composée
en partie de cellules de voiles superficiels reprenne ses
propriétés primitives. Le mode de conservation des levures
au laboratoire peut donc devenir une cause de dégénérescence, par suite de la formation des cellules de voiles, et
ce fait justifie encore la nécessité de rajeunir fréquemment les levures dans du moût de bière pour éviter la
formation des voiles superficiels.

Quand une dégénérescence de cette nature se produit,
Jörgensen conseille de préparer avec le levain un grand
nombre de cultures pures, et de rechercher parmi elles
celles qui se rapprochent le plus de la levure primitive.
On peut retrouver ainsi, par une étude rationnelle du
levain, une variété qui a conservé les qualités primitives
et s'en servir de nouveau comme point de départ, en
éliminant les autres.

Il résulte de ces observations que l'emploi de la levure
pure ne doit pas se borner au choix judicieux d'une race
déterminée; il faut en outre se placer dans les conditions
nécessaires pour lui conserver ses propriétés, aussi bien
au laboratoire pour l'isolement, la culture et la conservation, que dans la pratique.

RÉSULTATS FOURNIS PAR L'EMPLOI DE LA LEVURE PURE. —
L'emploi de la levure pure est aujourd'hui très répandu
en fermentation basse, à cause de ses avantages sous le
rapport de la sécurité de la fabrication, de la constance
du goût de la bière et de sa stabilité. L'utilisation de la
levure pure y est facilitée parce que la multiplication
se fait à basse température, et parce qu'on n'a pas à se

préoccuper de cette question délicate de la montée ou du rejet de la levure. Avec une fabrication régulière et un entretien soigneux de la levure au laboratoire et dans la pratique, on évite le plus souvent les causes de dégénérescence signalées plus haut.

En fermentation haute, la levure pure est beaucoup moins répandue. La fermentation haute est employée en effet par beaucoup de petites brasseries, pour lesquelles l'utilisation de la levure pure entraîne des dépenses trop élevées. En outre, l'application de la levure pure en fermentation haute a donné lieu à de nombreux insuccès. Nous avons déjà signalé plus haut les dangers d'infection dans la propagation, la lenteur des premières fermentations, la montée défectueuse de la levure. Les essais entrepris en Angleterre ont conduit à des résultats contradictoires, parmi lesquels les insuccès semblent dominer. On a reproché à la levure pure de donner dans les brasseries anglaises des bières plates, avec une fermentation secondaire insuffisante. Les conditions de fabrication sont en effet très spéciales en Angleterre : les bières sont très fortement atténuées à la fermentation principale, et la fermentation secondaire semble s'effectuer sous l'action de levures spéciales et de levures sauvages. Beaucoup d'expérimentateurs ont soutenu que, dans ces conditions, tout le travail ne peut être accompli par une seule race, et qu'il faut, pour la fermentation des bières anglaises, le concours de plusieurs races nettement distinctes. Ce n'est pas l'avis, cependant, de Hansen et de Jörgensen qui pensent que la levure pure, issue d'une cellule unique, peut dans ce cas fournir de bons résultats, à condition de bien choisir la race.

Sur le continent, si on laisse de côté les inconvénients passagers signalés plus haut, au sujet du rejet de la levure, l'emploi de la levure pure en fermentation haute a fourni des résultats plus favorables. Comme les levains de fermentation haute sont constitués le plus souvent par

23.

un mélange de plusieurs variétés de levures, Van Laer
a proposé d'utiliser comme levain un mélange de levures
pures en proportions convenables. Mais la grande difficulté consiste à déterminer ce mélange de manière qu'il
s'établisse d'abord entre les diverses levures l'état d'équilibre signalé par Van Laer, et ensuite qu'à cet état
d'équilibre corresponde la production d'une bière de bonne
qualité. Le problème, qui est simple au point de vue
théorique, devient singulièrement complexe au point de
vue pratique, à cause de l'incertitude de nos connaissances
sur le développement des diverses levures en mélange.
Beaucoup de praticiens pensent cependant qu'en fermentation haute, l'emploi d'un mélange de deux levures
convenablement choisies, l'une à atténuation forte et
l'autre à atténuation faible, permet d'obtenir des résultats
meilleurs et plus réguliers que l'emploi d'une levure
unique. Plusieurs brasseries de la région du Nord travaillent par cette méthode et en obtiennent des résultats satisfaisants. Il semble dans tous les cas que le
meilleur procédé d'emploi de la levure pure en fermentation haute consiste à utiliser un gros appareil à levure,
dans les conditions déjà indiquées, ensemencé avec une
ou deux races de levures bien choisies, en tenant compte
pour la conservation de ces levures au laboratoire et pour
leur multiplication dans la pratique de toutes les observations faites plus haut.

Traitement des levains. — **Récolte de la levure.** —
La récolte de la levure se fait différemment en fermentation basse et en fermentation haute.

En fermentation basse, la levure se dépose au fond de
la cuve. La couche inférieure, qui touche au fond, est
composée surtout de cellules mortes et des grosses
impuretés du liquide. La couche supérieure est composée
surtout de petites cellules légères qui se déposent plus
lentement, et notamment de levures sauvages, si le levain
en est infecté. La couche intermédiaire est principale-

ment formée par les cellules normales. On doit donc enlever la couche superficielle avec une palette, et recueillir seulement la couche centrale en rejetant la couche inférieure impure.

Dans la fermentation haute en cuves, on recueille la levure au moment de sa montée à la surface du liquide. On peut l'enlever avec une écumoire en l'accumulant dans un coin de la cuve avec une raclette en bois. On peut aussi disposer sur la paroi de la cuve une échancrure qui communique avec une rigole, vers laquelle on pousse la levure avec une raclette.

Dans la fermentation haute en fûts, la levure est rejetée par la bonde, s'écoule le long du fût s'il n'est pas muni de remplisseur automatique, et se réunit dans une cuvette placée à la partie inférieure.

Traitement de la levure. — Quand la levure est recueillie, il faut prendre les soins nécessaires pour la conserver sans altération. Le mode de traitement varie alors suivant le temps de conservation de la levure. Si on doit employer la levure aussitôt après la récolte, il est préférable de ne lui faire subir aucun traitement. On l'examine au microscope, et si sa pureté est satisfaisante, on s'en sert aussitôt pour la mise en levain.

Si on doit conserver la levure pendant un ou deux jours, on doit d'abord la placer à une température aussi basse que possible, voisine de 10° en fermentation haute, et de 0° en fermentation basse, afin d'éviter l'infection par les bactéries. Il est utile en outre de lui faire subir un lavage pour la débarrasser de la bière qui l'imprègne, des cellules légères et des impuretés qui l'accompagnent. Les opinions sont assez divergentes au sujet du lavage de la levure. Certains auteurs lui reprochent d'affaiblir le levain, et de rendre le milieu plus altérable en enlevant l'acidité et les substances antiseptiques du houblon et du moût qui baigne la levure. Il est exact que le pouvoir ferment de la levure diminue toujours dans une proportion plus ou moins grande après une heure de séjour dans l'eau ; si on prolonge le séjour, il diminue ensuite beaucoup moins. On affaiblit en outre d'autant plus la levure qu'on la lave avec plus d'eau et à une température plus élevée. Quant à la deuxième objection relative à l'altérabilité du milieu, elle n'est pas justifiée, car la bière jeune est très altérable et beaucoup plus favorable que l'eau pure au développement des bactéries. Donc, si on a soin de laver la levure rapidement et à l'eau très froide, la diminution du pouvoir ferment est peu accentuée, et le lavage ainsi effectué ne présente que des avantages.

Le lavage enlève en effet les impuretés de la levure, les corpuscules de glutine, les matières azotées floconneuses, les substances précipitées par la fermentation, les cellules légères ou mortes. Les levures sauvages et les bactéries, qui se déposent beaucoup plus lentement que les bonnes cellules, sont éliminées en grande partie par le lavage. Mais il est évident qu'on doit employer pour cette opération une eau stérile, ou au moins exempte de bactéries susceptibles de se développer dans la bière. Les appareils qui servent au lavage doivent être également maintenus dans le plus grand état de propreté. On peut employer, pour cette opération, les baquets coniques, en bois, portant des trous latéraux étagés et fermés par des chevilles. Les cuves métalliques hémisphériques, oscillant sur deux tourillons, sont préférables, car elles sont beaucoup plus faciles à maintenir stériles.

Pour le lavage, on délaie la levure dans l'eau très froide, et on la passe dans un tamis à fils de laiton qui retient les impuretés. La levure tamisée est recueillie dans le baquet et abandonnée au repos. On décante le liquide quand il est encore louche, de manière à éliminer le plus possible les levures sauvages et les bactéries : il suffit pour cela d'enlever successivement les chevilles des trous latéraux des baquets, ou d'incliner la cuve de lavage sur ses tourillons. Après un ou deux lavages, on obtient une levure parfaitement propre. Il est bon de n'ajouter de la glace à l'eau de lavage des levains que si cette glace est obtenue avec de l'eau stérile, car la glace ordinaire renferme toujours beaucoup de bactéries.

Le lavage est surtout employé pour les levains de fermentation basse. En fermentation haute, où on ne dispose pas de machines à glace, la température élevée de l'eau et des caves et la lenteur du dépôt de la levure rendent cette opération dangereuse. Mais comme il est utile de séparer le plus vite possible la levure de la bière qui l'accompagne, on a recommandé l'emploi du turbinage pour le lavage de la levure. Dans ce cas, on introduit la levure délayée dans l'eau dans le tambour d'une turbine tournant à 1000 tours. La levure est projetée contre la paroi du tambour, tandis que les cellules légères et les bactéries se rassemblent en grande partie dans le liquide qui reste au voisinage de l'axe. On fait écouler ce liquide, et on recueille la couche de levure. L'opération, renouvelée deux fois, donne une levure très propre, mais la méthode est très peu répandue.

Quand on doit conserver la levure pendant plusieurs semaines, il est nécessaire de la presser. On l'introduit alors dans des sacs stérilisés, on la presse et on enferme ensuite ces sacs dans des boîtes en fer-blanc qu'on entoure de glace.

Mise en levain. — La mise en levain s'effectue le plus souvent en prenant la quantité de levure nécessaire, en la délayant dans un peu de moût, en l'aérant énergiquement et en la mélangeant au moût à ensemencer. L'aération peut s'effectuer soit en versant plusieurs fois de haut la levure d'un vase dans un autre, soit en la battant avec un balai métallique, soit en utilisant un appareil d'aération. Ce dernier appareil (fig. 78) se compose d'un cylindre en cuivre étamé dans lequel plonge

un entonnoir percé de trous. Cet entonnoir est relié
à un tube creux qui porte au niveau de l'entonnoir
des soupapes de caoutchouc, et qui se prolonge jusqu'à
la poignée extérieure. Quand on soulève la tige, les
soupapes s'ouvrent et l'air pénètre sous l'entonnoir ;
quand on l'abaisse, les soupapes se ferment, et l'air

Fig. 78. — Appareil à aérer les levains. (Cirier-Pavard, à Paris.)

comprimé sous l'entonnoir se mélange à la levure et
se dissout dans le liquide. On obtient ainsi une aération
parfaite, mais l'appareil doit être soigneusement nettoyé
après chaque opération.

La mise en levain peut se faire de deux manières. Tantôt on ajoute à chaque cuve la quantité de levure nécessaire, tantôt on met en levain la totalité du moût dans
une cuve spéciale appelée *cuve guilloire*, et on répartit

ensuite ce moût dans les vaisseaux de fermentation. La première méthode est employée surtout en fermentation basse, la seconde en fermentation haute.

Quantité de levain à employer. — Pour être sûr de l'envahissement rapide du moût par la levure et pour étouffer le développement des organismes étrangers, on pourrait croire qu'il est avantageux d'introduire dans le moût une très grande quantité de levure. Il ne faut pas cependant admettre cette opinion sans réserves. Il est certain qu'il faut éviter d'ensemencer trop faiblement, car la multiplication de la levure est trop longue et on peut craindre le développement des ferments nuisibles. Mais on sait d'autre part, par les expériences de Brown, de Delbrück, de Reichard et Riehl, que la quantité de levure qui se forme pendant la fermentation ne dépend pas de la quantité de levain employée, au moins dans les limites assez étroites des conditions de la pratique. Reichard et Riehl donnent par exemple, pour la quantité de levure formée par kilogramme de levure ensemencée, les chiffres suivants :

Levain par hl. de moût.	Levure formée par kilogr. de levain.
333 grammes.	$4^{kg},3$
500 —	$3^{kg},1$
750 —	$2^{kg},7$

Donc, à mesure qu'on augmente la quantité de levain, la multiplication de la levure diminue, la récolte rapportée à l'unité de levain va en décroissant, mais le poids de la levure formée reste sensiblement le même. Si on ensemence une grande quantité de levure, la multiplication se trouve donc gênée, et on obtient un levain moins vigoureux qu'en employant un ensemencement plus faible. La bière prend en outre un goût de levure désagréable.

Les expériences de Van Hest ont montré d'autre part qu'en employant respectivement $0^{l},4$, $0^{l},3$ et $0^{l},2$ de levain par hectolitre, la fermentation est au même point, sous le rapport de l'atténuation respectivement le troisième **jour**, le quatrième jour et le cinquième jour : mais, à la fin de l'opération, l'atténuation est à peu près **la même partout**. Donc la quantité de levain est sans influence sur l'atténuation.

Il résulte de ce qui précède que l'ensemencement copieux ne présente pas d'avantages, et que dans l'opération de la mise en levain, la vigueur de la levure intervient beaucoup plus que sa proportion. En général, on utilise en fermentation haute de 200 à 300 grammes, et en fermentation basse de 300 à 400 grammes de levure par hectolitre de moût. Cette quantité varie surtout avec la température de la cave et la concentration du moût. Il faut mettre d'autant plus de levure que la température est plus basse et le moût plus concentré.

La température de mise en levain est en moyenne de 14 à 20° pour la fermentation haute, et de 4 à 6° pour la fermentation basse.

Utilisation de la levure résiduelle. — La levure produite par les brasseries est aujourd'hui d'un écoulement de plus en plus difficile, et on a cherché plusieurs méthodes pour utiliser ce sous-produit. Il existe à l'heure actuelle un grand nombre de procédés d'utilisation de la levure.

Certaines méthodes ont pour objet la préparation d'extraits de levure, dont la composition chimique se rapproche beaucoup de celle de l'extrait de viande. On peut citer, parmi ces méthodes : le procédé de Wahl et Hénius, qui consiste à faire une simple décoction de levure par ébullition avec l'eau, et à concentrer le liquide ainsi obtenu ; le procédé Peeters, dans lequel on extrait le contenu protoplasmique de la levure, à une température de 60°, par des substances liquéfiantes telles que l'acide chlorhydrique ; le procédé Goodfellow, dans lequel on traite successivement la levure par l'acide chlorhydrique, la pepsine et la pancréatine ; le procédé O'Sullivan, qui a recours à l'autophagie de la levure à 40° pour provoquer la solubilisation de son contenu; le procédé Dormeyer et Ruckforth, dans lequel on déchire la cellule de levure par congélation à — 16°, suivie d'un réchauffement brusque et d'une extraction à l'eau chaude, etc.

On a également songé à utiliser la levure pour des préparations thérapeutiques, notamment contre la furonculose. Thompson a indiqué en outre l'emploi de la levure pour la préparation de la nucléine utilisée en thérapeutique.

On a ensuite cherché à se servir de la levure en agriculture en la transformant en engrais. On la dessèche et on la mélange avec des phosphates ou de la marne (Johnson); ou on la liquéfie par l'acide sulfurique, on neutralise au carbonate de chaux, on dessèche, et on obtient ainsi une masse poreuse très riche en azote (Baker).

L'utilisation de la levure pour la panification est aujourd'hui un débouché assez réduit à cause de l'emploi des levures pressées de distillerie.

On fabrique aussi avec de la levure, des radicelles et de la mélasse des tourteaux qui servent à l'alimentation des animaux.

Enfin récemment Schidrowitz et Kaye ont préconisé la distillation sèche de la levure. Chauffée en vase clos à l'abri de l'air et à une température élevée, la levure fournit un liquide aqueux, un goudron assez épais, des gaz et du coke. On obtient ainsi, par tonne de levure séchée, environ 25 kilogrammes d'ammoniaque, 76 kilogrammes de goudron et 350 à 450 kilogrammes d'un coke riche en azote, en phosphates et en potasse.

Atténuation.

Importance de l'atténuation. — L'atténuation finale a une importance considérable, car c'est d'elle que dépend la saveur, la tenue de la mousse et surtout la stabilité de la bière. Une bière est d'autant plus instable que son atténuation finale est plus éloignée de l'atténuation limite, et la bière la plus stable est celle qui atteint cette atténuation limite au moment où elle est débitée. Si la différence entre l'atténuation finale et l'atténuation limite est trop considérable, la bière a une tendance à se troubler et à refermenter quand elle éprouve des variations de température. Elle est en outre beaucoup plus sujette à l'altération par les ferments de maladie.

C'est un fait bien connu de tous les praticiens que pour produire des bières stables et de conserve, il faut atténuer fortement. Il y a lieu cependant de faire quelques observations à ce sujet. Le procédé de brassage par sauts de Windisch, qui permet d'obtenir des moûts très riches en dextrines, peut conduire à des bières parfaitement stables avec une atténuation faible. En effet, le chiffre réellement important pour la stabilité n'est pas celui de l'atténuation même, mais la différence entre l'atténuation limite et ce chiffre. Si une bière est fermentée à fond, et si son atténuation finale est voisine de l'atténuation limite, elle peut avoir une atténuation faible et être stable, puisque l'extrait restant n'est plus fermentescible. On peut ainsi obtenir une bière riche en extrait et cependant stable.

Une deuxième observation est relative aux matières azotées. Quand la fermentation est vigoureuse et conduit à une atténuation forte, tout l'azote facilement assimilable est éliminé par la levure si la composition chimique du moût est normale : une forte atténuation a donc pour résultat de ne laisser dans la bière que des matières azotées qui ne sont plus assimilables pour la levure, de sorte que la bière gagne en stabilité. Mais, comme le fait remarquer Fernbach, si la composition chimique du moût est anormale, s'il n'y a pas entre sa composition hydrocarbonée et sa composition azotée le rapport voulu, l'azote assimilable étant par exemple en excès, la

levure ne peut éliminer l'excès d'azote, et même en atté-
nuant fortement, la bière peut rester instable par suite de
la présence de ces matières azotées.

L'atténuation finale ne doit pas non plus être atteinte
trop tôt, car si on est obligé de conserver quelque temps
la bière en cave, elle devient plate par suite de l'arrêt de
la fermentation secondaire. Cette atténuation finale varie
d'une brasserie à l'autre dans des limites assez étendues ;
et la pratique apprend pour chaque brasserie quelle est
l'atténuation qui convient le mieux au genre de bière
qu'on y fabrique.

Variations de l'atténuation. — On peut, pour étudier les causes qui font varier l'atténuation, distinguer
l'atténuation principale, l'atténuation secondaire et l'atténuation finale, mais il importe de ne pas perdre de vue
que l'atténuation dans la fermentation secondaire est
étroitement liée à l'atténuation observée à la fin de la
fermentation principale.

Atténuation principale. — Le facteur le plus important
qui fait varier l'atténuation principale est la composition
chimique du moût.

Le moût renferme les substances fermentescibles et
alimentaires pour la levure : l'atténuation est par suite
réglée par la proportion de ces substances dans le moût.
Toutes les causes qui font varier la composition chimique du moût font donc varier l'atténuation. Ces causes
sont principalement le mode de brassage et la nature du
malt. Avec les bons malts, bien désagrégés, le mode de
brassage ne permet d'agir sur la composition chimique
du moût, comme nous l'avons vu, que dans les méthodes
de travail à sauts brusques. Quand l'élévation de température est lente, presque tout le maltose qui peut se
former prend naissance aux basses températures, si le
malt est de bonne qualité, de sorte que lorsqu'on arrive
aux températures élevées où il pourrait se former beaucoup de dextrines, la saccharification est pratiquement

terminée. Les méthodes brutales, telles que l'infusion à une trempe avec attaque à haute température, le brassage par sauts, etc. permettent seules, avec les malts bien désagrégés, d'agir sur la composition chimique du moût et de faire varier la teneur en maltose et par suite l'atténuation principale. Les modifications timides dans les méthodes de brassage ne conduisent avec ces malts à aucun résultat appréciable au point de vue de l'atténuation. Avec les malts durs et peu diastasiques, l'atténuation est d'autant plus faible que le brassage est plus rapide et se fait à température plus élevée.

Nous voyons donc, qu'avec les bons malts qu'on obtient aujourd'hui, le brasseur est l'esclave de son malt et qu'à moins d'employer les méthodes de brassage brutales, les modifications dans les procédés de brassage ne permettent pas de changer beaucoup la composition chimique du moût. C'est donc surtout la nature du malt qui intervient pour faire varier cette composition chimique. Dans le travail du maltage, c'est le mode de touraillage qui a l'influence la plus grande, car la destruction des diastases peut être plus ou moins accentuée. Un malt séché complètement à basse température et touraillé bas, reste très diastasique et conduit à une atténuation principale forte. Un malt chauffé quand il est encore humide et touraillé haut est pauvre en diastase et conduit à une atténuation principale faible.

Les matières hydrocarbonées du moût ne sont pas les seules substances qui agissent sur l'atténuation : les matières azotées ont également une grosse influence. Ces substances agissent en effet sur l'activité de la levure, et un moût riche en maltose peut donner une atténuation principale faible, si la nutrition azotée de la levure ne lui permet pas d'atténuer fortement. C'est ce qui se produit fréquemment quand le moût contient de grandes proportions de riz qui appauvrit le moût en azote et affaiblit la levure. En outre les matières azotées agissent en favorisant plus ou moins la cassure à la fin de la fermentation principale et par suite la précipitation de la levure, ce qui amène des variations dans l'atténuation. Les moûts qui renferment des albumoses et des peptones en abondance communiquent à la levure la propriété de se trancher rapidement et donnent lieu, pendant la fermentation, à la formation de troubles qui entraînent la levure, d'où une diminution de l'atténuation. Au contraire les moûts riches en amides donnent naissance à des levures à cassure *poussiéreuse*, qui se déposent lentement, et l'atténuation principale est plus forte.

L'atténuation principale varie aussi, mais dans des limites beaucoup moins étendues, avec la nature de la levure. Le *type* de levure influe seulement, comme nous le verrons, sur l'atténuation secondaire, mais sa *cassure* en cuve de fermentation peut faire varier aussi l'atténuation principale. Les levures qui se déposent lentement à la fin de la fermentation tumultueuse, et dont la cassure est poussiéreuse, exercent longtemps leur action et donnent une atténuation forte ; au contraire, les levures qui se déposent rapidement en donnant une bonne cassure conduisent à une atténuation plus faible.

Enfin certains facteurs peuvent encore faire varier l'atténuation principale, mais leur influence n'est pas grande dans les conditions de la pratique. L'aération forte au moment de la mise en levain, l'agitation du liquide, la température élevée favorisent la multiplication de la levure, retardent la cassure et peuvent augmenter légèrement l'atténuation principale. Quand on refroidit en cuve de fermentation dès que la température a atteint son maximum, on favorise aussi la cassure et on diminue par suite l'atténuation.

Nous avons vu, par les expériences de Van Hest, que la quantité de levain employé est sans influence sur l'atténuation.

ATTÉNUATION SECONDAIRE. — L'atténuation secondaire varie principalement avec la composition chimique du moût et avec la race de levure.

La fermentation secondaire correspond à la fermentation des corps difficilement attaquables dérivés de l'amidon pendant la saccharification diastasique. Suivant la nature de ces corps et suivant leur résistance à la levure, la fermentation secondaire peut se prolonger plus ou moins et donner une atténuation secondaire variable. La proportion de matières azotées assimilables pour la levure qui restent encore dans la bière après la fermentation principale influe également sur l'activité de la levure et par suite sur l'atténuation secondaire.

Le type de levure, qui n'a pas d'action sensible sur l'atténuation principale, a au contraire une influence très nette sur l'atténuation secondaire. Cette atténuation est d'autant plus forte que la levure s'éloigne davantage du type Saaz pour se rapprocher des types Frohberg ou Logos.

ATTÉNUATION FINALE. — L'atténuation finale résulte des atténuations principale et secondaire : elle varie donc sous les mêmes influences, et surtout avec la composition chimique du moût et la nature de la levure. L'atténuation finale peut être fortement diminuée, par exemple, au moyen du brassage par sauts, comme l'indiquent les chiffres suivants, obtenus par Windisch par cette méthode avec un malt pâle très désagrégé, en empâtant à 50° et en sautant respectivement à 70°, 72° et 75°.

	70°.	72°.	75°.
Atténuation apparente..	84,2	70,3	56,8
— réelle......	68,0	56,8	45,4

On voit combien la méthode de brassage par sauts permet de diminuer l'atténuation finale.

Les chiffres suivants, dus à Bleisch et Regensburger,

montrent l'influence des températures d'attaque, en infusion, sur l'atténuation finale. Ces expériences ont été faites en empâtant à diverses températures et en maintenant ces températures jusqu'à la fin de la saccharification.

Températures.	Atténuation finale (levure Frohberg).	
	Malt foncé.	Malt pâle.
60°	82,5	94,0
65°	78,9	82,3
70°	63,0	76,3
75°	44,0	55,0

L'empâtage à haute température abaisse donc l'atténuation finale.

Enfin, l'atténuation finale est d'autant plus élevée que la levure employée est d'un type plus actif sur les dextrines. Les levures Saaz donnent une atténuation finale plus faible que les levures Frohberg, et l'atténuation fournie par ces levures Frohberg est moins élevée que celle des levures Logos.

Détermination préalable de l'atténuation limite. — La détermination préalable de l'atténuation limite est très importante pour le brasseur, car elle lui permet de savoir quelle doit être l'atténuation de sa bière au moment du débit, pour que l'écart entre l'atténuation au débit et l'atténuation limite reste dans les limites voulues. Elle lui indique aussi la distance qui sépare l'atténuation principale de l'atténuation finale à atteindre, c'est-à-dire l'importance de la fermentation secondaire. Elle se détermine très rapidement de la façon suivante : on place dans des bouteilles 300 centimètres cubes de bière des cuves ou des foudres, on ajoute 1 à 2 p. 100 de la levure employée dans la brasserie, et on place le liquide à 25-28°. Au bout de quelques jours, l'atténuation limite est atteinte, et elle est sensiblement la même que celle qu'on obtient dans la pratique par un séjour beaucoup plus prolongé. On a ainsi le résultat bien avant que la fermentation soit terminée dans les caves, au moins en fermentation basse.

Matériel de fermentation et d'expédition.

Le matériel utilisé pour la fermentation et l'expédition de la bière comprend les fûts, les cuves et les foudres. Pour la fermentation, les fûts sont utilisés exclusivement en fermentation haute, les cuves servent toujours en fermentation basse et souvent aussi en fermentation haute, enfin les foudres sont employés pour la fermentation secondaire, dans les deux méthodes de travail. Pour l'expédition, on emploie soit les fûts de fermentation, en fermentation haute, soit des fûts spéciaux.

Fûts. — Les fûts utilisés pour la fermentation haute sont en général des fûts ordinaires, en bois, dont les douves ont deux ou trois centimètres d'épaisseur, ce qui ne leur permet pas de supporter facilement la pression. Leur contenance varie ordinairement de 20 à 160 litres, et ils servent à la fois à la fermentation et à l'expédition de la bière. Certains brasseurs emploient cependant, pour la fermentation, des pipes de 5 à 6 hectolitres, et pour l'expédition, des petits fûts. En fermentation basse, les fûts ne sont utilisés que pour l'expédition : on emploie surtout des fûts à pression, plus épais, et goudronnés à l'intérieur.

Ces fûts peuvent être fermés, en fermentation haute, avec des bondes en sapin qui s'engagent dans le trou de bonde, et en fermentation basse, avec des bondes en chêne fortement enfoncées dans le trou de bonde qui est muni d'une armature métallique. On emploie aussi, en fermentation basse, des bondes métalliques qui se vissent sur l'armature en fer du trou de bonde.

Traitement des fûts en fermentation haute. — Le nettoyage des fûts présente en fermentation haute une importance capitale. En effet, le bois s'imprègne très

facilement de bière, et devient, pendant le séjour plus ou
moins long du fût chez l'acheteur, le siège d'infections

Fig. 79. — Machine à laver les tonneaux à l'extérieur. (Société Strasbourgeoise
de constructions mécaniques, à Lunéville.)

fréquentes. Tous les efforts que fait le brasseur pour
produire une bière de bonne qualité deviennent inutiles
si la futaille apporte des ferments de maladie qui peuvent
altérer la bière. Tant que le fût est neuf, sa surface

BOULLANGER. — Brasserie.   24

intérieure est dure, lisse, peu poreuse, et la désinfection se fait facilement; mais quand les fûts sont vieux, leur surface interne devient rugueuse et spongieuse par le traitement à la vapeur, et la désinfection devient beaucoup plus difficile. En effet, les expériences de Briant ont montré par exemple que les bactéries peuvent pénétrer dans les douves d'un vieux fût jusqu'à 12 millimètres de profondeur. La désinfection de la futaille non goudronnée est donc une opération difficile.

Les fûts qui rentrent à la brasserie sont le plus souvent traités de la manière suivante. On les passe d'abord à l'eau chaude et à la vapeur pour enlever la majeure partie des dépôts, puis on y introduit de l'eau chaude pour ramollir les parties adhérentes. On évacue ensuite cette eau, et on examine le fût à l'intérieur en éclairant par le trou de bonde. Si on ne constate rien d'anormal, on nettoie alors le fût à l'extérieur en le plaçant sur une machine à laver (fig. 79) qui lui donne un mouvement de rotation continu, par l'intermédiaire de galets, tandis que des brosses frottent sur ses parois sous un arrosage d'eau régulier. Dans le fût ainsi brossé, on introduit par le trou de bonde une chaîne en fer, et on le place dans un appareil d'agitation qui le retourne dans tous les sens, par une combinaison d'engrenages. La chaîne, en raclant l'intérieur du fût, détache toutes les matières étrangères. On place enfin le fût sur une machine à rincer (fig. 80), constituée par des becs percés de trous, qu'on introduit dans la bonde et qui permettent d'envoyer à volonté de l'eau froide, de l'eau chaude ou de la vapeur. On donne ordinairement d'abord de l'eau chaude et de la vapeur, et on termine par un rinçage à l'eau froide.

Ce traitement peut suffire pour les fûts neufs, si on prolonge assez longtemps le courant de vapeur, mais il est insuffisant pour les vieux fûts dont les douves sont plus ou moins ramollies. Briant a constaté en effet qu'après une heure d'injection de vapeur, la température d'un fût n'était que de 100° à l'intérieur, de 83° à 3 millimètres et de 55° au milieu de la douve. Puisque les bactéries pénètrent, comme nous l'avons vu, beaucoup plus profondément, le passage à la vapeur n'est jamais assez

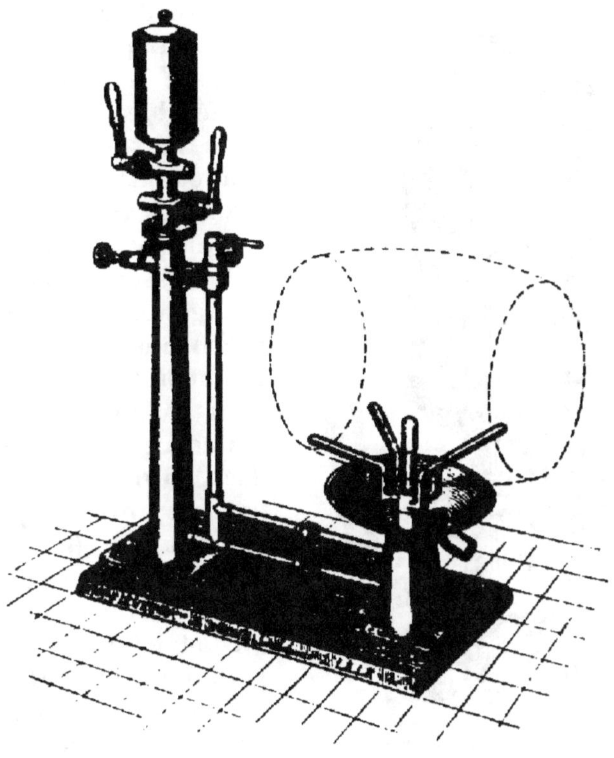

Fig. 80. — Appareil à laver les tonneaux à l'intérieur. (Fiévet frères et Boone, constructeurs, à Lille.)

prolongé dans la pratique pour être efficace avec les fûts qui ont déjà quelque temps d'usage.

Pour obtenir une désinfection plus énergique, on emploie des antiseptiques, notamment le chlorure de chaux à 1 p. 100, le permanganate de potasse à 1 p. 100, le formol. Le chlorure de chaux a l'inconvénient de posséder une odeur pénétrante de chlore qui disparaît difficilement et se transmet à la bière. Il faut laver à l'eau chaude, puis au bisulfite de chaux, et ensuite plusieurs fois à l'eau chaude pour éliminer complètement l'odeur de chlore.

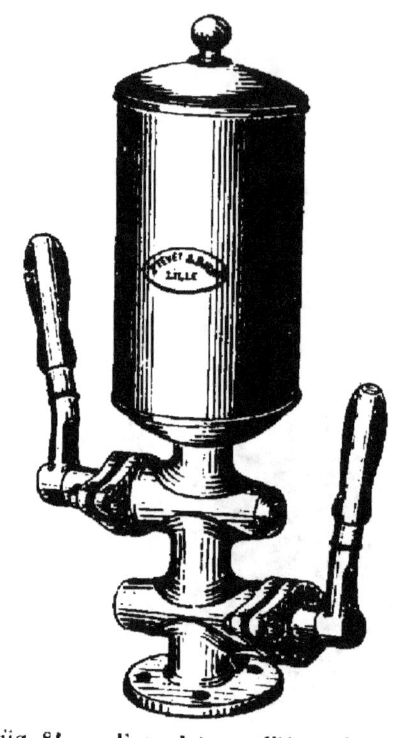

Fig. 81. — Formolateur. (Fiévet frères et Boone, constructeurs, à Lille.)

Le permanganate de potasse à 1 p. 100 est préférable. On rince le fût avec la solution de permanganate, puis on le lave d'abord avec de l'acide sulfurique à 3 ou 4 p. 100 pour dissoudre l'oxyde de manganèse précipité, puis à l'eau chaude (Fernbach). Le formol à l'état de vapeur est un puissant désinfectant. On peut utiliser, pour traiter les fûts par cet antiseptique, un formolateur (fig. 81) composé d'un réservoir dans lequel la dose de formol est strictement jaugée automatiquement pour chaque fût. L'appareil se boulonne sur la tuyauterie de vapeur allant à la rinceuse (fig. 80), de sorte qu'en ouvrant le robinet, le formol est vaporisé dans le fût à désinfecter.

Les antiseptiques pénètrent très lentement dans les douves, et ce traitement ne peut être efficace que si le contact de l'antiseptique avec le fût est prolongé pendant plusieurs heures. Or ces conditions sont souvent difficiles à réaliser dans la pratique, de sorte que la stérilisation des fûts n'est jamais parfaite.

Le meilleur moyen d'entretenir les fûts dans un état de propreté rigoureuse consiste à empêcher la pénétration de la bière dans le bois en le rendant imperméable soit par le vernissage, soit par le goudronnage, soit par le paraffinage. Ces méthodes sont jusqu'ici très peu répandues en fermentation haute pour les fûts qui servent à la fois à la fermentation et à l'expédition. En effet, le vernis à la gomme laque, appliqué sur ces fûts minces, se fendille rapidement par suite des chocs; la bière pénètre ainsi dans le bois, et le mal est alors beaucoup plus grave, car on ne peut plus employer la vapeur pour désinfecter sans détruire le vernis. En outre, le vernissage est trop coûteux. Le goudronnage, que nous étudierons plus loin pour les fûts de fermentation basse, est moins dangereux que le vernissage : cependant son emploi est difficile à cause de la faible épaisseur des douves. D'ailleurs on a remarqué que le rejet de la levure se fait souvent très mal dans ces fûts goudronnés, probablement à cause de l'absence de rugosités sur la paroi, et on obtient des levures de fond. Le paraffinage a été récemment recommandé et paraît donner des résultats très favorables. Il doit s'effectuer sur les fûts neufs dont les douves sont bien sèches et bien lisses. On injecte, au moyen d'un injecto-poisseur, de la paraffine chauffée à 150°, pure et inodore. Ce traitement rend le bois absolument imperméable; l'intérieur du fût est parfaitement lisse et peut se nettoyer très facilement avec l'eau tiède et les désinfectants les plus énergiques. Ce mode de traitement, qui revient à 6 à 8 centimes par fût, est le plus recommandable.

Traitement des fûts en fermentation basse. — La stérilisation des fûts d'expédition en fermentation basse se fait au moyen du goudronnage. Cette opération consiste à enduire de poix l'intérieur du fût à une haute température, ce qui stérilise complètement le fût et donne lieu, par refroidissement, à la formation d'une couche imperméable qui protège le bois contre la pénétration de la bière.

Poix. — La poix utilisée en brasserie provient de la résine des conifères. On peut distinguer plusieurs sortes de poix. La poix naturelle de pin n'a plus sa raison d'être aujourd'hui, à cause de l'emploi des injecto-poisseurs. Elle est très aromatique, et comme dans les appareils modernes les produits volatils ne peuvent pas être éliminés aussi facilement que dans les appareils anciens à foyer ouvert, elle expose au goût de poix. Son prix est d'ailleurs trop élevé.

On trouve ensuite des poix constituées par un mélange de colophane et d'huile de résine. La colophane est un résidu de l'extraction de l'essence de térébenthine par distillation de la résine des conifères. Quant à l'huile de résine, elle provient de la distillation de l'essence de térébenthine. On ajoute cette huile à la colophane dans la proportion de 10 à 20 p. 100, puis on fait bouillir ce mélange pour éliminer les produits volatils et on obtient ainsi une poix transparente. Cette transparence permet de la distinguer de la poix naturelle qui est opaque. Mais cette différence a conduit les fabricants à donner à leurs produits l'aspect opaque de la poix naturelle, par l'addition d'oxyde de fer ou de chromate de plomb, ou par l'insufflation d'air ou de vapeur dans la poix chaude. Ces traitements sont inutiles ou nuisibles, et il est bien préférable pour le brasseur de recourir à la poix transparente.

On trouve aussi dans le commerce des mélanges de colophane, de cérésine et de paraffine : ce sont des poix jaunes, dures, dont l'emploi est assez limité.

Enfin on utilise beaucoup aujourd'hui les poix dites *surchauffées*, fabriquées avec de la colophane débarrassée partiellement de ses produits volatils par une distillation préalable, à laquelle on ajoute de l'huile de résine. La poix ainsi obtenue est plus colorée, et présente ordinairement une fluorescence bleue ou verte. Elle n'exige plus le chauffage préalable pendant quelque temps à 200° pour éliminer les substances volatiles, et il suffit de la chauffer à la température de goudronnage pour pouvoir l'utiliser aussitôt. Un autre avantage de cette poix est de permettre de rajouter de la poix fraîche dans la chaudière sans être obligé d'interrompre le goudronnage pour donner aux produits volatils le temps de s'éliminer, comme on doit le faire avec les poix ordinaires.

Caractères d'une bonne poix et analyse. — La poix ne doit être ni trop dure, ni trop souple. Si elle est trop molle, elle fond à trop basse température, quand on rince les fûts à l'eau tiède ; si elle est trop dure, elle se fendille en se refroidissant et sous l'action des chocs. La détermination du point de fusion donne sous ce rapport des indications précieuses. On l'effectue dans un tube à essai dans lequel on place la poix pulvérisée ; on porte au bain-marie, on chauffe doucement, et on prend le point de fusion avec un thermomètre plongé dans la poix. Dans les bonnes poix, ce point est généralement compris entre 45 et 50°.

La poix ne doit communiquer aucun goût à la bière. On fait l'examen en goûtant la bière, soit dans un petit fût qu'on remplit après l'avoir goudronné, soit sur quelques bouteilles de bière dans lesquelles on introduit de la poix pulvérisée. On peut aussi employer la méthode de Brand qui consiste à goudronner une cruche en bois avec la poix à essayer, et à remplir cette cruche avec de l'eau distillée qu'on goûte deux ou trois jours après. La saveur doit être très faiblement aromatique. On peut enfin faire macérer de la poix pulvérisée pendant quelques jours dans de l'alcool à 4 ou 5 p. 100, examiner la proportion de substances dissoutes, qui doit être extrêmement faible, et goûter le liquide, dont la saveur doit être très peu accentuée.

La poix ordinaire ne doit pas laisser de résidu sensible à la dissolution dans un mélange d'éther et d'essence de térébenthine. On opère sur 5 grammes de poix, qu'on dissout dans 5 centimètres cubes d'essence de térébenthine ; on ajoute 20 centimètres cubes d'un mélange de 3 parties d'éther avec une partie d'essence de térébenthine. Si la poix ne contient pas de matières étrangères, la dissolution est complète. Cette méthode permet de retrouver dans le dépôt, s'il existe, par un examen microscopique, des matières organiques plus ou moins charbonnées et des paquets de cellules de levures, si la poix a été falsifiée avec de la vieille poix. Si on a affaire à une poix *surchauffée*, elle doit se dissoudre intégralement dans l'acétone : si elle contient de la paraffine ou de la cérésine, on obtient un résidu facile à séparer à l'appareil à centrifuger.

Enfin la poix doit fournir le moins possible de substances volatiles aromatiques capables de communiquer leur saveur à la bière, et dont l'élimination entraîne un chauffage long et coûteux. Elle ne doit avoir reçu aucune addition de graisses ou d'huiles, dont la décomposition fournit des produits susceptibles de donner à la bière une saveur désagréable.

APPAREILS DE DÉGOUDRONNAGE ET DE GOUDRONNAGE. PRATIQUE DU TRAVAIL. — Le dégoudronnage et le goudronnage des fûts peuvent s'effectuer à la flamme ou au moyen d'appareils.

Dans le goudronnage à la flamme, on démonte le fond du fût, et on fait fondre l'ancienne poix en introduisant dans le fût de la poix bouillante à laquelle on met le feu. On éteint, on agite le fût dans tous les sens pour étendre la poix, on fait écouler l'excès de pois, et on roule le fût jusqu'à ce que la poix fasse prise. Ce procédé, long, coûteux et dangereux, tend à disparaître de plus en plus aujourd'hui pour être remplacé par le travail à la machine.

Les dégoudronneurs ordinaires effectuent la fusion de la poix en faisant passer dans les fûts, soit des gaz chauds provenant d'un foyer à coke, soit de la vapeur surchauffée, soit un mélange d'air et de vapeur surchauffée. Les appareils à air chaud ont en général l'inconvénient de donner un chauffage inégal et trop fort, qui carbonise la poix à la surface intérieure du fût et abime les douves. Les appareils à vapeur surchauffée sont préférables. Le dégoudronneur Galland (fig. 82) se compose essentiellement d'un fourneau à coke et d'un distributeur de vapeur

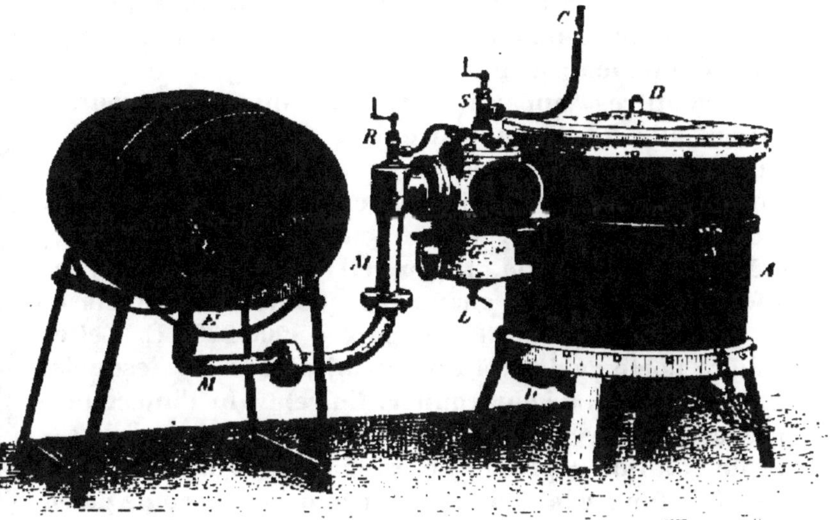

Fig. 82. — Dégoudronneur Galland. (Société Strasbourgeoise de constructions mécaniques, à Lunéville.)

qui injecte de la vapeur surchauffée dans un tube en communication avec la partie supérieure du foyer à coke. Le courant de vapeur aspire ainsi les gaz chauds du foyer. Le fût est placé sur l'ajutage qui termine ce tube, et le mélange d'air et de vapeur surchauffée arrive ainsi dans le fût à la température de 400°, ce qui suffit pour faire fondre la poix en une minute. La poix fondue s'écoule par la bonde. Quand l'opération est terminée, on enlève le fût, on y verse la quantité de poix nécessaire, on le ferme, on l'agite dans tous les sens pour bien répartir la poix, puis, après avoir fait sauter la bonde, on place le fût sur une machine à rouler et on le roule jusqu'à ce que la poix soit solidifiée. La machine à rouler (fig. 83) est constituée simplement par deux arbres parallèles et munis de galets sur lesquels on place les fûts. Ces arbres sont animés d'un mouvement de rotation qui fait tourner les fûts sur eux-mêmes.

Ce mode de travail a l'avantage de ne pas mélanger la vieille poix avec la nouvelle; mais il demande beaucoup de temps et de main-d'œuvre.

Enfin d'autres appareils, appelés injecto-poisseurs, effectuent à la fois le dégoudronnage et le goudronnage par injection de poix chaude dans le fût. La poix chaude fait fondre la couche de poix ancienne et il reste sur les douves, à la fin de l'opération, une mince couche de poix, très également répartie. L'appareil Theurer (fig. 84) se compose d'une grande chaudière quadrangulaire close dans laquelle on chauffe la poix à 200-220° C. Cette chaudière porte de deux à quatre injecteurs sur lesquels on place les fûts à dégoudronner. En relevant l'injecteur, la poix est envoyée dans celui-ci et l'anime d'un mouvement de rotation rapide. Elle est projetée sur les parois du fût, fait fondre la vieille poix et la masse s'écoule dans la chaudière après avoir passé dans un tamis qui retient les impuretés grossières. En rabaissant l'injecteur, on arrête son mouvement de rotation et la projection de la poix. Cet appareil donne un travail extrêmement rapide, une grande économie de matières premières et de main-d'œuvre, et supprime le roulage des fûts.

L'injecto-poisseur Loizel (fig. 85) se compose d'une cuve en fonte munie d'un couvercle supportant la pompe à poix. Cette pompe refoule le goudron dans les injecteurs animés, pendant le refoulement, d'un mouvement de rotation alternatif qui répartit le goudron sur toute la surface. Cet appareil fournit également un travail rapide, avec une

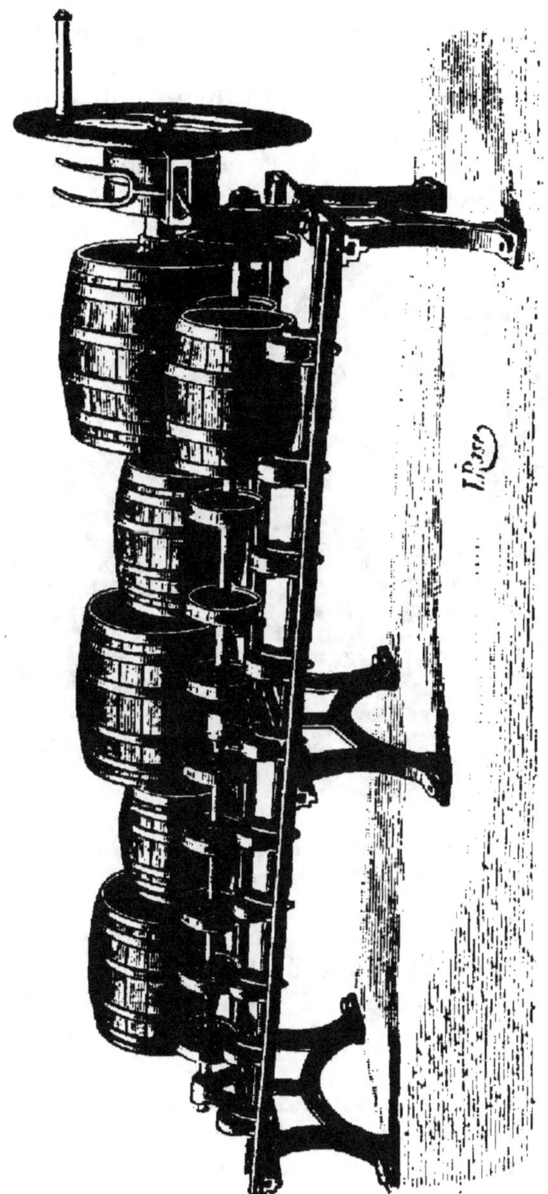

Fig. 83. — Appareil à rouler les fûts. (Cirier-Pavard, à Paris.)

grande économie de main-d'œuvre, de combustible et de poix.

Pour le goudronnage avec les injecto-poisseurs, il faut n'employer que des poix exemptes de substances aromatiques, à point de fusion bas, et n'ayant reçu aucune addition de graisses ou d'huiles grasses. La température

Fig. 84. — Appareil Theurer à goudronner les fûts. (Société Strasbourgeoise de constructions mécaniques, à Lunéville.)

doit être surveillée au thermomètre pour ne pas surchauffer inutilement. Enfin on ajoute de temps à autre de la poix fraîche dans la chaudière, et de l'huile de résine de bonne qualité pour empêcher le durcissement exagéré de la poix.

Explosions pendant le goudronnage. — Le goudronnage peut donner lieu à des explosions dangereuses. Ces explosions sont dues, d'après Bunte, à l'inflammation, au-dessus de 500°, des mélanges d'air et de vapeurs de poix en proportions déterminées. Bunte a indiqué les principales précautions à prendre pour les éviter.

1° Avec le goudronnage à flamme libre : ne pas surchauffer la poix ; ne verser que de petites quantités de poix à la fois ; l'enflammer dès son introduction dans le fût ; ne goudronner que des fûts bien secs ; ne rallumer la poix, si elle s'éteint avant la fin du goudronnage, que quand le fût est refroidi et aéré ; éteindre complètement

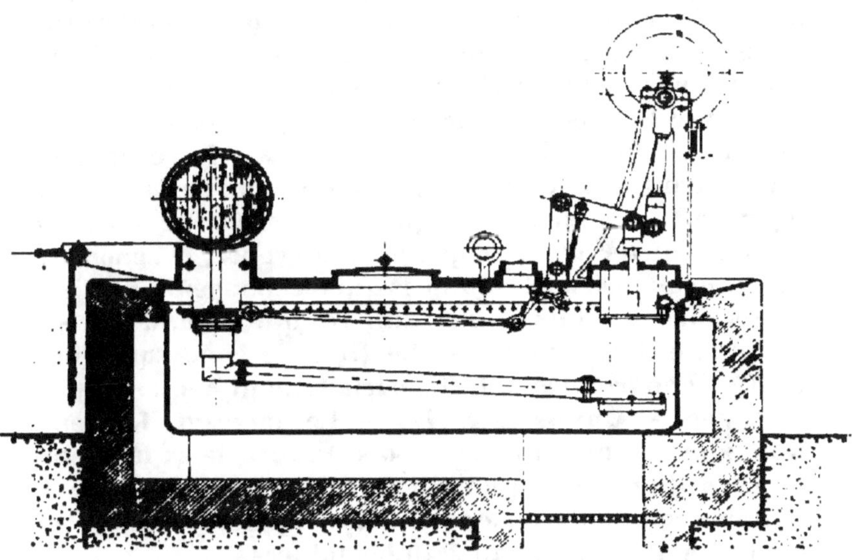

Fig. 85. — Injecto-poisseur, système Loizel. (Diebold, constructeur, à Nancy.)

le feu quand le goudronnage est terminé ; ne goudronner les trous de bonde que quand le fût a été parfaitement aéré.

2° Avec le goudronnage par les appareils à air chaud : ne placer le couvercle du fourneau à coke que quand toute la masse est incandescente ; maintenir une couche incandescente d'au moins 50 centimètres. Quand on goudronne sans flamme, jamais une flamme ne doit se montrer à l'orifice de la tuyère, et quand on dégoudronne sans flamme, les tuyères doivent être assez chaudes pour que les gaz s'enflamment immédiatement au sortir du fût et continuent à brûler. Quand on arrête la ventilation, il faut enlever la porte du foyer ou ouvrir un orifice ménagé à sa partie supérieure. Les fûts doivent être bien secs, et on ne doit commencer le travail que quand le foyer fonctionne régulièrement. Il ne faut pas introduire de poix chaude dans le fût ou enlever le fût de la tuyère avant que le dégoudronnage soit achevé; un fût dégoudronné ne doit être ramené à la tuyère que s'il est refroidi et aéré, et les fûts séchés sur la tuyère ne doivent être goudronnés qu'après avoir été refroidis et aérés.

3° Avec le goudronnage par les injecto-poisseurs : ne placer aucune matière incandescente dans le voisinage du fût pendant son goudronnage ; ne pas ouvrir la porte du foyer de la chaudière tant qu'il y a un fût sur la tuyère; tenir le couvercle de l'appareil très propre, évacuer dans un carneau spécial les fumées qui s'échappent; ne visiter l'intérieur des fûts à la lumière que quand ils sont refroidis et aérés ; ne brûler les trous de bonde que quand les fûts goudronnés ont été parfaitement aérés.

Cuves. — **Cuves en bois**. — Les cuves de fermentation sont ordinairement en bois, à cause de sa légèreté et de la facilité avec laquelle il se travaille et se répare. On leur donne une forme légèrement conique, et leur capacité est ordinairement de 20 à 40 hectolitres.

Les cuves neuves doivent subir un traitement avant l'emploi pour éviter qu'elles ne cèdent des substances nuisibles au goût de la bière. On les couche, on les munit d'un couvercle et on y fait passer de la vapeur. L'eau de condensation entraîne des substances ligneuses à goût âcre et désagréable. On badigeonne ensuite les cuves au lait de chaux, et on les lave à plusieurs reprises à l'eau chaude, puis à l'eau froide.

On utilise parfois les cuves sans être vernies, mais alors le bois s'imprègne peu à peu de bière, et Lermer a ainsi trouvé des levures sauvages et des moisissures jusqu'à

5 millimètres dans l'épaisseur des douves. La désinfection est difficile, car le bois est mauvais conducteur de la chaleur, et la pénétration des antiseptiques est lente.

Pour éviter les dangers de contamination, on protège le bois le plus souvent par le vernissage, parfois aussi par le goudronnage ou le paraffinage.

Le vernissage s'effectue avec une solution alcoolique de gomme laque. On commence par sécher parfaitement la cuve, puis on applique une première couche de vernis étendu de son volume d'alcool pur, car le produit commercial est généralement trop concentré pour bien pénétrer dans le bois. Quand cette première couche est sèche, on donne une deuxième couche semblable, et quand la deuxième est sèche, on termine par une troisième couche au vernis concentré. Cette couche de vernis n'est pas très solide, elle s'écaille assez facilement et elle est enlevée peu à peu par les nettoyages. Aussi faut-il la renouveler au moins chaque année. On doit alors enlever l'ancien vernis en grattant la cuve à la paille de fer ou en le ramollissant par un lavage avec une solution alcaline suivi d'un rinçage à l'eau chaude. Cette dernière méthode est plus rapide, mais elle a l'inconvénient d'endommager le bois.

Le goudronnage est rarement employé. On peut l'effectuer facilement avec les injecto-poisseurs qui laissent dans la cuve une couche aussi mince que celle du vernis. La corrosion de la poix est assez rapide dans les cuves, mais les parties endommagées se réparent très facilement avec une lampe d'émailleur ; on peut le pratiquer en toute saison, dès qu'on observe une infection, et aucun traitement ne stérilise les cuves aussi sûrement et aussi vite. On reproche au goudronnage de donner des fermentations anormales ; la levure qui se dépose est liquide au lieu d'être résistante, l'atténuation s'élève. Ces phénomènes paraissent dus, au moins en partie, au dégagement continuel d'acide carbonique qui se produit au niveau des parties goudronnées, en provoquant une agitation qui gêne le dépôt de la levure.

Le paraffinage des cuves donne d'excellents résultats. On sèche et on chauffe d'abord fortement les cuves, puis on les badigeonne avec de la paraffine chaude qui pénètre dans les pores du bois. On retourne alors la cuve et on la chauffe pour faire écouler l'excès de paraffine. Le paraffinage rend le bois absolument imperméable et paraît être plus solide que le vernissage ; il est bon de le renouveler cependant tous les ans.

Pour protéger la surface extérieure des cuves, on peut également employer le vernissage ou le paraffinage.

Cuves en fer, en verre, en ardoise, en ciment armé. — On s'est beaucoup préoccupé de remplacer les cuves de 20 à 40 hectolitres par des cuves plus grandes capables de contenir la totalité d'un brassin, et de substituer au bois d'autres matières moins poreuses et plus faciles à stériliser. On a essayé notamment des cuves en fer, en verre, en ardoise, en ciment armé. Les cuves en fer émaillé sont excellentes quand l'émail est durable ; malheureusement ce revêtement s'endommage souvent très vite ; en outre ces cuves sont très coûteuses. Pour diminuer leur prix, on a cherché à recouvrir le fer d'une sorte de vernis à la résine qui les rend inattaquables, mais le procédé ne s'est pas répandu. Les cuves en verre n'ont pas donné de résultats bien favorables : elles coûtent cher, donnent lieu parfois à des fissures. En outre les fermentations y sont anormales ; la cassure est lente, la levure déposée est liquide et brune. Les cuves en ardoise n'ont pas eu plus de succès : elles sont coûteuses ; la surface des plaques s'effeuille, le nettoyage devient difficile, et il faut sans cesse repolir l'intérieur. Récemment on a construit avec succès des cuves en ciment armé, recouvertes intérieurement d'un enduit de ciment lissé à la truelle. Quand la construction de la cuve est achevée, on la tient humide pendant quinze jours environ, puis on la remplit d'eau additionnée d'un peu d'acide fluorhydrique pour éviter le développement de moisissures. Après un mois, on évacue l'eau, on lave la cuve, on la sèche au chalumeau, et quand la surface intérieure est bien chaude, on la badigeonne avec de la paraffine pure chauffée à 120°. On chauffe la couche de paraffine pour la faire pénétrer dans la profondeur, et on applique une deuxième couche de paraffine qu'on lisse à la lampe. Les essais effectués avec ces cuves ont donné des résultats favorables. On a construit notamment des cuves de 400 hectolitres, qui peuvent contenir trois brassins, chaque brassin entrant dans la cuve quand le précédent commence à se couvrir d'écumes. Ce mode de travail a évidemment des avantages considérables : il simplifie le travail en cave, diminue la perte de bière, réduit les surfaces de contact et les dangers d'infection, facilite le refroidissement et permet d'utiliser beaucoup mieux l'espace disponible dans les caves. Mais il faut bien se garder d'entreprendre soi-même ces constructions, qui sont délicates, et il est nécessaire de s'adresser à des maisons faisant leur spécialité de ce genre de travail.

Cuves fermées. — Les cuves fermées sont utilisées dans certaines méthodes spéciales de travail, en fermentation basse, et en Angleterre dans le système des Stone Squares. On cherche aujourd'hui à appliquer ces cuves à la fermentation haute en France. Il en existe plusieurs systèmes, dont le principe consiste à munir la cuve d'un couvercle portant un trou de bonde qui communique avec un remplisseur automatique. Ce remplisseur ramène le moût soit à la partie supérieure, soit à la partie inférieure de la cuve. Il est nécessaire que ces cuves fermées soient très faciles à stériliser : il faut donc avoir recours soit au cuivre étamé, soit au fer émaillé, ce qui rend leur construction coûteuse. Le bois est en effet inutilisable à cause de sa porosité, ou de l'impossibilité de le stériliser à la vapeur s'il est verni ou goudronné.

Foudres. — Les foudres sont toujours en bois ; on les place sur des chantiers en fer, à une petite distance du sol, portés par des colonnettes en fonte ou en maçonnerie. On les *gerbe* le plus souvent en plusieurs rangées superposées. Ils portent sur l'une des faces une portière fermée par un écrou à vis, et à la partie supérieure un orifice fermé par une bonde. Chaque foudre est ainsi muni d'une bonde qui se visse sur une bague filetée et qui est le plus souvent traversée par un canal portant un robinet. On utilise aussi des bondes de sûreté qui laissent échapper automatiquement le gaz carbonique, quand la pression devient trop forte. Pour égaliser la pression dans les foudres, on peut disposer une canalisation qui communique, par l'intermédiaire de robinets, avec le canal de chaque bonde et qui se termine par une soupape de sûreté. On relie ainsi toutes les bondes entre elles.

On goudronne les foudres comme les fûts. Les injecto-poisseurs présentent ici de grands avantages, car ils permettent d'éviter le culbutage ultérieur qui est nécessaire avec le goudronnage par les autres méthodes. Mais il est indispensable que la quantité de poix injectée corresponde aux dimensions du foudre et que l'injecteur laisse échapper un jet de poix en nappe circulaire, de manière à atteindre toutes les parties de la surface intérieure du foudre. Le paraffinage a été également appliqué aux foudres avec succès, à condition de traiter seulement des foudres neufs, dont l'intérieur est parfaitement raboté et sans défaut.

Quand un foudre est vide, il est nécessaire de le visiter soigneusement et de veiller à ce que les douves soient bien serrées et bien assemblées. On le lave et on le nettoie aussitôt ; et si on ne doit pas le remplir immédiatement, on le soufre.

Caves de fermentation.

Caves de fermentation. — Les caves de fermentation doivent pouvoir être nettoyées facilement, être bien isolées et bien ventilées.

Le sol, les murs et les voûtes doivent être lisses et faciles à désinfecter. On peut utiliser pour le sol les dalles de pierres cimentées, le ciment ou l'asphalte. Les murs doivent être fréquemment blanchis à la chaux, ou bien on les recouvre de vernis-émail, de carreaux de faïence ou de ciment. On évite ainsi le développement des moisissures dont l'odeur communique à la bière un goût désagréable. Il faut donner au sol une légère pente pour pouvoir évacuer facilement les eaux de lavage, et munir le tuyau d'évacuation de ces eaux d'une bonde siphoïde pour éviter le retour des mauvaises odeurs.

En fermentation basse, les caves de fermentation sont maintenues à une température voisine de 5°. On obtient cette basse température au moyen d'une machine frigorifique. On utilise le plus souvent la circulation du liquide incongelable de la machine dans une tuyauterie placée à la partie supérieure de la cave. Pour réduire au minimum la dépense en froid, il faut isoler le mieux possible les caves pour éviter tout échauffement ultérieur. On y arrive en construisant des murs très épais, ou mieux en faisant des doubles murs entre lesquels on place des matières mauvaises conductrices de la chaleur.

En fermentation haute, où la température est plus élevée, la réfrigération n'est pas nécessaire : il suffit que les caves soient fraîches et puissent être maintenues à une température variable de 12° à 15°. Mais fréquemment la température de ces caves est beaucoup plus élevée en été, et peut dépasser 20°, au grand détriment de la finesse de la bière et de sa stabilité.

Les caves doivent être bien ventilées, d'abord pour éviter l'accumulation du gaz carbonique, ensuite pour diminuer l'humidité. Il se produit en effet, dans les caves humides et mal ventilées, une abondante condensation d'eau sur les voûtes et sur les murs; les gouttelettes retombent dans les cuves et peuvent occasionner des infections; les moisissures se développent beaucoup plus facilement sur les parois. Ces caves mal ventilées donnent fréquemment à la bière un goût désagréable connu sous le nom de goût de cave. Cette ventilation peut s'effectuer par des cheminées d'appel ou un ventilateur, mais, dans les caves de fermentation basse, on fait ainsi entrer de l'air extérieur chaud et humide qui détermine de fortes condensations de vapeur d'eau et une dépense en froid plus considérable. On est ainsi conduit à réduire la ventilation au minimum. Pour éviter cet inconvénient, on a employé la ventilation par de l'air sec refroidi au contact du liquide incongelable de la machine à glace. Cette méthode est beaucoup plus recommandable et donne d'excellents résultats.

Caves de garde. — Les mêmes observations sont applicables aux caves de garde. En fermentation basse, elles doivent être maintenues à très basse température ($0°.5$ à $4°$), aussi doivent-elles être parfaitement isolées. On les fait souterraines, munies de doubles murs et de voûtes en briques creuses. Le sol peut être en ciment ou en asphalte, les murs blanchis à la chaux ou recouverts de vernis émail. Le refroidissement se fait, comme dans les caves de fermentation, au moyen d'une circulation frigorifique.

En fermentation haute, leur température varie suivant les modes de fabrication. Dans la fermentation mixte, elle peut s'approcher de celle des caves de garde de fermentation basse et descendre à 5-$10°$, mais elle est toujours plus élevée dans les autres modes de fabrication.

FERMENTATION BASSE

La fermentation principale s'effectue toujours en cuves, à une température qui varie de 4° à 10°. La fermentation secondaire se fait en foudres, dans la cave de garde, à une très basse température (0°,5 à 4°). Pendant son séjour en cave de garde, la bière se clarifie, se charge d'acide carbonique et atteint sa maturité. Elle est alors filtrée et soutirée en fûts ou en bouteilles.

Fermentation principale.

Marche de la fermentation principale. — MISE EN LEVAIN. — La mise en levain a lieu à une température de 4° à 6°, avec 300 à 400 grammes de levure par hectolitre de moût. Nous ne reviendrons pas ici sur cette opération que nous avons étudiée à propos des levains.

KRÄUSEN. — Quinze ou vingt heures après la mise en levain, on voit apparaître les premières mousses sous forme d'un anneau blanchâtre qui s'étend lentement des bords de la cuve vers le centre. Au bout d'une nouvelle période de quinze à vingt heures, il se forme une couronne d'écumes blanches qui s'élèvent de plus en plus en se contournant : on donne à ces mousses le nom de *kräusen*. La fermentation devient plus active, et les dépôts de matières résineuses, soulevés par les bulles de gaz carbonique, viennent former sur les kräusen des plaques jaunes ou brunes. Le gaz carbonique augmente de plus en plus la hauteur des kräusen : la décomposition du sucre est alors très rapide ; le saccharomètre Balling descend de 1° à 1°,5 par vingt-quatre heures ; le liquide s'échauffe et on doit modérer son élévation de température par les nageurs ou les réfrigérants. Bientôt la fermentation se ralentit, la consommation d'extrait diminue de plus en plus et se réduit à 0°,15-0°,3 par

25.

vingt-quatre heures; les mousses retombent graduellement et ne laissent plus à la surface qu'une couche brunâtre appelée *couvercle*.

REFROIDISSEMENT. — Pour régler la température pen-

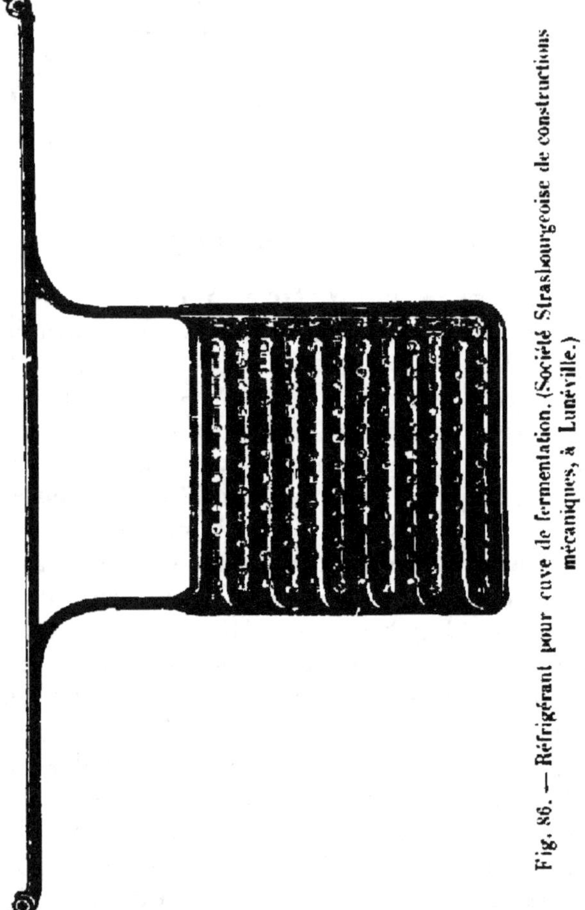

Fig. 86. — Réfrigérant pour cuve de fermentation. (Société Strasbourgeoise de constructions mécaniques, à Lunéville.)

dant la fermentation, on emploie les nageurs ou les réfrigérants. Les nageurs sont de simples vases cylindriques, terminés souvent par une partie conique. On les remplit de glace et on les fait flotter à la surface du liquide. Ce sont des appareils d'un maniement difficile, et les réfrigérants leur sont très supérieurs.

Les réfrigérants ou *drapeaux* (fig. 86) sont le plus souvent formés d'un serpentin dans lequel on fait circuler de l'eau glacée. On greffe ces appareils sur des tuyaux en caoutchouc reliés eux-mêmes aux canalisations d'eau glacée et de sortie. On les suspend par les tuyaux d'arrivée et de départ de l'eau, de manière qu'ils plongent dans le liquide. Leur forme est variable : elle est tantôt plate, tantôt cylindrique.

TEMPÉRATURES. — La température à laquelle on laisse monter la fermentation varie avec chaque cas particulier. Pour les bières brunes et fortes, on peut laisser la température s'élever plus haut que pour les bières pâles et légères. On laisse monter généralement en quatre à cinq jours la cuve à la température maxima, qui est en moyenne de 7° à 9° pour les bières pâles et de 8°,5 à 10°,5 pour les bières brunes. On maintient cette température pendant vingt-quatre heures, puis on refroidit lentement et régulièrement de manière à obtenir, au moment du traversage, une température de 3°,5 à 5°.

CASSURE. — A la fin de la fermentation principale, la levure se dépose et la bière apparaît claire à travers les flocons de levure en suspension. On donne à ce phénomène le nom de *cassure*. On examine la cassure dans un verre cylindrique, et on la considère comme satisfaisante si la levure se rassemble en gros flocons et tombe au fond sans rester accrochée aux parois, de sorte que la bière se clarifie rapidement dans le verre. Mais ce phénomène ne se produit pas toujours. Le liquide peut rester opalescent et ne pas contenir de flocons en suspension : cet aspect est généralement l'indice d'une faute grave commise dans la saccharification, d'une infection ou de l'emploi d'un malt très défectueux. Parfois le liquide reste *opaque* et apparaît rempli de flocons fins : on dit alors que la cassure est fine ou poussiéreuse, et cette apparence doit être ordinairement rattachée à la nature du malt et à la race de levure employée. La qualité du malt joue le rôle le plus important dans ce phénomène. La germination froide et lente donne le plus souvent des malts à cassure satisfaisante, même si les orges sont riches en azote; au contraire, la germination chaude conduit à une cassure difficile. Au touraillage, une température finale élevée favorise la cassure. Le malt agit surtout par la nature des matières azotées qu'il renferme. Lange a montré, en effet, qu'en présence de peptones la levure donne un dépôt floconneux et compact, tandis qu'en présence d'amides le dépôt se fait beaucoup plus mal. La race de levure a également une influence sur la cassure : certaines levures ont une tendance à s'agglutiner en paquets et à se déposer rapidement, tandis que d'autres restent isolées et tombent par suite beaucoup plus lentement.

On attache aujourd'hui à la cassure moins d'importance qu'autrefois : on préfère généralement une bonne cassure, mais pour certains types de bière, une cassure poussiéreuse n'est pas considérée comme un défaut.

Durée. — La durée de la fermentation principale varie avec les types de bière, avec les températures de fermentation, et aussi naturellement avec la concentration des moûts. Si la température maxima en cuve est de 9 à 10°, la durée moyenne de la fermentation est de neuf à dix jours; elle est d'autant plus courte que la température de mise en levain est plus élevée et qu'on atteint dans le travail une plus haute température : elle peut être réduite par exemple à six ou sept jours si la température s'élève à 10°,5-11°. Inversement, si on ne dépasse pas en cuve une température de 6°,5 à 7°,5, la durée de la fermentation principale peut atteindre de douze à dix-huit jours. C'est ainsi que pour les bières, genre Munich, où la température s'élève à 9°-10°,5, la durée de la fermentation est de sept à dix jours ; elle est au contraire de

quinze à dix-huit jours pour les bières genre Pilsen, où
la température maxima de fermentation est de 7°,5.

TRAVERSAGE. — On se base ordinairement, pour apprécier le moment du soutirage en foudres ou *traversage*,
sur la cassure et sur l'aspect de la bière dans le verre
d'épreuve. Cet examen donne une indication sur la quantité de levure contenue dans la bière, qui doit être en
rapport avec la température de la cave de garde et la
durée du séjour que la bière doit y faire. Mais il est
nécessaire de ne pas se laisser guider uniquement par la
cassure pour apprécier le moment où on doit traverser la
bière. En effet, la cassure peut apparaître difficilement,
avec certains malts et certaines levures, et il ne faut pas
attendre dans ce cas qu'elle se produise, car on risque
de soutirer trop tard, de sorte que la bière ne peut plus
prendre en foudres le mousseux nécessaire. Il est donc
utile de compléter l'examen de la cassure par celui du
saccharomètre, et quand la diminution d'extrait n'est
plus que de 0,2 à 0,3 p. 100 en vingt-quatre heures, la
bière est bonne à mettre en foudres.

Le traversage et le moment où on l'effectue ont une
influence considérable sur le travail ultérieur de la
bière en cave de garde. Si on soutire la bière *verte*, c'est-
à-dire quand elle fermente encore activement et contient
beaucoup de levure en suspension, on produit une fermentation secondaire rapide; la durée du séjour en cave
de garde est diminuée, la maturation se fait plus vite,
mais la clarification naturelle est plus difficile. Au contraire les bières soutirées limpides peuvent être conservées beaucoup plus longtemps en cave de garde; leur
clarification est plus rapide, mais leur maturation est
plus lente. En règle générale, quand les conditions de
la cassure sont normales, il faut soutirer la bière avec
d'autant plus de levure, c'est-à-dire d'autant plus verte
que la cave est plus froide.

Fermentations anormales. — CHUTE DU COUVERCLE. —

Parfois, quand les écumes se sont abaissées, le couvercle tombe en laissant le moût à découvert. Ce phénomène est dû généralement à une mauvaise qualité du houblon et notamment à une teneur trop faible en résines. Ces bières ainsi fermentées laissent ordinairement à désirer au point de vue du mousseux, de la saveur et de la stabilité.

FERMENTATION BULLEUSE. — Parfois il se produit à la surface des cuves de grosses bulles qui empêchent la formation du couvercle d'écumes compactes. Ce phénomène peut se manifester sur tout un brassin, ou seulement dans certaines cuves, et on n'en connaît pas bien les causes. On l'a attribué notamment à un refroidissement trop brusque du moût à la sortie de la chaudière : on détermine ainsi un précipité très fin de matières azotées qui sont entraînées dans la cuve. Or ces matières ont une certaine viscosité et donnent lieu à la formation de très grosses bulles quand elles sont entraînées à la surface par l'acide carbonique. La fermentation bulleuse peut provenir aussi du manque de soins de propreté, de la mauvaise qualité du houblon, de la température trop basse du touraillage, etc. Elle conduit généralement à des bières plus plates et moins mousseuses, mais son influence sur le produit obtenu dépend surtout de ses causes : elle est peu dangereuse quand elle tient à un refroidissement trop brusque du moût ; elle est à redouter au contraire si elle provient de négligences dans les soins de propreté.

Atténuation à la fermentation principale. — Il est impossible de donner un chiffre précis pour l'atténuation à atteindre en cuve. En général, il ne faut pas pousser l'atténuation en cuve trop loin, afin de laisser les matériaux nécessaires pour alimenter la fermentation secondaire. Quand une bière a été trop atténuée en cuve, la fermentation secondaire s'arrête trop tôt ; la bière se clarifie très vite, mais elle reste pauvre en acide carbonique, elle est plate et ne tient pas la mousse.

L'atténuation finale à atteindre, la durée du séjour en cave de garde et la température de cette cave jouent ici le rôle principal. Si la cave est très froide et si le séjour de la bière doit y être assez court, il faut arriver en cuve à une atténuation élevée, assez peu éloignée de l'atténuation finale. Si la cave est très froide et le séjour de la bière prolongé, l'atténuation principale doit être plus faible. Inversement, si la cave n'est pas très froide, l'écart entre l'atténuation principale et l'atténuation finale à atteindre doit être d'autant plus grand que la température de la cave est plus élevée et que la durée du séjour doit être plus grande.

Voici quelques chiffres d'atténuation principale apparente pour des bières de Munich, traversées vertes dans des caves très froides à $0°,5$ à $1°$.

Bière d'été pour l'exportation...	55-60 p. 100.
— pour la ville.........	50 —
Bière d'hiver pour la ville.......	45-50 —
— de Mars	55-60 —
— bock	60 —

Les bières denses doivent être en général bien atténuées en cuve, car si on laisse à la fermentation secondaire une trop forte proportion d'extrait à transformer, l'atténuation peut rester incomplète et la bière manque alors de stabilité.

Traitement de la bière en cave de garde.

Pendant son séjour en cave de garde, la bière doit subir sa fermentation secondaire, se clarifier, se saturer d'acide carbonique et atteindre sa maturation.

Pratique du traversage. — Le traversage doit être effectué avec certaines précautions, pour réduire au minimum la perte de l'acide carbonique que contient la bière après sa fermentation principale. Quand la cave de garde se trouve sous la cave de fermentation, le soutirage est très facile, car on évite l'emploi de pompes et il suffit de laisser couler la bière aux foudres. Dans le cas contraire, on fait couler la bière de la cuve dans un récipient placé à un niveau inférieur, d'où on l'envoie dans les foudres à l'aide d'une pompe. On peut aussi pomper directement la bière dans les cuves, mais on risque alors d'agiter la levure déposée. On munit le tuyau d'arrivée de la bière dans le foudre d'un tube plongeant jusqu'au fond : la bière entre ainsi dans le foudre par le bas, et on réduit ainsi au minimum la production de mousse. Quand on arrive au niveau de la couche de levure, on arrête le soutirage ; on fait tomber par le trou du fond de la cuve le reste de bière dans un baquet, puis on procède à la récolte de la levure par la méthode que nous avons indiquée. Dans certaines brasseries, on soumet la bière à un refroidissement supplémentaire à $2°$-$2°,5$ au moment du traversage.

Pour assurer la régularité du goût de la bière, on répartit chaque brassin sur un certain nombre de foudres, de sorte que chaque foudre est rempli avec la bière de plusieurs brassins. On rencontre ainsi d'une brasserie à l'autre de très grandes différences dans le temps qu'on met à remplir un foudre. Il y a des usines où ce remplissage se fait en quelques jours, tandis qu'il dure plusieurs semaines dans d'autres. Ce dernier mode de travail est évidemment peu recommandable : on laisse en effet la bière exposée longtemps en grande surface au contact de l'air ; la fermentation secondaire est sans cesse réveillée par l'addition de bière jeune, et après bondonnage la bière n'atteint plus le mousseux qu'on désire.

Marche de la fermentation secondaire. — Le soutirage a pour résultat d'aérer la levure, ce qui lui donne un retour d'activité, de sorte que presque aussitôt après le remplissage, des mousses s'échappent par la bonde. Ces mousses entraînent des particules résineuses, et on laisse ainsi cracher les foudres plus ou moins longtemps suivant les méthodes de travail, en faisant un ou deux remplissages des foudres avec de la bière. Mais dans certaines usines on ne laisse cracher les foudres que pendant huit ou dix jours au maximum, et on n'effectue aucun remplissage. Bientôt la fermentation se ralentit peu à peu ; les cellules de levures qui ne sont plus soulevées par le dégagement d'acide carbonique se déposent lentement et la clarification s'opère.

La rapidité de la fermentation secondaire dépend surtout de la proportion des matières fermentescibles qui restent dans le liquide, du nombre de cellules de levure que contient la bière au moment du traversage, et de la température de la cave de garde. La fermentation est d'autant plus active que l'atténuation principale est plus éloignée de l'atténuation limite et qu'il reste plus d'extrait à transformer. Si la bière est entonnée verte et très chargée de levure, la fermentation secondaire est rapide, la maturation est prompte, mais le mousseux laisse souvent à désirer. Au contraire la fermentation secondaire est beaucoup plus lente si la bière est entonnée limpide. Enfin l'activité de la fermentation est d'autant plus grande que la température de la cave de garde est plus élevée : elle se prolonge donc beaucoup plus longtemps dans les caves très froides.

Clarification. — Quand la fermentation secondaire se ralentit, la bière se clarifie peu à peu. Les matières qui troublent la bière sont principalement la levure, les matières azotées et les résines du houblon. La clarification va plus ou moins vite et elle dépend surtout de la nature du malt. Les malts très riches en matières azotées conduisent souvent à une clarification difficile, surtout dans les caves très froides, par suite de la précipitation de la glutine.

Traitement par les copeaux. — Pour aider à la clarification, on utilise souvent les copeaux de noisetier.

Avant l'emploi, ils doivent être bouillis trois ou quatre fois, jusqu'à ce que l'eau qui s'en écoule sorte absolument incolore et sans saveur de bois. On les introduit dans les foudres soit avant le traversage, soit par le trou de bonde vers la fin de la fermentation secondaire. Ces copeaux présentent au dépôt de la levure une très large surface : les globules de levures s'y attachent, ainsi que les matières en suspension dans le liquide, et la bière se clarifie. En dehors de leur action sur la clarification, les copeaux activent la fermentation secondaire; car le dépôt de levure, au lieu de tomber au fond du foudre, se répartit sur une très grande surface.

Les copeaux sont donc avantageux pour les bières jeunes dont on veut avancer la fermentation secondaire et la clarification, et pour les bières dont la limpidité est défectueuse au moment du bondonnage. Mais leur emploi semble devoir se limiter à ces cas : en effet, leur stérilisation est difficile et ils constituent un sérieux danger d'infection. Après soutirage de la bière, les copeaux doivent être brossés soigneusement pour les débarrasser de l'enduit qui les recouvre, ou bien ils sont introduits dans un laveur spécial où ils sont frottés dans l'eau les uns contre les autres. Quand l'eau de lavage s'écoule limpide, on achève leur nettoyage en les traitant par l'eau bouillante pendant une heure ou par un courant de vapeur.

Accumulation de l'acide carbonique. — Pour rendre la bière mousseuse et la saturer d'acide carbonique on peut procéder à l'addition de kräusen et au bondonnage des foudres.

Addition de Kräusen. — Lorsque la levure se dépose trop rapidement et quand la fermentation secondaire est faible, on ajoute fréquemment des kräusen, c'est-à-dire du moût en fermentation principale. On introduit ainsi dans la bière à la fois de l'extrait et des cellules de levures en pleine vigueur. Ces levures se déposent lentement ; elles activent la fermentation secondaire et provoquent un dégagement plus vif d'acide carbonique. Les doses employées varient de 0¹,5 à 7 litres par hectolitre de bière. On peut utiliser aussi, au lieu de kräusen, de la levure déposée en cuve après la fermentation principale : on évite ainsi d'introduire de l'extrait et on obtient, d'après Lindner, un résultat au moins aussi favorable, sous le rapport du mousseux, qu'avec l'addition de kräusen.

Bondonnage. — Pour saturer la bière d'acide carbonique et la rendre mousseuse, on procède le plus souvent au bondonnage du foudre. Cette opération, pratiquée à un stade assez avancé de la fermentation secondaire, empêche l'acide carbonique qui se forme encore de se dégager et le force à se dissoudre par suite de l'excès de pression. Quand la cave est très froide et le séjour de la bière très prolongé, la bière peut fixer de l'acide carbonique en abondance sans bondonnage : ce mode de travail peut suffire à la rigueur pour les bières brunes, mais en général on a intérêt à donner à la bière un excès d'acide carbonique, pour compenser les nombreuses causes de déperdition de gaz qui agissent sur la bière depuis la cave de garde jusqu'au verre du consommateur.

Modes de bondonnage. — On peut bonder les foudres avec des bondes en bois ; mais ces bondes ne permettent pas de connaître la pression qui existe dans le foudre, et la quantité d'acide carbonique contenue dans la bière au moment du soutirage. Les bondes à soupape, qu'on peut régler à une pression voulue, sont préférables, mais il est bon de contrôler de temps à autre ces appareils, pour s'assurer que le ressort conserve bien son élasticité première après un certain temps d'usage. Les appareils manométriques à mercure sont les meilleurs : ils ne subissent aucune variation, et permettent de régler parfaitement la pression qui doit être atteinte dans le foudre. Le bondonnage des foudres par rangées est économique, mais il est inférieur au bondonnage de chaque foudre isolé, car cette dernière méthode est la seule qui permette de contrôler si le foudre a bien atteint la pression voulue par suite de l'acide carbonique de sa fermentation secondaire. En outre, quand il y a des fuites à la canalisation, elles sont parfois très difficiles à trouver.

FACTEURS QUI INFLUENT SUR LA FIXATION D'ACIDE CARBONIQUE. — Les principaux facteurs qui influent sur la fixation de l'acide carbonique sont la pression, la température et la durée.

Plus la pression est forte, plus la quantité d'acide carbonique fixé est grande, comme le montrent les chiffres suivants :

Pression.	CO_2 en poids pour 100 gr. de bière.
$0^{atm},3$	$0^{gr},390$ à $0^{gr},410$
$0^{atm},25$	$0^{gr},375$ à $0^{gr},395$
$0^{atm},2$	$0^{gr},360$ à $0^{gr},380$
$0^{atm},1$	$0^{gr},330$ à $0^{gr},340$

On voit donc qu'une bière saturée à une pression donnée redissout 0,015 p. 100 d'acide carbonique par augmentation de pression de $0^{atm},05$.

La fixation de l'acide carbonique est d'autant plus grande que la température est plus basse, ainsi qu'il résulte des chiffres suivants dus à Langer et Schultze :

Températures.	CO_2 en poids dans 100 gr. de bière.	CO_2 en volumes par litre de bière.	Différences en volumes.
	gr.	c. c.	c. c.
$0°,4$	0,332	1718	»
$1°,6$	0,320	1656	62
$2°,8$	0,311	1609	47
$4°,0$	0,297	1537	72
$4°,7$	0,285	1475	62

On voit combien l'influence de la température est grande : il y a en effet une variation de 50 centimètres cubes d'acide carbonique par litre pour chaque variation de température d'un degré. Une bière à $0°,4$ contient donc par litre 200 centimètres cubes de gaz carbonique de plus qu'à 4°. Donc plus la cave est chaude, plus on perd d'acide carbonique pendant la fermentation secondaire et plus la teneur en acide carbonique de la bière pendant le bondonnage s'abaisse.

La durée de bondonnage a également une influence sur la fixation de l'acide carbonique. Schœnfeld a montré que quand l'acide carbonique commence à se dégager, la pression de bondonnage étant atteinte, la teneur de la bière en acide carbonique ne correspond pas encore au maximum qu'elle peut atteindre sous cette pression. Elle augmente en effet pendant huit jours encore, puis elle reste sensiblement constante. Il en résulte que pratiquement on doit maintenir les foudres au moins huit jours sous la pression de bondonnage pour obtenir le maximum d'acide carbonique.

PRESSION DE BONDONNAGE. — Quand on soutire sans contre-pression, il ne faut pas dépasser $0^{atm},2$, car la bière mousse beaucoup trop au soutirage et le remplissage des fûts devient très difficile. Si on soutire à contre-pression, il n'y a aucun inconvénient à choisir comme pression de bondonnage $0^{atm},25$ à $0^{atm},3$, ce qui a l'avantage de donner à la bière plus de mousseux et plus de stabilité.

MOMENT DU BONDONNAGE ET DURÉE. — Le moment où il faut bondonner dépend de la teneur en extrait de la bière au cours de la fermentation secondaire. Si le bondonnage a lieu trop tard, la bière peut manquer d'acide carbonique et de mousseux ; s'il a lieu trop tôt, la bière est surbondée et perd tout son gaz quand on la soutire. La durée du bondonnage est très variable. Nous avons vu que pour atteindre le maximum d'acide carbonique, on doit maintenir la pression de bondonnage pendant au moins huit jours. La durée la plus ordinaire du bondonnage est de huit à quinze jours; cependant certaines bières sont bondées pendant quatre à cinq semaines.

RÔLE DE L'ACIDE CARBONIQUE DANS LA BIÈRE. — L'acide carbonique est un des éléments les plus importants de la bière, non seulement pour son mousseux, mais aussi pour sa finesse et sa saveur.

Les expérimentateurs ne sont pas d'accord sur l'état sous lequel l'acide carbonique se trouve dans la bière. Certains auteurs admettent la fixation chimique de l'acide carbonique, soit sous l'influence des phosphates neutres qui se transformeraient sous l'action de l'acide carbonique en phosphates acides et bicarbonates (Prior), soit sous l'influence des matières azotées, et notamment des amides et des peptones, capables de fixer l'acide carbonique en donnant naissance à des combinaisons instables (Siegfried). Il est possible que cette fixation chimique se produise, mais elle est certainement très peu importante, car la bière ne contient qu'une proportion très faible de phosphates neutres et de matières azotées fixatrices. Aussi d'autres auteurs, notamment Mohr, attribuent-ils avec raison la fixation de l'acide carbonique surtout à de simples phénomènes physiques. Par exemple, la viscosité de la bière agit en retardant l'ascension des bulles très fines et en empêchant leur réunion. Les corps colloïdes positifs, dont la présence dans la bière a été démontrée par Emslander et Freundlich, jouent également un rôle : ces colloïdes, qui sont surtout des matières albuminoïdes, *adsorbent* l'acide carbonique et le retiennent énergiquement.

La viscosité de la bière, qui a une importance considérable sur la fixation de l'acide carbonique, est surtout due, d'après Mohr, aux dextrines et à l'alcool ; puis, à un moindre degré, aux matières albuminoïdes non dégradées. Quant aux corps colloïdes, ils interviennent surtout dans la tenue de la mousse : ils diminuent la tension superficielle de la bière, et se rassemblent à la surface des bulles, comme l'a montré Ramsden, pour leur donner de la solidité. Les colloïdes qui agissent ici sont principalement les albumoses et les résines du houblon ; les dextrines ne semblent jouer aucun rôle.

Maturation de la bière. — La maturation consiste en une sorte de fusion de divers éléments de la saveur de la bière, qui fait disparaître le goût particulier de bière jeune que possède le liquide après sa fermentation principale. Les facteurs qui influent sur ce phénomène sont surtout l'état de la bière au traversage et la durée de conservation. Quand la bière est traversée verte, sa maturation est plus rapide que lorsqu'elle est traversée limpide. Mais c'est surtout le temps de conservation qui intervient dans ce phénomène.

Durée de séjour en cave de garde. — Cette durée varie beaucoup suivant la température de la cave et le genre de bière à produire. Quand la cave est très froide, la fermentation secondaire est beaucoup plus lente, et le séjour peut être très prolongé, surtout si l'atténuation au moment du traversage est assez éloignée de l'atténuation limite. Le séjour est au contraire plus court dans les caves à température plus élevée. Les bières sont ainsi conservées en cave de six à dix semaines. Les bières de garde sont conservées de deux mois et demi à quatre mois et cette durée peut même être dépassée pour certaines bières.

Atténuation finale. — Nous avons vu que la stabilité de la bière dépend en grande partie de son atténuation finale. La bière est d'autant plus stable que son atténuation, au moment de la livraison, se rapproche davantage de l'atténuation limite. Si au contraire l'atténuation finale atteinte est encore éloignée de l'atténuation limite, la bière peut se troubler, refermenter quand elle éprouve des variations de température et s'altérer facilement par les ferments de maladie.

Les bières qui doivent être mises en bouteilles sont susceptibles d'éprouver de grandes variations de température ; il est donc indispensable que ces bières soient fortement atténuées et que l'atténuation finale soit très voisine de l'atténuation limite, si on veut éviter les troubles et les refermentations. Cette atténuation finale doit atteindre au moins 70 p. 100. Les bières blondes livrées en fûts sont moins exposées aux variations de température, elles peuvent donc présenter entre l'atténuation finale et l'atténuation limite un écart un peu plus considérable, mais elles sont d'autant plus stables que cet écart est moindre. Quant aux bières brunes, leur atténuation à la livraison est en moyenne de 55 à 60 p. 100, mais elle est toujours assez éloignée de l'atténuation limite, de sorte que ces bières sont sujettes à s'altérer dès qu'elles se réchauffent.

On peut cependant, avec certaines méthodes de travail, notamment avec le brassage par sauts, atteindre l'atténuation limite tout en gardant un chiffre d'atténuation faible.

Soutirage et clarification de la bière.

Soutirage. — Le soutirage de la bière contenue dans les foudres de garde pour l'introduire dans les fûts d'expédition ou dans les bouteilles exige des précautions spéciales pour éviter la déperdition du gaz carbonique. On peut l'effectuer cependant directement dans les fûts, mais on utilise aujourd'hui le plus souvent les *appareils isobarométriques*.

Pratique du soutirage en fûts. — On commence par mettre le foudre en perce. Le meilleur système à utiliser pour cette opération est la boîte vissée sur le fond du foudre et portant un pas de vis intérieur qui sert à la fois pour un bouchon et pour le robinet de soutirage. Le bouchon-écrou, monté sur ce pas de vis, ferme le foudre à l'intérieur ; le robinet se visse à l'extérieur sur sur le même filetage, et à mesure qu'il avance, il dévisse l'écrou intérieur et permet ainsi à la bière d'arriver sans aucune perte. Pour soutirer les dernières portions de liquide qui se trouvent dans la partie excavée du foudre, on emploie un robinet à tube incurvé vers le bas, d'un diamètre de 30 millimètres au moins, qu'on enfonce le plus près possible du dépôt, sans l'entraîner, l'orifice du tube étant tourné vers le haut. Il reste encore au fond du foudre, après soutirage, un dépôt plus ou moins ferme qui contient de la bière, qu'on peut récupérer au moyen de sacs à troubles ou du filtre-presse.

Les tuyaux qui conduisent la bière du robinet de soutirage au fût ou à l'appareil isobarométrique doivent être d'un diamètre régulier et voisin de celui de la lumière du robinet, et la bière doit y circuler doucement pour éviter toute cause de production de mousse.

Quand on doit soutirer des bières très froides et peu bondonnées, on peut procéder au soutirage direct dans les fûts. On fait alors couler doucement la bière au fond du fût ; mais on ne peut jamais éviter la formation de mousse, et il est difficile de remplir complètement les fûts sans perdre beaucoup de bière. En effet, la pression dans le foudre est toujours supérieure à la pression extérieure et la diminution de pression lors du soutirage à l'air libre détermine forcément la formation d'une mousse abondante. Pour éviter cet inconvénient, on utilise les appareils isobarométriques.

APPAREILS ISOBAROMÉTRIQUES. — Le principe de ces appareils consiste à maintenir dans le fût à remplir une pression égale à celle de la bière dans le foudre, afin d'éviter le dégagement de l'acide carbonique.

Ces appareils se composent essentiellement d'un vase cylindrique en verre épais, terminé en haut et en bas par deux calottes de cuivre. La calotte inférieure porte deux tubes, l'un qui amène la bière et l'autre qui la conduit au robinet de débit. Dans la calotte supérieure se trouve un orifice ouvert, mais qui peut être fermé par la tige d'un flotteur contenu dans le vase de verre, quand la bière y atteint un niveau déterminé. Cette calotte supérieure porte en outre un tube qui conduit également au robinet de débit. Ce robinet est à trois voies. Dans un sens, il permet de mettre le fût en communication, par le tube qui aboutit à la calotte supérieure, avec l'air contenu dans le haut du vase de verre. Dans l'autre sens, il fait communiquer avec le fût à la fois la partie supérieure du vase, qui contient l'air comprimé, et la partie inférieure qui contient la bière sous pression.

Pour remplir un fût, on adapte le robinet à trois voies sur la bonde même, puis on fait arriver la bière sous pression dans le vase cylindrique. Le niveau du liquide atteint bientôt le flotteur, qui se soulève et obstrue l'orifice de la calotte supérieure du vase. L'air resté dans l'appareil se comprime alors jusqu'à ce que l'équilibre de pression soit établi avec le foudre. On tourne le robinet à trois voies de manière à mettre en communication le fût seulement avec cet air comprimé. Une nouvelle quantité de bière pénètre dans le vase jusqu'à ce que la pression de l'air dans le fût soit égale à celle de la bière dans le foudre. On tourne alors le robinet de manière à mettre le fût en communication à la fois avec la bière contenue dans la partie inférieure du cylindre et avec le gaz comprimé à la partie supérieure. La bière coule alors dans le fût, sous pression, tandis que le gaz reflue par le haut dans le vase de verre. Quand la pression devient trop forte dans ce vase, l'échappement d'air s'ouvre, puis se referme, et ainsi de suite jusqu'à ce que le fût soit plein. La pression dans l'appareil reste suffisamment constante pour qu'il n'y ait pas de déperdition sensible de gaz carbonique. Quand le fût est plein, on enlève la bonde et on bondonne vivement.

La pression baisse dans le foudre pendant le soutirage. On la maintient en faisant communiquer le haut du foudre avec un réservoir à air comprimé ou avec un régulateur de pression.

La figure 87 représente un appareil isobarométrique de soutirage en fûts. On dispose le plus souvent ces appareils

pour permettre le remplissage simultané de plusieurs
tonneaux. D'autres appareils (fig. 88) de dimensions plus
réduites, mais basés sur le même principe, peuvent être

Fig. 87. — Appareil isobarométrique pour le remplissage des fûts.
(Cirier-Pavard, à Paris.)

utilisés pour les bières peu bondonnées et peu gazeuses.

Nous reviendrons plus loin, à propos de la bière en
bouteilles, sur les appareils de soutirage en canettes.

Filtration de la bière. — Le consommateur est
habitué aujourd'hui à ne boire que des bières de limpidité
parfaite, et le brasseur doit procéder, au moment du soutirage, à la filtration de la bière pour la rendre brillante.

Filtres. — Un bon filtre à bière doit pouvoir être nettoyé très facilement, fournir des bières d'une limpidité

Fig. 88. — Appareil isobarométrique de soutirage en fûts. (Cirier-Pavard, à Paris.)

parfaite, posséder une surface filtrante aussi grande que possible, et être tout à fait étanche pour éviter la déperdition de l'acide carbonique. Il existe divers filtres qui

remplissent bien ces conditions, notamment les filtres
Enzinger, Stockheim, Laurent Morglin, etc.

Le filtre Enzinger (fig. 89) se compose de cadres et de
grilles alternés et assemblés entre deux sommiers à la
façon d'un filtre-presse. Les cadres et les grilles portent
deux trous à un des angles, et deux autres trous à l'angle
opposé : quand les éléments sont assemblés, ces trous

Fig. 89. — Filtre Enzinger.

forment quatre conduits, deux dans le bas de l'appareil
et deux dans le haut. Deux de ces conduits, un en haut
et l'autre en bas, communiquent avec le sommier
d'arrivée de la bière, et les deux autres avec le sommier
de sortie. La masse filtrante est constituée par de la
cellulose qu'on comprime dans les cadres de l'appareil au
moyen d'une presse. Cette opération se fait à part : l'eau
qui imbibe la masse filtrante s'écoule et cette masse se
fixe d'une façon compacte dans le cadre avec les bords
duquel elle est entièrement liée. Chaque cadre ainsi garni

est placé sur les tirants entre deux grilles, et l'ensemble est serré au moyen d'une vis. Le filtre porte enfin deux vases en verre qui servent d'appareils à contrepression et qui permettent de contrôler la limpidité.

La bière arrive dans l'un des sommiers, passe dans le premier vase en verre et pénètre dans les deux conduits d'arrivée. Elle passe par les trous dont sont munies les grilles impaires, et qui communiquent avec les conduits d'arrivée seulement. Elle traverse la masse filtrante et sort par les trous dont sont munies les grilles paires, situées de l'autre côté du cadre de cellulose, et qui communiquent avec les conduits de sortie seulement. La bière passe alors dans le deuxième vase en verre et s'écoule au fût ou à la bouteille.

Certains appareils sont doubles et permettent de filtrer deux fois les bières qui présentent des troubles difficiles, ou de filtrer avec le même appareil deux bières en même temps. On peut aussi filtrer avec l'un des compartiments, pendant qu'on nettoie et remonte l'autre.

Filtre Stockheim. — Le filtre Stockheim (fig. 90) se compose de plateaux en bronze, qu'on charge de masse filtrante au moyen d'une presse spéciale (fig. 91) munie d'un cylindre à glissière hélicoïdale, qui permet de faire monter et descendre rapidement le plateau de la presse.

Les plateaux de filtration sont établis soit à deux couches filtrantes, soit à une couche filtrante. A l'intérieur se trouvent de forts tamis métalliques en fil de laiton étamé.

L'appareil de filtration oscille autour d'un axe horizontal. On place la pile de plateaux verticalement quand on veut démonter et remonter l'appareil. L'opération terminée, on fait basculer la colonne et la série de plateaux se trouve horizontale. La bière à filtrer entre dans l'appareil dans l'un des sommiers, traverse les tamis et les couches filtrantes, et sort par l'autre sommier.

Action des métaux. — La nature des parties métalliques

du filtre présente une grande importance. Certaines bières sont en effet très sensibles à l'action des métaux, qui peuvent ainsi donner naissance à des modifications de saveur et à des troubles. Ces troubles sont formés de

Fig. 90. — Filtre à plateaux Excelsior. (Système Stockheim, de Mannheim, Cirier-Payard, à Paris.)

matières albuminoïdes précipitées par les sels métalliques formés, ou de combinaisons phosphatées. L'intensité de l'attaque dépend d'abord de l'état du métal : un métal poli est moins attaquable qu'un métal rugueux. Elle dépend aussi de la nature et de la quantité des matières albuminoïdes présentes dans la bière, et elle est d'autant

Fig. 91. — Presse pour la masse filtrante. (H. Stockheim, à Mannheim, Cirier-Pavard, à Paris.)

plus forte que la bière est plus acide. Elle dépend enfin de la nature du métal. Le fer, le bronze, le cuivre, le plomb, l'étain peuvent ainsi donner des troubles. Chaque bière a sa sensibilité particulière et beaucoup de bières n'éprouvent aucun accident à la filtration, mais il n'en n'est pas moins vrai que les meilleurs filtres sont ceux où il y a le moins de métaux possible en contact avec la bière.

Pratique de la filtration. — La filtration s'effectue le plus souvent en intercalant le filtre entre le foudre en soutirage et l'appareil isobarométrique, de sorte que le soutirage et la clarification se font en même temps. On doit avoir soin de ne disposer dans le filtre qu'une masse filtrante propre et parfaitement stérilisée, de la distribuer régulièrement et de la serrer partout aussi également que possible. Dans les filtres récents, où la masse est fortement comprimée, la filtration ne peut s'effectuer que sous une pression assez forte, d'environ 0,5 à 1 atmosphère. On l'obtient ordinairement au moyen de l'air comprimé qu'on envoie dans le foudre jusqu'à ce que cette pression soit atteinte, mais cette pratique est dangereuse et il est bien préférable de recourir à un régulateur de pression qui permet de travailler à faible pression sur le foudre et à forte pression sur le filtre.

On interpose parfois, avant le filtre, un récipient où on refroidit la bière à 2°. Les corps précipitables sont ainsi retenus par le filtre et la bière présente par suite moins de sensibilité au froid. Cette pratique est surtout applicable aux bières de fermentation haute, ou aux bières basses conservées dans des caves de garde insuffisamment refroidies. Elle a l'inconvénient d'enlever parfois des matières qui contribuent au moelleux de la bière et de diminuer par suite la qualité.

Le nettoyage des filtres s'effectue aisément en faisant circuler à l'intérieur de l'eau en sens inverse de la bière, mais il reste toujours ainsi dans l'appareil de la bière diluée, et il est nécessaire de procéder très fréquemment au nettoyage de la masse filtrante. On enlève la masse, on la lave d'abord à l'eau froide, puis à la soude étendue, et encore à l'eau froide, dans des appareils qui démêlent parfaitement la masse filtrante. On la stérilise ensuite par l'eau bouillante, par la vapeur, ou par le chauffage à l'autoclave, sous faible pression, pendant une demi-heure à une heure. Ce dernier mode de stérilisation est le plus parfait, mais il a l'inconvénient d'abîmer la masse filtrante : aussi est-il préférable de recourir seulement au traitement à 100°, à condition de soumettre au préalable la masse à un lavage et à un démêlage très soigneux. On doit en outre éviter de laisser séjourner pendant longtemps de la bière dans le filtre, où elle peut se corrompre et altérer ensuite la bière qu'on soumet à la filtration.

Avantages et inconvénients de la filtration. — La filtration a l'avantage de fournir des bières d'une limpidité irréprochable quand elle est bien pratiquée, avec de bons appareils. Elle n'arrête cependant jamais complètement les cellules de levure et les bactéries, qui passent ainsi plus ou moins dans la bière filtrée.

La filtration présente un certain nombre d'inconvénients. Elle expose à des infections si le filtre n'est pas nettoyé avec assez de soin et si la masse filtrante est mal stérilisée. Le filtre retient, en dehors des matières en suspension qui troublent la bière, des substances colloïdales qui contribuent au mousseux, de sorte qu'il peut y avoir diminution du moelleux et de la tenue de la mousse. Cet inconvénient est surtout sensible pour les bières épaisses, et avec les filtres à pâte très serrée. Enfin il se produit toujours un certain dégagement d'acide carbonique, à cause des frottements multipliés de la bière contre les particules de la masse.

On voit qu'en somme la filtration n'a aucune action favorable sur la qualité de la bière, et qu'elle n'est rendue indispensable que par les exigences du consommateur au point de vue de la limpidité.

Bières en bouteilles. — Le débit de la bière en bou-

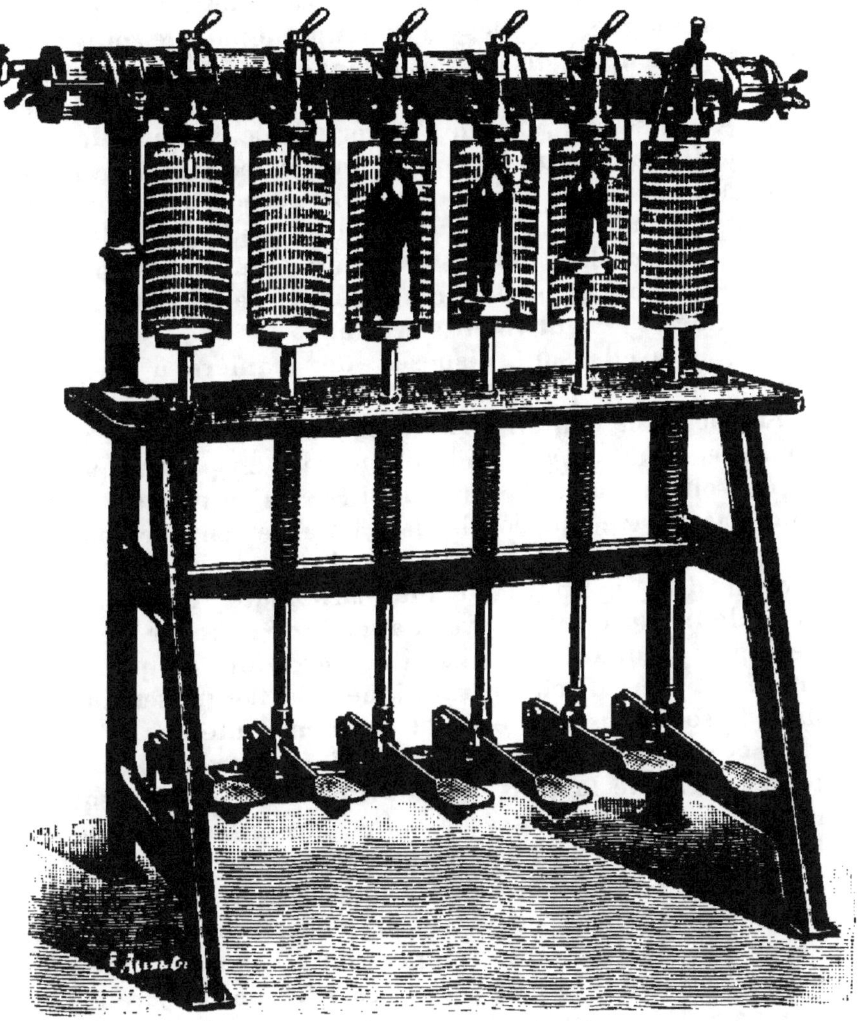

Fig. 92. — Tireuse pour la mise en bouteilles. (Cirier-Pavard, à Paris.)

teilles exige l'emploi d'un certain nombre d'appareils spéciaux.

Soutirage en bouteilles. — Le soutirage en bouteilles se fait au moyen de soutireuses isobarométriques (fig. 92 et 93) analogues à celles qu'on emploie pour le soutirage en fûts. Ces appareils comprennent également un vase de verre muni d'un flotteur. Le robinet de soutirage à trois voies vient s'appliquer sur l'ouverture de la bouteille qui est maintenue par un levier. On met d'abord dans la bouteille une pression d'air ou d'acide carbonique, puis on fait couler la bière sous pression, tandis que le gaz s'échappe par la calotte supérieure. Quand la bouteille est pleine, l'air ne peut plus s'échapper dans le vase, il se comprime et l'écoulement s'arrête.

Ces appareils sont disposés de manière à pouvoir remplir à la fois plusieurs bouteilles.

La bière en bouteilles doit être également filtrée. Le soutirage peut se faire soit directement en passant par le filtre, soit en partant d'un fût filtré qu'on met en communication avec la soutireuse. Dans ce dernier cas on exerce sur le fût une pression d'acide carbonique au moyen d'un cylindre d'acide carbonique liquide. Un détendeur, placé sur le tuyau de sortie du cylindre, permet de régler la quantité de gaz et sa pression. La pression charge la bière d'acide carbonique et la fait passer du fût dans la soutireuse, où elle est mise en bouteilles.

Nettoyage des bouteilles. — Le nettoyage des bouteilles présente la plus grande importance, car lorsqu'il n'est pas fait avec assez de soins, la conservation de la bière peut laisser beaucoup à désirer.

Les canettes qui reviennent à la brasserie renferment fréquemment des restes de bière desséchée, et il est nécessaire de les faire tremper dans l'eau pendant un temps suffisant. On emploie à cet effet des appareils de trempage très simples (fig. 94), qui permettent de faire tremper un grand nombre de bouteilles à la fois. Il est bon d'ajouter un peu de soude à l'eau de lavage pour faciliter le décollement des dépôts. Ce trempage est suivi

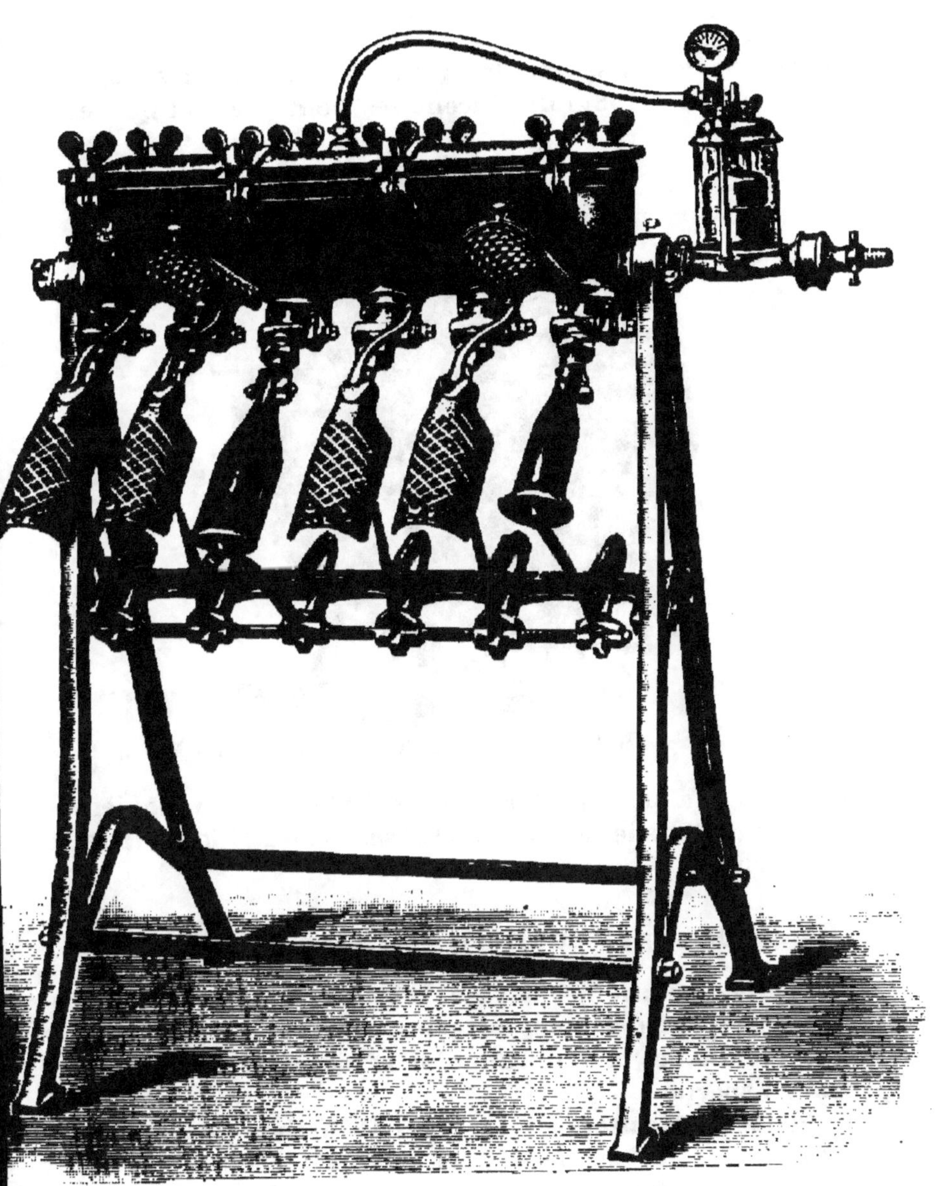

Fig. 93. — Soutireuse. (Cirier-Pavard, à Paris.)

d'un lavage soigneux. On utilise à cet effet des appareils (fig. 95 et 96) qui rincent les bouteilles, et qui les

Fig. 94. — Appareil à tremper les bouteilles. (Cirier-Pavard, à Paris.)

brossent à la fois à l'intérieur et à l'extérieur, de manière à détacher tous les dépôts et à laisser la bouteille parfaitement rincée et propre.

Modes particuliers de fermentation.

La fermentation en vase clos est employée dans quelques procédés : elle a surtout pour but d'accélérer la fermentation et la maturation de la bière par un mode de travail spécial.

Procédé Nathan. — Le procédé Nathan consiste en principe : 1° à faire fermenter le moût de bière stérile, par une levure pure, dans un récipient en fonte émaillée ; 2° à accélérer la fermentation en agitant le liquide et en

Fig. 95. — Injecteur tournant. (Cirier-Pavard, à Paris.)

évacuant l'acide carbonique par un vide partiel; 3° à hâter

la maturation de la bière par un barbotage d'acide carbonique pur.

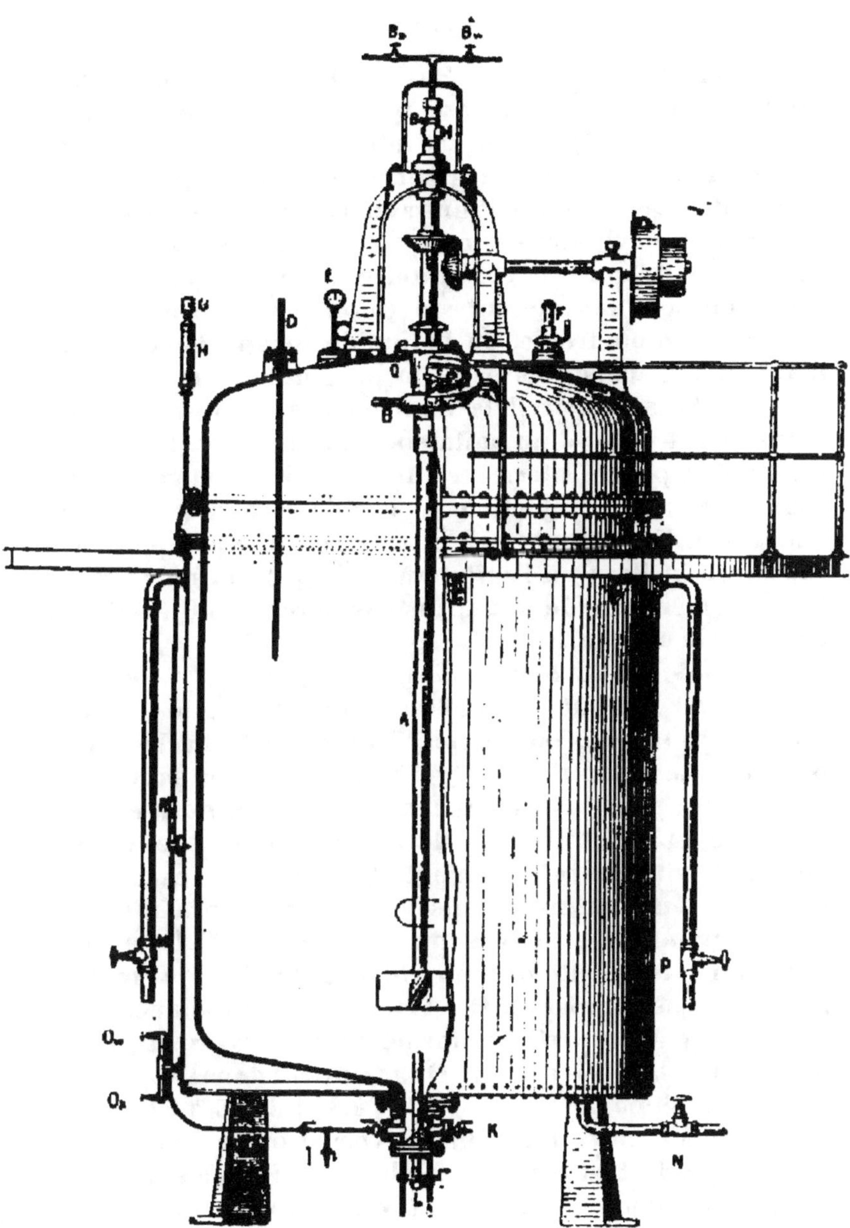

Fig. 97. — Appareil Nathan-Hansena

L'appareil *Hansena*, utilisé par Nathan pour ce mode de travail, se compose d'un vase cylindrique en fonte d'une seule pièce (fig. 97), recouvert intérieurement d'un émail spécial auquel ses couches successives, de composition différente, communiquent une adhérence et une élasticité parfaites. Ce cylindre est muni d'un couvercle en forme de calotte. L'appareil est entouré d'un manchon dans lequel on peut faire circuler à volonté de la vapeur, de l'eau chaude ou froide, ou le liquide incongelable d'une machine à glace, de sorte qu'on peut donner au liquide contenu dans l'appareil la température qu'on désire. Le cylindre est muni d'un agitateur émaillé. Il porte également, à sa partie inférieure, un tube de vidange, et un robinet pour l'introduction de l'acide carbonique ou de l'air filtré. Une tubulure F est reliée à une pompe aspirante. Enfin l'axe de l'agitateur est creux, et on peut y faire arriver, soit de la vapeur par le robinet B_D, soit de l'eau par le robinet B_w.

Le moût arrive bouillant dans l'appareil, et on l'y refroidit en l'aérant jusqu'à 60-80°. Dès que cette température est atteinte, on remplace l'air par de l'acide carbonique. La quantité d'oxygène fixée dans la première phase suffit pour assurer une multiplication normale de la levure, et la substitution de l'acide carbonique à l'air permet d'éviter les inconvénients d'une aération exagérée. Quand la température de mise en levain est atteinte, on arrête l'agitation, et on ensemence en aspirant la levure pure dans le moût par un robinet placé à la partie inférieure de l'appareil. On agite alors périodiquement le liquide pour répartir uniformément la levure et hâter le travail de la fermentation. On maintient dans l'appareil, au moyen d'une pompe, un vide partiel de 10 à 20 centimètres de mercure, qui permet l'évacuation de l'acide carbonique produit, et accélère notablement la fermentation. Le gaz carbonique produit est lavé, comprimé et liquéfié pour être utilisé ultérieurement. Quand la fermentation est terminée, on laisse déposer la levure et on l'évacue par un robinet inférieur. On procède alors au lavage de la bière à l'acide carbonique, pour lui enlever son goût de bière jeune et hâter sa maturation. A cet effet, on fait barboter dans la bière, à la température de 15°, l'acide carbonique pur recueilli. Cet acide carbonique enlève à la bière les produits volatils qui lui communiquent le bouquet de bière jeune : au sortir de l'appareil, il est lavé et abandonne ces produits au laveur. Le lavage dure ainsi une dizaine d'heures, et il est complet quand le gaz qui sort de l'appareil ne communique plus aucune saveur à l'eau de lavage. Il ne reste plus qu'à saturer la bière d'acide carbonique en continuant le passage du gaz et en refroidissant le liquide à 0°. On laisse la bière au repos en contact avec l'acide carbonique sous pression et on la soutire en fûts.

La durée totale de la fabrication varie de sept à dix jours. On conçoit sans peine l'économie notable qu'entraîne l'emploi de ce procédé.

La cave de garde est supprimée ; les frais de refroidissement sont considérablement réduits et se bornent à la réfrigération du moût dans l'appareil. La main-d'œuvre est diminuée de 20 p. 100, d'après l'inventeur. La fermentation se faisant en milieu stérile, le procédé donne toute sécurité dans la fabrication et les bières obtenues sont remarquablement stables. On obtient enfin, comme sous-produit, une quantité notable d'acide carbonique liquide, qui peut être évaluée, en dehors de celle qui est nécessaire à la fabrication, à 125 000 kilogrammes pour une production de 50 000 hectolitres de bière.

Mais ces appareils sont d'un maniement délicat ; ils exigent un contrôle bactériologique très soigneux et un personnel exercé, et le travail est plutôt celui d'un bactériologiste que celui d'un brasseur. En outre, l'appareil Hansena a l'inconvénient d'être d'un prix très élevé. Toutefois Nathan a imaginé récemment un dispositif qui

n'a recours à l'appareil Hansena que pour le refroidissement du moût et la saturation par l'acide carbonique de
la bière achevée. La fermentation se fait dans des cuves
en verre, dont la construction est plus économique. On
les stérilise par des vapeurs d'alcool, et on y fait fermenter
la bière sous agitation et sous vide partiel.

Procédé Krause. — Ce procédé a pour but d'abréger
la durée de la fermentation dans les brasseries dont les
caves sont trop petites. Il consiste à élever la température
de mise en levain à 8-9°, et à refroidir de manière à ne
pas dépasser la température de 10-11° pendant la fermentation. Pour accélérer la marche, on aère par l'injection
d'air filtré, et on peut ainsi réduire à quatre jours la durée
de la fermentation principale. La bière est alors envoyée
en cave de garde.

Procédé Jacquemin. — Le procédé Jacquemin
consiste à préparer un moût stérile au moyen d'un bac
fermé et d'un réfrigérant clos, et à utiliser pour la mise
en levain une levure spéciale acclimatée aux hautes températures (15-25°), qui ne donne pas à la bière le goût de
chaud qu'on obtient aux températures élevées avec les
levures ordinaires. La fermentation se fait en cuves ou en
foudres, et au bout de trois semaines la bière peut être
filtrée et expédiée.

FERMENTATION HAUTE

La fermentation principale peut s'effectuer soit en fûts,
soit en cuves, à une température qui varie de 11 à 25°.
Après la fermentation principale, la bière est le plus
souvent clarifiée par collage.

La fermentation secondaire, quand elle a lieu à la
brasserie, se fait en fûts ou en foudres, à une température
variable de 8 à 15° suivant les types de bières.

Fermentation principale.

Nous étudierons séparément la fermentation en fûts et la fermentation en cuves.

Fermentation en fûts. — La fermentation peut se faire, soit dans les fûts d'expédition, de 20 à 160 litres, soit dans des pipes de 6 hectolitres, mais la marche de la fermentation principale est la même dans les deux cas.

Mise en levain. — La température de mise en levain ne devrait pas dépasser 15 à 16°. On peut atteindre facilement cette température en hiver ; mais, en été, il est parfois difficile de refroidir suffisamment le moût, et on entonne alors à 18-20°, parfois même à 22°. Dans ces conditions, la fermentation est très violente, la température s'élève à 27-28° dans les fûts, car il est impossible d'y refroidir le moût. On obtient alors des bières sans mousse et sans arome. Le développement des ferments de maladie est favorisé, l'élimination de l'azote par la levure est moindre et la bière obtenue s'altère très facilement.

On met en levain en cuve guilloire, avec 200 à 300 grammes de levure par hectolitre, dès que la cuve contient un certain volume de moût. Nous ne reviendrons pas ici sur cette question, que nous avons étudiée à propos des levains. Souvent on laisse la fermentation partir dans la cuve guilloire, et quand elle est en marche on entonne dans les fûts.

Marche de la fermentation principale. — Les fûts remplis sont placés sur des madriers en bois, la bonde se trouvant légèrement sur le côté. Bientôt les mousses apparaissent au trou de bonde : elles sont d'abord blanches et elles s'écoulent lentement en ruisselant sur les parois extérieures du fût. Elles se réunissent dans une auge située au-dessous, à laquelle on donne le nom de *cuvette* ou *menette*. Le dégagement des mousses s'accroît, et elles se résolvent dans les menettes en un liquide amer qu'on recueille pour l'utiliser lors des remplissages. Bientôt la mousse blanche diminue, et on voit apparaître une écume jaune, plus compacte, qui est très chargée de cellules de levure et s'écoule le long du fût. Comme une partie du tonneau s'est vidée par la fermentation, il est nécessaire de le remplir afin que la levure qui remonte encore à la surface puisse être facilement rejetée au dehors. On utilise pour ces remplissages les liquides recueillis dans les menettes : c'est ce qu'on appelle *rendre purures*. On fait ordinairement le premier remplissage au moment où les mousses blanches diminuent et avant que l'écume jaunâtre de la levure n'apparaisse. On vide les menettes, on les nettoie, on les place de nouveau sous le fût et on procède au remplissage. On facilite l'évacuation complète de la levure en maintenant par des remplissages le fût constamment plein. Au bout de peu de temps, l'écoulement de levure diminue, les mousses redeviennent légères et cessent. On redresse le fût et la fermentation principale est terminée.

MENETTES. — Les menettes sont parfois en pierre, mais le plus souvent en bois. Les premières ont l'inconvénient d'être rugueuses et pleines de petites cavités difficiles à nettoyer. Les menettes en bois s'imprègnent de bière, leur nettoyage parfait est à peu près impossible, et elles peuvent occasionner, surtout en été, de graves infections. On rencontre dans quelques brasseries des menettes en cuivre : elles sont bien meilleures que les autres, mais leur prix très élevé empêche leur emploi de se généraliser. Pour le nettoyage des menettes en bois, la meilleure méthode consiste à les brosser soigneusement, puis à les traiter par des antiseptiques tels que le fluorure d'ammonium à 60 grammes par hectolitre, avec un contact d'au moins une heure, ou le bisulfite de chaux. Ce traitement doit être suivi d'un rinçage très soigneux.

REMPLISSAGES. — On utilise pour les remplissages les

liquides recueillis dans les menettes : on doit décanter avec soin ces liquides de manière à ne pas entraîner de nouveau la levure dans le fût. Ces remplissages doivent être faits au moment voulu : si on les fait trop tard, le rejet de la levure est imparfait et on obtient des levures de fond ; si on les fait trop tôt ou trop fréquemment, la bière est plate et manque de corps. Aussi a-t-on cherché à effectuer automatiquement ces remplissages, et à sup-primer en même temps les causes d'infection par les menettes, quand on rend purures. Il en existe un certain nombre de systèmes. Un des plus répandus consiste en un grand entonnoir (fig. 98), métallique ou en bois, qu'on fixe sur la bonde du fût. On commence par placer dans l'appareil assez de moût pour suffire lar-gement aux besoins du rem-plissage et pour assurer le rejet complet de la levure.

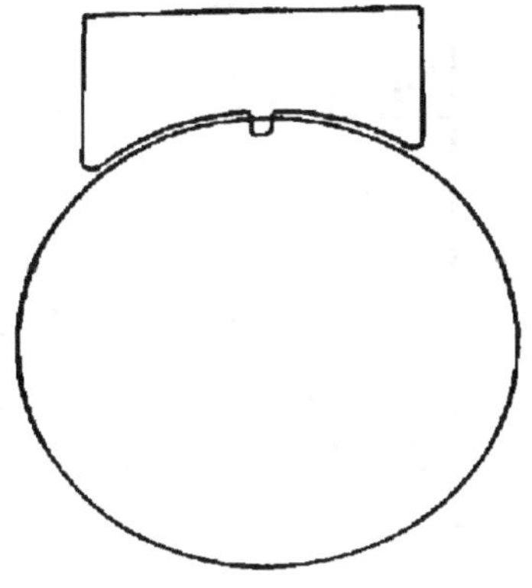

Fig. 98. — Remplisseur automatique.

Les liquides évacués se réunissent dans l'entonnoir, se décantent en abandonnant leurs dépôts et la levure dans les parties incurvées situées à droite et à gauche de la bonde, et rentrent dans le fût par la bonde.

Un autre système de remplissage est celui des *Unions*, employé en Angleterre (fig. 99). Chaque fût est muni d'un col de cygne fixé sur la bonde, par lequel la levure se déverse constamment dans un canal qui s'étend le long de toute une rangée de fûts. La bière qui se sépare de la levure dans ce canal est recueillie à l'extrémité. On la fait rentrer dans les unions par un tuyau situé devant la rangée de fûts, et muni à chaque fût d'un robinet et d'un petit tuyau qui ramène le liquide dans le haut d'un des

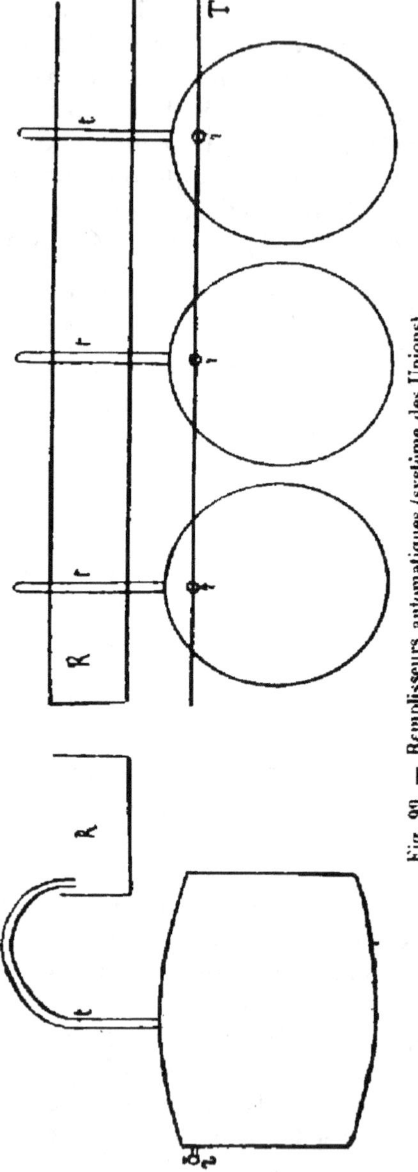

Fig. 99. — Remplisseurs automatiques (système des Unions).

fonds. Les robinets sont réglés de telle sorte que les fûts sont maintenus constamment pleins, les remplissages se faisant d'eux-mêmes.

Ces appareils présentent des avantages et des inconvénients. Ils diminuent beaucoup les pertes de bière, réduisent la main-d'œuvre et la surveillance et assurent les remplissages en temps utile. Ils diminuent les dangers d'infection, quand ils sont métalliques, mais présentent peu d'avantages sous ce rapport quand ils sont en bois, car leur nettoyage est difficile. Ils ont par contre deux gros inconvénients : d'abord leur adoption entraîne une dépense de première installation, très considérable pour la fermentation en fûts d'expédition, et qui n'est certainement pas compensée par les avantages qu'ils entraînent. Pour la fermentation en pipes, cet inconvénient est moindre, car la dépense est beaucoup moins élevée. Un autre inconvénient des remplisseurs est de supprimer l'aération intense que subit la levure en ruisselant sur les parois du fût, de sorte que les levains conservent moins bien leur énergie et leurs qualités de clarification.

Fermentation en cuves. — Mise en levain. — La mise en levain se fait ordinairement à 15-20°, mais on abaisse la température à 10-13° dans la fermentation *mixte*. Ce mode de travail comporte une fermentation principale en cuves, à une température basse de 10 à 14°, et une fermentation secondaire en foudres, dans des caves froides maintenues à 6-12°. Il se rapproche donc beaucoup de la fermentation basse, mais en diffère par l'emploi de la levure haute, et de températures plus élevées, surtout à la fermentation secondaire.

Marche de la fermentation principale. — Six à dix heures après la mise en levain, on voit apparaître à la surface du moût une écume blanche qui contient des impuretés, notamment des résines du houblon. On les enlève avec précaution. Les mousses deviennent plus épaisses ; la température s'élève, et il se forme des kräusen blancs, contournés, très amers et chargés de résines du houblon. Ces mousses font bientôt place à une écume jaunâtre : c'est la *montée de la levure*. On recueille cette levure par une des méthodes que nous avons indiquées à propos des levains. Au bout de quelques jours, la fermentation se ralentit, la température s'abaisse ; il ne reste plus à la surface de la cuve qu'un couvercle uni : la fermentation principale est terminée.

La température de fermentation est variable avec les modes de travail. Quand on ne dispose pas de réfrigérants dans les cuves, la température monte jusqu'à 18-20° si la mise en levain a eu lieu à 14-16°. Elle peut s'élever plus haut si le moût a été entonné plus chaud, ce qui ne peut avoir que des inconvénients pour la saveur de la bière et pour sa stabilité. Le plus souvent, on dispose dans les cuves des serpentins réfrigérants où on fait circuler de l'eau froide. On modère ainsi l'élévation de température de manière à ne pas dépasser 17 à 18°. Dans la fermentation mixte, on met en levain à 11-12° et on refroidit constamment de manière à réduire au minimum l'élévation de température ; quand la montée de la levure est terminée, on abaisse la température à 10°.

La durée de la fermentation varie avec la température. Elle est de quarante-huit à soixante heures si la température atteint 20° et davantage ; elle est de quatre à cinq jours si la température est basse et si on refroidit fortement.

Comparaison du travail en fûts et du travail en cuves. — Chacune de ces méthodes de travail présente ses avantages et ses inconvénients. La fermentation en fûts d'expédition a de gros avantages. C'est la méthode pour laquelle les frais d'installation sont les plus réduits. En outre, l'aération intense que subit la levure en coulant sur les parois du fût donne aux levains une activité très grande ; l'évacuation rapide de la levure assure une clarification facile, et on obtient ainsi des bières très franches de goût. Par contre, la fermentation en fûts d'expédition présente de gros inconvénients sous le rapport de la conservation de la bière. Ces inconvénients sont assez peu sensibles dans la saison d'hiver ; mais en été, quand l'entonnement a lieu à 18-20°, la température du moût en fermentation s'élève souvent au delà de 22-23°, et il n'est pas possible par cette méthode de refroidir le moût par les serpentins. En outre, les purures, en coulant sur les douves du fût, peuvent y recueillir un grand nombre de ferments qui sont introduits dans la bière lors du remplissage. Enfin les fûts sont, comme nous l'avons vu, très difficiles à nettoyer. Toutes ces causes font que dans la saison chaude, quand les bières subissent au dehors des températures assez élevées, elles s'acidifient parfois très vite et leur conservation laisse beaucoup à désirer. On peut réduire ces inconvénients en mettant en levain à une température aussi basse que possible, en stérilisant les douves extérieures des fûts, dans les parties où coule la levure, avec du chlorure de zinc à trois à cinq litres par hectolitre, et en paraffinant les fûts, mais on ne peut jamais les éviter complètement. Toutefois, si on prend toutes les précautions nécessaires pour assurer la propreté, aussi parfaite que possible, des menettes et des fûts, il est certain que la méthode de fermentation en fûts d'expédition est la meilleure, tout au moins pour la région du Nord, qui est la principale région de fermentation haute en France. Le prix de vente de la bière est tellement bas, et la concurrence tellement dure que le brasseur est presque toujours amené à faire des sacrifices dans sa clientèle plutôt que dans son matériel de fabrication. Bien conduite, la fermentation en fûts permet d'obtenir d'excellentes bières, très franches de goût, avec un minimum de frais d'installation.

La fermentation en pipes de 6 hectolitres présente les mêmes avantages que la fermentation en fûts d'expédition, mais ses inconvénients sont moindres. Les fûts de fermentation ne sortent pas de l'usine et restent en cave, à une température relativement basse, de sorte que l'infection est moins à craindre. Le paraffinage de ces pipes donne d'ailleurs toute sécurité. Quant aux dangers d'infection par les purures, ils sont également moindres que dans la fermentation en fûts, car les pipes ne servent pas à l'expédition et se contaminent par l'extérieur beaucoup moins que les fûts. On peut d'ailleurs leur adapter, sans que la dépense soit exagérée, des remplisseurs automatiques, ce qui est trop coûteux avec la fermentation en fûts d'expédition. Cette méthode est donc excellente ; elle conduit à des bières très franches de goût, qui se conservent plus facilement ; mais elle a l'inconvénient d'exiger plus de matériel que la méthode précédente.

La fermentation en cuves présente de grands avantages : le travail est très facile, le nettoyage se fait aisément, et quand on emploie des cuves vernies ou paraffinées, on peut se mettre très facilement à l'abri des infections. On peut aisément refroidir le moût en fermentation au moyen de serpentins, et éviter par suite toute élévation nuisible de température. Cette méthode est donc excellente, mais à condition de l'employer seulement à basse température, c'est-à-dire 14-15° et pour des bières fortes. En effet, quand on l'applique aux bières légères courantes aux températures de 18 à 20°, on obtient une atténuation très forte, et on produit des bières plates et très inférieures à celles que donne la fermentation en fûts.

On a cherché aussi à utiliser, dans ces dernières années, les cuves fermées que nous avons signalées en étudiant le matériel de fermentation. Ces appareils ont l'inconvénient d'être coûteux, et d'exiger une surveillance très sévère pour éviter les dangers d'infection.

Traitement de la bière après la fermentation principale.

Collage. — Les bières de fermentation haute sont clarifiées le plus souvent par collage, après la fermentation principale.

Mode d'action du collage. — Cette opération consiste en principe à produire dans la bière un précipité de substances gélatineuses qui englobe toutes les matières en suspension.

On utilise pour le collage des colles de poisson ou de gélatine animale. Ces substances se dissolvent dans l'eau chaude et acide en formant une gelée épaisse ; quand on les incorpore à la bière, le refroidissement brusque et la baisse d'acidité provoquent leur coagulation. Elle s'effectue sous la forme d'un fin réseau qui entraine les matières en suspension, de sorte que la bière devient limpide. Le tannin contenu dans le liquide favorise d'ailleurs la contraction de ce précipité.

Si le collage a lieu quand la fermentation dégage encore suffisamment d'acide carbonique, les bulles de gaz ramènent à la surface toutes les matières précipitées qui sont évacuées par la bonde : c'est le *collage par le haut*. Si, au contraire, on n'emploie la colle que quand la fermentation s'est fortement ralentie par le séjour en cave, le précipité tombe au fond : c'est le *collage par le bas*.

Substances employées pour le collage. — Les principaux produits employés pour le collage sont les colles fines de poisson, les peaux de raies et la gélatine animale.

Les colles fines de poisson ou *ichthyocolles* proviennent de la vessie natatoire de certains poissons tels que les esturgeons, les polynémides, les silurides, les gadides. Elles se présentent sous la forme de feuilles blanches ou jaunâtres, sans odeur, plus ou moins transparentes suivant leur qualité. Il en existe un grand nombre de variétés, et une des plus connues est la colle fine de Russie ou *Salianski*.

Les peaux de raies, qui proviennent de certaines espèces de raies, sont vendues le plus souvent brutes, parfois purifiées sous la forme de rubans ou de feuilles.

Enfin la gélatine animale provient du traitement des os.

Préparation de la colle. — La colle fine de poisson se traite de la façon suivante : on déchire les feuilles de colle en petits morceaux qu'on met tremper pendant huit à dix heures dans l'eau fraîche. Quand la colle est ramollie, on la triture fortement à la main jusqu'à ce que les morceaux soient complètement désagrégés et ne forment plus que des boulettes homogènes. On les délaye alors dans de l'eau bien fraîche jusqu'à ce qu'il n'y ait plus de grumeaux et on ajoute de l'acide tartrique à raison de 1 gramme pour 3 grammes de colle sèche. On agite fortement et on ajoute de l'eau de manière à constituer une gelée homogène. Au moment de l'emploi, on passe la colle au tamis, et on l'étend d'eau pour l'amener au volume voulu.

Les peaux de raies sont mises à tremper dans l'eau fraîche pendant cinq ou six heures, puis brossées soigneusement sur une planche et rincées jusqu'à ce que l'eau qui s'écoule soit sans odeur. On les fait alors macérer dans l'eau froide pendant deux jours avec la moitié de leur poids d'acide tartrique et le quart de leur poids de bisulfite de chaux. On agite avec un bâton et on étend la masse de manière à obtenir une gélatine épaisse. On la tamise à travers un tamis à fils de laiton ; les parties dures qui restent sur le tamis sont remises à tremper dans les mêmes conditions. La colle tamisée est battue énergiquement, étendue d'eau jusqu'à consistance sirupeuse, puis tamisée dans un linge propre. On peut alors l'utiliser.

Quant à la gélatine animale, il suffit de la faire tremper dans l'eau tiède pour la dissoudre, au moment de l'emploi.

Pratique du collage. — Collage par le bas. — On utilise surtout, pour le collage par le bas, les colles fines de poisson et la gélatine animale. On répartit simplement la colle dans les fûts, on introduit un bâton par la bonde pour bien mélanger, ou on bonde le fût et on le roule quelques instants. On laisse déposer : les matières coagulées se précipitent au fond du fût en entraînant toutes les matières en suspension et la bière devient limpide.

Ce mode de collage ne doit être pratiqué que quand la bière a séjourné un certain temps en cave, c'est-à-dire quand la fermentation secondaire est très ralentie, car autrement le dégagement d'acide carbonique empêcherait le dépôt des matières précipitées. Parfois la bière est collée ainsi au moment de l'expédition et doit être abandonnée au repos pendant un jour ou deux chez le consommateur. Parfois elle est soutirée après collage : on laisse alors déposer vingt-quatre à quarante-huit heures. Les doses de colle à employer varient de 5 à 12 grammes de colle sèche par hectolitre de bière : on utilise généralement 10 à 12 grammes de gélatine, ou 3 à 6 grammes de colle de poisson.

COLLAGE PAR LE HAUT. — Il s'effectue surtout avec les peaux de raies. On retire du fût à coller environ deux litres de bière par hectolitre, et on y verse la colle liquide à raison de 10 à 12 grammes de colle sèche par hectolitre de bière, sous un volume d'un tiers à un quart de litre. On agite énergiquement soit en roulant les fûts, soit avec un bâton, puis on bonde un instant. Au bout d'un quart d'heure, on enlève la bonde, on remplit le fût avec la bière retirée précédemment, et les matières précipitées par le collage sont bientôt évacuées par la bonde. On doit apporter à ce moment beaucoup de soins aux remplissages, de manière à permettre l'évacuation facile des substances coagulées.

Ce mode de collage doit être pratiqué presque aussitôt après la fermentation principale, quand le dégagement d'acide carbonique est encore assez fort pour ramener à la surface et évacuer les résidus du collage. Il convient surtout pour les bières jeunes, de consommation courante, fermentées en fûts d'expédition.

La période pendant laquelle le collage réussit bien est très courte : quand il est effectué trop tôt, la bière contient encore trop de matières assimilables et la levure se multiplie de nouveau après collage en troublant le liquide. Si on l'effectue trop tard, le rejet de la colle se fait mal, une partie des matières coagulées tombe au fond et la clarification est imparfaite. L'aspect de la fermentation fournit en général au praticien une base suffisante pour apprécier le moment où il faut opérer pour que le collage crache bien.

Il est avantageux, pour la réussite du collage, de ne pas opérer à une température trop élevée et sur une bière trop acide. Pour remédier aux difficultés de collage, quand ces conditions ne sont pas remplies, on ajoute parfois 1 à 2 grammes de tannin par hectolitre : on facilite ainsi beaucoup la coagulation.

Fermentation secondaire. — La fermentation secondaire est variable suivant les modes de travail. Les bières fabriquées en fûts sont souvent expédiées au consommateur peu de temps après la fin de la fermentation principale. On les colle, et dès que la clarification est complète, on bondonne et on livre quelques jours après. Elles sont alors, dans le fût d'expédition, le siège d'une fermentation lente qui leur communique le gaz et la mousse nécessaires. Inversement, certaines bières, notamment dans la région du Nord, sont conservées pendant trois ou quatre mois en cave, où elles prennent un goût vineux et légèrement acide apprécié par la clientèle de la région.

Les bières fermentées en pipes sont soutirées soit en fûts d'expédition, soit en foudres, où elles achèvent leur maturation. On voit se former sur le trou de bonde des fûts un chapeau de mousse qu'on enlève de temps à autre ; puis on bondonne et on abandonne la bière au repos jusqu'au moment de la livraison.

La fermentation secondaire est très courte si la cave est à 12-15°, mais elle peut durer beaucoup plus si la cave est froide. Dans la fermentation mixte notamment, on traverse la bière en foudres à la température de 10° environ, quand la levure a été complètement écumée. Une fermentation secondaire vigoureuse s'établit : au bout de quelques jours on effectue le plus souvent un remplissage avec du moût en fermentation, et on bondonne. La bière est alors conservée de huit jours à un mois en cave de garde, suivant la température qui varie de 5 à 10°. La bière est alors filtrée ou collée par le bas. Parfois on combine les deux traitements, on effectue un léger collage avant de bondonner, et la bière est filtrée avant le débit.

On utilise aussi quelquefois la filtration comme moyen de clarification des bières ordinaires de fermentation haute, et on emploie alors des filtres analogues à ceux que nous avons étudiés en fermentation basse. Mais le mode général de clarification des bières de fermentation haute en fûts est le collage, et la filtration se pratique surtout pour la bière en bouteilles. L'opération est alors conduite comme nous l'avons vu plus haut, en exerçant sur le fût une pression d'acide carbonique pour gazéifier la bière et la faire passer à travers le filtre dans la soutireuse.

Atténuation des bières de fermentation haute. — Une bonne bière de fermentation haute doit rester claire, brillante et mousseuse. Ces conditions sont difficiles à réaliser quand la bière ne subit qu'un court séjour à la brasserie après sa fermentation principale. En effet, comme ces bières de consommation courante doivent supporter de grosses variations de température, il est nécessaire de les atténuer très fortement, et d'atteindre une atténuation finale voisine de l'atténuation limite. La bière peut ainsi rester claire et on n'a pas à craindre les refermentations. Mais dans ces conditions la mousse fait à peu près défaut et la bière paraît plate. Si au contraire la bière est expédiée quand elle fermente encore et quand son atténuation est à 8 ou 10 p. 100 au-dessous de la limite, elle reste le siège d'une fermentation lente qui lui assure la mousse désirée, mais elle est susceptible de se troubler et de s'altérer, surtout dans la saison chaude. Pour éviter cet écueil, on peut avoir recours, pour les bières fortement atténuées et stables, mais qui manquent de mousse, à l'addition de sucre interverti. Cette addition se fait alors au moment de l'expédition, à raison de 200 à 250 grammes par hectolitre, dans la bière bien dépouillée. On peut également en utiliser un peu aux remplissages, en l'incorporant aux amers, pour stimuler le dégorgement de la levure. Le sucre interverti rend la bière gazeuse et pétillante, sans donner naissance à des troubles de levure si la dose employée est faible. Cette addition est d'autant plus justifiée que les bières de fermentation haute sont débitées le plus souvent sans pression d'acide carbonique, de sorte qu'elles doivent conserver la mousse nécessaire pendant toute la durée de la vidange qui peut être parfois assez longue.

Dans la fermentation mixte, on se rapproche des conditions de la fermentation basse, et les variations d'atténuation principale et secondaire se font sous les mêmes influences. L'atténuation principale doit être d'autant plus éloignée de l'atténuation limite que la cave est plus froide et que le séjour de la bière doit y être plus prolongé. Il suffira de se reporter à ce sujet aux notions que nous avons exposées plus haut, à propos de la fermentation basse.

ANALYSE DES BIÈRES

Les principaux éléments à déterminer dans la bière sont la densité, l'alcool, l'extrait, le maltose, les dextrines, l'acidité totale, l'acidité volatile, les matières azotées et les cendres.

Densité. — On commence par chasser l'acide carbonique de la bière en l'agitant fortement dans un grand ballon ou en y faisant passer pendant dix minutes un courant d'air. On détermine alors la densité sur la bière privée d'acide carbonique, à 15°, soit à l'aide d'un densimètre sensible, soit au picnomètre.

Alcool. — Le dosage de l'alcool s'effectue le plus souvent par distillation. Nous indiquerons ici la méthode officielle qui sert en France pour la reconstitution de la densité originelle à l'état de moût des bières.

On mesure exactement à 15°, dans une fiole jaugée 250 centimètres cubes de bière. On les transvase dans un ballon de 500 centimètres cubes, en lavant à deux reprises la fiole avec 10 centimètres cubes d'eau distillée, et on joint ces eaux de lavage à la bière. On relie le ballon à un serpentin maintenu dans l'eau froide; on chauffe lentement, surtout au début, pour empêcher la mousse de déborder. On recueille le liquide qui distille dans une fiole jaugée de 250 centimètres cubes, on arrête la distillation quand le volume atteint 170 à 175 centimètres cubes, on complète à 250 centimètres cubes, avec de l'eau distillée, à la température de 15°. On agite, on verse le liquide dans une éprouvette en verre de 30 centimètres de hauteur et de 36 millimètres de diamètre et on prend le titre à 15° au moyen de l'alcoomètre divisé en $\frac{1}{5}$ de degré.

On peut également déterminer la densité du liquide distillé, par la méthode du flacon et en déduire le titre alcoolique au moyen de tables qui donnent le degré alcoolique correspondant à la densité.

Extrait. — L'extrait peut se déterminer directement sur 10 centimètres cubes de bière qu'on évapore à 100° dans une capsule de platine tarée. On sèche dans le vide jusqu'à poids constant et l'augmentation de poids de la capsule donne l'extrait dans 10 centimètres cubes.

Il est plus pratique d'employer la méthode indirecte. On évapore au tiers 200 centimètres cubes de bière, pour chasser l'alcool, en chauffant doucement pour éviter la coagulation des matières azotées. On ramène le volume à 200 centimètres cubes avec de l'eau distillée et à la température de 17°,5 et on prend la densité d au picnomètre. La table de Balling, que nous donnons en appendice, donne l'extrait e correspondant à la densité pour 100 grammes de liquide. Le poids du moût est $200 \times d$ et le poids d'extrait dans les 200 centimètres cubes est donc $\dfrac{200 \times d \times e}{100}$.

Maltose et dextrines. — Le maltose et les dextrines se déterminent par les méthodes que nous avons indiquées à propos de l'analyse des moûts et nous n'y reviendrons pas ici. Il faut toutefois étendre beaucoup moins les liquides, car la richesse en sucre est beaucoup plus faible.

Acidité totale. — L'acidité totale se détermine sur la bière préalablement débarrassée de son acide carbonique par le passage, pendant dix minutes, d'un courant d'air. On prend 50 centimètres cubes de bière ainsi dépouillée, et on y verse, goutte à goutte, au moyen d'une burette graduée, une solution de potasse étendue et titrée. On examine de temps à autre si le liquide est neutralisé en prélevant une goutte qu'on porte sur un morceau de papier tournesol sensible. Dès qu'une auréole bleuâtre se manifeste sur le papier tournesol rouge, la neutralisation est complète. Elle s'accompagne, dans la plupart des cas, de la formation d'un précipité qui indique souvent l'approche du point de neutralité. On déduit facilement la quantité d'acide contenue dans les 50 centimètres cubes de bière, d'après le volume de potasse titrée versé pour la saturation.

Acidité volatile. — L'acidité volatile peut se doser soit par différence, soit directement. La première méthode est la plus simple, mais elle ne donne aucun renseignement sur la nature des acides volatils présents dans la bière. Elle consiste à doser d'abord l'acidité totale, puis à évaporer à plusieurs reprises, en rajoutant de l'eau après chaque évaporation, 100 centimètres cubes de bière jusqu'à consistance sirupeuse, et à doser l'acidité sur le résidu, par la méthode précédente. On obtient ainsi l'acidité fixe, et la différence entre l'acidité totale et l'acidité fixe donne l'acidité volatile.

La deuxième méthode consiste à déterminer directement l'acidité volatile par distillation. Le meilleur procédé est alors celui de Duclaux, mais la description de ce procédé sortirait du cadre de cet ouvrage et nous renverrons le lecteur qui désirerait appliquer cette méthode au mémoire descriptif qu'en a donné l'auteur (1).

Matières azotées. — Les matières azotées se dosent par la méthode de Kjeldahl, décrite à propos de l'analyse des orges. On mesure 50 centimètres cubes de bière, on les évapore à sec dans le ballon d'attaque, puis on procède à l'attaque Kjeldahl. La distillation s'effectue dans 10 centimètres cubes d'acide sulfurique titré décime.

Cendres. — On incinère lentement, dans une capsule tarée, le résidu de l'évaporation de 50 à 100 centimètres cubes de bière : l'augmentation de poids de la capsule donne les cendres.

Reconstitution de la densité primitive. — La méthode officielle française pour la reconstitution de la densité primitive des bières est la suivante : on commence par procéder au dosage de l'alcool par la méthode indiquée plus haut. En possession du degré alcoolique, on le rapproche d'une table spéciale, annexée à l'arrêté ministériel du 24 janvier 1901, qui indique la correspondance entre la force alcoolique trouvée et le poids spécifique de la portion du moût primitif transformé en alcool. On verse alors dans une fiole de 250 centimètres cubes le résidu de la distillation qui se trouve dans le ballon, on lave ce ballon deux ou trois fois avec 10 ou 15 centimètres cubes d'eau distillée, et on complète le volume à 250 centimètres cubes à 15°. On agite, on verse le liquide dans l'éprouvette et on y plonge à 15° le densimètre. On note le degré à cette température. Il suffit d'ajouter le chiffre ainsi trouvé au densimètre à la densité déjà trouvée et correspondante au produit de la distillation. La somme des deux chiffres représente la densité originelle de la bière essayée.

Recherche des falsifications. — Les principales recherches à effectuer sont celles des antiseptiques,

---

(1) E. DUCLAUX, *Traité de microbiologie*, t. III, p. 384.

notamment de l'acide borique, de l'acide sulfureux, de l'acide salicylique et de la saccharine.

Acide borique. — Il se recherche sur les cendres obtenues par incinération de l'extrait sec de la bière. On les reprend par quelques gouttes d'acide sulfurique pur, on ajoute un peu d'alcool méthylique; on introduit la matière dans un ballon, on agite pour bien mélanger et on adapte à un réfrigérant. On chauffe jusqu'à apparition de vapeurs blanches d'acide sulfurique et on enflamme le liquide distillé. La présence de l'acide borique est caractérisée par une coloration verte de la flamme.

Acide sulfureux. — On dégage l'acide sulfureux en traitant la bière par un peu d'acide chlorhydrique. On entraine l'acide sulfureux par un courant d'hydrogène, et le mélange gazeux traverse un tube à essai renfermant de l'iodure de potassium et de l'iode. On ajoute dans la liqueur un peu de chlorure de baryum. La formation d'un précipité de sulfate de baryte révèle la présence de l'acide sulfureux, qui se transforme en acide sulfurique au contact de l'iode.

Acide salicilyque et saccharine. — Nous indiquerons ici la méthode préconisée par Villiers, Magnier de la Source, Rocques et Fayolle pour la recherche simultanée de la saccharine et de l'acide salicylique. Le liquide, privé d'alcool par évaporation, est précipité par un excès d'acétate neutre de plomb en liqueur légèrement acidulée par l'acide acétique. L'excès de plomb est séparé par précipitation au moyen de l'acide sulfurique et filtration. Le liquide défequé renferme la saccharine et l'acide salicylique : on l'épuise à trois reprises par agitation, chaque fois avec la moitié de son volume de benzine. La solution benzénique en partie distillée, agitée avec un cinquième d'une solution ferrique au millième, indique par sa coloration violette la présence de l'acide salicylique. On distille alors le reste de la benzine, sans le séparer de la liqueur ferrique; la solution aqueuse est acidulée par 10 centimètres cubes d'acide sulfurique au dixième, et chauffée au bain-marie, en ajoutant peu à peu du permanganate de potasse en solution saturée jusqu'à coloration persistante. La liqueur ainsi obtenue, qui ne contient plus ni acide salicylique, ni éther salicylique est agitée trois fois avec, chaque fois, la moitié de son volume de benzine. La solution benzénique est décantée, filtrée et évaporée à sec. Le résidu est repris par 2 centimètres cubes d'eau chaude : on en prélève une goutte pour rechercher la saveur sucrée. Si le résultat est positif, on introduit le liquide dans un tube à essai, on ajoute 2 centimètres cubes d'une solution au dixième de lessive de soude à 36° B, et on évapore à sec. On introduit un thermomètre dans le tube, au niveau du résidu, et on chauffe au bain d'alliage pendant trois minutes à 270°. Le résidu est dissous dans l'acide sulfurique au dixième, la solution est agitée avec de la benzine, et la solution benzénique, après décantation et filtration, est agitée avec 5 centimètres cubes de sel ferrique au millième. On observe la coloration violette caractéristique de la présence de l'acide salicylique si la bière contient de la saccharine.

VIII. — ACCIDENTS DE FABRICATION ET MALADIES DE LA BIÈRE

La fabrication de la bière peut donner lieu à d'assez nombreux accidents qui sont principalement les goûts anormaux, les troubles tels que le trouble d'empois, le trouble de résines, le trouble de glutine, le trouble de métaux, et enfin des altérations produites par les microbes.

Goûts anormaux. — Une bière de bonne qualité doit avoir une saveur franche et ne présenter aucun goût étranger; cependant il arrive parfois que la bière possède une saveur désagréable.

Le goût de moisi peut se manifester quand on emploie des malts mal conservés, quand les copeaux de clarification sont mal nettoyés et abandonnés à l'air humide, quand les caves sont mal entretenues et envahies par les moisissures, ou quand les tonneaux sont mal stérilisés. Les malts touraillés a trop basse température communiquent souvent à la bière une saveur de paille, surtout avec les orges à enveloppes épaisses. Le goût de rance se manifeste avec les malts conservés chauds et assez humides ; l'emploi de mauvaise graisse, pour le graissage des portières de foudres, peut conduire au même résultat. On rencontre aussi des bières qui présentent un goût de brûlé : cette saveur défectueuse peut tenir à la mauvaise qualité du malt colorant, à un touraillage exagéré du malt ou à une surchauffe des trempes dans les chaudières à feu nu. Le goût de fer peut apparaître par le contact du moût avec des bacs refroidissoirs neufs, non vernis, ou avec les parties métalliques de certains filtres. Les garnitures de bonde en fer peuvent donner également à la bière une saveur désagréable de fer. Enfin le goût de poix se manifeste quand on utilise des poix défectueuses, dont la décomposition fournit des produits capables de donner une mauvaise odeur à la bière, ou quand on surchauffe la poix lors du goudronnage.

D'autres altérations de goût sont dues à des causes biologiques ; nous les retrouverons plus loin.

***Troubles.* — Trouble d'empois.** — Cet accident se produit quand la saccharification de l'amidon est incomplète, de sorte qu'il reste dans la bière une certaine proportion d'empois qui occasionne un louche. On reconnaît facilement ce trouble en traitant le moût ou la bière par trois ou quatre fois son volume d'alcool à 95°. Il se forme un précipité blanchâtre qui se dépose en entraînant l'amidon. On décante le liquide, et on traite le précipité par quelques gouttes de solution d'iode. S'il s'agit d'un trouble d'empois, on observe une coloration rouge, violette ou bleue.

Le trouble d'empois provient toujours d'une mauvaise saccharification. On l'observe surtout quand on emploie de fortes proportions de grains crus, en saccharifiant à haute température avec un malt peu diastasique. Il peut se manifester aussi avec le malt seul quand son pouvoir diastasique est insuffisant et quand on l'attaque à température trop élevée. En effet, on peut affaiblir ainsi la diastase : elle n'a plus l'activité nécessaire pour conduire la saccharification à son terme final, et il reste alors dans le liquide de l'amidon non saccharifié. Le trouble d'empois peut venir aussi de fautes graves commises au brassage, quand une fausse manœuvre fait dépasser les températures auxquelles la diastase résiste, avant que tout l'amidon ne soit transformé.

Cet accident est très rare quand on opère la saccharification avec un bon malt et tout le soin nécessaire. Quand il se produit, on l'observe le plus souvent après refroidissement du moût, et le meilleur remède consiste à additionner le liquide d'une certaine quantité d'infusion de malt filtrée, faite à froid, à raison de 100 grammes de malt par litre d'eau. On peut ajouter 150 à 200 centimètres cubes de ce liquide par hectolitre de moût. On apporte ainsi dans le liquide la diastase nécessaire pour la saccharification de l'empois qui trouble la bière. Bien que l'action de la diastase soit plus lente à basse température, elle suffit cependant pour faire disparaître le trouble. Mais ce remède a l'inconvénient d'augmenter beaucoup l'atténuation par suite de la transformation des dextrines par la diastase, et d'introduire dans la bière un liquide riche en microbes, ce qui compromet la conservation. Les bières ainsi traitées doivent donc être débitées le plus tôt possible.

Trouble de résines. — Cet accident provient de la précipitation, dans le liquide, des résines du houblon, sous

28.

forme de grappes jaunes très fines qui rendent la bière louche. Il peut provenir de la mauvaise qualité du houblon, de la chute du couvercle dans la fermentation en cuve. Le collage et la filtration le font en général assez facilement disparaître.

Trouble de glutine. — Ce trouble est dû à une précipitation des matières azotées à l'état de division extrême, et il est fréquent. Ces matières sont solubles à chaud et insolubles à froid, de sorte que la bière se trouble quand on la refroidit et s'éclaircit le plus souvent quand on la réchauffe. Cependant ce trouble peut persister, même après réchauffage, surtout dans les bières pâles.

On observe surtout ce trouble avec les malts trop riches en azote, et en fermentation basse, dans les bières qui ont séjourné dans une cave de garde trop chaude (4 ou 5°). Ces bières donnent fréquemment, par refroidissement, un trouble de glutine. Il en est de même en fermentation haute : les bières conservées dans des cuves chaudes se troublent quand on les place dans un local à température plus basse.

Ces troubles sont difficiles à faire disparaître. Il n'y a aucun moyen d'éviter le trouble de glutine quand il se manifeste en cave de garde. Le seul palliatif consiste à additionner la bière de kräusen, et à la refroidir très fortement avant filtration, afin de séparer par le filtre toutes les matières qui se précipitent à basse température. On doit donc surtout recourir à des moyens préventifs. La nature de l'orge prédispose plus ou moins la bière au trouble de glutine, suivant sa richesse en azote et la nature de ses matières azotées. La germination froide est avantageuse pour faire subir aux matières azotées les transformations nécessaires. Il faut éviter avec soin tout ce qui peut prolonger le soutirage, posséder des bacs de dimensions suffisantes pour que le dépôt du trouble se fasse bien, et refroidir fortement, avant leur entrée en cave de garde, les bières qui ont une tendance au trouble de glutine.

Trouble de métaux. — Certains métaux peuvent se combiner avec les matières azotées en donnant des précipités qui troublent la bière. Nous avons déjà signalé cette action à propos des parties métalliques des filtres. Il suffit, d'après Schœnfeld, d'une quantité excessivement faible de certains métaux pour précipiter des matières albuminoïdes. Cet auteur a reconnu, par exemple, que la présence d'un demi-milligramme de chlorure d'étain dans un litre de bière peut produire un trouble notable. Le fer occasionne des troubles de même nature. Les expérimentateurs ne sont cependant pas d'accord sur le rôle de l'étain : certains auteurs n'ont constaté, avec l'étain pur, que des troubles insignifiants.

On peut éviter cet inconvénient des troubles de métaux en recouvrant de vernis les parties métalliques et en réduisant au minimum le contact de la bière avec le métal. La nature de la bière a d'ailleurs une grosse influence et le trouble se manifeste plus ou moins aisément suivant la nature des matières azotées qu'elle contient.

Altérations causées par les ferments. — Les microbes occasionnent souvent de graves accidents en se développant dans la bière. Pasteur a montré, en effet, que la plupart des altérations que subit la bière provient du développement de ferments de maladie. Cependant les ferments nuisibles ne sont pas les seuls qui puissent amener des troubles ou des altérations : la levure de culture peut elle-même, dans certaines conditions, causer des accidents.

Les altérations les plus fréquentes sont les troubles de levures, et les troubles de bactéries, dus notamment aux ferments lactiques, aux ferments acétiques, aux sarcines et aux bactéries visqueuses.

Résistance des bières. — Pour qu'une altération de

cette nature se produise dans une bière, la présence du microbe qui la cause est nécessaire, mais elle n'est pas suffisante. Il faut encore que le milieu soit favorable à son développement, qu'il renferme les matières alimentaires indispensables au microbe, et que la température convienne pour la multiplication de l'espèce. Un même microbe, placé dans deux bières différentes, peut donc se développer dans l'une et laisser l'autre inaltérée. Les bières sont plus ou moins résistantes à l'infection microbienne, et c'est à Petit que revient le mérite d'avoir mis cette notion en évidence. Ce savant a fait à ce sujet des expériences très démonstratives. En infectant une même bière pasteurisée avec une culture de sarcine ou de ferment lactique, puis en y ajoutant une même quantité d'une infusion stérilisée de divers malts, Petit a constaté que le développement des ferments était très variable. Certains malts avaient fortement diminué la résistance normale de la bière, et ces malts étaient ceux qui renfermaient le plus d'azote soluble non coagulable. D'après ces recherches de Petit et les observations de Kukla, il est probable que la teneur en matières azotées de la bière a une grande influence sur sa résistance à l'infection.

Trouble de levures. — Le trouble de levures peut être produit par des levures de culture ou par des levures sauvages. Quand la bière renferme encore des matières hydrocarbonées fermentescibles et des matières azotées assimilables, elle est sujette à refermenter quand sa température s'élève. La bière sort limpide de la brasserie, mais comme elle contient toujours quelques cellules de levures, elle se trouble quand on l'expose à une température favorable. Cet accident se produit particulièrement dans les bières en bouteilles, où l'aération qui accompagne le remplissage peut donner à la levure un retour d'activité.

Les levures sauvages sont beaucoup moins sensibles que les levures de culture aux conditions de nutrition défectueuses, et elles peuvent troubler la bière en s'attaquant à des corps que la levure ordinaire ne fait pas fermenter. Il existe un assez grand nombre de ces levures sauvages qui produisent, en se développant dans la bière, des troubles ou des viciations de goût. Hansen a signalé, le premier, quelques-unes de ces levures, notamment le Saccharomyces Pastorianus I qui donne à la bière un goût amer désagréable, le Saccharomyces Pastorianus III qui occasionne des troubles. On peut citer aussi les Saccharomyces ellipsoideus I et II, qui sont des levures de vin, mais qui agissent dans la bière comme ferments de maladie en la troublant fortement. Le Saccharomyces apiculatus, qui se présente sous la forme de citrons, le Saccharomyces exiguus de Reess, le Saccharomyces Marxianus, le Saccharomyces anomalus occasionnent également des troubles et retardent la clarification. Frew a signalé enfin le Saccharomyces fœtidus I, qui attaque la bière au cours de la fermentation secondaire en lui donnant une odeur fétide.

L'introduction des levures sauvages dans la brasserie peut se faire par l'air, au moment du refroidissement du moût, surtout lorsque l'usine se trouve entourée de jardins fruitiers. L'emploi d'un levain impur peut également ment amener des levures sauvages dans les appareils de fermentation. Quand l'infection s'est produite, elle est souvent entretenue par le mauvais état des cuves de fermentation mal vernies ou fissurées. Il faut également veiller aux restes de bière qui rentrent à la brasserie dans les fûts vides et aux rondelles de caoutchouc des bouteilles.

On reconnaît la présence des levures sauvages en soumettant le levain à la sporulation, par la méthode indiquée à l'étude des levains. Si l'infection est profonde, il faut procéder à une désinfection sérieuse des tuyauteries, des cuves et des foudres ; on doit, en outre, recourir à un nouveau levain pur et prendre les mesures nécessaires pour installer la réfrigération du moût à l'abri des contaminations par l'air.

Les troubles de levures sauvages se rencontrent surtout en fermentation basse. Ils sont rares en fermentation haute où les levures de culture travaillent à température élevée et se défendent bien contre les levures sauvages.

Pour éviter les refermentations par les levures de culture, on peut avoir recours à la pasteurisation, que nous étudierons plus loin, s'il s'agit de bières en bouteilles. On doit, en outre, atteindre une atténuation voisine de l'atténuation limite, de manière à ne pas laisser à la levure de matières assimilables capables de servir à sa multiplication. Pour ce qui concerne les troubles de levures sauvages, les mêmes moyens sont applicables : toutefois, comme ces levures sont beaucoup moins difficiles que les levures de culture pour le choix de leurs aliments, une bière fortement atténuée peut encore donner lieu à un développement de levures sauvages, tandis que la levure de culture ne peut se multiplier. La surveillance des levains, l'emploi des malts pauvres en matières azotées solubles et incoagulables, joints à une atténuation élevée, permettent de donner à la bière une forte résistance au développement des levures sauvages.

Troubles de bactéries. — Ferments lactiques. — Les ferments lactiques se développent très fréquemment dans les bières de fermentation haute, mais on les rencontre aussi dans les bières basses. Il en existe un grand nombre de variétés, parmi lesquelles on peut citer le Saccharobacillus Pastorianus de Van Laer, celui de Lindner, voisin du précédent, le Bacillus Lindneri de Henneberg, etc. La bière devient acide et se trouble. Le développement de ces ferments se fait surtout à température élevée, ce qui explique leur fréquence en fermentation haute.

L'introduction de ces organismes dans la bière peut se faire par les fûts de fermentation mal nettoyés, par les menettes, par les parois des cuves mal vernies et imprégnées de bière, par les filtres mal nettoyés, par les eaux contaminées, par les tuyauteries insuffisamment stérilisées, etc. Pour éviter le développement de ces microbes nuisibles, il est nécessaire d'observer, surtout dans la saison chaude, la plus grande propreté dans la fabrication et de veiller particulièrement au parfait état des caves, des fûts, des cuves, des conduites et des levains.

FERMENTS ACÉTIQUES. — On peut faire les mêmes remarques au sujet des ferments acétiques qui rendent la bière acide et lui donnent un goût de vinaigre faible. Ces ferments se rencontrent surtout en fermentation haute : leur développement est favorisé par la température élevée des caves, par le ruissellement de la levure sur les parois des fûts, ou par le séjour prolongé de la levure à la surface des cuves. Les soins minutieux de propreté permettent seuls de lutter contre l'envahissement de la bière par ces microbes.

SARCINES. — Nous avons vu, au début de cet ouvrage, que les sarcines sont des Coccacées qui se présentent sous l'aspect de ballots cubiques formés de huit coccus associés. On les désigne souvent sous le nom de Pediococcus cerevisiæ. Il existe de nombreuses variétés de sarcines parmi lesquelles on peut citer le Pediococcus sarcinæformis de Reichard, le Pediococcus cerevisiæ de Lindner, la sarcine anaérobie de Beijerinck, etc. Les unes changent peu le goût de la bière, mais la troublent et rendent la filtration très difficile. Les autres modifient profondément la saveur de la bière qui devient d'abord aigre, puis nauséabonde.

L'infection par la sarcine peut se faire par l'air, comme l'ont montré Morris et Schœnfeld, dans les brasseries voisines de champs où on étend du fumier. Elle se fait fréquemment par l'eau, quand celle-ci est infectée par des infiltrations de fumiers ou d'eaux résiduaires de la brasserie. Quand le levain est ainsi contaminé par des sarcines, on retrouve ces organismes, non seulement dans le dépôt des cuves, mais aussi dans la bière.

Schœnfeld a constaté qu'en présence des levures sauvages, les sarcines se multiplient sensiblement moins qu'en présence des levures de culture. L'absence de l'air favorise beaucoup, d'après cet auteur, la puissance de multiplication des sarcines, et la température la plus favorable à leur développement est de 16 à 20°. Les températures plus élevées diminuent leur activité.

Il existe plusieurs méthodes pour mettre en évidence les sarcines dans un levain et les séparer de la levure et des autres organismes. Will conseille d'utiliser, pour l'ensemencement, de l'eau de levure légèrement ammoniacale, qui favorise la multiplication des sarcines. Hjelte Classen se sert de solutions aqueuses diluées de fluorure acide d'ammonium, antiseptique vis-à-vis duquel les sarcines sont relativement résistantes. Ces deux méthodes ne réussissent pas avec toutes les variétés de sarcines. La méthode la meilleure paraît être celle de Bettges et Heller. Elle consiste à préparer de la bière neutre, non houblonnée, fermentée à fond et présentant le trouble d'empois, et à utiliser ce mélange pour des cultures en gouttelettes par la méthode de Lindner.

Pour lutter contre la maladie, il n'y a guère de moyens qui conduisent à des résultats satisfaisants. Ordinairement on additionne la bière d'écumes, et il est probable que la levure, en se déposant, entraîne au fond du foudre les cellules de sarcine en suspension. Schœnfeld a montré en outre que les résines molles du houblon arrêtent la multiplication de la sarcine : on a observé, en effet, que les bières fortement houblonnées résistent mieux à la sarcine. On peut donc ajouter à la bière du houblon frais dont les résines antiseptiques arrêtent le développement de la maladie.

Dans tous les cas, si l'infection est rapide et fréquente, il est nécessaire de rechercher les causes de contamination par l'air ou par l'eau, et de les supprimer en prenant les mesures nécessaires pour soustraire le moût au contact de l'air impur ou pour faire disparaître les infiltrations qui infectent l'eau. On doit également contrôler les levains au microscope et leur substituer des levains purs si les sarcines y apparaissent.

BACTÉRIES VISQUEUSES. — Un certain nombre de microbes ont la propriété de rendre la bière filante. Lintner a signalé l'action d'une mucédinée, le Dematium pullulans, et d'une sarcine. Van Laer a décrit deux bacilles visqueux, les Bacillus viscosus I et II, isolés de bières belges atteintes de filage. Héron a trouvé dans les bières anglaises un coccus se présentant soit sous la forme de sarcines, sous la forme de zooglées, qui ne produit le filage que quand il vit en symbiose avec la levure de culture.

Sous l'action de ces divers organismes, la bière devient filante comme de l'huile, puis la saveur se modifie, et souvent le liquide perd sa viscosité après un temps plus ou moins long, et devient franchement acide.

Les ferments visqueux peuvent être apportés par les poussières de malt, par l'eau, par les fûts insuffisamment nettoyés. Cette maladie se manifeste surtout dans les bières qui renferment des matières azotées déjà dégradées à l'état de peptones ou d'amides, et on la rencontre principalement dans les bières légères de fermentation haute et dans les bières en bouteilles. Les bières de fermentation spontanée, notamment le faro et le lambic bruxellois, en sont très fréquemment atteintes. Cette altération a parfois pour résultat de donner à la bière un aspect particulier, qu'on appelle la *double face*. Cette bière, claire et brillante par transparence, paraît trouble et laiteuse quand on l'examine par réflexion. D'après Van Laer, qui a étudié ce phénomène, la double face provient de l'infection prématurée de la bière par le Bacillus viscosus.

En dehors des soins de propreté indispensables à observer pour guérir la maladie, on peut employer comme remède l'addition de tannin à la bière. On peut augmenter aussi la dose de houblon qui joue le rôle d'antiseptique par ses résines.

FERMENTATIONS ANORMALES. — Il arrive parfois que les ferments butyriques se développent dans les appareils mal nettoyés et communiquent à la bière une odeur rance qui la rend imbuvable. Un semblable accident exige une stérilisation complète de tous les appareils et tuyauteries qui servent à la fermentation, et une très grande propreté dans les opérations après ce nettoyage rigoureux.

D'autres bactéries, notamment le Bacterium termo et le Bacillus subtilis, peuvent se développer dans le moût quand on l'abandonne pendant longtemps au refroidissement lent, au-dessous de 50°, sur des bacs mal nettoyés. Ces organismes communiquent à la bière une odeur et une saveur désagréables qui ne disparaissent pas au cours de la fermentation. Ce fait justifie la pratique recommandée plus haut, qui consiste à faire couler le moût au réfrigérant avant que sa température soit descendue au-dessous de 55-60°.

Pasteurisation. — Pasteur a montré que beaucoup d'altérations que subit la bière proviennent du développement de ferments nuisibles, et qu'on peut assurer la conservation du liquide en le chauffant à une température voisine de 60 à 65°.

Cette opération porte le nom de *pasteurisation*. Elle ne réalise pas une stérilisation complète de la bière, car beaucoup d'organismes résistent à la température de 65°, surtout à l'état de spores ; mais elle détruit cependant un grand nombre de microbes, affaiblit les autres et retarde beaucoup leur développement.

Ce traitement doit respecter le plus possible les propriétés et la saveur de la bière, et il est surtout appliqué pour la bière en bouteilles. Les bouteilles sont placées dans un bain-marie rempli d'eau froide ; elles doivent baigner entièrement dans l'eau. On chauffe alors lentement le bain-marie, de manière à atteindre la température voulue au bout de quarante-cinq à cinquante minutes. Cette température est variable entre 50 et 70°, suivant la nature des bières, comme nous le verrons plus loin. On maintient pendant dix à quinze minutes les bouteilles à la température de pasteurisation, puis on refroidit lentement par amenée d'eau tiède, puis d'eau froide.

On peut également employer les appareils continus. Le pasteurisateur Gasquet se compose d'un certain nombre de bacs juxtaposés, dans lesquels on place les bouteilles, et où on fait circuler de l'eau. Cette circulation est commandée par une arrivée d'eau froide, à débit réglable. La chaleur est donnée à l'eau par un foyer faisant corps avec l'appareil, et une série de communications entre les divers bacs et entre la caisse à eau chaude et les bacs permet de réaliser la circulation de l'eau chaude ou tempérée dans toutes les parties de l'appareil. On peut ainsi, par cette circulation, réaliser le chauffage progressif des bouteilles, récupérer l'excès de calorique des bouteilles déjà traitées et l'utiliser pour le chauffage des bouteilles à traiter, et refroidir à peu près complètement les bouteilles après pasteurisation.

On a essayé d'appliquer cette opération de la pasteurisation à la bière en fûts, mais ce problème n'a pas reçu jusqu'ici de solution réellement pratique. Ces appareils pasteurisateurs sont toujours métalliques, et le contact de la bière avec les métaux, aux températures de pasteurisation, donne naissance à des troubles. Il faut recourir à l'argent, ce qui élève beaucoup le prix des appareils. En outre le bénéfice de la pasteurisation avant la mise en fûts paraît un peu illusoire si on introduit la bière pasteurisée dans un fût qui contient des bactéries. Or ce cas se présente fréquemment, car la stérilisation complète des fûts est difficile à réaliser dans la pratique. Il en est de même des appareils de soutirage, qui doivent servir à mettre en fûts la bière pasteurisée, et dont la stérilisation n'est pas aisée. Il n'est donc pas surprenant que la pasteurisation avant la mise en fûts ne se soit pas répandue, malgré les grands avantages qu'elle présente.

La pasteurisation est une opération délicate qui présente un certain nombre d'inconvénients. La température de chauffage a une grande importance, et on doit la modifier suivant la nature des bières, pour éviter le goût de cuit, très désagréable, qui apparaît dans certaines bières quand on les soumet à la pasteurisation. Ce goût paraît provenir d'une transformation des matières azotées sous l'action du chauffage : il se manifeste surtout dans les bières jeunes et dans les bières pâles. On peut déjà l'observer dans ces bières à une température de 50°, tandis que les bières de conserve ou les bières brunes peuvent être chauffées jusqu'à 65-70° sans que leur saveur soit modifiée. Il est donc bon de faire des essais de chauffage avec la bière à pasteuriser avant d'adopter une température fixe pour l'opération. Si le goût de cuit se manifeste déjà à 50-55°, on peut recourir, comme le conseille Fernbach, à la méthode de pasteurisation fractionnée qui consiste à faire deux ou même trois chauffages, séparés par un intervalle de vingt-quatre heures, à la température la plus élevée à laquelle la bière ne prend pas le goût de cuit.

Un autre inconvénient de la pasteurisation est la perte d'acide carbonique qui se dégage, pendant le chauffage, dans l'espace vide compris entre le bouchon et le liquide. Si la fermeture n'est pas très étanche, une partie de cet acide carbonique s'échappe, et l'autre partie n'est que très lentement réabsorbée par la bière.

La pasteurisation est aussi parfois accompagnée de troubles. Ces troubles sont dus le plus souvent à une précipitation de matières azotées, soit par suite du dégagement d'acide carbonique, soit par combinaison avec le tannin du bouchon de liège. Petit a également attiré l'attention sur l'attaque du verre par la bière. Il se produit une baisse d'acidité qui amène une précipitation de matières azotées. Cette action dépend de la nature de la bière et elle est surtout marquée avec les canettes neuves. Elle a en outre l'inconvénient de rendre la pasteurisation moins efficace, les microbes étant d'autant plus résistants que la diminution de l'acidité est plus grande.

Enfin la casse des bouteilles constitue un autre inconvénient de la pasteurisation. L'emploi des appareils à circulation continue réduit beaucoup la casse, car les variations de température de l'eau y sont beaucoup plus régulières. Petit a en outre fait de très intéressantes expériences sur la pression qui se produit dans les bouteilles pendant le chauffage, suivant le vide laissé entre la bière et le bouchon. Cette pression est produite à la fois par la dilatation de la bière et par le dégagement d'acide carbonique. Petit a constaté que si le vide laissé dépasse très peu l'augmentation de volume due à la dilatation du liquide, la pression dans la bouteille peut atteindre 39 kilogrammes par centimètre carré. Voici quelques chiffres à ce sujet, correspondant à une bouteille contenant 450 centimètres cubes de bière à 0°, la dilatation du liquide de 0 à 66° étant de 9 centimètres cubes.

Vide.	Pressions.
9^{cc},5	39 kg. par cmq.
10 c. c.	21 —
11 —	11,5 —
12 —	8,3 —
20 —	2,6 —

On voit donc que, quand le vide représente 12 centimètres cubes, soit 3 p. 100 du volume, la pression reste convenable, tandis qu'elle devient absolument exagérée si le vide est réduit à 10 ou 11 centimètres cubes. Petit conclut de ces études que le brasseur doit exiger des verreries une garantie de résistance des bouteilles à une pression de 30 kilogrammes par centimètre carré, et qu'il faut laisser au-dessus de la bière un vide largement suffisant et d'autant plus grand que la résistance à la pression est moins considérable, la température de pasteurisation plus élevée, la bière plus riche en acide carbonique et soutirée plus froide. Ce vide doit représenter en moyenne 3 p. 100 de la capacité de la canette. Dans ces conditions, la casse à la pasteurisation peut être considérablement réduite.

HYDROMELS

L'hydromel est une boisson alcoolique qu'on obtient par la fermentation d'un moût de miel et d'eau. Cette fabrication est très répandue en Russie, en Pologne, et en général dans l'est de l'Europe. Elle présente en France un intérêt tout particulier pour les régions apicoles où la vente du miel est difficile : le problème de la préparation de l'hydromel a notamment une importance capitale pour les pays pauvres où le miel est abondant et constitue une des principales ressources de la région. Toutefois, la fabrication de l'hydromel est délicate et les insuccès sont fréquents. Cette industrie de la préparation des produits fermentés du miel doit être basée sur des règles scientifiques précises, comme celle du vin ou de la bière. Dans la préparation de l'hydromel, si on opère au hasard, sans tenir compte d'aucune indication de la science expérimentale, on s'expose forcément à des insuccès. Il faut, au contraire, suivre des règles précises, basées sur les exigences des levures dans le milieu miellé, et employer des méthodes de fabrication rationnelles, pour arriver à de bons résultats. Nous allons voir qu'on peut assez aisément y parvenir en observant quelques précautions très simples.

Miel. — Le miel est une matière sucrée récoltée par les abeilles sur les fleurs. Il en existe de nombreuses variétés : le miel le plus estimé est le miel blanc de Chamonix, récolté dans les Alpes. Les miels du Gâtinais, produits dans le centre de la France et les miels du Midi, notamment les miels de Narbonne, sont également très appréciés. Le miel de Bretagne, d'un jaune plus ou moins rougeâtre, est d'une qualité inférieure à celle des miels précédents. Le Limousin, la Creuse fournissent éga'ement des miels d'un rouge brun, dits miels de Sarrasin, moins appréciés que les miels blancs.

Le miel est constitué par un mélange de sucres réducteurs, notamment de glucose et de lévulose, avec un peu de saccharose. La proportion de ces divers sucres varie beaucoup avec la nature du miel et les fleurs dont il provient. En moyenne, on trouve dans le miel 22 à 25 p. 100 d'eau, 65 à 75 p. 100 de sucres réducteurs et 2 à 10 p. 100 de saccharose. En général, le miel est lévogyre ; cependant certains miels sont dextrogyres, notamment les miels de sapin, plus ou moins foncés, de l'Alsace et de la Forêt-Noire. D'ailleurs les miels peuvent, suivant les contrées, contenir des dextrines ou des sucres fortement dextrogyres tels que le raffinose et le mélézitose, ce qui peut faire varier le signe du pouvoir rotatoire. On rencontre enfin dans le miel, à côté des sucres, une très faible proportion de matières minérales et de matières azotées.

Les abeilles, en rapportant le miel à la ruche, apportent en même temps quelques cellules de levure répandues sur les fleurs. La levure est donc très peu abondante dans le miel. Le pollen que les abeilles transportent à la ruche renferme également quelques cellules de levure.

On voit par ce qui précède que le miel est un produit riche en sucres, pauvre en levure et en matières nutritives pour les ferments. On peut donc prévoir, *a priori*, que la fermentation de l'hydromel doit être délicate et doit exiger des précautions spéciales pour conduire à des résultats satisfaisants.

Alimentation de la levure dans le moût de miel. — L'eau miellée est un milieu peu favorable au développement de la levure. Celle-ci, pour se multiplier

et transformer le sucre en alcool, a besoin de matières
nutritives, notamment de principes minéraux et azotés,
que le miel ne renferme qu'en petites proportions. La
fermentation du moût de miel est donc longue, pénible
et souvent très incomplète. Il est facile de se rendre
compte de ce fait en ensemençant diverses levures dans
un moût composé uniquement de miel pur et d'eau. On
remarque, dans la plupart des cas, une légère fermentation, mais elle cesse bientôt, et si on dose le sucre
restant, on retrouve la plus grande partie du sucre primitif : la levure, manquant de matériaux nutritifs, n'a
pu conduire la fermentation à son terme.

Gastine a montré le premier la pauvreté du miel en
éléments minéraux, et pour y suppléer, il a proposé
d'ajouter au moût, à raison de 5 grammes par litre, le
mélange de sels suivant :

Phosphate bibasique d'ammoniaque..	100 grammes.	
Tartrate neutre d'ammoniaque	350	—
Bitartrate de potasse.................	600	—
Magnésie	20	—
Sulfate de chaux	50	—
Chlorure de sodium..................	3	—
Soufre.............................	1	—
Acide tartrique.....................	250	—
Total............	1374 grammes.	

Ce mélange a pour but de fournir à la levure les
matières nutritives nécessaires pour assurer des fermentations actives et complètes dans des solutions miellées à
250 grammes de miel par litre.

Kayser et Boullanger ont repris cette étude de l'alimentation de la levure dans le moût de miel et ont
comparé entre elles diverses matières nutritives sous le
rapport de leur action sur la fermentation des moûts de
miel. Ils ont constaté que le mélange Gastine, à raison
de 5 grammes par litre de moût miellé, constitue un
excellent milieu nutritif. Les formules suivantes, très
simples, donnent également de très bons résultats.

29.

Formule A : Par litre de moût miellé.	(Biphosphate de chaux...... Phosphate d'ammoniaque.. Bitartrate de potasse....... Sulfate de magnésie......	1 gr. 2 — 2 — 0gr,1
Formule B : Par litre de moût miellé.	(Maltopeptone............. Bitartrate de potasse.......	1cc,5 1gr,5
Formule C : Par litre de moût miellé.	(Maltopeptone............. Bitartrate de potasse....... Phosphate d'ammoniaque..	1cc,5 1gr,5 1 gr.
Formule D : Par litre de moût miellé.	(Peptone spongieuse........ Bitartrate de potasse....... Phosphate d'ammoniaque..	0gr,12 1gr,5 1 gr.
Formule E : Par litre de moût miellé.	(Maltopeptone.............	1cc,5

Les formules B, C et D conviennent à la fabrication des hydromels secs, et permettent de faire fermenter complètement les moûts contenant 500 grammes de miel par litre d'eau, soit 28 p. 100 de sucre environ. La formule A se recommande particulièrement pour les hydromels liquoreux, qui doivent titrer 11 à 13° d'alcool avec une proportion assez élevée de sucre restant. Quant à la formule E, elle doit être réservée pour la fabrication des hydromels, secs ou liquoreux, dont la richesse alcoolique ne doit pas dépasser 9 à 10°.

Nature de la levure. — Nous avons vu que le miel renferme très peu de levures. Le pollen en renferme davantage, mais ces levures manquent souvent d'activité : elles peuvent être très bonnes ou très mauvaises, et cette incertitude dans la qualité des levures est peu favorable à la fabrication régulière. Dans la majorité des cas, si on abandonne le moût de miel à la fermentation spontanée, on constate que le départ de la fermentation est lent : celle-ci reste paresseuse, et les mauvais ferments s'emparent alors facilement du moût, car l'eau miellée, qui est à peu près neutre, est très favorable au développement des ferments de maladie, qui redoutent l'acidité. Il est donc nécessaire d'introduire dans le moût de miel une levure active et vigoureuse, bien appropriée au but à atteindre, afin de déterminer le plus rapidement possible le départ énergique de la fermentation et d'éviter la multiplication des ferments étrangers.

Conditions à réaliser dans la pratique. — Pour faire fermenter les moûts de miel dans les conditions les meilleures, il est donc nécessaire d'assurer d'abord la multiplication facile de la levure en rendant le milieu nutritif et d'y introduire la levure active, convenablement choisie. Il faut en outre donner au moût la concentration voulue et placer le liquide en fermentation à une température favorable.

Milieu nutritif. — La seule méthode qui permette d'assurer une fermentation régulière et facile dans les moûts de miel pur consiste à additionner le moût d'une des formules nutritives que nous avons indiquées plus haut.

Cette question a été très discutée. Si certains apiculteurs se sont rangés à cette idée, d'autres n'emploient qu'avec répugnance ces sels, et estiment qu'on dénature le produit par cette addition de produits chimiques ou pharmaceutiques. Leurs appréhensions peuvent, dans certains cas, être fondées : tout dépend de la nature de la formule et de ses proportions. Mais il importe de remarquer qu'une partie de ces substances est consommée par la levure pour la formation de ses tissus, et ne se retrouve plus dans l'hydromel. En outre la présence en petites proportions, dans un hydromel, de certains sels, comme la crème de tartre, ne peut avoir aucun inconvénient. Le bitartrate de potasse se trouve normalement dans le vin, et ne peut donner au produit que de la fraîcheur et faciliter sa conservation. Il serait évidemment bien préférable de trouver dans le moût de miel, comme dans le moût de raisin, toutes les substances nutritives nécessaires à la levure, sous une forme très assimilable, et de pouvoir obtenir ainsi des fermentations rapides et sûres, sans addition de sels étrangers. Malheureusement, la question ne se présente pas sous cet aspect favorable. Il est certain que les expérimentateurs soigneux et instruits peuvent arriver à de bons résultats, même assez constants, dans le milieu miellé pur, sans aucune addition de sels nutritifs. Mais il n'en reste pas moins vrai que, tant qu'on cherchera à obtenir des liquides très alcooliques, exigeant une action très énergique de la levure, sans ajouter au moût les matières minérales et azotées qui sont indispensables, il sera impossible d'avoir une fabrication régulière et d'éviter les insuccès. Pour que tout apiculteur, même peu versé dans l'étude des fermentations, puisse compter avec tranquillité sur le bon résultat de sa fabrication, il sera toujours nécessaire d'assurer d'abord au produit une fermentation facile : c'est à ce prix seulement que la production des hydromels pourra se généraliser et s'effectuer partout aisément, sans donner de mécomptes.

Choix de la levure. — Nous venons de voir comment on doit traiter le moût de miel pour le rendre favorable à la vie de la levure. Il faut en outre y introduire une levure active, vigoureuse et bien appropriée.

Les levures qui conviennent le mieux sont les levures sélectionnées de vin, provenant de vins très alcooliques. Ces levures doivent en effet être capables de donner des liquides à haut degré d'alcool, car les hydromels secs doivent fréquemment renfermer 14 à 15° d'alcool. Les levures sensibles à l'alcool conviennent donc mal à cette fabrication : tel est en général le cas des levures de cidre ou des levures de bière. Il est donc très important de s'assurer, au préalable, de la puissance de la levure pour faire fermenter les moûts riches en sucre et produire le titre alcoolique voulu, ou d'avoir recours à une levure sélectionnée dont les propriétés sont contrôlées par un laboratoire. L'emploi d'une levure trop sensible à l'alcool peut en effet changer complètement le caractère du produit et conduire à un liquide sucré et peu alcoolique au lieu du liquide sec qu'on désire obtenir. Les levures de miel proprement dites, isolées du pollen ou d'hydromels entrés en fermentation spontanée, peuvent parfois donner de bons résultats, mais il est nécessaire d'étudier, au préalable, leur activité dans les moûts riches en sucre et de déterminer le titre alcoolique qu'elles peuvent produire sans être arrêtées.

Il est très utile de rajeunir la levure choisie, au moment de l'employer, en la faisant multiplier à part dans quelques litres de moût stérilisé par l'ébullition. On déverse ensuite ce pied de cuve dans le moût de miel. La fermentation se déclare aussitôt, et les mauvais ferments se trouvent étouffés par la prolifération vigoureuse de la levure.

Concentration du moût. — La concentration à employer dépend de l'hydromel qu'on se propose de fabriquer. Un bon hydromel doit être fort en alcool, c'est-à-dire titrer 14 à 15° d'alcool : la conservation de ces hydromels est plus facile que celle des hydromels faibles et leur qualité est supérieure. Si on veut obtenir un hydromel sec, c'est-à-dire titrant 15° d'alcool et pauvre en sucre restant, il est indispensable d'apporter une attention toute particulière dans la préparation du moût. Il ne faut pas perdre de vue qu'on cherche à produire les liquides les plus alcooliques que les levures peuvent créer, puisqu'à 15° l'alcool produit devient un antiseptique pour les ferments alcooliques. Dans ces conditions, comme il suffit de 4 à 5 p. 100 de sucre restant pour transformer le produit sec en un produit liquoreux, il est de toute nécessité d'amener d'abord le moût à une densité telle que le sucre puisse certainement disparaître à peu près totalement pendant la fermentation par une levure vigoureuse. On peut employer à cet effet le glucomètre Guyot, qui indique directement la richesse en sucre du moût dans lequel on le plonge et le degré d'alcool qu'il peut fournir, ou l'aréomètre Baumé, ou le saccharomètre Balling, et on doit choisir la concentration nécessaire pour que le moût puisse produire, par fermentation, au maximum 15° d'alcool. Cette concentration correspond à 24 ou 25 p. 100 de sucre, ou 13° Baumé, ou 15° alcooliques à produire au glucomètre Guyot. En pratique, il faut environ 500 grammes de miel par litre pour arriver à ce titre, mais il ne faut jamais se contenter de ce point de repère, car la richesse des miels en sucre est assez variable, et on doit toujours contrôler la concentration au glucomètre ou à l'aréomètre.

Pour les hydromels liquoreux, qui doivent contenir, après fermentation, une certaine proportion de sucre restant, il y a moins de précautions à prendre. La concentration convenable est de 27 à 28 p. 100 de sucre, soit 14 à 15° Baumé.

Température de fermentation. — Les températures élevées de fermentation sont, en général, défavorables aux levures quand elles travaillent dans des moûts de concentration aussi élevée que les moûts de miel. La température optima pour la fermentation des hydromels est de 20° et il importe d'autant plus de ne pas dépasser ce chiffre qu'on opère avec des moûts plus concentrés.

La race de levure joue également un rôle important. Certaines levures souffrent peu des températures élevées et marchent presque aussi bien à 32-35° qu'à 25°, mais beaucoup donnent des fermentations plus paresseuses à cette température. En outre, les températures élevées favorisent le développement des ferments de maladie : il est donc préférable de ne pas dépasser 20 à 22°.

Pratique de la fabrication des hydromels purs. — Nous nous occuperons d'abord des hydromels fabriqués avec le miel seul, sans addition de jus de raisins ou de pommes.

Préparation du moût. — On dissout le miel dans l'eau et on l'amène, au moyen du glucomètre Guyot ou de l'aréomètre Baumé, au degré de concentration convenable. Pour les hydromels secs, il ne faut pas dépasser 24 à 25 p. 100 de sucre au glucomètre Guyot, soit 13° Baumé, ce qui correspond environ à 500 grammes de miel par litre d'eau. Pour les hydromels liquoreux, on amènera le moût à 27 ou 28 p. 100 de sucre, soit 15° Baumé. Il est préférable de ne pas dépasser cette concentration, car la conservation des hydromels trop liquoreux est plus difficile et leur fermentation plus paresseuse.

Si on doit ensemencer le moût avec un levain de levure sélectionnée, il est bon d'employer de l'eau bouillante pour la dissolution du miel, afin de tuer ou d'affaiblir les ferments présents dans le miel. Si on doit abandonner le moût à la fermentation spontanée, il faut employer l'eau froide pour ne pas détruire les levures que le miel renferme.

On peut utiliser, pour la préparation des moûts, les eaux de lavage des opercules chargés de miel qui ont été égouttés au préalable, et des instruments qui ont servi à l'extraction. Cette pratique est économique, mais peu recommandable : ces eaux renferment en effet un grand nombre de bactéries nuisibles et il faudrait les faire bouillir avant l'emploi pour les rendre inoffensives. Si on les utilise sans les stériliser, il importe de s'en servir le plus rapidement possible, car elles s'altèrent vite et compromettraient le bon résultat de la fabrication.

Les miels qui renferment beaucoup de débris de cire fournissent souvent des hydromels qui possèdent un goût cireux très désagréable qui vient masquer ses qualités. Or le côté pratique et intéressant de la fabrication des hydromels est précisément l'emploi de ces miels d'une valeur secondaire et d'une vente toujours plus difficile. Quand on utilise des miels de cette nature, il importe d'écumer, avant la fermentation, la cire qui monte à la surface, afin d'éviter sa dissolution dans l'alcool. On peut éviter cet inconvénient d'une façon complète, en filtrant les moûts avant la fermentation, de manière à retenir toutes les fines particules cireuses en suspension. Cette filtration peut toujours facilement s'effectuer dans une manche en toile analogue à celles qu'on emploie pour filtrer les lies, ou même, si on ne fabrique que de faibles quantités d'hydromel, simplement dans un linge propre. Au contraire, si on doit traiter beaucoup de liquide, on peut recourir au filtre amiante ou à tout autre appareil. La filtration préalable est surtout recommandable pour les hydromels qui doivent fermenter longtemps, surtout si on n'emploie pas de mélange nutritif pour le moût.

L'emploi d'une des formules nutritives signalées plus haut assure une fermentation rapide et normale, diminue les chances d'infection par les ferments de maladie, donne un produit de meilleure conservation et d'excellente qualité, même avec les miels cireux. La fabrication s'effectue en outre, sans qu'on ait à craindre les insuccès, si fréquents dans le milieu miellé non nutritif. Il suffit de dissoudre à part, dans l'eau bouillante, la quantité de sels nutritifs nécessaires, indiquée plus haut, et d'ajouter ce liquide au moût principal.

Mise en fermentation. — On se contente parfois de prendre dans une ruche un rayon contenant du pollen, et de le délayer dans du moût : on introduit ensuite ce liquide dans le moût principal. On emploie ordinairement 50 grammes de pollen frais pour 100 litres de moût.

Cette méthode a pour but d'introduire dans le liquide la levure nécessaire, qui est adhérente aux grains de pollen. Mais il arrive souvent, comme nous l'avons vu, que cette levure est assez peu active, et le départ de la fermentation laisse à désirer. Il est bien préférable de préparer un levain pour multiplier au préalable la levure.

On stérilise d'abord par ébullition, dans un récipient

très propre et muni d'un couvercle, cinq à six litres de moût. Ce moût doit être préparé à raison de 500 grammes environ de miel par litre, et additionné, en proportions voulues, d'une des formules nutritives indiquées plus haut. Après refroidissement à 20-22° on y ensemence la levure qu'on veut employer, soit un ballon de levure de vin ou d'hydromel sélectionnée provenant d'un laboratoire, soit un rayon de pollen, soit de la levure de grains. Au bout de deux ou trois jours, la fermentation est généralement très active, et, après quatre ou cinq jours de fermentation, on peut utiliser ce levain. Le moût principal est placé dans un fût très propre, de manière à laisser un vide de quelques litres. Quand sa température est descendue à 20-22°, on y déverse, au moyen d'un entonnoir, le levain en pleine fermentation.

Il est très important de ne préparer le moût principal qu'au moment où le levain est à point. Le levain doit donc être mis en marche quatre à cinq jours avant la préparation du moût. En effet, le moût principal préparé plusieurs jours à l'avance, serait envahi par les mauvais ferments et la fabrication pourrait être compromise.

Nous avons vu plus haut les raisons qui doivent guider l'apiculteur dans le choix de sa levure. Les levures de vin sélectionnées, très résistantes à l'alcool, sont les meilleures. Elles améliorent la qualité des hydromels et se comportent en général beaucoup mieux que les autres levures quand la température de fermentation s'élève. La levure de pollen peut donner aussi de bons résultats, à condition qu'on la multiplie auparavant par pied de cuve, mais son emploi est toujours un peu aléatoire, car son activité peut varier beaucoup. La levure de grains n'est pas recommandable : elle contient toujours beaucoup de ferments lactiques, et il est préférable de ne pas y avoir recours.

Pour éviter dans le fût le développement des ferments secondaires, beaucoup d'apiculteurs ajoutent au moût

50 grammes d'acide tartrique par hectolitre et 10 grammes de sous-nitrate de bismuth. L'addition d'acide tartrique est inutile si on emploie une formule nutritive, celle du sous-nitrate de bismuth n'est pas non plus nécessaire si on multiplie la levure au préalable par un levain.

Fermentation. — Lorsque l'ensemencement de la levure est effectué, on ferme le trou de bonde avec un linge recouvert de sable mouillé, ou avec une bonde de coton. La fermentation se déclare activement si on a opéré dans un moût rendu nutritif et ensemencé par levain. Une bonne fermentation tumultueuse d'un hydromel ne dure pas plus d'un mois dans ces conditions. Si le moût n'a reçu aucune matière nutritive et n'a pas été ensemencé par levain, la fermentation peut être beaucoup plus lente : elle dure quelquefois plus de six mois dans des conditions de température favorables.

Si la fermentation paraît se ralentir, quand le glucomètre indique encore un taux de sucre restant assez élevé, on peut pratiquer avec avantage l'aération du liquide.

On se rend compte que la fermentation principale est terminée quand l'oreille ne perçoit plus le pétillement du gaz carbonique dans le fût. Si l'opération a bien marché l'aréomètre Baumé doit marquer 1° pour un hydromel sec, et 2 à 3° pour un hydromel liquoreux. A ce moment l'hydromel est encore très trouble. Pour un hydromel sec, on fait le plein du fût avec de l'hydromel fait ou avec de l'eau, et on met le liquide à la cave, où la levure termine doucement son action et où la clarification s'opère. Cette clarification de l'hydromel est parfois très longue et elle peut demander six mois ou un an, quelquefois même davantage. Comme l'hydromel acquiert surtout ses qualités en vieillissant, il n'y a aucun inconvénient à l'abandonner le temps voulu à la clarification naturelle. Toutefois, si le liquide a complètement fermenté et si l'aréomètre Baumé marque 0°, il est avantageux de ne pas laisser l'hydromel sur lies et de procéder à un soutirage. Si au contraire la fermentation s'est ralentie et se poursuit lentement à la cave, il ne faut pas transvaser l'hydromel d'un tonneau à un autre.

S'il s'agit d'hydromel liquoreux, il est préférable de pratiquer un soutirage aussitôt après la fin de la fermentation principale, de manière à éliminer la majeure partie de la levure et de procéder ensuite à un collage.

Le collage de l'hydromel se fait pour les hydromels secs qui se clarifient trop lentement, ou pour les hydromels liquoreux où on veut arrêter l'action de la levure. Le collage s'effectue en ajoutant au liquide 10 grammes de tanin préalablement dissous dans l'alcool et 10 grammes de sous-nitrate de bismuth par hectolitre. On agite et on laisse déposer jusqu'à clarification complète. La mise en bouteilles ne doit avoir lieu que quand les liquides sont entièrement clarifiés.

Composition des hydromels. — La composition des hydromels est extrêmement variable, suivant la nature du miel employé, de la levure et suivant la marche de la fermentation, comme on peut s'en rendre compte par les analyses suivantes, dues à Kayser et à Boullanger.

	HYDROMELS.							
	a.	*b.*	*c.*	*d.*	*e.*	*f.*	*g.*	*h.*
Alcool en vol. p. 100..... .	8°,5	15°,5	15°,2	14°,0	13°,8	3°,7	16°,5	15°,3
Sucre restant, gr. par litre.	139,9	42,4	32.0	66.0	25,0	251,2	31,0	29,2
Extrait, gr.par litre........	»	82,7	»	92,8	»	»	74,25	66.6
Acidité totale, gr. par litre.	8,61	5,74	4,43	3.68	3,82	1,42	3,71	3,45
Acidité volatile, gr. par litre........	1,52	1,24	1,22	0,57	0,66	0,20	0,62	0,70

L'hydromel *a* a été fabriqué sans addition de matières nutritives et ensemencé avec de la levure de vin. On voit que sa fermentation a été très incomplète. Les hydromels *b* et *c* ont été préparés avec 500 grammes de miel par litre d'eau, et le moût a reçu 50 grammes d'acide tartrique et 10 grammes de sous-nitrate de bismuth par hectolitre. Leur fermentation a été bonne, mais très longue, et le goût de l'hydromel *b* laissait beaucoup à désirer. L'hydromel *d* a été fabriqué avec un levain de levure sélectionnée et addition de la formule D; l'hydromel *e* avec un levain d'une autre levure de vin et addition de la formule B; il en est de même de l'hydromel *g* et de l'hydromel *h* (méthodes Kayser et Boullanger). On voit que tous ces hydromels ont parfaitement fermenté : leur qualité était excellente et leur clarification parfaite. Enfin l'hydromel *f* a été fabriqué comme les hydromels *b* et *c*; on voit que la fermentation n'a pu s'effectuer et s'est arrêtée en laissant du sirop de sucre.

On voit par ce qui précède que la fermentation de l'hydromel est délicate et exige des précautions spéciales qu'on ne peut négliger sans risquer de compromettre le résultat. Il est cependant facile d'éviter les insuccès et de fabriquer avec certitude des produits de bonne qualité, puisqu'il suffit, pour cela, de ne pas laisser marcher la fabrication au hasard, mais d'opérer, au contraire, en conformant la méthode de travail aux indications de la science expérimentale.

Œnomels. — Dans les pays où on possède quelques vignes, on peut très aisément fabriquer de l'hydromel en mélangeant le moût de miel avec du moût de raisins. On désigne souvent le liquide ainsi obtenu sous le nom d'*œnomel*, quand la proportion de jus de raisins employée est supérieure à celle du moût de miel, et on lui conserve le nom d'hydromel quand on n'emploie qu'une faible quantité de jus de raisins.

La fermentation de ces moûts mixtes est active et

facile, à condition d'employer une proportion de jus de
raisins suffisante. Le jus de raisins est, en effet, un
excellent milieu pour la levure, et sa présence en quantités suffisantes apporte dans le moût de miel les matériaux nutritifs nécessaires à un bon développement du
ferment, sous une forme très assimilable. Il est donc
inutile, dans ce cas, d'introduire dans le moût un
mélange nutritif. Aussi beaucoup d'apiculteurs préfèrent-
ils cette méthode de fabrication qui évite l'emploi des
produits chimiques et pharmaceutiques et permet d'obtenir aisément d'excellents résultats.

La meilleure méthode de travail a été donnée par
M. Godon. Dans un fût de 550 litres, ouvert à un bout, on
écrase 25 à 30 kilogrammes de raisins frais, et on y
ajoute de l'eau miellée, fabriquée à raison de 400 grammes
de miel par litre d'eau si on veut obtenir 16° d'alcool. On
laisse dans le fût un vide de 50 litres, on recouvre l'ouverture d'un linge, et deux fois par jour on foule le marc
avec un pilon. La fermentation est active et dure une
quinzaine de jours.

On obtient par cette méthode, très aisément, d'excellents hydromels. Voici un exemple de la composition
d'un hydromel fabriqué par la méthode de M. Godon.

Alcool en vol., p. 100..................	14°,2
Sucre restant, grammes par litre	13,15
Extrait, —	40,55
Acidité totale —	6,99
— volatile —	0,78

Cet hydromel était clair et de goût très agréable.

Cidromels. — Dans les pays où les vignes manquent
on peut remplacer le raisin par les pommes. Voici la
méthode qu'on peut employer pour la préparation du
cidromel.

On délaie le miel dans l'eau, on amène le moût à la
concentration voulue, et on ajoute 10 ou 20 pour 100 de
pommes concassées o   âpées. Les pommes apportent à

la fois la levure nécessaire et les matières nutritives pour la fermentation.

Cette fabrication est donc plus facile que celle des hydromels ordinaires; toutefois il peut arriver que les levures apportées par les pommes soient trop sensibles à l'alcool pour pouvoir fournir un titre alcoolique de 14 à 15°. La fermentation tumultueuse se prolonge parfois pendant cinq ou six mois. Aussi est-il préférable d'utiliser les pommes simplement pour l'apport des matériaux nutritifs et d'ensemencer le moût avec un levain d'une levure de vin active et résistante à l'alcool.

I. — *Table d'Allihn pour le dosage du glucose par la méthode pondérale.*

CUIVRE.	GLUCOSE.	CUIVRE.	GLUCOSE.	CUIVRE.	GLUCOSE.	CUIVRE.	GLUCOSE.	CUIVRE.	GLUCOSE.	CUIVRE.	GLUCOSE.
mg.	mg.	mg.	mg.	mg.	mg.	mg.	mg.	mg.	mg.	mg.	mg.
10	6,1	86	43,9	162	82,7	236	121,7	310	162,0	384	203,7
12	7,1	88	44,9	164	83,8	238	122,8	312	163,1	386	204,8
14	8,1	90	45,9	166	84,9	240	123,9	314	164,2	388	206,0
16	9,0	92	46,9	168	85,9	242	125,0	316	165,3	390	207,1
18	10,0	94	47,9	170	86,9	244	126,0	318	166,4	392	208,3
20	11,0	96	48,9	172	87,9	246	127,1	320	167,5	394	209,4
22	12,0	98	49,9	174	89,0	248	128,1	322	168,6	396	210,6
24	13,0	100	50,9	176	90,0	250	129,2	324	169,7	398	211,7
26	14,0	102	51,9	178	91,1	252	130,3	326	170,9	400	212,9
28	15,0	104	52,9	180	92,1	254	131,4	328	172,0	402	214,1
30	16,0	106	54,0	182	93,1	256	132,4	330	173,1	404	215,2
32	17,0	108	55,0	184	94,2	258	133,5	332	174,2	406	216,4
34	18,0	110	56,0	186	95,2	260	134,6	334	175,3	408	217,5
36	18,9	112	57,0	188	96,3	262	135,7	336	176,5	410	218,7
38	19,9	114	58,0	190	97,3	264	136,8	338	177,6	412	219,9
40	20,9	116	59,1	192	98,4	266	137,8	340	178,7	414	221,0
42	21,9	118	60,1	194	99,4	268	138,9	342	179,8	416	222,2
44	22,9	120	61,1	196	100,5	270	140,0	344	180,9	418	223,3
46	23,9	122	62,1	198	101,5	272	141,1	346	182,1	420	224,5
48	24,9	124	63,1	200	102,6	274	142,2	348	183,2	422	225,7
50	25,9	126	64,2	202	103,7	276	143,3	350	184,3	424	226,9
52	26,9	128	65,2	204	104,7	278	144,4	352	185,4	426	228,0
54	27,9	130	66,2	206	105,8	280	145,5	354	186,6	428	229,2
56	28,8	132	67,2	208	106,8	282	146,6	356	187,7	430	230,4
58	29,8	134	68,2	210	107,9	284	147,7	358	188,9	432	231,6
60	30,8	136	69,3	212	109,0	286	148,8	360	190,0	434	232,8
62	31,8	138	70,3	214	110,0	288	149,9	362	191,1	436	233,9
64	32,8	140	71,3	216	111,1	290	151,0	364	192,3	438	235,1
66	33,8	142	72,3	218	112,1	292	152,1	366	193,4	440	236,3
68	34,8	144	73,4	220	113,2	294	153,2	368	194,6	442	237,5
70	35,8	146	74,4	222	114,3	296	154,3	370	195,7	444	238,7
72	36,8	148	75,5	224	115,3	298	155,4	372	196,8	446	239,8
74	37,8	150	76,5	226	116,4	300	156,5	374	198,0	448	241,0
76	38,8	152	77,5	228	117,4	302	157,6	376	199,1	450	242,2
78	39,8	154	78,6	230	118,5	304	158,7	378	200,3	452	243,4
80	40,8	156	79,6	232	119,6	306	159,8	380	201,4	454	244,6
82	41,8	158	80,7	234	120,7	308	160,9	382	202,5	456	245,7
84	42,8	160	81,7								

II. — *Table de Massol et Gallemand pour le dosage du glucose par la méthode de Lehmann, modifiée par Maquenne.*

SUCRE en milligrammes.	CUIVRE en milligrammes.	SUCRE en milligrammes.	CUIVRE en milligrammes.
4	7,4	44	84,4
5	9,4	45	86,3
6	11,4	46	88,1
7	13,4	47	89,9
8	15,4	48	91,7
9	17,4	49	93,5
10	19,4	50	95,3
11	21,4	51	97,1
12	23,4	52	98,9
13	25,4	53	100,7
14	27,3	54	102,5
15	29,3	55	104,3
16	31,2	56	106,1
17	33,2	57	107,8
18	35,2	58	109,6
19	37,1	59	111,4
20	39,1	60	113,1
21	41,1	61	114,9
22	43,0	62	116,6
23	44,9	63	118,4
24	46,9	64	120,1
25	48,8	65	121,8
26	50,7	66	123,6
27	52,6	67	125,3
28	54,5	68	127,0
29	56,4	69	128,7
30	58,3	70	130,4
31	60,2	71	132,1
32	62,1	72	133,8
33	64,0	73	135,5
34	65,9	74	137,2
35	67,8	75	138,9
36	69,6	76	140,6
37	71,5	77	142,3
38	73,3	78	143,4
39	75,2	79	145,6
40	77,1	80	147,3
41	78,9	81	148,9
42	80,8	82	150,6
43	82,6		

III. — *Table de Wein pour le dosage du maltose.*

CUIVRE.	MALTOSE.	CUIVRE.	MALTOSE.	CUIVRE.	MALTOSE.
mg.	mg.	mg.	mg.	mg.	mg.
30	25,3	122	106,2	212	186,8
32	27,0	124	108,0	214	188,6
34	28,7	126	109,8	216	190,4
36	30,5	128	111,6	218	192,1
38	32,2	130	113,4	220	193,9
40	33,9	132	115,2	222	195,7
42	35,7	134	117,0	224	197,0
44	37,4	136	118,8	226	199,3
46	39,1	138	120,6	228	201,1
48	40,9	140	122,4	230	202,9
50	42,6	142	124,2	232	204,7
52	44,4	144	126,0	234	206,5
54	46,1	146	127,8	236	208,3
56	47,8	148	129,6	238	210,0
58	49,6	150	131,4	240	211,8
60	51,3	152	133,2	242	213,6
62	53,1	154	135,0	244	215,4
64	54,8	156	136,8	246	217,2
66	56,6	158	138,6	248	219,0
68	58,3	160	140,4	250	220,8
70	60,1	162	142,2	252	222,6
72	61,8	164	144,0	254	224,4
74	63,6	166	145,8	256	226,2
76	65,4	168	147,6	258	228,0
78	67,1	170	149,4	260	229,8
80	68,9	172	151,2	262	231,6
82	70,6	174	152,9	264	233,4
84	72,4	176	154,7	266	235,2
86	74,1	178	156,5	268	237,0
88	75,9	180	158,3	270	238,8
90	77,7	182	160,1	272	240,6
92	79,5	184	161,8	274	242,4
94	81,2	186	163,6	276	244,2
96	83,0	188	165,4	278	246,0
98	84,8	190	167,2	280	247,8
100	86,6	192	169,0	282	249,6
102	88,4	194	170,7	284	251,3
104	90,1	196	172,5	286	253,1
106	91,9	198	174,3	288	254,9
108	93,7	200	176,1	290	256,6
110	95,5	202	177,9	292	258,4
112	97,3	204	179,6	294	260,2
114	99,0	206	181,4	296	262,0
116	100,8	208	183,2	298	263,7
118	102,6	210	185,0	300	265,5
120	104,4				

APPENDICES.

IV. — *Tables de Balling.*

DENSITÉ.	BALLING.	DENSITÉ.	BALLING.	DENSITÉ.	BALLING.	DENSITÉ.	BALLING.
1,0080	2,000	1,0290	7,219	1,0339	8,413	1,0440	10,857
1,0085	2,125	1,0295	7,341	1,0340	8,438	1,0445	10,976
1,0090	2,250	1,0300	7,463	1,0341	8,463	1,0450	11,095
1,0095	2,375	1,0301	7,488	1,0342	8,488	1,0455	11,214
1,0100	2,500	1,0302	7,512	1,0343	8,512	1,0460	11,333
1,0105	2,625	1,0303	7,536	1,0344	8,536	1,0465	11,452
1,0110	2,750	1,0304	7,560	1,0345	8,560	1,0470	11,571
1,0115	2,875	1,0305	7,584	1,0346	8,584	1,0475	11,690
1,0120	3,000	1,0306	7,609	1,0347	8,609	1,0480	11,809
1,0125	3,125	1,0307	7,633	1,0348	8,633	1,0485	11,928
1,0130	3,250	1,0308	7,657	1,0349	8,657	1,0490	12,047
1,0135	3,375	1,0309	7,681	1,0350	8,681	1,0495	12,166
1,0140	3,500	1,0310	7,706	1,0351	8,706	1,0500	12,285
1,0145	3,625	1,0311	7,731	1,0352	8,731	1,0505	12,404
1,0150	3,750	1,0312	7,756	1,0353	8,756	1,0510	12,523
1,0155	3,875	1,0313	7,780	1,0354	8,780	1,0515	12,642
1,0160	4,000	1,0314	7,804	1,0355	8,804	1,0520	12,761
1,0165	4,125	1,0315	7,828	1,0356	8,828	1,0525	12,881
1,0170	4,250	1,0316	7,853	1,0357	8,853	1,0530	13,000
1,0175	4,375	1,0317	7,877	1,0358	8,877	1,0535	13,119
1,0180	4,500	1,0318	7,901	1,0359	8,901	1,0540	13,238
1,0185	4,625	1,0319	7,925	1,0360	8,925	1,0545	13,357
1,0190	4,750	1,0320	7,950	1,0361	8,950	1,0550	13,476
1,0195	4,875	1,0321	7,975	1,0362	8,975	1,0555	13,595
1,0200	5,000	1,0322	8,000	1,0363	9,000	1,0560	13,714
1,0205	5,125	1,0323	8,024	1,0364	9,024	1,0565	13,833
1,0210	5,250	1,0324	8,048	1,0365	9,048	1,0570	13,952
1,0215	5,375	1,0325	8,073	1,0370	9,180	1,0575	14,071
1,0220	5,500	1,0326	8,097	1,0375	9,292	1,0580	14,190
1,0225	5,625	1,0327	8,122	1,0380	9,413	1,0585	14,309
1,0230	5,750	1,0328	8,146	1,0385	9,536	1,0590	14,428
1,0235	5,875	1,0329	8,170	1,0390	9,657	1,0595	14,571
1,0240	6,000	1,0330	8,195	1,0395	9,780	1,0600	14,666
1,0245	6,122	1,0331	8,219	1,0400	9,901	1,0610	14,904
1,0250	6,244	1,0332	8,241	1,0405	10,000	1,0620	15,139
1,0255	6,363	1,0333	8,268	1,0410	10,142	1,0630	15,371
1,0260	6,488	1,0334	8,292	1,0415	10,261	1,0640	15,604
1,2765	6,609	1,0335	8,316	1,0420	10,381	1,0650	15,837
1,0270	6,731	1,0336	8,341	1,0425	10,500	1,0660	16,070
1,0275	6,853	1,0337	8,365	1,0430	10,619	1,0670	16,302
1,0280	6,975	1,0338	8,389	1,0435	10,738	1,0680	16,534
1,0285	7,097						

FIN

TABLE ALPHABÉTIQUE DES MATIÈRES

C

D

FIN DE LA TABLE ALPHABÉTIQUE DES MATIÈRES.

TABLE DES MATIÈRES

Chimie du Distillateur, *matières premières et pro-*
duits de fabrication, par P. GUICHARD, ancien chimiste de distillerie.
1895, 1 vol. in-16 de 408 pages, avec 85 figures, cartonné..... **5 fr.**

Ce volume a pour objet l'étude chimique des matières premières et des produits de
fabrication de la distillerie.

Les matières premières comprennent les sucres et les produits susceptibles de se transformer en sucre (saccharoses, glucosides, matières amylacées, cellulose, etc.), certaines
matières azotées qui jouent un rôle considérable, quoique indirect, dans la levure; enfin,
certaines matières minérales salines.

Dans une première partie, M. Guichard étudie les éléments chimiques de la distillerie :
propriétés générales des alcools et propriétés des alcools et des sucres en C^5 et en C^6 et
de leurs dérivés.

Dans la 2e, il passe en revue leur composition et leur essai industriel, soit les procédés généraux (analyse qualitative et quantitative), soit les procédés particuliers
à l'eau, aux charbons, à l'amidon, aux céréales et aux matières saccharigènes.

Microbiologie du Distillateur, *ferments et fer-*
mentations, par P. GUICHARD, 1895, 1 vol. in-16, de 392 pages, avec
106 figures et 38 tableaux, cartonné..................... **5 fr.**

Historique des fermentations; matières azotées ; matières albuminoïdes; albumines,
globulines, peptones, matières gélatineuses et glutineuses, caséines ; ferments solubles,
d'astases, zymases ou enzymes ; ferments figurés, moisissures et levures ; fermentations
alcoolique, acétique, lactique, butyrique, panaire, etc. ; composition et analyse industrielle
des matières fermentées, malt, moûts, drèches, etc. Tableaux de la force réelle, des spi-
ritueux, du poids réel d'alcool pur, des richesses alcooliques, etc.

L'Industrie de la Distillation, *levures et alcools*,
par P. GUICHARD, 1897, 1 vol. in-16 de 415 pages, avec 138 figures,
cartonné.. **5 fr.**

Fabrication des liquides sucrés par le malt et par les acides. — Fermentation de
grains, pommes de terre, mélasses, etc. — Industrie de la levure de brasserie, de distillerie et levure pure. — Fabrication de l'alcool; grains, pommes de terre, mélasses. —
Distillation et purification de l'alcool. — Applications : levures, alcools, résidus.

Placé pendant longtemps à la tête du laboratoire d'une fabrique de levure, M. Guichard
a pu apprécier les besoins de cette grande industrie, et le traité qu'il publie aujourd'hui
y donne satisfaction, en mettant à la portée des industriels, sous une forme simple,
quoique complète, les travaux les plus récents des savants français et étrangers.

Le Sucre et l'Industrie sucrière, par Paul
HORSIN-DÉON, ingénieur-chimiste. 1895, 1 vol in-16 de 495 pages,
avec 83 figures, cartonné............................... **5 fr.**

Ce livre passe en revue tout le travail de la sucrerie, tant au point de vue pratique
de l'usine, qu'au point de vue purement chimique du laboratoire ; c'est un exposé au courant des plus récents perfectionnements.

Voici le titre des différents chapitres :
La betterave et sa culture. — Travail de la betterave et extraction du jus par pression
et par diffusion, travail du jus, des écumes et des jus troubles, filtration, évaporation,
cuite. — Appareils d'évaporation à effets multiples. — Turbinage. — Extraction du sucre
de la mélasse. — Analyses. — Sucre de canne ou saccharose. — Glucose, lévulose et
sucre interverti. — Analyse de la betterave, des jus, des écumes, des sucres, des
mélasses, etc. — Le sucre de canne, culture et fabrication. — Raffinage des sucres.

L'Industrie agricole, par F. CONVERT, professeur à l'Institut agronomique. 1901, 1 vol. in-16 de 443 pages, cart. 5 fr.

Climat, sol, population de la France. — Le climat et le sol. — Le territoire agricole : sa répartition. — La valeur de la propriété. — La population agricole. — Le matériel ; le bétail; les engrais.

Les céréales et la pomme de terre. — Les productions végétales. — Le blé. — Les pays exportateurs de blé. — La législation des céréales. — Les mesures proposées pour relever le cours des blés. — La farine, le pain, le son. — Le seigle, l'avoine, l'orge le maïs. — La pomme de terre, les légumineuses alimentaires.

Les plantes industrielles. — La betterave et le sucre : histoire et législation. — La betterave à sucre : état actuel de la culture et de l'industrie de la sucrerie. — La betterave de distillation et l'alcool. — Les plantes oléagineuses et textiles. — Le houblon, la chicorée, le café, le tabac. — La viticulture et l'invasion phylloxérique. — Les vins étrangers, les vins de raisins secs. — L'olivier.

Le bétail et ses produits. — Les animaux de ferme. — L'espèce chevaline. — Les espèces bovine, ovine et porcine. — Le lait, le beurre et le fromage. — La viande de boucherie. — Le commerce extérieur du bétail. — La laine et la soie. — La production agricole de la France.

Précis de Chimie agricole, par Edouard GAIN, maître de conférences à la Faculté des Sciences de Nancy. 1895, 1 vol. in-16 de 436 pages, avec 93 figures, cartonné.......... 5 fr.

Après avoir étudié le principe général de la nutrition des végétaux, l'auteur trace rapidement l'historique des différentes doctrines relatives à l'alimentation des plantes. Abordant ensuite la physiologie générale de la nutrition, il passe en revue les rapports de la plante avec le sol et l'atmosphère, les fonctions de nutrition, le chimisme dynamique et le développement des végétaux.

La deuxième partie traite de la composition chimique des plantes. La troisième est consacrée à la fertilisation du sol par les engrais et les amendements. La quatrième comprend la chimie des produits agricoles.

Analyses et Essais des Matières agricoles, par A. VIVIER, directeur de la Station agronomique et du Laboratoire départemental de Melun. 1897, 1 vol. in-16 de 870 pages avec 88 figures, cartonné.. 5 fr.

L'auteur indique les méthodes générales de séparation et de dosage des éléments les plus importants dans les engrais, dans les sols et dans les plantes.

Il étudie l'analyse des engrais et des amendements, et, à propos des engrais commerciaux, des exigences des plantes, ainsi que des conditions d'emploi des engrais dans les différents sols et pour les différentes cultures. Vient ensuite l'analyse du sol et celle des roches. L'analyse des eaux, les méthodes générales applicables à l'analyse des matières végétales et animales. Enfin, M. Vivier indique l'application de ces méthodes aux cas particuliers, fourrages, matières premières végétales des industries agricoles, produits et sous-produits de ces industries, etc.

Le Pain et la Panification, *chimie et technologie de la boulangerie et de la meunerie,* par L. BOUTROUX, professeur de chimie à la Faculté des Sciences de Besançon. 1897, 1 vol. in-16 de 358 pages, avec 57 figures, cartonné......................... 5 fr.

Dans une première partie, M. Boutroux étudie la farine. La seconde partie est consacrée à la transformation de la farine en pain. Etude théorique de la fermentation panaire, opérations pratiques de la panification usuelle, procédés de panification employés en France ou à l'étranger. Composition chimique du pain et opérations par les quelles le chimiste peut en apprécier la qualité ou y déceler les fraudes. Au point de vue de l'hygiène, valeur nutritive du pain en général et des diverses sortes de pain.

www.ingramcontent.com/pod-product-compliance
Lightning Source LLC
LaVergne TN
LVHW050822060726
842527LV00001BA/88